PHYSIOLOGIE

MÉDICALE

ET

PHILOSOPHIQUE.

Imprimerie de BELON , au Mans.

PHYSIOLOGIE

MÉDICALE

ET

PHILOSOPHIQUE;

PAR ALM. LEPELLETIER,

DE LA SARTHE.

EXPERIENTIA. VERITAS.

QUATRE VOLUMES IN-8° AVEC HUIT PLANCHES
ET DES TABLEAUX SYNOPTIQUES

TOME PREMIER.

PARIS,

AU MANS,

BELON, IMPRIMEUR-LIBRAIRE, PLACE SAINT-NICOLAS, N° 2.

FÉVRIER.

1831.

SOUSCRIPTION.

Prix de chaque volume, de cinq à six cents pages, avec planches et tableaux synoptiques : 7 fr. pour les souscripteurs, 8 fr. pour les non souscripteurs.

L'ouvrage complet n'excédera pas quatre volumes ; l'auteur s'engage à fournir gratis ceux qui dépasseraient ce nombre.

L'impression de l'ouvrage se terminera dans l'année.

La souscription sera fermée à la mise en vente du second volume.

NOTE DE L'AUTEUR.

Les observations faites dans l'intérêt de la science et de la vérité seront accueillies avec reconnaissance et convenablement utilisées.

Les critiques judicieuses, dirigées dans ce double objet, seront adoptées ou réfutées avec les mêmes intentions.

Toutes celles qui reconnaîtraient d'autres motifs, ou qui n'offriraient aucune valeur, passeront inaperçues.

TABLE DES MATIÈRES

CONTENUES DANS CE PREMIER VOLUME.

INTRODUCTION.

PREMIÈRE PARTIE.

PROLÉGOMÈNES.

DEUXIÈME PARTIE.

FONCTIONS.

TABLE DES MATIÈRES

¡CONTENUES DANS CE DEUXIÈME VOLUME.

FONCTIONS VITALES.

FONCTIONS NUTRITIVES.

INTRODUCTION.

Deux sentiers bien différens s'ouvrent toujours devant l'homme qui veut parcourir le vaste champ des sciences.

Dans l'un, tous les progrès sont confiés à *l'Imagination* si versatile par sa nature, si sujette à l'erreur dans les produits quelle enfante.

Dans l'autre, chaque pas est affermi par *l'Expérience*, guide assuré par lui-même, infaillible dans ses résultats.

Ces deux sentiers peuvent conduire à la vérité, mais ils ne sont pas également certains.

Dans le premier, on avance ordinairement avec rapidité, mais presque jamais avec assurance. L'édifice établi sur le sol mouvant et sur les fondemens ruineux qu'il présente, à peine élevé, chancèle et croule de toutes parts; un système nouveau remplace le système qui florissait avant lui; de l'amas confus d'un grand nombre d'hypothèses quelquefois spécieuses, brillantes, mais le plus souvent erronées et contradictoires, résulte un corps de doctrine informe et sans aucune consistance.

Tome Iᵉʳ   *a*

vitales à leur centre commun, et qui veille à la conservation de l'organisme en soutenant l'équilibre et l'harmonie des puissances diverses dont il est formé. Il semblait facile, après avoir établi cette vérité fondamentale, de dérouler toutes les conséquences d'un principe aussi fécond en résultats ; mais ce philosophe, entraîné par l'esprit de système, s'égare au milieu des plus vaines conjectures, et réduit en quelque sorte le principe de la vie à la puissance imaginaire des nombres.

Empédocle, Anaxagore, en cherchant le siége de l'âme, s'abandonnent aux spéculations les plus erronées et les plus futiles.

Démocrite, presque seul dans ces tems reculés, étudie l'anatomie sur les animaux, et fait des expériences physiologiques. Il réduit tous les sens au toucher avec quelques modifications dans la délicatesse de l'organe et dans la finesse de l'impression.

Ainsi quelques faits épars, des principes vagues et sans liaison, tels sont dans cette époque les élémens de la Physiologie qui ne mérite point encore le nom de science naturelle.

DEUXIÈME ÉPOQUE.

OBSERVATION.

Hippocrate vient jeter les solides et véritables fondemens sur lesquels on doit élever le double

monument de la Médecine et de la Physiologie.
Ceux qui le suivent les détruisent avec effort
pour y substituer un vain échaffaudage. Ce
génie observateur, toujours docile à la voix
de l'expérience, exclusivement livré à la recherche des vérités utiles, ouvre la carrière, et
trace en même tems d'une main hardie la route
qu'il faut suivre pour la fournir avec succès.

Les disciples de ce grand maître négligent
ses précieuses leçons, se dégagent des entraves
de l'observation pour donner un libre cours
aux caprices de leur imagination brillante.
Le sentier de l'expérience paraît abandonné
pour toujours.

Que deviennent la médecine et la physiologie pendant ces longs siècles d'erreur? La réponse est aisée, mais affligeante pour les vrais
amis de la science et de l'humanité. Opposez
en effet à la petite collection des œuvres d'Hippocrate, la masse énorme des innombrables
volumes entassés dans les archives médicales
depuis ce praticien fameux jusqu'à l'époque
la plus voisine de la nôtre, il ne vous restera
pas même la consolation de pouvoir ajouter :
« *si pendant cet intervalle immense la médecine et*
« *la physiologie n'ont fait aucuns progrès vers leur*
« *perfection, du moins sont-elles demeurées sta-*
« *tionnaires.* » Vous sentirez au contraire, avec
douleur, qu'elles ont rétrogradé d'une ma-

nière évidente, et qu'après avoir long-tems erré dans le vague , l'incertitude et la confusion , elles ont paru tellement dénaturées , que l'on pouvait avec raison leur contester le titre de science. L'état déplorable qu'elles offraient alors ne justifie que trop les atteintes nombreuses qui leur furent portées par l'arme du ridicule, et l'espèce de dégradation à laquelle on voulut les faire descendre , en désignant la médecine par le terme *d'art conjectural* , et la physiologie par celui de *roman de la médecine.*

Détournée des véritables principes qui formèrent les bases de son institution, l'école d'Hippocrate fait rentrer complètement la physiologie dans le domaine étranger de la philosophie spéculative.

Platon admet deux âmes, l'une *raisonnable* dont il établit le siége dans le cerveau , l'autre *irraisonnable* qu'il place dans tous les viscères ; il ne voit que ces deux moteurs comme principes de tous les phénomènes vitaux.

Aristote son disciple, doué d'un génie plus observateur , dissèque des animaux, communique à l'anatomie comparée sa première impulsion, utilisant les excursions lointaines d'un empereur trop fameux dans l'histoire , en même tems son souverain et son élève. Il soumet les actions vitales à l'analyse raisonnée, en interrogeant isolément chacun des organes sur celles qui lui sont plus spécialement départies. Nous lui devons la première idée d'envisager le tube digestif comme le caractère essentiel de l'animalité; mais il multiplie sans besoin les facultés physiologiques et confond avec elles plusieurs fonctions.

C'est alors surtout que se forment ces deux sectes philosophiques désignées par les noms de *spiritualistes* ayant Platon pour chef, et réduisant tous les phénomènes vitaux à l'action spéciale de l'âme; et de *matérialistes*, au premier rang desquels on doit placer Épicure, expliquant tous les actes de l'économie vivante par le mouvement et l'arrangement des atomes.

Erasistrate ramène le goût des études anatomiques, mais il s'abandonne trop souvent au désir d'établir des inductions de l'état cadavérique à l'état vivant. C'est ainsi qu'il regarde les artères comme des canaux servant à la circulation des esprits, par cela seul qu'il les rencontre toujours vides après la mort.

Nous voyons dans cette époque la physiologie d'abord guidée par le flambeau de l'observation, mais au milieu de circonstances peu favorables, incapable de perfection par les travaux d'un seul homme ; retombant dans les systèmes imaginaires ; plusieurs fois relevée par l'expérience, mais ne rencontrant point un génie assez puissant pour lui rendre sa première, sa véritable impulsion.

TROISIÈME ÉPOQUE.

HUMORISME.

Le flambeau de la physiologie menacé d'une entière extinction laisse à peine voir, pendant trois siècles au moins, quelques lueurs pâles, incertaines. Alors Galien doué d'un esprit investigateur et subtil détermine la marche de cette nouvelle époque, fait un assez grand nombre de découvertes ingénieuses, et touche un instant celle de la grande circulation ; mais bientôt il imprime une fausse direction au mouvement de la science, en substituant, à l'observation rigoureuses des faits, la théorie des quatre élémens, et toutes les hypothèses bizarres de l'humorisme à sa naissance. Des écrivains spéculateurs, sans avoir le génie de leur maître, cherchent à l'imiter, souvent même n'en font qu'une servile copie, en dénaturant les vérités qui lui sont propres, en exagérant ses erreurs par les écarts d'une imagination effrénée. L'économie vivante n'est plus envisagée sous le rapport des solides organiques ; les humeurs jouent le rôle principal, nous pourrions dire exclusif soit dans l'état physiologique, soit dans l'état de maladie ; chaque tempérament a son humeur particulière qui le détermine et le caractérise ; chaque altération morbifique présente son humeur spéciale qui développe tous les symptômes et réclame toutes les indications.

La médecine et la physiologie rétrogradaient à grands pas au milieu de ce cahos scientifique, lorsque le farouche Omar avec ses légions barbares, inondant les pays civilisés, achève par l'ignorance et la superstition, ce que les disciples de Galien avaient commencé par leurs futiles aberrations et leurs théories imaginaires.

Cette époque si désastreuse pour toutes les sciences nous offre à peine quelques améliorations à conserver dans l'histoire de la physiologie, et nous présente une masse d'erreurs qui la font plier sous leur pesant fardeau.

QUATRIÈME ÉPOQUE.

ALCHIMIE.

L'anatomie d'abord, cultivée avec un zèle ardent par Vesale et ses laborieux contemporains semble donner une existence nouvelle à la médecine et à la physiologie, en les affranchissant des vieilles théories du matérialisme et de l'humorisme exclusifs. Ces deux sciences prennent un plus libre essort et marchent dans une meilleure direction. Mais ces influences favorables ne devaient offrir qu'un règne éphémère.

L'impétueux, le délirant Paracelse en se précipitant dans la carrière brise le fil de l'observation pour y substituer encore l'inextricable réseau des théories les plus obscures et les plus bizarres. Les lois de la vie sont remplacées par les lois de la matière, et l'on renferme les mystères de l'organisation dans le secret de la pierre philosophale; dans la panacée universelle, tous les secours de la thérapeutique. Les sciences médicale et physiologique dénaturées dans leurs bases n'offrent plus qu'un vain fatras de chiromancie, d'astrologie, de physique et d'alchimie. Van Helmont, Gaspar Aselli, Sanctorius opposent tous leurs efforts à ces innovations destructives; l'un en démontrant sous le nom d'*Archée* l'existence d'un principe immatériel chez les animaux; l'autre par des travaux anatomiques bien recommandables; le troisième enfin, par ses expériences remarquables sous le rapport de la patience qu'elles ont exigée.

Dans cette époque, nous trouvons quelques découvertes anatomiques, des expériences physiologiques plus ingénieuses que réellement utiles. Mais avant tout, nous voyons dominer les idées bizarres de celui qui communique à cette phase de la science l'impulsion nuisible de sa turbulente imagination.

CINQUIÈME ÉPOQUE.

ANIMISME.

L'anatomie qui semble déjà reprendre une faveur nouvelle acquiert chaque jour plus de perfection et plus d'importance. Alors paraît Harvey. Avant ce physiologiste célèbre la circulation avait été sans doute partiellement décrite par Vesale, Hunter, Césalpin etc. ; mais elle n'était point encore appréciée dans son ensemble, et l'on cherche vainement à contester au premier, l'avantage d'avoir fait connaître le cercle circulatoire complet, et d'avoir exposé avec précision la marche naturelle des fluides en mouvement dans toute l'économie vivante. Cette belle découverte qui devait changer la face des sciences médicale et physiologique, mériter à son auteur la reconnaissance universelle, n'offre d'abord aucun de ces deux résultats et devient pour l'anatomiste anglais une source de chagrins violens et d'injustes persécutions. Si des essais téméraires et coupables furent alors entrepris, si les Coxe, les Libavius, les Clarke, les Emmerez encoururent la juste sévérité des lois par les accidens et les dangers de leurs transfusions ridicules, Harvey méritait-il moins de la science et de ses contemporains cette couronne immortelle que la postérité s'empresse à déposer aujourd'hui sur sa tombe?

Ruysch, Malpighi, par leurs admirables injections , font pressentir la composition intime de nos viscères.

Leuwenhoeck, l'un des premiers, applique les observations microscopiques à la physiologie, et dans plusieurs circonstances abuse de ce genre d'investigation.

Stahl, que l'on peut considérer comme le principal acteur de cette époque, fait revivre les idées de Platon, ramène le système de l'animisme, explique tous les phénomènes vitaux par l'action d'un principe immatériel auquel il conserve le nom d'âme.

Déjà cette époque remarquable par la découverte de la circulation et par des travaux anatomiques d'un grand intérêt, annonce toute la perfection et toute la solidité que doit bientôt acquérir la science de la vie. Mais le tems de cette révolution heureuse n'est pas encore arrivé; la physiologie va de nouveau se trouver soumise à des vicissitudes, à des aberrations, et nous verrons en quelque sorte du milieu des erreurs de nos tems modernes jaillir la vérité dont le flambeau viendra désormais la guider dans sa marche en assurant ses progrès.

SIXIÈME ÉPOQUE.

MÉCANISME.

Boërhaave, dont rien ne peut mieux égaler la réputation colossale que la masse des erreurs qu'il introduisit dans la science, imprime à cette période une direction toute nouvelle. Il ne voit que l'organe dans chacune des fonctions et réduit en quelque sorte l'homme et les animaux à de véritables machines, à des mécaniques sans vitalité. Dans cette hypothèse dont la matière seule fait tous les frais, les appareils sécréteurs deviennent autant de cribles destinés à tamiser les humeurs dont les molécules se trouvent en harmonie avec leurs ouvertures, soit par la forme, soit par les dimensions; l'absorption se borne à la force de capillarité; l'inflammation à la dilatation des petits vaisseaux par des globules trop volumineux pour les traverser dans l'état normal.

La science était dans cet état de vague et d'incertitude ; elle présentait une surabondance de faits, mais sans ordre, sans liaison, sans aucun point central ; des théories imaginaires, des systêmes sans fondement encombraient partout son domaine. Haller paraît ; doué d'un grand esprit d'ordre, d'un

solide jugement, et du génie de l'observation,
il entreprend avec courage de débrouiller cet
autre cahos. Favorisé par les circonstances,
guidé par une volonté ferme, par un grand
amour de l'étude, aidé par des collaborateurs
habiles, il achève le vaste répertoire que l'on
doit considérer comme les archives de la physiologie, ou si l'on veut, comme le monument
imposant mais presque sans architecture, où
se trouvent de riches matériaux à l'état natif et susceptibles de travail et de coordination
pour en former une construction plus régulière.

C'est alors surtout que la physiologie mérite
le nom de science ; elle présente un centre
unique, un véritable corps de doctrine.

En laissant dans ses écrits plusieurs taches
du mécanisme dont il avait reçu les principes,
Haller n'en devient pas moins le régénérateur,
pour ne pas dire le créateur de cette même
science. Pourquoi faut-il qu'il ait provoqué
ces interminables discussions sur l'irritabilité,
discussions qui se renouvellent de nos jours
sans plus d'avantage et plus de raison.

L'école fameuse de Montpellier prend alors
le premier rang dans le monde savant. Bordeu , Barthez, ramènent la doctrine du solidisme ; Cullen fait du système nerveux le
centre de toutes les actions physiologiques et

pathologiques ; Brown voit partout des augmentations et plus spécialement des diminutions de forces de sthénies et des asthénies ; Charles Bonnet, Condillac, voulant effectuer une véritable fusion entre la philosophie et la science vitale, se livrent à des efforts d'imagination , sans rendre des services bien réels à la physiologie.

L'anatomie comparée, si réellement utile à la science de l'homme, s'élève comme un colosse par le génie supérieur et les immenses travaux de Buffon, Daubenton, Vicq-d'Asir ; plus tard, par ceux de MM. Cuvier, Duméril, Jacobson, De Blainville, et parvient en quelques années au terme voisin de sa perfection.

Cette époque marque l'établissement de la véritable physiologie, en dégageant par degrés cette science, des théories erronées du matérialisme et des vains systèmes de l'imagination. Mais une circonstance extraordinaire, un mouvement imprimé aux autres branches de l'histoire naturelle va retarder encore les heureux développemens qu'elle semblait déjà présenter.

SEPTIÈME ÉPOQUE.

CHIMIE.

Une étonnante révolution s'opère dans les sciences physiques et chimiques , leurs progrès et leurs perfectionnemens offrent quelque chose de si mérveilleux et de si positif, qu'elles semblent devoir entraîner dans leur marche rapide toutes les branches de l'histoire naturelle, et plus particulièrement encore la médecine et la physiologie.

On explique avec enthousiasme, et de la manière la plus spécieuse, la respiration par la combustion de l'hydrogène et du carbone dans le sang veineux, au moyen de l'oxygène atmosphérique ; tous les phénomènes de la vie par l'électricité, le galvanisme, la capillarité, l'attraction, l'affinité, la cohésion, l'élasticité, la pesanteur etc. On attribue les maladies au relâchement, à la tension des fibres, au développement d'un alkali, d'un acide anormal dans les humeurs, à la macération, à la putréfaction etc. ; on réduit la thérapeutique aux simples résultats de l'analyse et de la synthèse ; on ne voit dans les organes que des machines électriques, des piles voltaïques, des cornues, des récipiens, et l'on fait de l'organisme vivant tout entier, un véritable laboratoire de chimie.

Ces inductions fautives conduisent une seconde fois à toutes les aberrations du magnétisme animal, dont les applications fallacieuses donnèrent une réputation usurpée aux d'Eslon, aux Mesmer etc. habiles seulement dans l'art d'exploiter la crédulité publique.

Lavoisier, Fourcroy, Vauquelin; plus tard, Gay-Lussac, Orfila, Thénard etc. en élevant la chimie au plus haut degré d'illustration, retardent bien involontairement les véritables progrès des sciences médicale et physiologique; leurs précieuses découvertes faussées par des esprits inconsidérés n'offrent pas d'abord les applications utiles que l'on en pouvait faire à ces deux sciences. Mais enfin le prestige s'évanouit, les illusions se dissipent, le voile tombe et des regrets impuissans prennent la place de ces espérances aussi brillantes que peu fondées. On reconnaît trop tard que vouloir substituer les lois de la matière aux lois vitales, est une conception aussi fausse dans son principe que dangereuse par ses résultats.

Cette époque nous offre la science faisant un déplorable naufrage, et ses débris épars appelant une main assez forte pour les rassembler et les rendre à leur véritable destination. La théorie naturelle et simple du vitalisme doit bientôt réparer ces désordres. Avant d'en esquisser les progrès et les avantages, apprécions les derniers efforts de *l'ontologie physico-chimique* pour entraver la marche désormais invariable de la raison, de l'expérience et de la vérité.

Tome Ier. b

M. Foucault, dans un ouvrage tout récent, n'a pas d'autre prétention que de « *saper les* « *bases du vitalisme pour mettre fin à d'éternelles* « *discussions etc.* » Abusé par les prestiges d'une imagination peu commune, l'auteur à lui seul jette le gant, le relève, descend dans l'arène *avec un ennemi de son invention*. Ce n'est point en effet le vitalisme qu'il attaque, mais une théorie surannée qu'il défigure encore par les ridicules et les absurdités qu'il sait adroitement lui prêter. Nous verrons à l'article des propriétés actives combien il s'éloigne de la véritable acception des termes, et combien son *principe électro-moteur* est insignifiant, lorsqu'il s'agit de remplacer *la force vitale*. Il nous suffira pour la réfuter sans appel, de citer les propositions fondamentales sur lesquelles repose entièrement cette hypothèse.

Les physiciens et les chimistes voudront-ils admettre ces assertions, en saisiront-ils même le véritable sens ? « Tout annonce que le so- « leil et les étoiles fixes ne sont que de vastes « corps électro-moteurs, environnés d'une at- « mosphère électrique produite par la combi- « naison des principes élémentaires qui les « composent, par l'influence des corps plané- « taires qui circulent dans une orbite plus ou « moins éloignée, et avec lesquels ils se mettent « en rapport au moyen des fluides qui s'en

« dégagent, en raison de leur masse et de la
« nature de leurs élémens.......» « L'oxygène
« est un composé de lumière et d'électricité
« résineuse..... Son mode d'action est iden-
« tique dans les corps....Il est relatif au fluide
« résineux qu'il dégage dans toutes ses com-
« binaisons » .... « Le soleil aimante la
« terre » .... « La lumière offrant les pro-
« priétés essentielles du fluide résineux, le
« soleil est relativement à la terre et aux autres
« planètes dans l'état électro-négatif. » Suit
une explication plus extraordinaire encore de
l'éloignement et du rapprochement alternatifs
de la terre. « Ce qui tend encore à prouver
« que les rayons solaires ne sont formés que
« de fluides électriques qui ne se décomposent
« que pour produire la chaleur et la lumière,
« soit à la surface du soleil, soit à celle de la
« terre et des autres planètes, c'est que la
« température baisse sensiblement plus on
« s'élève dans les hautes régions de l'atmos-
« phère. » L'auteur appelle cela des principes,
des raisonnemens et des conséquences.

Les physiologistes adopteront-ils au nombre
des vérités claires et bien démontrées les propositions suivantes ? « L'organisation con-
« sidérée dans la généralité des êtres n'est
« qu'un effet de l'affinité moléculaire dont les
« combinaisons sont d'autant plus variées et

« paraissent d'autant plus intelligentes , que
« les molécules intégrantes des corps organisés
« sont composées elles-mêmes d'élémens plus
« nombreux.. ... On peut donc définir la vie
« considérée dans la généralité des êtres or-
« ganisés , comme une succession de phéno-
« mènes physico-chimiques dont la variété ,
« la durée et l'intensité sont en rapport avec
« le développement de l'organisation , l'acti-
« vité des causes physiques de ces phénomènes,
« ou l'action des fluides impondérables.....
« Il suffit d'être convaincu qu'une ou plusieurs
« fonctions organiques sont exécutées sous
« l'empire des lois physiques, pour être assuré
« que les autres fonctions ne peuvent s'opérer
« par l'intervention de lois spéciales , ou des
« causes occultes ou métaphysiques. » Il est
difficile de se mettre en opposition plus directe avec la vérité. Raisonnant dans le même
sens, nous ajouterons : le canard de Vaucançon
bat des ailes , marche ; les automates de Jac-
quet Droz écrivent , dessinent , exécutent un
morceau de forté-piano ; donc le premier peut
acquérir l'instinct de son espèce , les seconds
le génie de Corneille , de Raphaël et de Mo-
zart.

Les pathologistes ne contesteront-ils point
la réalité de cet axiome : « le chlore doit ses
« propriétés..... au fluide résineux qu'il con-

« tient..... C'est par l'action du même prin-
« cipe qu'il réussit dans le traitement des
« plaies blafardes et gangréneuses et qui sont
« à l'état électro-positif. » Les pharmacolo-
gistes se rendront-ils à cette injonction «... Il
« faut abandonner la classification ontolo-
« gique des médicamens ; il faut étudier leurs
« propriétés idio-électriques et physico-chimi-
« ques , afin de connaître l'action de leurs
« principes immédiats et de leurs molécules
« intégrantes sur les molécules organiques
« des tissus vivans. »

Les philosophes partageront-ils cette opinion
sans doute nouvelle pour eux ? «... Les phéno-
« mènes instinctifs ne sont que le résultat d'une
« action moléculaire thermo-électrique. »

Il nous semblerait peu généreux d'ajouter
ici toutes les réflexions qui ressortent naturellement du sujet ; lorsque l'erreur se détruit
d'elle-même , pourquoi l'écraser impitoyable-
ment sous le poids de la vérité. Nous dirons
seulement que l'auteur de cet ouvrage , écrit
avec esprit et facilité , séduit par les analogies qui rapprochent le *magnétisme animal* (le
fluide nerveux) de l'électricité universelle ,
prend un agent d'excitation pour une cause
unique des phénomènes vitaux sous le titre de
principe électro-moteur; et que judicieux par
réflexion , il prononce lui-même sa propre

condamnation lorsqu'il dit : « Il est facile de « voir qu'une seule puissance, une seule force « ne peut déterminer des phénomènes aussi « variés et aussi opposés que ceux que l'on ob- « serve dans l'ordre physique et dans l'ordre « physiologique ; des phénomènes absolument « opposés dans leur nature ne peuvent dé- « pendre d'une cause unique etc.....» Un vitaliste parlerait ainsi, mais il n'oserait pas accorder aux propriétés de la vie ce que M. Fourcault dispense gratuitement aux propriétés de la matière lorsqu'il ajoute : «... C'est à « tort que l'on affecte de ne voir dans l'at- « traction qu'une force aveugle dont l'action « n'est assujettie à aucun plan régulier, à « aucune loi dans les minéraux. » Alors que devient le *principe unique, électro-moteur* ? Que devient tout le système *physico-chimique* élevé sur ce fondement ruineux ?

Une autre variante se rattachant à la même théorie, le système de la *polarité*, va de même s'abîmer dans le cahos des hypothèses. Qu'il nous suffise pour le démontrer d'en citer également les principes essentiels.

Véritablement *renouvelée des Grecs,* cette hypothèse nous ramène au tems où vivaient Empédocle et les sectateurs de sa doctrine *physico-chimique.* Ils admirent dans l'Univers une cause première nommée *force naturelle ,* divisée en deux forces secondaires opposées, ou *forces polaires*, l'une déterminant *l'attraction*, l'autre *la répulsion*; agissant l'une sur l'autre de manière à produire leur neutralisation réciproque, et pour dernier effet *l'inertie* lorsqu'il existe équilibre parfait dans cette action entre les deux puissances rivales. Quelques modernes ont reproduit ces illusions de l'imagination dont les siècles d'expérience avaient fait justice; obtiendront-elles une grande faveur dans l'esprit des physiologistes, alors qu'elles sont désavouées par l'auteur du système *électro-chimique* lui-même, comme des *erreurs fondamentales*? Pour toute réponse, nous en citerons les axiomes principaux:

« Le corps animal est composé de parties
« solides et liquides qui sont opposées par leur
« nature de maniere à former un véritable ap-
« pareil électro-moteur possédant les quantités
« d'oxygène et de calorique nécessaires pour y
« développer les phénomènes électriques. »

« Il existe une polarité évidente entre les
« nerfs....., les muscles et les artères, pola-
« rité qui se rend manifeste par les phéno-
« mènes de production et de reproduction
« organiques, et qui en outre est évidente
« par la texture différente des parties et des
« divers systèmes, comme par les combi-

« naisons chimiques variées et par la puissance
« des excitans. »

« Il existe dans le corps animal des appa-
« reils électro-moteurs, des conducteurs, des
« isolans, des excitateurs..... »

« Les phénomènes vitaux ont la plus grande
« analogie avec les phénomènes électriques ;
« la ressemblance est telle qu'il est permis
« de les regarder comme dépendans d'une
« seule et même force. »

« L'atmosphère d'activité qui enveloppe
« également les appareils électro-moteurs et
« les nerfs, confirme au dernier dégré la res-
« semblance qui existe entre la force vitale
« et la force physique. »

Plus soutenable que la théorie du *principe
électro-moteur*, celle de la *palorité* nous paraît
trop essentiellement ruineuse dans ses fondemens pour avoir besoin d'un autre genre de
réfutation.

HUITIÈME ÉPOQUE.

VITALISME.

La physiologie se trouvait dans ce vague et
dans cette obscurité, lorsque s'élève à l'horizon de la science, comme un astre brillant,
le génie de l'immortel Bichat dont celui de
Pinel avait été le précurseur et l'aurore.

Sthal avait attribué les phénomènes vitaux à l'âme, Van Helmont au principe immatériel qu'il désigne par le terme *d'Archée*, Barthez à l'influence d'une force intérieure qu'il nomme *principe vital*. Bichat suit une marche plus physiologique et plus positive. Exploitant avec intelligence et discrétion la mine féconde ouverte par Haller, développant avec génie l'idée fondamentale de la diversité des élémens organiques, d'abord émise par le célèbre Pinel, multipliant les expériences et les recherches cadavériques, il crée l'anatomie des tissus dans son Traité des Membranes, et la perfectionne dans l'Anatomie Générale, ouvrage immortel dont celui-ci n'était qu'un premier rudiment.

Étudier avec un soin minutieux les premiers élémens de l'organisation, préciser leurs propriétés physiques, chimiques et vitales, réunir ces tissus en diverses proportions pour former des organes, grouper ceux-ci d'après la nature des phénomènes qui leur sont confiés pour constituer des appareils, s'élever de ces considérations particulières à l'ensemble de l'économie vivante, en spécifier les facultés, les fonctions et les lois, telle est la méthode suivie par ce génie physiologique dont la science déplore à jamais la perte récente et prématurée.

Arrivé à ces idées générales, à ces considérations sommaires par l'analyse et l'observation, il étonne le monde savant par son ouvrage sur la Vie et la Mort, où la vérité des rapports et la profondeur des aperçus décèlent partout la perfection et la maturité. Toutefois, ces titres incontestables n'obscurcissent point les gloires contemporaines, et l'ouvrage du professeur Richerand, en donnant le goût de la bonne physiologie, devient un livre élémentaire du plus grand intérêt.

Dans cette époque, l'école de Paris, en suivant le mouvement de la science, prend un ascendant remarquable sur celle de Montpellier qui reste en arrière embarrassée dans les systêmes et les théories du moyen âge ; ou plus exactement encore, la première devient l'école du monde civilisé, le foyer central de toutes les sciences , et plus particulièrement de la médecine et de la physiologie.

Les nations étrangères, et plus spécialement l'Angleterre, l'Allemagne et l'Italie concourent aux progrès de ces sciences par les travaux successifs de Hunter, Blumenbach, Monro, Spallanzani , Fontana, Moscati, Troja, Cotunni , Scarpa , etc.

On reconnaît dans les organes , outre les propriétés physiques et chimiques, des propriétés vitales ; dans l'écomie vivante , outre

la matière, un principe immatériel ; la doctrine du vitalisme, basée sur l'observation, fait
chaque jour de nouveaux progrès.

En considérant tous les perfectionnemens
qu'a présentés, depuis quelques années, la
science de la vie, ne doit-on pas envisager
avec regret ceux qu'elle aurait offerts depuis
tant de siècles, en suivant le sentier de l'expérience, et prévoir avec satisfaction ceux que
lui garantit l'avenir, si la manie des théories
chimiques ne vient point de nouveau para-
liser l'impulsion quelle a reçue ?

Les médecins physiologistes, revenus aux
principes d'Hippocrate, après plus de vingt
siècles d'aberrations, ont enfin senti que l'expérience et l'observation sont les seuls guides
certains pour conduire à la vérité. En remon-
tant à cette source divine et toujours pure,
en méditant les écrits, en suivant les préceptes
et les exemples du vieillard de Cos, ils ont
rendu à la science de la vie le noble caractère
quelle n'aurait jamais dû perdre, et que l'i-
gnorance ou la mauvaise foi chercheraient
en vain à lui contester aujourd'hui. Reconnaissance, honneur aux auteurs de cette précieuse rénovation ! Haller, Pinel, Bichat, Richerand, Dumas, Bordeu, Cabanis, Roussel,
Chaussier, Dupuytren, Alibert, Cuvier, Duméril, Broussais, Roux, Pelletan, Magendie,

Béclard, Marjolin, de Blainville, Adelon, etc. vos noms sont inscrits à jamais sur le fronton de ce monument physiologique! honneur et reconnaissance au vaste génie qui vous servit toujours de boussole et de gouvernail, sur cet océan sans rivages!

Dans cette esquisse rapide, nous voyons la physiologie, comme toutes les sciences, offrir une origine, des progrès, des pas rétrogrades et des perfectionnemens réels ; ces perfectionnemens et ces progrès se rattacher soit à quelques découvertes enfantées par le hazard, soit à des résultats obtenus par une expérience raisonnée ; enfin nous remarquons toujours les impulsions fortes et subites communiquées par des hommes d'un génie supérieur. Nous voyons cette même science tantôt soumise aux caprices de l'imagination, tantôt prenant l'observation pour mobile, plier dans chaque siècle sous le poids des idées dominantes, suivre, abandonner tour à tour les modes les plus bizarres qui viennent successivement exercer leur empire dans le monde savant ; enfin l'expérience l'emporte, et la vérité brille de toutes parts.

Le dirons-nous, cette révolution heureuse ne garantit point encore la physiologie des préventions défavorables conservées dans quelques esprits entraînés plutôt par le pouvoir de l'habitude que par la force de la vérité. Lorsque nous lisons dans un traité moderne cette profession de foi dont nous ne devons pas approfondir les motifs. « La physiologie « n'est qu'une science au berceau,...... tous « les auteurs qui l'ont cultivée ne se fondent « que sur des suppositions et des analogies» etc.

Lorsque nous entendons chaque jour des médecins ajouter : « La physiologie n'est qu'une « science parasite, qui vit d'emprunts, qui « n'offre ni centre d'unité, ni vérités spé- « ciales,.... une science beaucoup plus agréa- « ble qu'utile,...... La physiologie n'est pas « une science » etc. ne devons-nous pas, avant tout, élever la voix contre ces paradoxes de l'esprit systématique de l'ignorance ou des préjugés. Si l'on pouvait trouver dans ces ca- lomnieuses assertions des vérités bien démon- trées, la physiologie ne serait pas digne d'oc- cuper même les loisirs du véritable médecin. Il est donc indispensable de commencer par les réduire à leur juste valeur en démontrant que cette science offre un caractère de vérité, de certitude et d'utilité que d'ambitieuses dé- clamations ne pourront jamais anéantir.

§ Ier. LA PHYSIOLOGIE EST UNE SCIENCE EXISTANT PAR ELLE-MÊME, OFFRANT UN POINT CENTRAL ET DES VÉRITÉS QUI LUI SONT PROPRES.

On désigne par le mot science, *un ensemble de connaissances groupées autour d'un centre com-*

mun, basées sur des vérités et des faits d'un ordre particulier. La physiologie réunit tous ces caractères.

D'abord , elle nous offre un point central bien déterminé. *L'explication des phénomènes vitaux.* C'est autour de cette idée fondamentale que viennent se rallier des faits incontestables et des vérités positives qui n'ont rien de commun avec celles des autres sciences.

Les alimens sont introduits dans le tube digestif, éprouvent une élaboration particulière qui les convertit d'une part en chyle absorbé pour la réparation des pertes organiques , et de l'autre en matières excrémentitielles rejetées au dehors comme inutiles et même dangereuses.

Le sang noir ou veineux, en traversant les poumons pendant l'acte dela respiration , devient rouge, artériel par le concours de l'oxygène atmosphérique , et dès-lors susceptible d'entretenir l'excitation et la vie dans les tissus auxquels il est distribué.

L'homme voit un objet qu'il croit susceptible de lui procurer des impressions agréables, il désire s'en approcher , la volonté commande aux muscles locomoteurs , et toute la machine vivante est mise en action vers le but indiqué. Ces faits et tous ceux du même ordre, que nous pourrions citer encore , n'ont-ils pas un caractère propre, entièrement étrangers à toutes les autres sciences, ne sont-ils pas du domaine exclusif de la physiologie ?

Avec des caractères aussi positifs, lui donnera-t-on maintenant le nom de *parasite*, d'après l'usage qu'elle fait assez souvent du flambeau des autres sciences? Mais parmi ces dernières, en est-il une seule qui puisse exister dans cette parfaite indépendance ; ne les voit-on pas au contraire se prodiguer un mutuel secours ? Ainsi l'histoire emprunte à la géographie, la matière médicale à la botanique, la géométrie à l'algèbre, la physique à la chimie etc. ; il faudrait donc aussi les considérer comme des sciences parasites? Regardons les plutôt comme les diverses parties d'un même ensemble, comme les différens anneaux d'une chaîne circulaire, et disons pour elles ce qu'Hippocrate avançait relativement aux fonctions de l'économie vivante : *In circulum abeunt.*

§ IIᵉ. LA PHYSIOLOGIE DOIT ÊTRE CONSIDÉRÉE COMME UNE BRANCHE DE L'HISTOIRE NATURELLE.

On doit définir l'histoire naturelle envisagée dans son véritable point de vue, *La connaissance des corps de la nature, des propriétés qui leur sont départies, des phénomènes effectués par la mise en jeu de ces mêmes propriétés, de l'ordre et des lois qui règlent ce vaste ensemble.*

Le tableau que nous allons exposer, aura le double avantage de fixer les idées sur la véritable classification des sciences naturelles et de prouver évidemment que la physiologie fait essentiellement partie de ces dernières

Pour bien apprécier ces différentes branches, leurs caractères distinctifs, la place que chacune doit occuper dans le cadre scientifique, il faut prendre pour base de classification la nature des corps qui deviennent l'objet spécial de leur étude, et l'aspect sous lequel ces mêmes corps sont examinés.

Deux classes principales renferment tous les corps de la nature, 1° *corps inorganiques,* 2° *corps organisés.* Chacune de ces divisions devient le sujet de plusieurs sciences.

L'étude des corps inorganiques , donne naissance à quatre branches principales.

1° *Minéralogie* -- étude des corps bruts sous le rapport des formes extérieures, des propriétés inhérentes à la matière, telles que la porosité, la pesanteur, l'étendue, l'impénétrabilité etc.

2° *Physique* -- étude des corps inorganiques relativement à leurs propriétés générales et particulières, aux phénomènes produits par la mise en jeu de ces propriétés. Elle comprend également les corps organisés à l'état de cadavre, mais elle n'est qu'indirectement relative à ceux qui jouissent de la vie.

3° *Astronomie,* --étude des grands corps célestes et des phénomènes qu'ils offrent sous l'influence de *l'attraction,* force qui peut s'exercer à des distances incommensurables.

4° *Chimie,*—étude des corps inorganiques ou organisés privés de la vie ; des phénomènes qu'ils présentent sous l'influence de *l'affinité* ; force dont l'action ne s'effectue qu'entre les molécules et seulement à des distances voisines du contact.

L'étude des corps organisés produit également quatre divisions principales de l'histoire naturelle.

1° *Zoologie* pour les animaux, *phytologie* pour les végétaux,—étude des individus vivans, considérés dans l'état normal sous le rapport de leurs formes extérieures et des caractères particuliers qui servent à les distinguer.

2° *Anatomie,*—étude des végétaux et des animaux à l'état de cadavre, sous le rapport général et commun de leurs dispositions organiques. Cette science, relativement au but particulier qu'elle se propose, comprend quatre sous divisions.

Anatomie des tissus, — étudiant la structure des élémens simples de l'organisme, leurs pro-

priétés, leurs diverses combinaisons pour former des organes.

Anatomie descriptive,-- indiquant la situation,
la forme, le volume, la structure, les rapports etc. des organes et des appareils dans
l'état normal.

Anatomie comparée, — appréciant d'une manière positive les analogies et les différences
que présentent les mêmes tissus, les mêmes
organes et les mêmes appareils considérés dans
les diverses classes de végétaux et d'animaux.

Anatomie pathologique, — envisageant les appareils les organes et les tissus dans les divers
états d'altération que les maladies peuvent y
déterminer.

3° *Physiologie,* — étude des corps organisés
vivans sous le rapport des propriétés spéciales
dont ils sont doués et des fonctions qu'ils exécutent, *dans l'état normal,* sous l'influence de
ces mêmes propriétés.

4° *Pathologie,* — étude des corps organisés
vivans sous le rapport des propriétés qui leur
sont départies, et des fonctions qu'ils exécutent,
dans l'état morbifique, sous l'influence de ces
mêmes propriétés.

L'étude de ces mêmes corps, sous le rapport
des moyens appropriés à leur conservation, au
rétablissement de leurs fonctions altérées, nous
offre encore deux sciences qui, réunies à la pa-

thologie, constituent la médecine proprement dite.

1° *Hygiène,* — étude des corps de la nature et de leurs modifications sous le rapport des applications que l'on peut en faire à l'économie organique, pour la conservation de la vie et l'entretien de la santé ; cette science est dès-lors naturellement liée à la physiologie.

2° *Thérapeuthique,* — étude des corps de la nature et de leurs propriétés sous le rapport des applications que l'on peut en faire à l'économie vivante, pour détruire ou diminuer les maladies dont elle est actuellement le siége. Cette science vient dès-lors se rattacher naturellement à la pathologie. Elle offre deux principales divisions.

Pharmacie, — étude des corps de la nature sous le rapport des modifications les plus avantageuses que l'on peut leur imprimer, des combinaisons les plus utiles dans lesquelles il est possible de les engager, pour les faire agir à titre *de médicamens* dans le but essentiel de ramener à l'état sain l'économie organique plus ou moins profondément altérée.

Chirurgie, — étude des corps de la nature et de leurs propriétés, appliqués sous le titre *d'instrument* à l'économie vivante, pour effectuer des opérations d'estinées à guérir ou pallier les maladies.

Ces divisions simples, toutes puisées dans la nature, nous semblent démontrer jusqu'à l'évidence que la *médecine* et la *physiologie* sont des branches de l'histoire naturelle aussi bien que la *minéralogie*, *la chimie*, *la physique*, *l'astronomie*, *la botanique et la zoologie* ; puisqu'il est absolument impossible de conserver ce titre aux unes sans l'accorder également aux autres.

§ III. LA PHYSIOLOGIE EST UTILE A TOUS LES HOMMÈS.

Plus une science offre d'importance et d'utilité, plus ses rapports avec toutes les autres sont positifs et nombreux. C'est une loi constamment applicable à tout ce qui est grand, essentiel, fondamental. Nous en trouvons des exemples pour les peuples relativement au monde ; pour les hommes relativement aux peuples ; pour les organes relativement à l'économie vivante ; pour la physiologie relativement à toutes les autres sciences.

« γνῶθι σεαυθὸν », *apprends à te connaître toi-même.* Telle est cette inscription d'un temple fameux consacré au Dieu d'Epidaure.

Cette épigraphe exposée aux regards de la multitude n'est point exclusivement adressée aux adeptes ; elle semble au contraire indiquer à tous le moyen d'éviter l'inconvénient majeur signalé dans cette assertion d'un grand philosophe : « *L'homme ne connaît rien moins que soi-même.* »

Cette vérité bien démontrée sous le rapport du moral, nous semble plus évidente encore sous celui du physique. En effet, alors qu'il travaille péniblement et sans interruption à comprendre les phénomènes les plus mystérieux que présentent le ciel, la terre et les eaux ; alors qu'il se livre avec tant de patience et d'opiniâtreté à des recherches subtiles sur les élémens, sur les causes premières ; alors qu'il poursuit les secrets de la nature dans les objets les moins importans et les plus abstraits, cet homme nait, vit et meurt dans une ignorance entière de son organisation, et des fonctions les plus simples qui s'accomplissent incessamment dans sa propre économie. S'il n'est pas destiné par état à l'exercice de la médecine, jamais il n'aura même la pensée de soulever un coin du voile qui dérobe à ses regards les ressorts et le mécanisme de son existence personnelle.

Cependant quelle source inépuisable d'intérêt et d'utilité dans cette admirable étude ! Pour mieux faire sentir encore l'importance des connaissances physiologiques relativement à tous les hommes, nous partageons ces derniers en trois ordres 1° *les gens du monde ;* 2° *les philosophes ;* 3° *les médecins.* Voyons les avantages communs qu'elle peut offrir à tous, et l'utilité particulière dont elle est susceptible pour chacun d'eux.

1° *Relativement aux gens du monde.* — En plaçant au premier rang la science pour laquelle nous avons depuis long-tems une prédilection particulière, nous laisserons parler des hommes étrangers à notre profession, afin d'éviter même le soupçon d'une injuste partialité.

Le premier génie de son sciècle, le Czar Pierre, accordait à cette science, pour tous les hommes, un tel degré d'utilité, qu'au milieu de ses grandes et nombreuses occupations, il trouvait encore quelques instans pour étudier à Amsterdam l'anatomie et la physiologie sous le célèbre Ruysch, et se livrer même aux opérations chirurgicales voulant, comme il le désait : « *avant toute science, connaître celle de l'homme, et rendre au besoin, de ses propres mains,* « *des services à ses officiers blessés sur le champ de* « *bataille.* »

Nous lisons dans l'Essai sur l'Eloquence de la Chaire, un passage tellement remarquable sous plusieurs rapports, que nous croyons devoir textuellement le citer :

« Vers la fin des études du Dauphin, fils « unique de Louis XIV, le Roi se plaignit un « jour à Bossuet de ce que sa première éduca- « tion avait été très-négligée par le cardinal

« Mazarin, toujours disposé à craindre qu'il ne
« devînt trop savant sous la direction de son
« précepteur, M. Péréfixe de Beaumont, mort
« archevêque de Paris. Le Roi lui dit qu'on
« ne lui avait jamais donné la moindre idée
« de l'organisation du corps humain, et il
« ajouta, qu'ayant voulu en acquérir quelques
« notions dans un âge plus mûr, il avait été
« si rebuté par la nomenclature de l'anatomie,
« que le désespoir de la fixer jamais dans sa
« mémoire l'avait fortement éloigné d'une
» étude déjà repoussante par elle-même ; mais
« qu'il désirait que son fils élevé avec plus de
« soin, pût faire un cours abrégé de cette sci-
« ence avant la fin de son éducation. Bossuet,
« qui ne s'en rapportait qu'à lui seul pour
« instruire le jeune prince, suivit des cours
« d'anatomie dans l'amphithéatre de Sténon,
« composa lui-même un abrégé de cette sci-
« ence en trente deux pages pour son élève. »
D'aussi grandes autorités nous dispensent
de chercher d'autres preuves à l'évidence
du principe que nous voulons établir ; et lorsque ceux qui dirigent l'éducation libérale des
nations partageront ces vastes idées, compren-
dront le véritable secret de former des hommes, nous verrons l'anatomie et la physiologie,
considérées au moins dans leurs principes généraux, prendre un rang honorable dans l'en-

seignement public et devenir le complément d'une bonne instruction.

Pour démontrer par des faits toute la réalité de ces opinions, comparons deux hommes du monde, l'un complètement étranger à la science de l'organisme vivant, l'autre initié à ses principaux mystères.

Le premier, ignorant jusqu'au véritable nom du plus superficiel de ses organes, de la plus simple de ses fonctions, est incapable de soutenir, ou même de comprendre aucune discussion relative à sa propre économie. Lorsqu'il s'oublie jusqu'à prononcer quelques mots sur cet objet, c'est pour blesser toutes les convenances du langage et de la vérité. Combien de prétendus savans n'ont pas excité le sourire d'un élève à peine assis sur les bancs de l'école, par des *barbarismes* et des *hérésies physiologiques*, d'autant moins supportables qu'un pédantisme ridicule en faisait ressortir encore davantage toute l'absurdité.

Sans aucune connaissance du jeu de ses appareils, des modifications qui peuvent lui devenir favorables ou nuisibles, des caractères qui constituent l'état normal ; etc. comment cet homme fera-t-il un usage raisonné de toutes les influences qui l'environnent ? comment parviendra-t-il à maintenir son état de santé par des précautions calculées ; à prévenir les causes morbifiques au milieu des quelles il est placé ; à deviner en quelque sorte les maladies avant leur entier développement ; à s'opposer par les moyens naturels à l'augmentation des symptômes ; à réclamer assez promptement les secours de l'art ; à guider l'investigation médicale par des renseignemens précis et lumineux etc.? n'est-il pas évident, au contraire, que ce défaut de notions utiles deviendra bien souvent l'occasion de sa perte?

Le second apprend à connaître l'homme, ce chef-d'œuvre de la création ; à comprendre le mécanisme, l'équibre et l'harmonie des fonctions dont l'ensemble constitue la vie ; à faire un usage raisonné des moyens hygiéniques propres à maintenir ces mêmes fonctions dans la mesure indispensable à la santé parfaite ; à bien apprécier les influences convenables ou dangereuses de tous les objets qui se trouvent dans la sphère de ses rapports, en évitant ainsi le développement d'un grand nombre d'altérations graves et souvent mortelles.

Véritable savant, il s'élève bien au dessus du vulgaire par la connaissance de soi-même, des relations qu'il entretient avec tout l'univers ; il parle convenablement et sciemment des mystères de son organisation ; et si, non obstant les précautions les mieux combinées, son économie devient le siége d'une maladie grave et difficile à bien préciser, il facilite beaucoup les recherches du médecin par des notions vraies et positives. C'est un fait que nous avons eu plusieurs fois l'occasion de vérifier.

Combien d'autres objets essentiels ne pourrions-nous pas signaler encore, en spécifiant les applications de la physiologie à telle ou telle profession ; en indiquant, par exemple, tous les avantages qu'elle présente au botaniste, au zoologiste, pour mieux approfondir la connaissance des constitutions animales et végétales ; au peintre, pour donner de la vie et du mouvement à ses tableaux ; au juge, à l'avocat, pour discuter ou seulement comprendre les questions de médecine légale si souvent agitées devant les tribunaux etc. etc.? Partout nous verrions surabonder les preuves qui consacrent l'importance et l'utilité générales de la physiologie.

2° *Relativement aux philosophes.* -- On parle bien souvent de philosophie, de philosophes, mais ces termes sont employés sous des acceptions si différentes qu'il devient indispensable de les expliquer, pour en déterminer le sens précis. Nous définissons naturellement la philosophie : *Etude raisonnée de l'homme et de ses rapports avec tout ce qui l'environne.* Or, l'homme est un composé d'esprit et de matière ; il faut donc, en bonne philosophie, étudier d'abord la matière, ensuite l'esprit, enfin les rapports mutuels de ces deux principes. Supprimez la matière ou l'esprit, il n'existe plus d'homme ; dans le premier cas, c'est un esprit pur, dont les relations avec tous les objets extérieurs s'effectuent par d'autres intermédiaires que des organes, et par des moyens qui échappent à notre investigation ; dans le second, c'est un cadavre sans facultés, sans mouvement, incapable d'entretenir désormais avec ces mêmes objets, le commerce qu'il offrait pendant le tems de son animation. Dans l'homme vivant, *l'âme* est le principe immatériel pensant, raisonnant, agissant ; *les organes* sont les instrumens employés par ce principe. Il est donc absolument impossible d'étudier l'un à l'exclusion des autres, sans tomber directement soit dans les erreurs du Kanto-Platonicisme, soit dans les absurdités du matérialisme le plus révoltant.

La conclusion nous paraît ici bien positive et bien naturelle ; mais faisons parler une autorité qui sans doute ne sera pas suspecte ; laissons à Bossuet le soin d'établir cette vérité fondamentale.

« 1° La sagesse consiste à connaître Dieu, « à se connaître soi-même.

« 2° La connaissance de nous-mêmes nous
« doit élever à la connaissance de Dieu.

« 3° Pour bien connaître l'homme il faut
« savoir qu'il est composé de deux parties qui
« sont l'âme et le corps.

4° Il y a donc dans l'homme trois choses à
« considérer, l'âme séparément, le corps sé-
« parément, l'union de l'une et de l'autre.

« 5° Telle est la base de toute bonne philosophie. » Or, la physiologie *est l'histoire de
l'homme sous le point de vue particulier de toutes
ses actions organiques,* donc la *physiologie est la
base naturelle de toute philosophie raisonnée.* Pour
completter la démonstration, comparons deux
philosophes l'un étranger à la science de la
vie, l'autre suffisamment versé dans les connaissances qu'elle peut offrir.

Le premier ne soulévera jamais qu'un coin
du voile qui dérobe l'homme tout entier aux
regards du vulgaire. Il comprendra l'âme exclusivement par les résultats abstraits de son
action ; il connaîtra, mais incomplettement
l'ouvrier, puisqu'il est incapable d'apprécier
les instrumens qu'il emploie, d'approfondir les
moyens par lesquels il arrive à ces mêmes résultats. En professant *la logique* sans avoir étudié les dispositions de l'appareil encéphalo-
rachidien et ses principales fonctions ; la
morale sans avoir des notions suffisantes rela-

tivement au *système nerveux ganglionaire*, au siége, à l'occasion, à la véritable nature des impulsions instinctives, des réactions volontaires et raisonnées, il nous rappellera toujours l'architecte délirant qui veut bâtir un édifice en le commençant par la toiture, n'élevant ainsi qu'un fragile échaffaudage susceptible de crouler au premier effort.

Le second au contraire, déchire le voile tout entier; il connaît l'homme au physique et peut l'apprécier au moral. Pour lui toutes les fonctions de l'âme, d'abord émanées de ce principe, viennent ensuite se rattacher au jeu des organes, comme l'opération *de l'artiste* aux mouvemens de *l'instrument* qui l'exécute. Lui seul peut établir positivement les actions de la matière sur l'esprit, les réactions de l'esprit sur la matière; lui seul est susceptible de faire apprécier dans toute leur vérité, ces influences réciproques du caractère sur le tempérament et du tempérament sur le caractère; lui seul enfin est capable d'ériger l'édifice de la philosophie d'une manière durable, en l'établissant à jamais sur des fondemens solides et que les siècles viendront affermir encore.

3° *Relativement aux médecins.* -- La science que nous étudions n'est plus seulement utile, elle devient indispensable au médecin; vouloir guérir les altérations de l'économie vivante sans être anatomiste et physiologiste profond, c'est avoir la prétention de réparer une machine dont on ignore le mécanisme et jusqu'aux dispositions des rouages. On ne cherche plus à faire admettre aujourd'hui, que *relativement à ces deux sciences, des notions générales suffisent à celui qui renonce au plus beau titre, en déclarant son incapacité pour la chirurgie*; c'est un vieux préjugé enfanté par la paresse, accrédité par l'ignorance, et dont notre époque a fait complètement justice.

La physiologie considère les organes et les fonctions dans l'état de santé, la pathologie les envisage dans l'état d'altération ; comment dès-lors pouvoir isoler ces deux sciences; comment approfondir l'une sans avoir primitivement cultivé l'autre; comment apprécier les maladies des organes et des fonctions si l'on n'a pas étudié les fonctions et les organes dans leur état normal.

Pour donner à ces principes toute l'évidence qui leur convient, plaçons, tour à tour deux médecins, l'un *empirique*, l'autre *physiologiste*, près d'un sujet affecté d'inflammation avec des symptômes insidieux, d'une phlegmasie intestinale par exemple, et dépouillé de tout esprit de système, de toute prévention; jugeons sans partialité les résultats de leurs méthodes curatives.

Les phénomènes les plus apparens sont ici

la fièvre, la sécheresse, la rougeur de la langue, et lorsque la maladie prend un caractère sérieux, l'aspect noirâtre, fuligineux de cet organe et des gencives, la prostration des forces, les déjections fétides etc. Quelles seront les indications à remplir pour chacun de ces deux médecins?

Le premier voit une *fièvre* à combattre, une *faiblesse* à détruire, une *putridité* qu'il faut prévenir; *les fébrifuges, les toniques, les cordiaux, les antiseptiques*, tous puisés dans la classe des excitans, forment, en conséquence, la base principale du traitement ; heureux encore; lorsque l'emploi de ces dangereux moyens n'a pas été précédé par l'administration des vomitifs et des purgatifs. Plus *l'adynamie*, conséquence de l'inflammation , fait de progrès , plus les toniques sont prodigués , plus ces moyens offrent d'activité, plus la faiblesse augmente; le malade roulant ainsi dans un cercle vicieux où les causes, les effets s'enchaînent et se produisent mutuellement , succombe aux effort *de l'art* et *de la maladie*, si la nature devient impuissante pour lutter avec avantage contre un aussi grand nombre d'influences d'estructives.

Le second, sans admettre autant de maladies qu'il observe de symptômes, porte ses regards sur les principales fonctions, afin de préciser celle qui se trouve plus spécialement affectée ; ici l'état de la langue, la nature des évacuations etc. lui signalent une inflammation du tube digestif, dont il constate bientôt la réalité, le siége positif, le degré d'intensité, en explorant, par le toucher, les diverses régions de l'abdomen , en établissant quels sont les phénomènes plus particulièrement lésés ; pour lui, la fièvre n'est qu'une réaction sympathique. du cœur sous l'influence de cette phlegmasie, et la prostration un simple résultat de la concentration des puissances vitales sur les organes enflammés. Dès - lors ces phénoménes accessoires ne deviennent plus la base des indications à remplir ; ils disparaîtront avec leur cause, avec la phlegmasie digestive contre laquelle tout le traitement va se trouver plus spécialement dirigé. L'éloignement des agens inflammatoires, la diéte, les boissons tempérantes, les topiques émolliens, les saignées locales ou générales etc. etc. tels sont les moyens simples et raisonnés qui le plus souvent détruiront et la phlegmasie intestinale et la fièvre, les déjections fétides , la faiblesse illusoire dont elle était la cause déterminante.

Un tel parallèle n'exige aucune réflexion, nous ajouterons seulement que l'homme étranger à la science de la vie ne saura jamais interpréter les secrets de la nature, mais agira toujours d'après un aveugle empirisme aussi funeste à l'humanité qu'étranger et même contraire aux progrès de la science.

§ IV. LA PHYSIOLOGIE DOIT S'ÉCLAIRER DU FLAMBEAU DES AUTRES SCIENCES.

Considérant pour la médecine et la physiologie l'utilité des sciences accessoires, Hallé nous donne un précepte rempli de sagesse et de vérité : « *Interrogez ces sciences, mais ne recevez pas leurs oracles sans réserve et sans discernement.* »

Rejeter entièrement le flambeau des sciences accessoires, céder imprudemment et sans réflexion aux attraits séduisans, mais souvent trompeurs qu'il fait briller à nos yeux, tels sont les deux écueils entre lesquels se trouve pratiqué l'étroit sentier que nous devons parcourir.

Les branches de l'histoire naturelle dont le secours est essentiel à la physiologie, sont, plus spécialement, 1° *L'anatomie comparée*, 2° *la pathologie*, 3° *la physique*, 4° *la chimie.*

1° *L'anatomie comparée.* — Nous ne parlons point ici de l'anthropotomie ; il est trop évident que l'on ne doit jamais étudier le jeu d'une machine sans en bien connaître d'abord tous les rouages, pour qu'il soit nécessaire de prouver l'utilité que présente l'anatomie de

Tome Ier.   d

l'homme à l'histoire des fonctions organiques de ce dernier.

« *S'il n'existait pas d'animaux, dit Buffon, la nature de l'homme serait encore plus incompréhensible* ». Nous partageons entièrement cette opinion d'un grand écrivain. Comment en effet, sans l'anatomie comparée, distinguer dans les appareils, si compliqués de notre économie, l'organe essentiel et ceux qui ne jouent qu'un rôle accessoire dans la fonction confiée à ces appareils. Avec cette science on y parvient au contraire de la manière la plus facile et la plus certaine. Il suffit en effet, d'étudier un phénomène vital déterminé, chez les animaux qui l'exercent dans toute sa perfection, avec les dispositions organiques les plus simples, de s'élever dans la série des espèces qui l'effectuent par une sur-addition d'organes et d'arriver ainsi jusqu'à l'homme, pour distinguer dans ce phénomène les instrumens indispensables et ceux qui ne présentent qu'une utilité secondaire. Lorsque nous avons constaté par exemple, que la sèche, avec le nerf acoustique et les canaux semi-circulaires pour tout appareil auditif, apprécie très-bien les vibrations sonores, n'est-il pas tout naturel d'en inférer que ce nerf est l'organe essentiel de l'audition, tandis que chez l'homme et beaucoup d'autres animaux la conque, le conduit auditif, la caisse du tympan, la chaîne des osselets etc. n'en sont que des organes accessoires, les uns de protection, les autres de perfectionnement ?

C'est encore par l'anatomie comparée que nous pouvons apprécier la texture, le caractère et la manière d'agir des organes qui, par leur ténuité dans l'homme, semblent échapper à notre investigation, tandis que chez certains animaux constitués sur une échelle beaucoup plus développée, ces mêmes organes, dès-lors très-apparens, nous fournissent des inductions analogiques du plus haut intérêt. Les poumons de la grenouille, les poils du sanglier etc. en deviennent la preuve incontestable.

Il nous serait aisé de prouver, par un plus grand nombre d'exemples, toute l'utilité de l'anatomie comparée dans la science physiologique, mais l'évidence n'a besoin que d'une simple indication. Nous ajouterons toutefois qu'il ne faut pas confondre ici l'usage et l'abus, en employant les analogies comme des faits rigoureux, en établissant les inductions ingénieuses comme des principes fondamentaux.

2° *La pathologie.*—Nous avons démontré que la physiologie est indispensable à la connaissance positive des maladies ; nous ne craignons pas maintenant d'avancer que la pathologie raisonnée fournit en échange à la science de la vie les plus sûrs moyens de perfectionnement. C'est en opposant toujours aux fonctions dans l'état normal, ces mêmes fonctions dans l'état d'altération, que l'on peut apprécier très-positivement les unes et les autres, et faire à chaque pas, au moyen de ces contrastes, des découvertes du plus haut intérêt dans les sciences médicale et physiologique.

En voyant la lésion d'un organe déterminé produire dans cette fonction un désordre de telle nature, nous arrivons à préciser les usages particuliers de cet organe dans l'économie vivante. Ainsi l'excès de la densité ou de la convexité du cristallin entraîne la miopie ; un tel fait nous démontre que cette lentille est destinée dans la vision à réfracter les rayons lumineux. La destruction des osselets de l'ouie produit une surdité plus ou moins complète ; altération prouvant que cette chaîne osseuse a pour usage de transmettre les vibrations sonores à l'appareil sensitif de l'audition. Certaines lésions du larynx amènent l'aphonie ; plusieurs maladies graves du cœur, des poumons deviennent le principe de la syncope de l'asphyxie etc. , observations qui ne laissent aucun doute sur l'organe essentiel de la voix, de la circulation, de la respiration etc. ; nous pourrions énumérer tous les viscères et toutes les fonctions de l'économie avec l'assurance de rencontrer dans les unes et les autres sans exception les mêmes faits et les mêmes preuves incontestables.

Plus on multipliera ces rapprochemens, beaucoup trop négligés, entre l'homme sain et l'homme affecté de maladie, plus on sentira que la médecine et la physiologie loin de pouvoir jamais être séparées, sont au contraire faites pour se prêter un mutuel secours, et pour s'enrichir l'une et l'autre par des communications et par des échanges réciproques.

3° *La physique.* — Si les abus de la physique, dans l'explication des phénomènes essentiels à la vie n'ont produit que des résultats fâcheux, on ne doit pas craindre les mêmes inconvéniens dans l'usage de cette science convenablement appliquée aux fonctions accessoires ; nous ajouterons même qu'il devient absolument impossible d'exposer la théorie d'un grand nombre de phénomènes physiologiques, sans le concours de cet important auxiliaire.

Comment expliquer la vision si l'on ne connaît pas la lumière, les modifications qu'elle éprouve en rencontrant des corps opaques ou diaphanes, en traversant des milieux de forme, de densité, de combustibilité différentes ? Concevra-t-on bien l'audition et ses perfectionnemens si l'on ignore la théorie du son et les changemens que lui font subir un grand

nombre d'obstacles établis sur son passage ?
Sera-t-il possible de calculer, d'apprécier la résistance continuelle des forces vitales pour contrebalancer l'action habituelle des puissances
physiques, si l'on n'a point acquis des données
positives sur les effets de la pesanteur, de l'é-
lasticité, de la cohésion, de la porosité etc. ?
Comment enfin comprendre les détails intéres-
sans et multipliés de la mécanique animale
dans la locomotion, le saut, la course, les
mouvemens partiels, si l'on n'a pas des idées
bien exactes sur les puissances, les léviers, le
point mobile, les résistances, le centre de gravitation, et si l'on n'a pas suffisamment appro-
fondi la connaissance des lois du mouvement ?
Si nous avions besoin d'une preuve définitive
pour démontrer l'utilité de la physique raisonnée dans les explications physiologiques,
nous renverrions à plusieurs de nos traités
modernes où le défaut de connaissances précises dans la première de ces deux sciences,
laisse bien souvent dans la seconde subsister
des imperfections et même des erreurs fondamentales.

·4° *La chimie.* — Cette science est peut-être
la branche de l'histoire naturelle dont on a le
plus abusé dans le moyen âge et même dans
nos tems modernes relativement à la physiologie. Mais il ne faut pas que le désir d'éviter

les inconvéniens d'un extrême nous conduise dans les inconvéniens non moins fâcheux de l'extrême opposé. La chimie doit éclairer de son flambeau l'histoire de la vie dans plusieurs points importans ; c'est ainsi qu'elle facilite beaucoup l'intelligence de la gustation, par les notions qu'elle fournit sur les saveurs , celle de l'olfaction, par la connaissance des odeurs. En nous faisant bien apprécier la nature et la composition de l'air athmosphérique , les changemens qu'éprouve le sang veineux pour devenir sang artériel etc. , la chimie nous dirige bien avantageusement dans l'étude raisonnée de la respiration. Si nous ne devons pas lui soumettre les théories de la nutrition, des sécrétions etc. pour éviter l'erreur grave de substituer les lois de la matière aux lois de la vie , au moins doit-elle nous aider puissamment à bien connaître les produits de ces fonctions importantes, à spécifier leurs caractères dans l'état normal et leurs altérations dans l'état pathologique.

Ces considérations sommaires nous paraissent bien suffisantes pour démontrer qu'en usant avec circonspection des sciences accessoires , en évitant soigneusement les abus de leurs applications, elles serviront à donner aux fonctions vitales ce degré de certitude et de précision que leur histoire est maintenant susceptible d'offrir.

Après avoir fait connaître les principales révolutions de la science physiologique, ses caractères, sa réalité, son importance, l'utilité générale qu'elle présente, l'esprit dans lequel on doit procéder à son étude, exposons les motifs et le plan de ce travail.

MOTIFS DE CET OUVRAGE.

Au début de notre carrière médicale, nous avons éprouvé, comme tous ceux qui désirent acquérir une solide instruction, le besoin de rassembler des matériaux épars, de les disposer dans un ordre méthodique et précis.

L'anatomie, la physiologie, premières bases de la science que nous désirions approfondir, se trouvaient déjà cultivées d'une manière bien remarquable par des hommes qui honoraient cette époque et dont les travaux importans illustrent celle qui commence aujourd'hui.

Puissamment excité par l'attrait de ces ouvrages élémentaires, si capables d'inspirer le véritable goût de la science, nous compulsons toutes ses archives. Le vaste répertoire dans lequel notre immortel Haller et ses laborieux coopérateurs déposèrent l'immense tribut de leurs expériences devient pour nous l'objet d'un travail de plusieurs années.

Riche de ces faits aussi positifs que nombreux, nous les plaçons dans le jour le plus favorable et nous augmentons leur valeur par une coordination raisonnée.

Dans l'intention d'éprouver le degré d'importance d'un pareil travail, de faire juger la méthode que nous avons suivie, de répandre ces connaissances pour les utiliser davantage, nous ouvrons en 1826 des cours de physiologie, à Paris, dans l'amphithéâtre de l'école de perfectionnement. Les encouragemens de nos maîtres, l'empressement des élèves à suivre nos leçons, alors même que nous étions encore leur condisciple, nous font sentir que cette méthode est celle qui convient à la marche de la raison et de la vérité.

Désormais appuyé sur cette base inébranlable nous ajoutons incessamment des faits qui nous sont propres aux faits transmis par nos devanciers et par nos contemporains. Etranger à tout esprit de secte, à toute opinion systématique, guidé par un seul mobile, par le désir du vrai, nous sacrifions pendant quinze ans toutes nos veilles à l'étude, à la pratique, à l'enseignement des sciences médicales et plus particulièrement de la physiologie.

C'est le résultat de ces travaux assidus que nous offrons aujourd'hui, sous le titre de *Physiologie Médicale et Philosophique,* à nos anciens maîtres comme un souvenir de leurs bienfaits et de leurs précieuses leçons ; aux élèves comme un tribut de reconnaissance pour les encouragemens qu'ils ont donnés à nos premiers essais.

Nous espérons qu'il ne sera pas indifférent aux premiers, entrepris sous leurs auspices, achevé dans les principes qu'ils enseignent eux-mêmes.

Nous croyons qu'il pourra devenir utile aux seconds, en les affermissant dans la saine doctrine du *vitalisme* professée avec tant de succès par la première école du monde; en les éloignant de ces vaines théories que l'imagination enfante et que le jugement détruit ; en les affranchissant du tribut de ces innovations mensongères, d'autant plus dangereuses qu'elles sont toujours présentées avec les spécieuses apparences de la vérité aux yeux de ceux qui n'ont point encore assez d'expérience pour les réduire à leur juste valeur par le creuset de l'observation; enfin en les conduisant, au moyen des transitions les plus simples et les plus naturelles, de la connaissance raisonnée de l'homme sain, à l'histoire positive de l'homme souffrant.

Nous pensons également que les philosophes trouveront, dans ce même travail, les véritables bases de leur science ; les hommes instruits, le solide fondement d'une hygiène simple et raisonnée.

PLAN DE CET OUVRAGE.

La méthode, souvent beaucoup trop négligée dans l'exposition des objets, devient d'autant plus indispensable que la sience dont ils forment la base offre plus d'étendue, que ces objets eux-mêmes sont plus essentiellement diversifiés.

Si *la forme* parvient quelquefois à dissimuler une partie des imperfections *du fond*, lorsqu'il est vicieux, combien ne lui donnera-t-elle pas de valeur s'il offre déjà par lui-même des avantages incontestables.

Nous éprouvons dans tous les instans que tel fait essentiel présenté sous un faux jour ne produit aucun résultat, alors qu'il devient d'un intérêt majeur en le plaçant dans un jour plus favorable. Ces vérités communes à toutes les sciences deviennent peut-être encore plus directement applicables à la physiologie.

Tant de fois entravée, pervertie dans sa marche par les écarts de l'imagination, l'histoire de l'organisme vivant se trouve encore, même aujourd'hui, fortement ébranlée par des théories spécieuses, par des systêmes *physico-chimiques* en opposition manifeste avec les lois vitales. Nous sommes dès-lors placé dans la nécessité de reprendre la construction de l'édifice par ses fondemens, et de lui donner, autant qu'il est en nous, une invariable solidité contre laquelle viendront se briser avec fracas toutes les vagues de ce torrent débordé, toutes ces hypothèses imaginaires, toutes ces innovations dangereuses qui tendent si fortement à remplacer la vérité par les illusions de l'erreur.

En conséquence de ces principes, après avoir analysé les élémens des *économies physique* et *vitale*, depuis les premiers rudimens des corps jusqu'aux plus compliquées des fonctions, nous établissons entre ces économies des différences qui démontrent évidemment qu'elles ne doivent pas être confondues, et qu'il serait aussi faux d'expliquer les phénomènes vitaux par les lois de la matière, que les phénomènes physiques par les lois de la vie.

D'après l'idée générale qui domine l'ensemble de ce travail nous le divisons en trois parties principales 1° *Prolégomènes.* 2° *Etude des fonctions de l'économie vivante*, 3° *Complément de la physiologie.*

PREMIÈRE PARTIE.

Elle comprend sous le titre de *prolégomènes* toutes les considérations relatives aux bases fondamentales, aux principes généraux de la physiologie.

PROLÉGOMÈNES.

Ils se divisent en dix-sept chapitres dans lesquels nous étudions sous quatre chefs principaux : 1° *Les corps*, 2° *les propriétés*, 3° *les phénomènes*, 4° *les économies*.

1° ÉTUDE DES CORPS.

CHAP. — I. Classification naturelle des êtres.

II. Elémens des corps envisagés dans leur plus grande généralité.

III. Corps naturels. Etats solide, liquide, vaporeux, gazeux. Classification physiologique des fluides et des solides organiques.

IV. Différences principales qui distinguent les corps de la nature. 1° *Les corps inorganiques et les corps organisés;* 2° *les végétaux et les animaux;* 3° les animaux et l'homme.

V. Altérations des corps. *Augmentation, diminution, perversion, destruction.*

2° ÉTUDE DES PROPRIÉTÉS

VI. Propriétés des corps. 1° Générales, 2° spéciales : *physiques, de tissu, vitales.*

VII. Différences principales qui distinguent *les forces physiques et vitales.*

VIII. Influences réciproques des *forces physiques et vitales;* modifications relatives à

Nous les considérons 1° dans l'économie physique, 2° dans l'économie vivante ; entre les tissus, les organes, les appareils, les propriétés, les phénomènes et les fonctions d'une même économie vivante ; entre une économie vivante et ce qui l'entoure ; ainsi entre les végétaux, les animaux, l'homme et tous les objets de leurs rapports.

CHAP. XVII. Habitude, envisagée dans sa plus grande généralité comme une *seconde nature*; comme principal modificateur *des corps, des propriétés, des fonctions, des économies.*

Nous l'étudions, 1° dans l'économie physique, 2° dans l'économie vivante. Pour cette dernière, dans les organes, les appareils, les phénomènes, les fonctions ; enfin chez les végétaux, les animaux et l'homme.

SECONDE PARTIE.

Elle renferme sous le titre *d'étude des fonctions de l'économie vivante,* l'histoire de toutes les actions physiologiques des corps organisés en général, de l'homme en particulier.

ÉTUDE DES FONCTIONS DE L'ÉCONOMIE VIVANTE.

Elle comprend 1° les généralités des fonctions de l'organisme vivant, 2° l'histoire particulière de ces mêmes fonctions.

1° CONSIDERATIONS GENERALES SUR LES FONCTIONS DE L'ORGANISME VIVANT.

Rapports naturels, — 1° entre les élémens et les propriétés physiques, 2° entre les tissus et les propriétés vitales, 3° entre les organes et les phénomènes vitaux, 4° entre les appareils et les fonctions, 5° entre l'organisme et l'économie vivante.

Nombre des fonctions. — Nous en admettons onze principales: 1° innervation, 2° circulation, 3° respiration, 4° digestion, 5° absorption, 6° nutrition, 7° sécrétion, 8° sensation, 9° combinaison intellectuelle, 10° action d'expression, 11° génération.

Classification des fonctions. — Nous établissons quatre divisions. 1° *Vitales* : — innervation, circulation, respiration; 2° *nutritives* : — digestion, absorption, nutrition, sécrétions; 3° *de relation* : — sensations, combinaisons intellectuelles, actions d'expression; 4° *génitales* : — génération.

Régulateurs instinctifs des fonctions. — Nous désignons par ces termes, d'une part, *l'appétit* qui sollicite l'exercice des actes physiologiques avec un empire toujours proportionné à l'importance de ces mêmes actes ; de l'autre, *la satiété* qui vient établir le contre poids en prévenant leur développement au-delà des besoins naturels.

Appareils organiques des fonctions. —Nous les réduisons dans leur plus simple expression aux trois cavités splanchniques, aux sens, aux membres.

Ordre suivi dans l'exposition particulière des fonctions. — Nous comprenons sous huit chefs principaux toutes les considérations relatives à chacune des fonctions.

1° Etimologie, définition, caractères, but de la fonction.

2° Description physiologique de l'appareil ; particularités qu'il présente chez les différentes classes d'êtres organisés.

3° Modificateur particulier ; ainsi les alimens pour la digestion, l'air pour la respiration etc.

4 Appétit, ou sentiment instinctif qui fait naître le besoin de la fonction, ainsi la faim, la soif pour la digestion etc.

5° Etude particulière de la fonction, comprenant toutes les considérations relatives à sa théorie, ses modifications etc.

6° Influence de l'habitude sur cette fonction.

7° Sympathies, antipathies spéciales de cette même fonction.

8° Altérations qu'elle peut offrir d'après les

Tome Ier

cinq types fondamentaux : *augmentation*, *diminution*, *perversion*, *suspension*, *extinction partielle*.

2° HISTOIRE PARTICULIÈRE DES FONCTIONS DE L'ORGANISME VIVANT.

Nous étudions sous ce titre les différentes actions physiologiques dans leurs plus grands détails ; d'abord sous le rapport de l'état normal, ensuite dans leurs applications à la *pathologie*, *à l'hygiène*, *à la médecine légale*, enfin *à la philosophie* pour celles qui rentrent plus directement dans l'histoire de l'homme moral.

En considérant ces actions d'après leur plus grande généralisation chez les êtres organisés vivans, d'après leur nécessité plus immédiate relativement à la conservation de l'existence active, nous les présentons dans l'ordre suivant : *fonctions* : 1° *vitales*, 2° *nutritives*, 3° *de relation*, 4ᵉ *génitales*.

PREMIERE CLASSE.

FONCTIONS VITALES.

Cette classe embrasse trois fonctions principales : 1° *innervation*, 2° *circulation*, 3° *respiration*.

CHAPITRE I. INNERVATION.—Exposition physiologique des systêmes nerveux, *ganglionaire*, *encéphalique*. Rapports essentiels qui les unissent ; caractères fondamentaux qui les distinguent. Influence de l'appareil innervateur sur tous les autres, pour leur communiquer le principe du sentiment et du mouvement, expliquée d'après une théorie naturelle basée sur les faits et l'observation.

II. CIRCULATION. — Progrès de la science relativement à cette fonction.

Cercle circulatoire figuré par une planche dans sa plus grande extension et dans sa dernière simplicité. Division de ce même cercle en quatre segmens principaux.

1° *Circulation lymphatique.* — Examen de la grande question relative à l'absorption veineuse.

2° *Circulation à sang noir.* — Appareil, caractères, but, système de la veine porte. Cours du sang noir.

3° *Circulation à sang rouge.* — Considérations importantes relatives à son influence dans l'organisme, comme agent *d'excitation, de nutrition, de sécrétion.*

4° *Circulation mixte ou capillaire.* — Mouvement moléculaire du sang dans les dernières divisions vasculaires et dans les parenchymes représenté par une planche. Division du système capillaire en deux grandes parties essentiellement distinctes par leur nature et leur objet. 1° *Pulmonaire* siége de *l'hémostase* ; 2° *général* siége de la nutrition et des sécrétions.

Après avoir analysé la circulation dans ses principaux segmens, nous l'étudions dans son ensemble.

Histoire générale et physiologique du sang avec des considérations relatives à l'hygiène, à la pathologie, à la médecine légale.

Théorie naturelle du pouls ; applications essentielles à l'investigation des maladies.

Effort du sang dans les parenchymes. Nécessité de plusieurs précautions pour en garantir ceux dont l'organisation est délicate et les fonctions immédiatement liées à la vie. Flexuosités artérielles ; division extrême des vaisseaux ; *réservoirs circulatoires.* Ce dernier titre nous conduit naturellement à faire connaître la principale, et souvent l'unique destination de plusieurs organes en quelque sorte relégués hors de l'organisme, tels que *le thymus, les capsules rénales, les plexus choroïdes, les corps pituitaire, thyroïde, la rate, les épiploons.*

Circulation chez le fœtus, reduite à sa plus grande simplicité au moyen d'une planche.

Circulation particulière à certains organes, tels que le *cœur, les poumons, l'encéphale et le foie.*

Transfusions étudiées sous le double rapport des funestes essais qu'elles ont fait entreprendre et des résultats précieux qu'elles peuvent offrir à la thérapeutique en les dirigeant avec plus de méthode et de circonspection.

III. Respiration. — Modifications de l'appareil chez les végétaux les animaux et l'homme. Respirations périphérique et centrale. Histoire physiologique de l'air ; applications à l'hygiène à la thérapeutique. Etude particulière de la fonction. 1° Phénomènes mécaniques. — *Inspiration, expiration* auxquels viennent se rattacher : 1° *Pour l'inspiration :* le Bâillement, la succion, l'effort, le hoquet. 2° *Pour l'expiration :* la toux, l'éternuement, la voix. 3° *Pour les deux phénomènes réunis :* le soupir, le gémissement, le sanglot, le rire. 2° Phénomènes chimiques. — 3° Vitaux.

Considérations relatives aux phénomènes apparens de la respiration envisagés à la manière du pouls, dans leurs nombreuses modifications, et devant éclairer avantageusement l'investigation des maladies.

Théorie physiologique des asphyxies, leurs causes, leurs effets ; docimasie pulmonaire.

SECONDE CLASSE.

FONCTIONS NUTRITIVES.

Cette classe renferme quatre fonctions principales : 1° *Digestion*, 2° *absorption générale*, 3° *nutrition*, 4° *sécrétion*.

CHAP. Ier. *Digestion.* — Appareil digestif considéré physiologiquement chez l'homme et les animaux. Sentimens instinctifs attachés à l'exercice de la digestion sous les noms de *faim* et *de soif ;* distinction de leurs états naturel et factice ; applications à l'hygiène, à la pathologie. Histoire des alimens solides et liquides envisagés sous les mêmes rapports. Étude particulière de la digestion successivement considérée dans les cavités : 1° *Buccale :* — Préhension ; succion par inspiration, par action de la langue ; gustation ; mastication ; insalivation. 2° *Pharyngo-œsophagienne ;* — Déglutition. 3° *Gastrique :* — Chymification ; phénomènes locaux et généraux ; opinions diverses ; théorie naturelle. 4° *Duodénale :* — Chylification. 5° *Intestinale grêle :* — Absorption chyleuse. 6° *Intestinale :* — Défécation. Altérations. Théorie du vomissement.

II. *Absorption générale.* — Elle s'exerce dans la substance même des organes, aux surfaces libres, et pour les matériaux d'importation, sur la peau, sur les muqueuses respiratoire et digestive, qui deviennent ainsi les trois principales voies d'introduction pour les principes matériels de la réparation physiologique, des maladies et de la thérapeutique. Elle s'effectue sur les gaz, sur les fluides et sur les solides. Son étude nous fournit des considérations très-importantes sous le rapport de l'hygiène et de la pathologie.

III. *Nutrition*. — Nature, succession, théorie des phénomènes qui constituent cette fonction, dernier terme et complément de la plupart des autres. Calorification effectuée pendant cette même fonction, alors même que la respiration est déjà suspendue; nouvelles expériences relatives à cette grande question. Moyens par lesquels tous les corps vivans conservent leur température au même degré, indépendamment de la chaleur que présentent les milieux ambians.

IV. *Sécrétion*. — Théorie naturelle de l'élaboration sécrétoire. Modifications principales qu'elle présente et que nous rattachons à trois ordres d'après les dispositions essentielles de l'appareil. 1° *Perspiratoires* : cutanée, muqueuse, séreuse, synoviale, cellulaire, médullaire, labyrinthique, oculaire, vasculaire. 2° *Folliculaire:*—Muqueuse, cutanée. 3° *glandulaire*.—Lacrymale, salivaire, pancréatique, biliaire, lactée, urinaire, spermatique, de l'ovaire. Considérations importantes, relativement à l'hygiène, à la pathologie, sur les sympathies réciproques des sécrétions envisagées dans leur ensemble. Rapprochemens curieux de plusieurs élaborations propres à certains animaux, telles que les sécrétions, huileuses, odorantes , gazeuses, colorantes, textiles , électriques. etc.

TROISIÈME CLASSE.

FONCTIONS DB RELATION.

Rudimentaires chez les végétaux et les animaux inférieurs ou leur développement est borné à l'exécution des phénomènes essentiellement vitaux et nutritifs, elles acquièrent chez les animaux supérieurs, et plus spécialement chez l'homme, une extension bien remarquable, et se partagent naturellement en trois ordres principaux : 1° *fonctions d'impression* ; 2° *fonctions de combinaison intellectuelle*; 3 *fonctions d'expression.*

CHAPITRE I. FONCTIONS D'IMPRESSION. — Modifications déterminées dans le systême nerveux, d'où résultent *les sensations* que nous devons distinguer en deux espèces, 1° *générales*, 2° *spéciales.*

1° *Sensations générales.* — Effectuées indistinctement par tous les agens d'excitation; reçues par tous les organes en communication directe ou bien indirecte avec l'encéphale par le moyen des nerfs. Distinction des *impressions extérieures* directement effectuées sur le système nerveux encéphalique, *élémens des idées*; et *des impressions intérieures* indirectement portées sur le système nerveux encéphalique par le système nerveux ganglionnaire, *élémens des passions*; distinction qui jette la plus vive lumière sur l'histoire philosophique de l'homme moral.

2° *Sensations spéciales.*—Déterminées par des modificateurs particuliers; reçues par des organes exclusivement en rapport avec ces modificateurs. Elle se divisent en cinq variétés : 1°.*palpation*, intermédiaire aux sensations générales et spéciales; 2° *gustation* ; *olfaction* ; *audition* ; *vision*. Elles deviennent également les principes élémentaires d'un grand nombre d'idées. Caractères essentiels de tout organe sensitif spécial. Histoire du modificateur et de la fonction dans tous leurs détails.

II. Fonctions de combinaison intellectuelle. Rudimentaires chez les animaux supérieurs, offrant tous leurs développemens chez l'homme, ces fonctions exigent l'intervention d'un principe immatériel dont la sphère bornée chez les premiers aux besoins organiques, s'étend chez le second à la connaissance du moi, à la distinction du juste, de l'injuste, à l'héroïsme de la vertu, aux élans du génie, en rendant l'homme supérieur aux nécessités corporelles, en le rapprochant de la divinité. Ce principe immatériel au quel on donne le nom d'âme est l'agent essentiel des fonctions de combinaison, l'encéphale en devient l'instrument. Ce même principe offre ses dispositions natives sous les noms de *facultés intellectuelles* et *de passions.*

1° *Facultés intellectuelles.* — Leur ensemble constitue ce que l'on désigne communément par le terme d'intelligence. Nous les divisons en trois ordres sous le rapport de leur manière d'agir.

1° Facultés qui préparent aux actions de combinaison : *curiosité.* Véritable appétit relatif à cette espèce de fonctions ; attrait plus ou moins puissant qui nous porte à connaître les objets de nos rapports. *Indifférence.* Faculté opposée qui produit des résultats contraires. *Attention.* Faculté qui fixe l'esprit naturellement entrainé par son instabilité ; elle augmente si positivement la valeur des autres, que nous pouvons doubler nos facultés intellectuelles en développant la force de l'attention par l'éducation et l'habitude. *Volonté.* Faculté qui règle cette application en coordonnant les déterminations dans la sphère du libre arbitre.

2° Facultés qui effectuent les actions de combinaison. *Perception, raisonnement, jugement.*

3° Facultés qui perfectionnent les actions de combinaison. *Réflexion.* Faculté qui permet à l'esprit de revenir sur ses opérations, de les apprécier et de les modifier au besoin. *Mémoire.* Faculté qui rappelle des impressions passées. *Imagination.* Faculté de créer des images plus ou moins éloignées de la réalité. *Génie.* Faculté puissante qui peut aussi créer, approfondir, mais dans l'ordre de la nature et de la vérité. *Prévoyance.* Faculté précieuse qui fait calculer d'avance les diverses chances des événemens. *Prudence.* Faculté qui éloigne des entreprises périlleuses. *Conscience.* Faculté qui donne à l'homme exclusivement l'avantage de sa propre intuition. *Raison.* Faculté complémentaire de toutes les autres qui coordonne et soumet les impulsions instinctives dans le domaine du juste et du vrai ; apanage distinctif de l'homme ; cette faculté jointe à la conscience, à la volonté, le rendent complétement responsable de ses actions. L'ensemble de toutes ces facultés constitue *l'intelligence.*

2° *Passions.* — Impulsions instinctives qui modifient les relations de l'homme avec les objets qui l'entourent. Nous les distinguons sous ce rapport en trois ordres 1° passions qui provoquent des relations nobles et bienveillantes : *amour, philantropie, amitié, constance, estime, pitié, admiration, indulgence, respect, gaité, reconnaissance, émulation, espérance, courage.* 2° Passions qui repoussent violemment ces rapports : — *haine, mépris, cruauté* etc. 3° Passions qui pervertissent les relations : — *ambition, envie, colère, jalousie, peur, lacheté, paresse, égoïsme, ingratitude, tristesse.* L'ensemble de toutes ces impulsions constitue *l'instinct*, modifiant plus ou moins profondément les fonctions intellectuelles que nous réduisons à trois principales, 1° *perception*, 2° *raisonnement*, 3° *jugement*.

Influences réciproques de *l'instinct et de la raison*.

Constitutions physique et morale de l'homme. La première nous offre le tempérament, la seconde le caractère.

Tempérament. — Prédominence de tel ou tel ordre d'appareils. Nous le réduisons aux types suivans : 1° *nerveux*, nous en distinguons deux variétés : encéphalique, ganglionnaire. 2° *Lymphatique*, 3° *sanguin*, 4° *musculaire*, 5° *bilieux ; variété , mélancolique.*

Caractère. — Prédominence de tel ou tel ordre de facultés intellectuelles ou de passions. il nous présente les types suivants : 1° *curieux*, 2° *indifférent*, 3° *volontaire*, 4° *indécis*, 5° *raisonnable*, 6° *maniaque*, 7° *philantrope*, 8° *égoïste.*

Influences réciproques du moral et du physique. Théorie du beau. Effets de l'habitude sur les actions de combinaison intellectuelle, principes physiologiques applicables à l'éducation raisonnée de l'homme.

III Fonctions d'expression. — Toutes se rattachent au mouvement physiologique ; ce mouvement lui même peut se réduire par la pensée au raccourcissement d'une fibre contractile. Mécanique animale dans ses beaux développemens ; causes de la force, de la vitesse ; puissances, leviers, résistances etc. station, locomotion étudiées dans toutes leurs modifications. Gestes, prosopose, voix, parole, chant, ventriloquie.

C'est par les actions d'expression dans leur état naturel que *l'homme extérieur* laisse apercevoir *l'homme intérieur ;* nous pouvons dès-lors, au moins approximativement, connaître *l'homme moral* par l'étude raisonnée de *l'homme physique.* Systême physiognomonique établi sur des bases positives et réduit à sa véritable simplicité. Examen des systêmes de Gall et de Lavater. Dans ce paragraphe indispensable au médecin, essentiel au philosophe, utile aux gens du monde, nous étudions l'homme sous le double rapport de l'intelligence et des passions, nous cherchons à deviner ses dispositions morales dans les actes par lesquels il témoigne son existence.

QUATRIÈME CLASSE·

FONCTIONS GÉNITALES.

Modifiées trés-diversement dans la série des êtres organisés vivans, cette classe de fonctions ne renferme qu'un seul titre, *génération,* fonction essentiellement conservatrice de l'espèce.

GÉNÉRATION. — Caractères de l'appareil chez les végétaux, chez les animaux, chez l'homme. Jamais d'hermaphrodisme réel chez ce dernier. Division de la fonction en six phénomènes : 1° *Excitation préparatiore*, 2° *copulation*, 3° *fécondation*; théories de la production des sexes, des ressemblances, des jumeaux, des mulets, des superfœtations. 4° *Gestation*, 5° *accouchement*, 6° *lactation*. Théorie, classification des monstruosités.

L'histoire des fonctions est naturellement terminée par les considérations relatives au repos qui leur devient indispensable. Théorie, causes, effets du sommeil envisagé dans toutes ses modifications; *rêves, somnambulisme*.

TROISIÈME PARTIE.

Elle renferme sous le titre de *Complément de la Physiologie*, les considérations applicables à cette science envisagée dans son ensemble. Nous les divisons en quatre chapitres. 1° *Histoire de la vie*. 2° *Considérations sur la mort*. 3° *Décomposition chimique de l'organisme*. 4° *Théorie naturelle des races humaines*.

COMPLÉMENT DE LA PHYSIOLOGIE.

CHAPITRE PREMIER.

HISTOIRE DE LA VIE.

Théorie naturelle, caractères de la vie. Nous la divisons en six époques : 1° *État de fœtus*, un tableau synoptique offre toutes les modifications du nouvel être, depuis l'état embrionaire jusqu'à la naissance, avec des considérations relatives à la médecine légale. 2° *Enfance*. Dentition. 3° *Adolescence*. Puberté, menstruation. 4° *Virilité*. Dernier terme de l'accroissement; nains, géans. 5° *Vieillesse*. Age de retour. 6° *Caducité*. Théorie, causes de la longévité; moyens de l'obtenir.

CHAPITRE DEUXIÈME.

CONSIDÉRATIONS GÉNÉRALES SUR LA MORT.

Mort naturelle. — Ses causes. *Mort accidentelle, subite :* Causes; d'abord dans l'un ou l'autre de ces organes, *le cœur, les poumons l'encéphale.* Signes de la mort. *Illusoires, probables, certains ;* application à la médecine légale. Putréfaction. Dernier terme de l'existence des corps organisés, ses causes, ses effets.

CHAPITRE TROISIÈME.

DÉCOMPOSITION CHIMIQUE DE L'ORGANISME.

CHAPITRE QUATRIÈME.

THÉORIE NATURELLE DES RACES HUMAINES.

Tel est le plan de cet ouvrage dont nous avons indiqué seulement les principales divisions; le tableau suivant devient un complément indispensable pour en faire mieux apprécier l'ensemble.

TABLEAU SYNOPTIQUE

DE LA

PHYSIOLOGIE.

Ire PARTIE.

PROLÉGOMÈNES.

- Etude générale
  - 1 Des corps.
  - 2 Des propriétés.
  - 3 Des fonctions.
  - 4 Des économies.
- Rapports des organes et des fonctions.
- Appareils organiques des fonctions.
- Classification des fonctions.
- Méthode à suivre pour l'etude de chaque fonction.

IIe PARTIE.

FONCTIONS

- **1 Vitales**
  - 1 Innervation — Impression. Sensation, Réaction.
  - 2 Circulation — Lymphatique. A sang noir. A sang rouge. Mixte ou capillaire. Théorie du pouls. Transfusions.
  - 3 Respiration — Phénomènes mécaniques. — chimiques. — vitaux. Asphyxies.
- **2 Nutritives**
  - 1 Digestion — Préhension. Gustation. Insalivation. Mastication. Déglutition. Chymification. Chylification. Absorption. Défécation.
  - 2 Absorption générale — Aux surfaces libres. Dans les parenchymes.
  - 3 Nutrition — Composition. Décomposition Calorification..
  - 4 Sécrétions, — Prespiratoires. Folliculaires. Glandulaires.
- **3 De relation**
  - 1 Sensations
    - 1 Générales.. — Internes, Externes.
    - 2 Spéciales.. — Palpation. Gustation. Olfaction. Audition. Vision.
  - 2 Combinaisons intellectuelles. — Facultés intellectuelles. Phénomènes intellectuels. Passions. Instinct. Raison. Tempérament. Caractère.
  - 3 Expressions — Station. Locomotion. Gestes. Prosopose. Voix. Parole. Physiognomonie.
- **4 Génitales** — Excitation Copulation. Fécondation. Gestation. Accouchement. Lactation.

IIIe PARTIE.

COMPLÉMENT.

de la

PHYSIOLOGIE.

- 1 Histoire de la vie — État de fœtus. Enfance. Adolescence. Virilité. Vieillesse. Caducité.
- 2 Considérations générales sur la mort — Naturelle. Accidentelle.
- 3 Décomposition chimique de l'organisme...
- 4 Théorie naturelle des races humaines...

PHYSIOLOGIE

MEDICALE

ET

PHILOSOPHIQUE.

PREMIÈRE PARTIE.

PROLÉGOMÈNES.

L'HOMME qui veut étudier une science avec succès doit, avant tout, en préciser l'objet essentiel, en établir l'enchaînement et les rapports. Ce principe général trouve son application particulière à la Physiologie.

Le mot science, pris dans son acception la plus étendue, nous indique : *Un ensemble de connaissances fondées sur des principes et ralliées autour d'une vérité spéciale qui devient leur centre commun.*

Ces connaissances ont toujours pour objet soit les *êtres* de l'Univers, soit les *propriétés* qui leur sont départies, soit les *phénomènes* qu'ils exécutent, soit enfin *l'ordre* et *les lois* qui règnent naturellement entre ces phénomènes, ces propriétées et ces différens êtres.

Ainsi, *des êtres*, *des propriétés*, *des phénomènes*, un *ordre* et *des lois*, tels sont les objets principaux de toutes les sciences humaines qui vont, comme autant de branches différentes, s'attacher au même tronc, *à la science universelle.* Tels sont, en même tems, et par une conséquence nécessaire, les fondemens invariables de la classification la plus naturelle que l'on puisse adopter pour les diverses parties de ce vaste ensemble. Traçons, d'après ces principes, une ligne de démarcation positive entre *ces êtres, ces propriétés, ces phénomènes, cet ordre* et *ces lois.*

CHAPITRE PREMIER.

CLASSIFICATION DES ÊTRES.

En embrassant, par la pensée, tout l'Univers sous un même aspect, nous voyons d'une part, *l'auteur de la nature;* de l'autre, *les êtres créés* qui la composent par leur ensemble.

Le premier n'ayant d'autre principe que soi-même, d'autre origine que l'Eternité, jouissant d'une indépendance absolue au milieu des êtres qui lui doivent leur existence et leur conservation, ne peut entrer dans aucun parallèle avec ces derniers, qui seuls vont désormais nous occuper sous le point de vue de leurs similitudes ou de leurs dissemblances réciproques.

Charles Bonnet avait conçu l'idée de former une échelle générale de tous les êtres en la commençant par *les atomes* et la terminant par *les chérubins.* Cette idée présente quelque chose de grand sans doute; elle séduit l'esprit, mais ne satisfait pas la raison; donner ces limites à la série des êtres, c'est commencer et finir par les ténèbres : le sommet de cette grande échelle se perd dans l'immensité des régions que notre œil ne peut découvrir, tandis que sa base porte sur des fondemens également invisibles, pour ne pas dire entièrement imaginaires. Il est donc en même tems beaucoup plus naturel et plus philosophique d'embrasser exclusivement dans cette classification les êtres dont nous pouvons, au moyen des sens, apercevoir et constater l'existence.

Ces derniers sont nommés *corps;* nous les définissons : *Des êtres offrant pour caractères essentiels, appréciables par un ou plusieurs de nos sens, l'étendue, la divisibilité, l'impénétrabilité, la porosité, la figure et la pesanteur.* Nous concevons en conséquence pourquoi des physiciens habiles considèrent encore aujourd'hui comme douteuse l'existence corporelle *du calorique, de la lumière, du magnétisme* et *de l'électricité,* ces derniers manifestant leur présence moins par des propriétés matérielles inhérentes à leur nature que par les effets d'une action spéciale sur les autres corps, et leur pesanteur étant jusqu'ici complétement inappréciable à nos moyens d'investigation.

Considérés d'une manière générale et sous le rapport des espaces qu'ils occupent relativement à nous, les corps se divisent naturellement en deux classes principales : 1°. *Corps célestes,* 2°. *corps sublunaires.*

Les corps célestes; que nous indiquons seulement pour donner une idée d'ensemble, sont désignés collectivement par le nom d'*astres.* On distingue ces derniers en deux ordres : 1°. *astres lumineux* offrant une lumière propre, le soleil et les étoiles fixes; 2°. *astres non lumineux,* ne présentant qu'une lumière communiquée, les différentes planètes. La réunion de tous ces corps, l'espace qui les renferme, constituent *le ciel* ou *firmament;* la puissance qui les met en mouvement est désignée par le terme d'*attraction;* l'équilibre admirable qui préside à leurs phénomènes, l'ordre merveilleux qui règle toutes les parties de cet imposant ensemble, reçoit le nom d'*économie céleste.*

Les corps sublunaires, qui composent l'air, la terre,

les eaux et tous les êtres matériels enveloppés dans ces différens milieux, se partagent en deux ordres principaux : 1°. *corps inorganiques*; 2°. *corps organisés*.

Les corps inorganiques sont tous ceux dans lesquels on ne rencontre aucune texture propre à former des instrumens susceptibles de concourir par leur action à l'accroissement, à la conservation des individus, à l'entretien, à la propagation des espèces.

Les corps organisés sont tous ceux dans lesquels on observe des tissus qui, par leur union, constituent des organes, lesquels, en se groupant dans un but commun, forment des appareils dont les fonctions principales ont pour objet d'accroître les individus, de réparer leurs pertes habituelles, de garantir et de perpétuer la durée des espèces. Ils se divisent *en végétaux* et *animaux.*

Les végétaux, réduits aux fonctions nutritives et génératrices, n'offrent que des mouvemens partiels très-bornés, jamais une locomotion générale.

Les animaux, indépendamment de ces mêmes fonctions, entretiennent avec tout ce qui les environne, du moins pour le plus grand nombre, des relations d'un autre ordre, jouissent de la faculté de changer de lieu par une action qui leur est particulière. Là se trouvent *les animaux proprement dits* et *l'homme.*

· *Les animaux proprement dits* sont bornés à l'instinct et ne possèdent jamais la connaissance *du moi.*

L'homme, objet spécial de notre étude, par la supériorité de son organisation et bien plus encore par l'intelligence, *la moralité*, la conscience, attributs particuliers à son espèce, laisse entre les animaux et lui un intervalle immense que rien ne peut combler.

L'ensemble de ces corps, le mutuel enchaînement de leurs phénomènes, le balancement réciproque des diverses lois qui les régissent, forment *la nature, l'économie na-*

turelle ; celle-ci et *l'économie céleste* réunies constituent ce *tout infini* que nous appelons *univers, économie universelle.*

Tous les corps, sans aucune exception, sont formés d'élémens dont le nombre et les combinaisons varient suivant les espèces; nous devons dès-lors analyser ces corps en étudiant les élémens et les moyens employés à leur union.

CHAPITRE SECOND.

ÉLÉMENS DES CORPS.

Quelques philosophes de l'antiquité, plusieurs chimistes et physiologistes modernes ont admis, comme élémens des corps, *les atómes* ou particules de la matière ayant une existence réelle, mais que leur excessive ténuité rend imperceptibles à nos sens. Par leur union, ces *atómes* deviennent appréciables, et l'ensemble qu'ils constituent reçoit le nom de *corps.*

Cette idée ne paraîtra pas invraisemblable, si l'on considère qu'au moyen du microscope nous voyons distinctement un nombre infini de corpuscules dont nous eussions probablement toujours ignoré l'existence en les cherchant à l'œil nu. Si nous possédions des instrumens de dioptrique plus parfaits, combien d'autres molécules matérielles n'apercevrions-nous pas et qui restent jusqu'ici dans la catégorie des *atómes?*

D'un autre côté, nous ne voyons point la nécessite d'admettre ces élémens insensibles dans une science que nous voulons rendre positive en négligeant les hypothèses dont l'imagination seule a fait tous les frais.

D'après cette idée, nous accorderons le nom *d'élémens*

à des substances homogènes, simples ou plus exactement encore indécomposées.

Les anciens fixaient à quatre le nombre des élémens : *l'air*, *le feu*, *la terre* et *l'eau*. Nous savons aujourd'hui que ce nombre est beaucoup plus considérable ; que l'air, la terre et l'eau sont des corps essentiellement composés.

Les élémens, sans y comprendre le calorique, la lumière, le magnétisme et l'électricité dont l'existence matérielle est encore un problème, sont au nombre de cinquante-trois. On les divise en deux classes : 1°. *Métalliques.* —silicium, zirconium, thorinium, aluminium, yttrium, glucinium, magnésium, calcium, stroncium, barium, sodium, potassium, lithium, manganèse, zinc, fer, étain, arsenic, molybdène, chrôme, tungstène, columbium, antimoine, urane, cérium, cobalt, titane, bismuth, cadmium, cuivre, tellure, nikel, plomb, mercure, osmium, rhodium, argent, palladium, or, platine, iridium ; 2°. *Non métalliques.*—oxygène, hydrogène, bore, carbone, phosphore, soufre, iode, chlore, azote, pthore, selénium, brome.

Ces élémens, dont le nombre peut augmenter par la découverte d'autres corps simples jusqu'alors inconnus, ou diminuer par la décomposition de quelques-uns de ceux que nous venons d'énumérer en principes déjà caractérisés, ces élémens, soit à l'état de simplicité, soit associés en nombre, en proportions variables, forment tous les corps de la nature, *minéraux*, *végétaux*, *animaux*.

Les élémens et les matériaux composés qu'ils servent à constituer ne se rencontrent pas indistinctement dans tous les corps. Les uns sont communs aux minéraux, aux végétaux, aux animaux ; les autres appartiennent exclusivement à chacun de ces genres.

ÉLÉMENS COMMUNS AUX CORPS INORGANIQUES ET ORGANISÉS.

1°. *Essentiels aux corps organisés.* — Oxygène, hydrogène, azote, carbone; 2°. *Accessoires aux corps organisés.* — Phosphore, soufre, chlore, iode, silicium, aluminium, magnésium, calcium, sodium, potassium, manganèse, fer, cuivre. M. Berzélius ajoute le pthore, qu'il dit avoir rencontré dans les os; quelques chimistes anciens, l'or qu'ils assurent avoir trouvé dans le règne végétal; ces faits exigent des expériences nouvelles.

ÉLÉMENS PARTICULIERS AUX CORPS INORGANIQUES.

Ils sont très-nombreux et comprennent tous ceux qui ne se trouvent point indiqués dans la série des élémens communs aux corps inorganiques et aux corps organisés.

ÉLÉMENS PARTICULIERS AUX CORPS ORGANISÉS.

Nous trouverons dans le règne organisé un grand nombre de matériaux composés qui ne se rencontrent pas dans le règne inorganique. Il n'en est pas de même pour les élémens : tous ceux du premier règne appartiennent également au second.

L'oxygène, l'hydrogène, le carbone, principes essentiels des corps organisés, sont communs aux végétaux et aux animaux. *L'azote* est particulier à ces derniers, ou du moins il ne se rencontre que dans un très-petit nombre de familles végétales, et spécialement dans celle des crucifères.

L'azote constitue la base élémentaire des substances animales; *le carbone* forme celle des végétaux.

Les élémens que nous venons d'énumérer se trouvent bien rarement à l'état de simplicité dans l'économie vivante; ils y sont au contraire presque toujours combinés.

à l'état de matériaux composés, binaires, ternaires, quaternaires, quinternaires, sexénaires. Nous devons les étudier à ces divers états en suivant les mêmes divisions.

MATÉRIAUX COMPOSÉS COMMUNS AUX CORPS INORGANIQUES ET ORGANISÉS.

Tous les matériaux composés communs aux corps inorganiques et aux corps organisés sont formés au moins par deux élémens pris dans la série de ceux que nous avons énumérés. Nous les diviserons en quatre genres principaux. : 1°. *Acides* ; 2°. *oxydes* ; 3°. *sels* ; 4°. *neutres* ; c'est-à-dire qui n'appartiennent à aucun des trois premiers.

1°. ACIDES.

Nous en reconnaissons deux espèces d'après la nature de leur élément générateur essentiel : 1° *Oxacides* formés par l'oxygène ; 2°. *hydracides* formés par l'hydrogène.

Oxacides.

Nitrique.	oxygène	73,356	azote	26,146
Carbonique.	——	73,627	carbone.	27,376
Sulfurique.	——	59, 86	soufre.	40, 14
Phosphorique.	——	56 ,03	phosphore	43, 97
Silicique.				

Hydracides.

Hydrochlorique	hydrogène	2, 74	chlore.	97, 26
Hydriodique				
Hydrosulfurique				

2°. OXYDES.

Nous les distinguerons, d'après la nature de l'élément qui leur sert de base, en deux espèces : 1°. *Métalliques,* offrant un métal pour base ; 2°. *non métalliques,* cet élément fondamental n'appartenant pas aux métaux.

MÉTALLIQUES.

Silice.	oxygène.	51, 92	Silicium .	48, 8
Alumine.	——	46, 71	Aluminium	53,29
Magnésie	——	40, 46	Magnésium	59,54
Chaux	——	28, 09	Calcium. .	71,81
Soude	——	25, 56	Sodium. .	74,42
Potasse	——	16, 85	Potassium.	83,05
Manganèse, tétroxyde	——	35, 99	Manganèse.	64, 1
Fer, tritoxyde.	——	30, 66	Fer	69,34

NON MÉTALLIQUES.

Nous y trouvons deux variétés d'après la nature de leur élément générateur : 1°. *Oxygénés*, formés par l'oxygène ; 2°. *hydrogénés*, formés par l'hydrogène.

Oxygénés.

Eau, (protoxyde d'hydrogène) | oxygène | 88, 9 | hydrogène | 11, 1

Hydrogénés.

Ammoniaque, (hydrogène azoté) hydrogène | 17,458 | azote . . | 82,542

3°. SELS.

Carbonates . .	de chaux .	acide	43, 6	chaux.. .	56, 4	
	de soude .		. . .	. . . . . .	. . .	
	de potasse	———	45,53	potasse ..	54,57	
Sulfates	de chaux.	———	58,47	chaux. ..	41,53	
	de soude ,	———	56,18	soude . .	43,82	
	de potasse	———	45,33	potasse ..	54,67	
Sousphosphates	de chaux .	———	48,45	chaux. ...	51,55	
	de soude .	———	53,30	soude. ..	46,71	
	de potasse	———	43,06	potasse..	56,94	
Hydrochlorate	d'ammoniaque—	———	51,10	ammoniaque	32,13	eau 16,17
Nitrate.	de potasse———		53,45	potasse...	46,55	

4°. MATÉRIAUX NEUTRES.

Chlorures . . .	de sodium.	chlore	60,30	sodium.	39,66
	de potassium	———	47,47	potassium	52,53
Iodures. . . .	de sodium.	———	. . .	. . . . .	. . .
	de potassium	.———	. . .	. . . . . .	. . .

MM. Chevreul et Whœler ont obtenu, par des moyens purement artificiels, plusieurs produits considérés jusqu'alors comme appartenant d'une manière exclusive au domaine des corps organisés. On pourroit, d'après ces travaux curieux, ajouter : 1°. *l'urée artificielle* ou cyanite d'ammoniaque, aux sels ; 2°. *l'acide hydrocyanique*, aux acides ; 3°. *l'huile de fonte de fer*, aux matériaux neutres. Mais ces faits ont encore besoin de confirmation pour être définitivement admis.

MATÉRIAUX COMPOSÉS PROPRES AUX MINÉRAUX.

Ils sont très-nombreux et comprennent tous ceux qui ne se trouvent pas dans l'énumération précédente et dans celle qui doit suivre.

MATÉRIAUX COMPOSÉS PROPRES AUX CORPS ORGANISÉS.

Tous les matériaux composés propres aux corps organisés sont formés aux moins par les trois élémens *oxygène*, *hydrogène*, *carbone*. Un quatrième principe, *l'azote*, se trouve chez tous les animaux, tandis qu'il n'appartient aux végétaux que d'une manière exceptionnelle.

D'après les proportions respectives des élémens constitutifs, nous distinguerons les matériaux composés en trois ordres : 1°. *Neutres*, offrant l'oxygène et l'hydrogène dans les proportions nécessaires à la formation de l'eau, sans prédominence d'aucun des principes constituans ; 2°. *Acides*, présentant les mêmes conditions, plus une prédominence marquée de l'oxygène ; 3°. *Combustibles*, offrant les mêmes caractères fondamentaux, plus un excès d'hydrogène.

1°. N E U T R E S.

	oxygène.	hydrogène.	carbone.	azote.
Sucre	50,063 .	6, 090 . .	42,047 .	. . . .
Glycérine.	53,278 .	9, 056 . .	37,666 .	. . . .

2°. A C I D E S.

Oxacides.

N A T U R E L S.

	oxygène.	hydrogène.	carbone.	azote.
Acétique	44,150 .	5. 630 . .	50,220 .	. . .
Benzoïque	20.430 .	5. 160 . .	74,410 .	. . .

ARTIFICIELS.

	oxygène.	hydrogène.	carbone.	azote.
Caséique.				
Sacholactique . . .	62, 69.	3, 62 . .	33,6965	. . . .
Margarique	11,650.	11,970 . .	76, 360	. . . .
Stéarique	11, 140.	12,430 . .	77, 420	. . . .
Oléique	10,780.	11,350 . .	77, 860	. . . .
Phocénique	26,750.	8, 250 . .	65, 000	. . . .

Hydracides.

	oxygène.	hydrogène.	carbone.	azote.
Hydrocyanique. .	. . . . .	3, 90 . .	44, 39	51,71

3°. COMBUSTIBLES.

	oxygène.	hydrogène.	carbone.	azote.
Stéarine.	9, 454.	78,776 .	11, 170	. . . .
Oléine.	9, 556.	79,354 .	11, 090	. . . .
Phocénine.	. . . .	. . . .	. . . .	. . . .
cyanogène.	. . . .	. . . .	46, 37	53,63 .

L'osmazome ayant été trouvée dans les champignons
par M. Thénard, dans le tubercule du topinambour
par M. Payen, *la fibrine* et *l'albumine animales* dans le
suc de papayer par Vauquelin, on pourroit ajouter
ces corps aux matériaux composés neutres, communs aux
végétaux et aux animaux. Cependant il est peut-être plus
convenable d'attendre des expériences nouvelles sur ces
mêmes corps pour les admettre définitivement dans cette
catégorie.

MATÉRIAUX COMPOSÉS PROPRES AUX VÉGÉTAUX.

Ils sont très-nombreux, mais la plupart, en raison de
la nouveauté de leur découverte, laissent encore beaucoup à désirer sous le rapport de leur existence individuelle et des proportions respectives de leurs élémens.
Comme les précédens, et d'après les mêmes principes,
ils se divisent naturellement en trois ordres : 1°. *neutres;*
2°. *acides;* 3°. *combustibles.*

1°. NEUTRES.

Nous les distinguerons en trois espèces d'après leur coloration : 1°. *incolores;* 2°. *colorés;* 3°. *mixtes,* en quelque sorte intermédiaires aux deux premiers.

Incolores.

	oxygène.	hydrogène.	carbone.	azote.
Amidon	49,68.	6,77	43,55.	
Gomme	50,84.	6,95	42,23.	
Lignine	42,73.	5,82	51,45.	
Sucre de canne	50,63.	6,90	42,47.	

Miel — Mannite — Cérine — Hordéine — Bétuline — Subérine — Inuline — Oliville — Bassorine — Ulmine — Méduline — Absoline — Bréine — Elémine — Hespéridine — Naphtéline — Igrusine — Séreusine — Aurade — Agédoïte — Myricine — Ambréine — Céraine.

Colorés.

Carthamine — Viridine — Santoline — Polichroïte — Orcanine — Indigo.

Mixtes.

	oxygène	hydrogène	carbone	azote
Résine,	13,50.	12,90	73,60.	
Gomme résine.	11,10.	9, 0	79,87.	
Cire.	5,54.	12,67	81,67.	
Ambre.	17,77.	11,62	70,68.	
Camphre.	12,48.	11,14	77,38.	
Caoutchouc	0,88.	9, 1	90,00.	

Tanin — Extractif — Gelée — Huiles — Gluten — Ferment.

2°. ACIDES.

NATURELS.

Libres.

	oxygène	hydrogène	carbone	azote
Citrique	59,859	6,330	33,811	

Malique — Fungique — Méconique.

Combinés.

	oxygène.	hydrogène.	carbone.	azote .
Oxalique	70,689 .	2,745 . .	26,766 .	. . . .
Tartarique	69,320 .	2,275 . .	24,050 .	. . . .

Kinique — Morique — Lacquique — Succinique — Codéique — Mellitique — Nancéique.

ARTIFICIELS.

	oxygène.	hydrogène.	carbone.	azote .
Mucique	62, 69 .	3, 62 .	33, 69 .	. . . .
Subérique.	37, 20 .	6, 97 .	59, 81 .	. . . .

Camphorique — Pyrotartarique — Pyrocitrique — Pectique — Ménispermique — Abiétique — Egallique — Pinique.

3°. OXYDES (ou COMBUSTIBLES.)

	oxygène	hydrogène	carbone	azote
Quinine	10, 76 .	6, 77 .	74, 14 .	8,80.
Cinchonine . . .	7, 97 .	6, 22 .	76, 97 .	9,02.
Brucine.	11, 21 .	6, 52 .	75, 04 .	7,22.
Strychnine . . .	6, 38 .	6, 54 .	78, 22 .	8,92.
Vératrine. . . .	19, 60 .	8, 54 .	66, 75 .	5,04.
Emétine.	22, 05 .	7, 77 .	64, 57 .	4,00.
Caféine	27, 14 .	4, 81 .	46, 51 .	21,54.
Morphine. . . .	14, 84 .	7, 61 .	72, 02 .	5,53.
Narcotine. . . .	18, 08 .	5, 91 .	68, 88 .	7,21.

Picrotoxine — Daturine — Solanine — Fongine — Hématine.

MATÉRIAUX COMPOSÉS PROPRES AUX ANIMAUX.

Beaucoup moins nombreux que ceux des végétaux, ces matériaux sont pour la plupart formés par les quatre élémens *oxygène, hydrogène, carbone, azote.* Plusieurs substances animales n'offrent point ce dernier principe, et, sous ce rapport, semblent se rapprocher des composés végétaux. Nous suivrons le même ordre dans leur exposition.

1°. NEUTRES.

	oxygène.	hydrogène.	carbone.	azote.	soufre.	phosphore
Sucre de lait. .	54,91 . .	5, 57 . .	39, 52 .	. . . . .	. . .	. . .
Sucre de diabète	54,91 . .	5, 57 . .	39, 52 .	. . . .	. . .	. . .
Fibrine.	19, 685 .	7, 021. .	53,360 .	19. 934	. . .	. . .
Gélatine	27,207 .	7, 914. .	47,881 .	16,998	. . .	. . . .
Albumine . . .	23,872 .	7, 540. .	52,883 .	15,705	. . .	. . .
Urée.	43,68 .	5, 93 . .	18. 27 .	31, 82	. . .	. . .
Caséine.	11,409 .	7, 429. .	59,781 .	21,381	. . .	. . .
Cérébrine . . .	. . .	. . . . .	. . .	. . .	5,15	1,50. .

Mucosine — Hématosine — Osmazome — Picromel — Matière jaune de la bile — Résine de la bile — Vitrine — Graisse.

2°. ACIDES.

Butirique.. . .	30, 17	7, 01 .	62, 82.	. . . . . .
Caprique . . .	16, 25	9, 75 .	74, 00.	. . . . . .
Caproïque. . .	22, 67	9, 00 .	68, 33.	. . . . . .
Formique. . .	64, 76	2, 84 .	32, 40.	. . . . . .

Lactique — Cholestérique — Urique — Rosacique — Purpurique — Amniotique — Formique — Bombycique.

3°. COMBUSTIBLES.

Cétine.	2,478 .	12.862 .	81,660.	. . . . . .
Cholestérine .	3,025 .	11,880 .	85, 95.	. . . . .

Hircine — Butyrine.

Si nous ajoutons à ces matériaux composés tous ceux qui sont propres aux minéraux, nous aurons dans leur plus grande universalité l'ensemble des principes constituans de tous les corps de la nature.

Les molécules de ces corps s'y trouvent enchaînées par des forces différentes suivant le degré de composition de chacun d'eux. Ainsi :

Dans les corps simples : Réunion des molécules par *la cohésion.*

Dans les corps composés inorganiques et organisés privés de la vie : Réunion des molécules simples ou élémentaires par *l'affinité,* des molécules composées par *la cohésion.*

Dans les corps organisés vivans : toujours composés, réunion des molécules simples par *l'affinité*, des molécules composées par *la cohésion* des unes et des autres par *la force vitale*, dont quelques physiologistes ont voulu nier l'existence, et dont nous démontrerons bientôt la réalité.

D'après ces considérations générales, il est aisé d'effectuer *la diérèse* et *la synthèse*, ou en d'autres termes, l'analyse complète de tous les corps quelque soit leur nature et leur composition. Ainsi :

1°. *Les corps inorganiques* peuvent être simples ou composés; les premiers sont formés par la réunion de molécules élémentaires sous la seule influence de *la cohésion*. Les seconds doivent leur existence à des molécules composées que la même force rassemble; chacune de ces · molécules est constituée par des molécules simples combinées entre elles par *l'affinité*. L'ensemble de tous ces corps, les phénomènes qu'ils exécutent, les lois qui les régissent, l'harmonie qui préside à leurs influences réciproques, forment *l'économie physique*.

2°. *Les végétaux* sont toujours composés au moins de trois élémens : 1° *oxygène*, 2° *hydrogène*, 3° *carbone;* ces élémens combinés en proportions variables donnent naissance aux tissus; ces derniers aux organes; ceux-ci groupés dans un but commun forment les appareils ; l'ensemble de leurs fonctions, l'ordre qu'elles présentent, les lois qui les gouvernent prennent le nom *d'économie végétale.*

3°. *Les animaux,* considérés d'une manière générale, offrent toujours au moins quatre élémens dans leur composition; 1°. *Oxygène ;* 2°. *hydrogène ;* 3°. *carbone ;* 4°. *azote.* Ces élémens combinés en diverses proportions constituent les matériaux composés d'où résultent les. humeurs et les tissus. Ces derniers s'associent pour former des organes, ceux-ci pour composer des appareils. L'ensemble des fonctions qu'ils exécutent, les lois auxquelles ils se trouvent soumis, l'ordre et l'harmonie qu'ils présentent reçoivent la dénomination *d'économie animale*; celle-ci et *l'économie végétale* réunies sont désignées par le terme *d'économie vivante*.

D'après ces idées générales on voit que les végétaux et les animaux, depuis les plus simples jusqu'aux plus hétérogènes dans leur structure, sont formés d'appareils, les appareils d'organes, les organes de tissus et d'humeurs, les humeurs et les tissus de matériaux composés, les matériaux composés des élémens *oxygène*, *hydrogène*, *carbone*; pour quelques végétaux et pour tous les animaux, d'un quatrième principe, *l'azote*.

Il n'est dès-lors plus possible d'admettre aujourd'hui la théorie de Haller sur la composition des corps organisés.

Toutes les parties de l'organisme sont formées, d'après ce grand écrivain, *d'une fibre élémentaire* qui devient pour le physiologiste ce que la ligne est au géomètre : « *Fibra enim physiologo id est quod linea geometræ, ex quâ nimpè figuræ omnes oriuntur......Fibra..... Communis toti humani corporis materies est.* etc. »(Elém. Phys. T. Ier p. 2.)

Il considère ensuite cette même fibre comme formée de parties : 1°. *solides*—le fer, la terr; 2°. *fluides*—le gluten, lui-même composé *d'eau, d'huile, d'air.* C'est dans ce dernier élément qu'il place le siége de *l'irritabilité.*

Cette citation a pour objet de faire sentir les progrès qu'ont offert la chimie, la physique, l'anatomie et la physiologie depuis une époque assez rapprochée de la nôtre.

Après avoir étudié les élémens et les matériaux composés des corps, nous devons examiner ces derniers dans leur état normal et dans l'ensemble des parties qui servent à les constituer.

CHAPITRE TROISIÈME.

CORPS NATURELS.

ÉTATS SOLIDE, LIQUIDE, VAPOREUX, GAZEUX.

Les corps de la nature, envisagés dans leur ensemble, se rencontrent toujours à l'un ou à l'autre des états : 1°. solide ; 2°. liquide ; 3°. gazeux ; 4°. vaporeux. Quelques-uns peuvent les revêtir successivement, d'autres les offrir en même temps réunis.

Les corps inorganiques, lorsqu'ils sont homogènes et naturels, se trouvent ordinairement bornés à l'un de ces états. Si nous les voyons présenter quelquefois la réunion de plusieurs de ces dispositions, c'est par exception à la règle générale, et cette manière d'exister n'est pas essentielle à leur conservation. Ainsi, le sulfate de soude, contenant actuellement de l'eau de cristallisation intermoléculaire, peut en s'effleurissant devenir exclusivement solide sans perdre ses caractères généraux et ses propriétés spéciales.

Les états *solide, liquide, gazeux* et *vaporeux* sont donc le plus souvent isolés dans le règne minéral : *état solide.* — Fer, cuivre, platine, argent, or, etc. ; *état liquide.*—Eau, mercure, etc. ; *état gazeux.*--Oxygène, azote, hydrogène, etc. ; *état vaporeux.*—Eau atmosphérique, fluides répandus et dispersés dans l'air ambiant.

Un assez grand nombre de corps inorganiques jouit de la faculté de passer successivement par ces différens états sous l'influence de plusieurs modificateurs, du calorique plus spécialement. Ainsi, le soufre est naturellement solide à la température ordinaire ; il divient liquide en le chauffant au-delà de 107 degrés, et passe à l'état vaporeux en chauffant encore d'avantage. Si l'on effectue graduellement la soustraction du calorique, ce corps passe de l'état vaporeux à l'état liquide, et de celui-ci à l'état solide. Pendant toutes ces modifications, il a changé d'état, sans changer de nature.

Ce que l'art vient d'effectuer, nous le voyons s'opérer chaque jour dans le grand laboratoire de l'Univers. Ainsi, pendant les froids rigoureux, l'eau naturellement liquide à la température moyenne devient solide et prend le nom de *glace*; en lui donnant une chaleur de quelques degrés au-dessus de zéro, elle passe à l'état liquide; enfin, pénétrée d'une proportion de calorique plus considérable, comme on l'observe surtout pendant les étés brûlans, elle s'élève dans l'Atmosphère en vapeurs abondantes. D'abord invisibles, ces vapeurs condensées par un léger refroidissement deviennent très-apparentes et sont désignées par le terme de *nuages*; après une soustraction de calorique plus considérable encore, entraînées par la force de gravitation, elles retombent vers la terre, soit à l'état liquide, *pluie*; soit à l'état solide, *neige*, *grêle*, etc., suivant le mode et le degré de ce refroidissement.

Les corps organisés, au contraire, sont tous formés, sans aucune exception, de *solides* et de *fluides* réunis. Un assez grand nombre offre même des *vapeurs* et des *gaz*; mais il n'en est pas un seul qui puisse vivre exclusivement à l'un des états *solide*, *liquide*, *gazeux*, *vaporeux*, et qui, sans éprouver une destruction irréparable, soit susceptible de passer graduellement à ces différens états une fois parvenu à son entier développement. En effet, si l'embryon humain, par exemple, d'abord mou, presque fluide, acquiert insensiblement de la consistance et de la solidité, ce n'est plus une modification instantanée produite par le calorique ou tout autre agent, c'est un phénomène d'accroissement, une modification substantielle et progressive sous l'influence de la nutrition.

Pour bien comprendre l'organisme vivant et ses changemens divers, étudions d'abord isolément: 1° les *solides*; 2° les *fluides* ; 3° les *gaz* ; 4° les *vapeurs organiques*; nous les envisagerons ensuite constituant par leur union les végétaux et les animaux dans l'état normal.

SOLIDES ORGANIQUES.

Les solides organiques dans leur ensemble sont employés à constituer la base fondamentale des corps vivans et les divers instrumens destinés à l'exécution des fonctions particulières à ces corps.

Il est assez difficile de bien classer les solides organiques, et le principe de cette classification doit varier suivant le but que l'on se propose en étudiant ces mêmes corps. 1° L'*anatomiste* doit, à l'exemple de Bichat, établir ses divisions sur la *structure propre* ; 2° le *chimiste* sur la *composition moléculaire* ; 3° le *physiologiste* sur les *usages dans l'économie vivante*; cette dernière méthode est celle que nous adopterons.

M. de Blainville a bien senti l'importance de cette distinction; il divise les solides organiques en trois classes. Elémens: 1° *générateur*.—Le tissu celluleux: d'où naissent, d'après cet auteur, les tissus *dermeux, scléreux, kisteux, kisto-dermeux*; 2° *locomoteur*.—Les muscles volontaires et involontaires; 3° *incitateur*.—L'encéphale, les ganglions, les nerfs.

Cette classification nous paraît incomplète dans plusieurs points, et dans presque toutes ses parties entachée d'un néologisme peu satisfaisant. Ce n'est point un reproche que nous adressons à cet anatomiste célèbre, qui lui-même partage notre avis, mais nous signalons une preuve des difficultés à bien faire dans un pareil sujet. Le tableau de cette classification n'étant pas du reste sans intérêt, nous le présenterons tel que l'a publié son auteur.

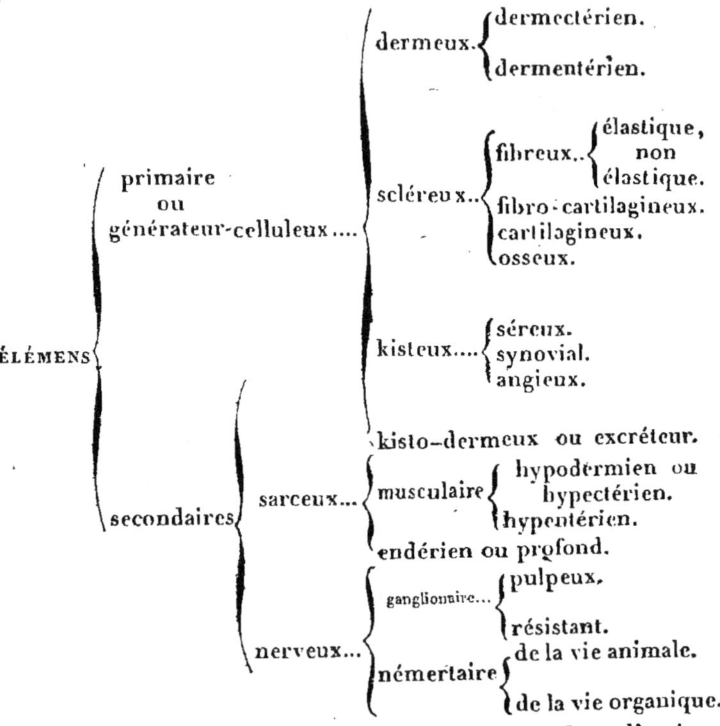

Si nous étudions les solides organiques dans l'universalité des corps vivans, nous voyons toujours leur nombre et leurs variétés en proportion rigoureuse du nombre et de la variété des fonctions départies à ces mêmes corps.

Ainsi, *chez les végétaux.* — L'absorption, la nutrition, la circulation capillaire, les sécrétions et la génération constituent l'ensemble de toutes les actions physiologiques; l'organisme se réduit à quelques élémens: l'*épiderme*, le *derme* ou l'écorce, l'*aubier* ou tissu cellulaire, le *bois* ou tissu fibreux, la *moëlle* considérée, par quelques auteurs, comme l'appareil nerveux du végétal, les *différens tissus vasculaires*, etc.; ces tissus diversement combinés forment les racines, la tige, les feuilles, les fleurs, les fruits, etc.

Chez les animaux. — Nous trouvons la même progression et les mêmes rapports dans toute la série depuis le plus simple jusqu'à l'homme qui présente le dernier degré de complication et devient ainsi le principal objet de notre étude; c'est aussi ce dernier qui va nous servir de prototype dans la simple énumération que nous allons faire des solides organiques, renvoyant leur histoire spéciale, avec plus d'intérêt, à l'exposé des fonctions dans lesquelles se trouvent employés les organes qu'ils concourent à former.

En considérant les élémens organiques chez l'homme, sous le rapport de leurs usages dans l'économie vivante, nous les réduisons à dix principaux:

1° *Innervateur ou sensitif.* — Il comprend tout le système nerveux, et se divise en *centre innervateur volontaire et percevant*, l'encéphale; *centre innervateur non percevant, involontaire*, les ganglions; en *nerfs sensitifs généraux*, les nerfs encéphaliques communs; *nerfs sensitifs spéciaux*, les nerfs encéphaliques particuliers distribués à la rétine, à la pituitaire, à la muqueuse linguale, aux pulpes auditive et digitale.

2° *Membraneux tégumentaire.* — A l'extérieur la peau, à l'intérieur les membranes muqueuses.

3° *Protecteur.* — L'épiderme, les ongles et les poils. On trouve de plus chez les oiseaux, les plumes; chez les poissons et quelques reptiles, les écailles; chez le hérisson, etc., des piquans; chez la tortue, etc., une carapace testacée; etc.

4° *Circulatoire.* — Comprenant, *comme élémens essentiels*, les artères, les vaisseaux capillaires, les veines, les lymphatiques, les canaux excréteurs; et, *comme élémens accessoires*, les parenchymes splénique, thyroïdien, capsulaire surrénal, thymien.

5° *Respiratoire.* — Le parenchyme pulmonaire.

6° *Sécréteur.* — Les vaisseaux exhalans, les follicules muqueux et cutanés, les parenchymes glanduleux.

7° *Moteur.* — Distingué en deux ordres, *moteur volontaire*, les muscles soumis à l'empire de la volonté, recevant ses nerfs du système encéphalique; *moteur involontaire*, agissant toujours indépendamment de la volonté, recevant ses nerfs du système ganglionaire, le cœur, l'utérus, les tuniques musculeuses intestinale, vésicale, etc.

8° *Fondamental de l'organisme, accessoire du moteur.* — Les os, les cartilages, les tissus fibreux, (tendons, ligamens, aponévroses), les tissus fibro-cartilagineux.

9° *Membraneux de glissement.* — Les tuniques synoviales, séreuses.

10° *Isolant et générateur.* — Servant, dans l'économie vivante, à réunir en appparence les divers tissus d'un organe et les différens organes entre eux, mais les isolant par le fait, leur donnant une indépendance mutuelle; pour les uns favorisant les mouvemens, pour les autres formant des abris plus ou moins épais; offrant aux parties accidentellement divisées un moyen de réunion par cicatrice, etc., le *tissu cellulaire*.

Il serait aisé de multiplier davantage ces divisions; mais on s'exposerait à l'inconvénient grave de jeter la confusion et le désordre dans un sujet où doivent régner la méthode et la précision.

Tels sont les principaux élémens physiologiques de l'homme et des animaux qui s'en rapprochent davantage; nous les présentons avec plus de concision dans le tableau suivant.

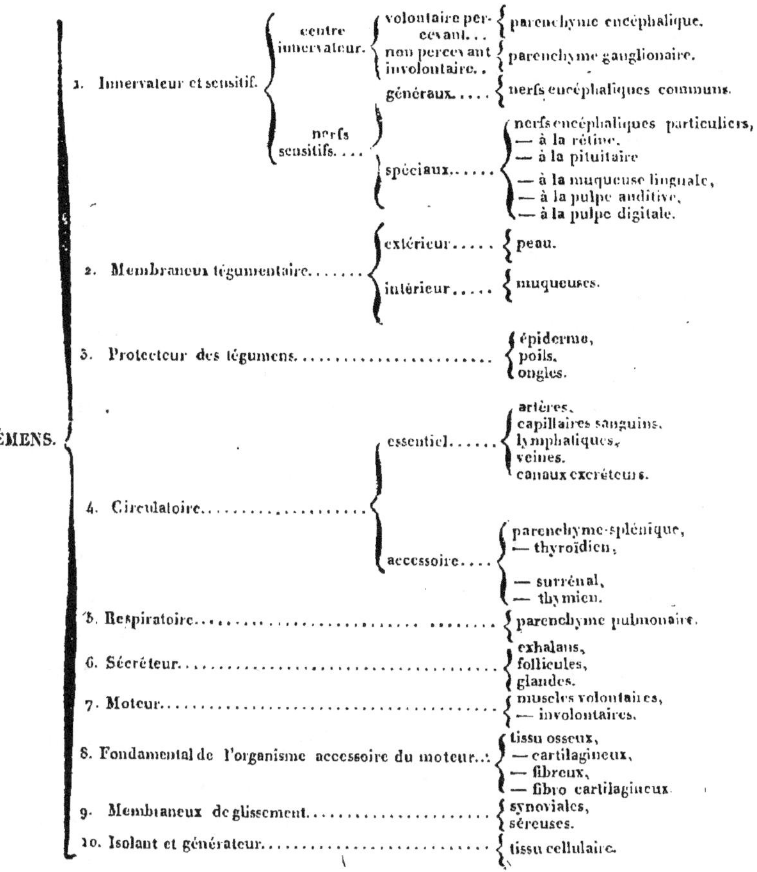

FLUIDES ORGANIQUES.

Les fluides organiques envisagés d'une manière générale dans l'économie vivante ont toujours pour but l'un ou l'autre de ces trois objets : 1° *fournir des élémens de réparation et d'accroissement en devenant eux-mêmes solides organisés ; 2° présenter un véhicule aux matériaux de la décomposition nutritive, en offrant à l'organisme des moyens particuliers ou généraux d'épuration ; 3° servir par leurs propriétés physiques ou chimiques à diverses fonctions dans cette économie. Les* usages *du sang, de l'urine , de la synovie*, choisis pour exemple, nous démontrent la réalité de ces trois destinations.

Chez les végétaux. — Il existe deux fluides essentiels : 1°. *La séve* qui représente le sang et dont les caractères sont à peu près les mêmes dans toutes les espèces. Elle est incolore, sans odeur, peu sapide, assez analogue à l'eau distillée; 2°. *Le suc propre,* toujours élaboré par une véritable sécrétion, diffère dans chaque espèce végétale, sous le rapport de ses propriétés phisiques, chimiques, et par les effets qu'il produit sur les organes des animaux. Ainsi , nous le trouvons *laiteux et amer* dans les chicoracées, *vert* dans la pervenche, *jaune et caustique* dans la chélidoine, *gommeux* dans le prunier, *résineux* dans le pin, *narcotique* dans le pavot, *purgatif* dans le *fraxinus ornus, vénéneux* dans la ciguë, etc. C'est dire que le suc propre des végétaux fournit des agens très-nombreux et très-variés à la thérapeutique, tandis que la séve n'en présente aucun.

Chez les animaux. — Les fluides organiques, sont d'autant plus diversifiés qu'on les examine dans un point plus élevé de la série. L'homme présente ce caractère au plus haut degré; nous le choisirons dès-lors pour prototype, comme nous l'avons déjà fait sous le rapport des solides.

Les Fluides animaux. — Ὑγρὰ des Grecs, *humores* des Latins, *partes fluidæ contentæ* ; se trouvent bien diversement classés par les anciens et les modernes.

Hyppocrate et Galien, sans préciser la nature et les usages des humeurs, en distinguent cinq principales : *le sang , la bile , l'atrabile le phlegme et la pituite.*

D'autres auteurs considèrent ces deux dernières comme identiques , établissent des rapprochemens entre ces quatre humeurs fondamentales, les quatre tempéramens , les quatre âges de la vie, les quatre élémens, les quatre saisons de l'année.

Il est aujourd'hui bien évidemment démontré que ces humeurs sont loin d'embrasser toutes celles de l'économie humaine ; que trois seulement ont une existence réelle, puisque la *pituite* est du *phlegme*, du *mucus* concret ; et que *l'atrabile* est positivement de la *bile naturelle* dont les principes constituans se trouvent rapprochés par l'absorption de ses parties aqueuses dans la vésicule hépathique.

Plusieurs médecins de l'antiquité font trois classes d'humeurs, d'après leurs usages dans l'économie vivante : 1° *Humeurs récrémentitielles.* — Servant essentiellement à la nutrition, *le sang*, *le chyle* ; 2° *humeurs excrémentitielles.* — Servant d'émonctoires principaux à l'organisme, *l'urine*, *la sueur*, *la perspiration pulmonaire*, *le mucus* ; 3° *humeurs récrémento-excrémentitielles.* — Intermédiaires par leur objet aux deux précédentes, *la sérosité*, *la graisse*, *la salive*, *le fluide pancréatique*, etc.

Haller établit la distinction des fluides organiques sur leur nature chimique particulière ; il en reconnaît quatre espèces principales : 1° *Aqueux.* — La lymphe, la sérosité ; 2° *Muqueux.* — Les mucosités proprement dites ; 3° *Gélatineux.* — La salive, le fluide pancréatique ; 4° *Huileux.* — La graisse, les fluides sébacés.

Les chimistes modernes distinguent les humeurs d'après l'élément qui prédomine dans la composition de ces dernières. Fourcroy les comprend en six ordres : 1° *Salines.* — La sueur, l'urine ; 2° *grasses.* — Le cérumen, la graisse ; 3° *Savonneuses.* — Le lait, la bile ; 4° *Muqueuses.* — Les mucosités ; 5° *Albumineuses.* — Le sérum du sang, la lymphe, la salive ; 6° *fibrineuses.* — Le sang, le chyle.

M. Thénard distingue les genres d'après le mode de formation, et les espèces d'après la composition chimique : 1° *Fluides produits par la digestion.* — Le chyme, le chyle, le sang ; 2°. *Fluides secrétés alkalins.* — La lymphe, la sérosité, la synovie, l'eau de l'amnios, le suc gastrique, la salive, le fluide pancréatique, le mucus les larmes, les humeurs de l'œil, le sperme, la liqueur de l'ovaire; *acides.*— La sueur, le lait, l'urine.

Chaussier divise les humeurs en quatre séries d'après leur manière d'exister ou d'être formées dans l'économie vivante: 1°. *circulatoires.*- Le sang, la lymphe; 2°. Perspiratoires.-La sueur, la sérosité, la synovie; 3°*Folliculaires.* — Le mucus, la matière sébacée, la chassie, le cérumen; 4°. *Glandulaires.* — La salive, le fluide pancréatique, la bile, le lait, le sperme, l'urine.

Toutes ces classifications ou sont incomplètes ou n'offrent point une base physiologique. Nous proposons la suivante, comme plus susceptible d'embrasser tous les fluides organiques et de faire pressentir leurs usages essentiels. dans l'économie animale.

FLUIDES,		
1°. Elémentaires de la nutrition et des sécrétions.	{	Sang rouge. Lymphe.
2°. Elémentaire du sang rouge et de la lymphe	{	Chyle.
3°. En réserve pour la nutrition.	{	Graisse.
4°. Véhicule des matériaux de composition et de décomposition.	{	Sang noir.
5°. Emonctoires de l'économie vivante	{	Urine. Perspiration pulmonaire. —— cutanée.
6°. Essentiels à la digestion	{	Salive. Bile. Fluide pancréatique. Prespiration gastrique. ——— intestinale.
7°. Employés par leurs propriétés physiques.	{	Larmes. Humeurs de l'œil. ——— de l'oreille interne. Fluide sébacé. Mucus. Cérumen. Chassie. Sérosité. Synovie.
8°. Générateurs.	{	Sperme. Liqueur de l'ovaire.
9°. Nutritif du nouvel être.	{	Lait.

Cette classification qui nous semble comprendre toutes les humeurs de l'économie vivante en indiquant seulement leurs usages principaux n'exclut pas leurs usages accessoires. Ainsi, *le sang rouge* en même temps qu'il fournit les élémens nutritifs et sécréteurs des organes réveille incessamment leur activité par son mouvement et son influence directe. *La graisse*, en offrant un aliment en réserve, présente encore aux organes des abris qui protègent les uns contre les influences extérieures, et forment aux autres des coussins élastiques destinés à favoriser leurs mouvemens. *La sueur*, en servant d'émonctoire à l'économie, garantit en même tems la peau de l'action trop immédiate de l'air et des vêtemens, etc., etc.

Si nous considérons les fluides organiques sous le rapport de leur vitalité, nous trouvons sur ce point les opinions des auteurs diamétralement opposées; les uns considèrent en effet les humeurs comme des corps vivans offrant les propriétés des solides et présentant même déjà les caractères de l'organisation; d'autres les regardent comme absolument inertes. Il faut ici, comme partout ailleurs, prendre un moyen terme entre ces deux extrêmes.

D'une part, les fluides animaux ne possèdent point une vitalité semblable à celle des solides organiques, et l'on ne pourra pas, sous ce rapport, comparer le sang lui-même à la fibre musculaire. En les soumettant à l'action des excitans physiques ou chimiques, ils n'y répondent jamais de manière à manifester la présence des forces vitales. On n'infirmera pas cette règle générale en faisant observer la rétraction du cruor dans le sang extrait de ses vaisseaux, puisque c'est un phénomène de coagulation; en considérant le mouvement de la fibrine sous l'influence d'un courant électrique, puisque ce mouvement peut être communiqué à des corpuscules essentiellement inertes. En supposant même à ces expériences le pouvoir de démontrer un premier degré de contractilité dans la fibrine que Bordeu nommait *chair coulante,* en raison de ses rapport assez positifs avec la fibre musculaire qu'elle est spécialement destinée à former, ces faits ne prouveraient pas la vitalité organique pour les humeurs différemment constituées.

D'un autre côté, les fluides animaux si facilement décomposés lorsqu'on les place en dehors de l'économie vivante, n'éprouvent point une altération semblable tant qu'ils se trouvent à l'état normal sous l'influence de cette même économie. Ainsi, le lait sorti des canaux galactophores se partage bientôt en *butyrum, caséum,* et *sérum;* le sang déposé dans un réceptacle inerte, lors même qu'on l'entretient dans un mouvement analogue à celui qu'il éprouvait pendant la circulation, se réduit incessamment en *coagulum* et *sérum.* Soumis à leurs organes respectifs, sous l'influence des lois vitales, ces deux fluides n'éprouvent aucune altération de cette nature. Dans le premier cas, les affinités chimiques agissent exclusivement, et la décomposition s'effectue; dans le second, les forces chimiques sont contrebalancées par la force vitale, et cette même décomposition n'a pas lieu. Les fluides organiques jouissent donc évidemment d'un certain degré de vitalité; ils offrent, comme on l'a dit, une sorte d'*aura vitalis;* élémens constituans de l'économie vivante, ils en partagent l'existence active; séparés de cette économie, ils ne sont plus que de véritables cadavres; nous les considérons dans l'état normal comme intermédiaires entre la nature inorganique et la nature organisée, comme servant à marquer le passage de la matière exclusivement douée des propriétés physiques, à la matière en même temps animée par les propriétés vitales.

GAZ ORGANIQUES.

Les élémens gazeux de l'économie vivante sont en bien petit nombre ; leur existence à cet état chez l'homme n'est point encore généralement admise. M. de Blainville nous paraît les avoir trop multipliés. Ainsi, d'après une expérience de Krimmer, dans laquelle on a ralenti le cours du sang, lié l'artère aorte à sa partie supérieure, vidé ce vaisseau dans les capillaires, jeté une seconde ligature sur ce même vaisseau à quelque distance au-dessous de la première, trouvé un fluide aëriforme dans cette portion d'artère, et constaté par l'analyse que ce gaz offrait sur 100 parties: *oxygène*, 0,50; *hydrogène*, 0,20 ; *Acide carbonique*, 0,30. Ce physiologiste admet l'*acide carbonique, l'hydrogène et l'oxygène gazeux*, comme élémens de l'organisme ; on sent toute la faiblesse de cette preuve, en considérant qu'un peu de sang resté dans l'artère, ou qu'une certaine proportion du fluide exhalé dans ce vaisseau, peuvent avoir fourni ces résultats à l'analyse. Il range également au nombre des principes organiques *l'hydrogène carboné, l'acide carbonique* qu'il fait « *résulter du mouvement de décomposition* »; ce fait est bien démontré, lorsqu'il existe fermentation ; il n'en est pas ainsi dans l'état normal; l'*hydrogène-sulfuré*, mais seulement dans les intestins, ses caractères vénéneux en faisant un élément nuisible au milieu de nos tissus ; l'*azote*, surtout dans la vessie natatoire des poissons; l'*air atmosphérique*, dans le péricarpe du baguenaudier, dans les os longs des oiseaux, dans les trachées des insectes, enfin dans les vésicules pulmonaires, dans les bronches de l'homme et des animaux qui, comme lui, respirent ce gaz au moyen d'un appareil distinct.

En résumé, nous pensons que chez l'homme il existe habituellement de l'air dans les poumons seulement après la première inspiration, jamais avant cette époque. M. de Blainville lui-même, revenant à des idées plus physiologiques, partage cet avis, lorsqu'il dit : « *Les mammi-* » *fères sont complètement dépourvus d'air pendant la* » *vie fœtale....., celui-ci, (* le fœtus *) étant un être aqua-* » *tique, et vivant dans un fluide privé d'air.* » N'est-ce pas dire positivement que ce dernier ne fait point partie essentielle de l'organisme, et qu'il y pénètre seulement de l'extérieur à l'intérieur, comme un véritable corps étranger? Quant aux autres gaz, ils peuvent se développer dans nos tissus par la putréfaction, ou par une véritable exhalation morbifique; mais il n'est point démontré qu'ils fassent partie constituante des organes.

VAPEURS ORGANIQUES.

Plusieurs physiologistes, et M. de Blainville plus spécialement, admettent, comme élémens organiques, les vapeurs, sanguine, séreuse, séminale, etc., sous les noms d'*aura sanguinis, serositatis, seminalis*, etc., par la seule raison qu'en exposant ces différentes humeurs à l'air libre, on voit s'en élever des vapeurs assez abondantes. Mais n'est-ce pas un phénomène purement physique, et cette vaporisation ne s'observe-t-elle pas dans tous les fluides aqueux élevés, comme ces humeurs, à la température de 40 degrés? Pourquoi ne pas admettre aussi un *aura aquosa* dans les eaux qui jaillissent des sources thermales?

M. De Blainville ne s'arrête point à cette première considération; il attribue au développement de ces *aura* dans nos tissus, la turgescence qui caractérise l'état de santé parfaite; à leur dispersion, l'espèce d'affaissement organique entraîné par le découragement ou la maladie.

Telle est, d'après cet auteur, la cause essentielle des modifications qu'éprouve « *un homme jeune et bien portant,* » *dont les chairs fermes et rosées annoncent un état de* » *plénitude, qui cesse tout-à-coup au moment où la sen-* » *sibilité est vivement et péniblement affectée par une* » *mauvaise nouvelle,* etc. » C'est, « *à la disparition de* » *l'aura sanguinis,* » que M. de Blainville attribue ces résultats instantanés. Il nous semble beaucoup plus naturel et plus physiologique de les expliquer par la suspension de l'érection vitale, par le défaut d'action du centre circulatoire pour chasser le sang dans les dernières ramifications du système capillaire sous l'influence des causes indiquées. La vérité de cette opinion deviendra plus évidente encore, si l'on considère qu'en même tems l'énergie constitutionnelle, et la coloration générale offrent un abaissement proportionné au ramollissement actuel des tissus, phénomènes bien évidemment produits par la cause que nous venons d'indiquer, et ne pouvant se rattacher à celle que notre savant confrère admettait d'abord, et qu'il semble rejeter ensuite, lorsqu'il dit: « *La vapeur séminale n'aura pas plus de réalité que les précédentes,* » etc...... « *Nous pouvons* » *donc conclure qu'aucun fait n'établit l'existence des* » *vapeurs dans nos tissus... Elles n'ont été vues que dans* » *des cas où le contact accidentel de l'air rendait compte* » *de leur apparition aussi accidentelle.* » C'est précisément, en d'autres termes, l'idée que nous venons d'émettre sur l'existence des vapeurs envisagées comme élémens organiques.

Il reste donc à peu près démontré que des solides et des fluides se combinent en proportions variables pour constituer les corps vivans, à l'exclusion des vapeurs et même des gaz qui sont plutôt interposés que véritablement identifiés dans l'organisme. Quant à la proportion des élémens solides et liquides, on ne peut l'établir que d'une manière très-approximative, même chez les sujets identiques par leur espèce. Il est cependant exact d'avancer en thèse générale que les solides prédominent chez les végétaux, et les fluides, au contraire, chez les animaux; que chez l'homme parvenu à son entier développement, ces derniers sont aux premiers :: 9 : 1. On conçoit que cette proportion doit être modifiée par le sexe, le tempérament, l'âge, etc.

Tels sont les élémens simples et les matériaux composés qui concourent à la formation de tous les corps de la nature, *minéraux*, *végétaux*, *animaux*. Après avoir étudié ces corps dans leurs principes constituans, envisageons-les dans leur ensemble, en établissant d'une manière positive les caractères fondamentaux qui les distinguent essentiellement.

CHAPITRE QUATRIÈME.

DIFFÉRENCES PRINCIPALES QUI DISTINGUENT LES CORPS DE LA NATURE.

Chacun des corps naturels offre ses caractères particuliers et ses modifications spéciales ; mais, outre les innombrables dissemblances des individus, il existe entre les espèces des différences plus importantes et plus positives encore. C'est à l'examen de ces différences que nous allons fixer notre attention en les considérant : 1° *entre les corps inorganiques et les corps organisés ;* 2° *entre les végétaux et les animaux ;* 3° *entre les animaux et l'homme.*

SECTION PREMIÈRE.

Différences principales considérées entre les corps inorganiques et les corps organisés

Si l'on jette un coup d'œil observateur sur tous les

corps dont l'ensemble forme la nature, on voit aussitôt les différences fondamentales qui les distinguent et justifient la division de ces mêmes corps en deux grandes classes : 1° *inorganiques* ; 2° *organisés.*

Le célèbre Linné voulut exprimer par une seule phrase toutes les dissemblances que nous recherchons : » *Lapides crescunt ; vegetabilia crescunt et vivunt ; animalia crescunt , vivunt et sentiunt.* » Il n'est plus utile aujourd'hui de faire sentir l'insuffisance d'une définition d'ailleurs essentiellement erronée dans plusieurs de ses parties, et la nécessité d'exposer plus méthodiquement les principales différences des corps.

1° ORIGINE.

Les corps inorganiques ont une origine *fortuite* ; leur développement dépend toujours d'un ensemble de circonstances confiées aux chances du hasard. Ainsi, le *marbre*, ou carbonate de chaux, prend naissance lorsque des molécules *oxyde de calcium et acide carbonique* se trouvent en présence à la distance convenable et dans les conditions nécessaires à la combinaison qui doit s'effectuer sous l'influence de leur affinité réciproque. Si nous cherchons la cause de cette origine, bientôt nous voyons qu'elle est entièrement éventuelle et sans aucune liaison avec l'ordre général de l'Univers.

Les corps organisés, au contraire, sont toujours le résultat d'une *véritable génération* ; leur production rentre dans l'ordre primitif des choses ; elle se rattache au système conservateur de la nature, et se trouve réglée dans les desseins du Créateur. Deux organes différens, l'un mâle, l'autre femelle, tantôt réunis sur le même sujet, comme on le voit dans certaines espèces végétales, tantôt isolés sur deux sujets distincts, comme on l'observe pour l'homme et la plupart des animaux, concourent chez tous les êtres organisés à l'accomplissement de cette grande fonction. La fécondation s'opère toujours de l'organe mâle à l'organe femelle, au moyen d'une matière prolifique, pulvérulente chez les végétaux, *le pollen*; fluide chez les animaux, *le sperme*. La réunion des sexes n'a plus rien de *fortuit*; elle est sollicitée par cette intention positive de la nature qui commande impérieusement à tous les corps organiques de perpétuer leur espèce en produisant les êtres destinés à recueillir l'héritage de la vie qu'ils devront eux-mêmes transmettre à des générations plus reculées. Aussi, voyons nous cette même fonction d'autant plus fréquente et plus active dans la série des espèces végétales et animales, que leur existence est moins durable et moins assurée.

2.° PRODUIT DE LA NOUVELLE FORMATION.

Chez les corps inorganiques, le nouvel être diffère presque toujours essentiellement de ceux qui l'ont produit, par sa forme, sa nature et ses propriétés. Ainsi, le *sel marin*, hydro-chlorate de soude, est blanc, cristallisable, d'une saveur piquante, agréable; il ne présente aucune action nuisible sur l'économie animale; il entre même chaque jour à dose assez forte dans nos assaisonnemens, et cependant il est formé par la réunion de deux poisons très-actifs, offrant des propriétés physiques et chimiques essentiellement différentes, *la soude et l'acide hydro-chlorique*.

Chez les corps organisés, le produit de la génération offre toujours, au contraire, la nature des êtres qui l'ont formé par leur concours; il présente, *en miniature*, la même disposition, les mêmes propriétés. Par les progrès de son développement normal, on le verra plus tard se rapprocher de ces derniers avec tous les caractères d'une identité plus ou moins parfaite. Les végétaux et les animaux nous en fournissent incessamment des exemples.

3° FIGURE.

Dans le règne inorganique, la ligne droite, comme l'a judicieusement fait observer notre célèbre Haüy, se trouve en quelque sorte affectée à la configuration de tous les corps. Pour juger la valeur de ce principe, il faut l'appliquer plus spécialement aux cristaux réguliers, là où se trouvent les dispositions normales essentielles aux minéraux. Nous y voyons toutes les faces terminées par des lignes droites, formant, suivant leurs dispositions, le triangle, le carré, le rombe, les divers polygones réguliers et irréguliers.

Dans le règne organisé, la ligne courbe devient au contraire l'élément en quelque sorte exclusif de toutes les figures; aussi, les corps de cette classe nous offrentils constamment des formes arrondies, mais cependant sans jamais présenter ces contours exactement ellyptiques ou circulaires susceptibles d'être géométriquement déterminés, la nature vivante ne pouvant point s'asservir à cette précision mathématique et rigoureuse de la nature physique.

4° TYPE COMMUN AUX INDIVIDUS POUR LA MÊME ESPÈCE.

Dans le règne inorganique, il n'existe jamais aucun type constant. Ce principe est applicable même aux corps actuellement dans cet état improprement nommé cristallisation régulière, puisque le même sel, par exemple, offre bien souvent plusieurs variétés dans sa manière de cristalliser. Objectera-t-on que ces corps ont du moins une forme primitive, un type natif, comme l'a fait observer Haüy ? nous répondrons que ce type, en le supposant invariable, n'est pas inhérent à l'existence de ces corps, et qu'ils peuvent *être* sans le présenter. Les physiciens et les chimistes ont bien senti la force de cette vérité, puisqu'ils ne distinguent jamais les individus inorganiques par leur forme particulière, mais toujours par leur composition chimique, cette forme n'ayant rien de constant, et la composition moléculaire étant toujours invariable. Ainsi, détachez une parcelle de marbre d'un bloc volumineux, ce corpuscule ayant actuellement une existence individuelle ne présente bien souvent, sous le rapport de la forme, aucun trait de ressemblance avec le corps principal ; cependant ils appartiennent à la même classe ; aussi les trouvez-vous parfaitement identiques dans les proportions et la nature de leurs principes constituans, l'*acide carbonique* et l'*oxyde de calcium.*

Dans le règne organisé, tous les sujets de la même espèce offrent un type fondamental et semblent avoir été jetés dans un moule commun. Aussi pouvons-nous, au premier aspect, par le seul examen de la forme, de l'habitude extérieure, distinguer et préciser la classe dont chacun de ces corps fait partie. Ici la composition chimique n'est rien, l'analyse devient inutile, les formes extérieures sont tout pour la classification. Confondra-t-on jamais, d'après la première inspection, l'homme et le tigre, le lion et le cheval, l'ours et le bœuf, le chêne et le bouleau, le rosier et le platane, le sumac et le peuplier, etc., etc ?

5° ÉLÉMENS CONSTITUTIFS.

Les corps inorganiques sont toujours formés d'élémens peu nombreux ; plusieurs même, les corps simples, tels que le fer, le cuivre, l'or, le soufre, etc., n'en présentent qu'un seul. On peut séparer leurs molécules, mais jamais les analyser en élémens différens. Quant à ceux qui se trouvent naturellement composés, ils peuvent être *binaires*, *la chaux*, oxygène et calcium; *ternaires*, *le sulfate de chaux*, oxygène, calcium, soufre; *quaternaires*, *l'hydro-chlorate de chaux*, oxygène, calcium, hydrogène, chlore, etc.

Les corps organisés, au contraire, n'offrent jamais cet état de simplicité; ils sont toujours formés au moins de trois élémens *oxygène*, *hydrogène*, *carbone*. Tous les animaux en offrent un quatrième, l'*azote*; quelques-uns même se rangent naturellement dans les composés *sexénaires*. Dès-lors, toutes les molécules de ces corps peuvent être dissociées, en surmontant la force de cohésion qui les unit, et chacune de ces molécules analysée en molécules élémentaires, par la destruction de l'affinité qui les retient à l'état de combinaison.

6° UNITÉ DE COMPOSITION DANS LA MÊME ESPÈCE.

Dans le règne inorganique, les corps de la même espèce offrent toujours une composition identique; même élémens, mêmes proportions entre ces principes constituans. Ainsi, *l'eau* ou protoxide d'hydrogène est toujours formée, dans quelque partie du globe qu'on l'examine, en poids, d'oxygène 88, 29; — d'hydrogène 11, 71; en volume, d'oxygène 1, d'hydrogène 2. *La chaux*, oxyde de calcium, dans quelque pays qu'on l'analyse, de calcium 100, d'oxygène 39, 86. *La magnésie*, oxyde de magnésium, dans tous les lieux où elle se rencontre, de magnésium 100, oxygène 62, 601, etc., etc. Delà cette facilité, cette conformité avec laquelle nos célèbres chimistes parviennent à déterminer la nature et la proportion des élémens constituans dans un corps inorganique soumis à leur investigation.

Dans le règne organisé, le nombre et la proportion des principes élémentaires varient à l'infini chez les sujets de la même espèce. Analysez, par exemple, chez plusieurs hommes, le sang, la salive, l'urine, la bile, etc., vous ne trouverez jamais absolument les mêmes produits, et surtout les mêmes quantités relatives de ces derniers en les supposant identiques. Aussi les résultats présentés par les plus habiles chimistes relativement à la composition des fluides et des solides organiques de même nature sont-ils pour le plus grand nombre essentiellement différens; et, lorsqu'il s'agit d'établir cette composition, ne peuvent-ils jamais le faire que d'une manière approximative. Faut-il s'étonner dès-lors en voyant l'histoire chimique des minéraux portée à son dernier degré de perfection, tandis que celle des corps organisés est à peine ébauchée ?

7° ÉTAT NATUREL.

Les corps inorganiques peuvent offrir isolément l'un ou l'autre des états: 1° *solide*; 2° *liquide*; 3° *gazeux*; 4° *vaporeux*; le fer, le mercure, l'oxygène, l'eau atmosphérique, etc., nous en fournissent des exemples. Quelques-uns offrent la faculté de prendre successivement chacun de ces états, l'eau, le soufre, le plomb, etc., nous en donnent la preuve; mais il n'en est pas un seul qui soit susceptible de les présenter tous en même temps; ou, si l'on veut, un corps inorganique n'est jamais, dans l'état normal, composé de *vapeurs*, de *gaz*, de *liquides* et de *solides* réunis. Les sels retenant actuellement de l'eau de cristallisation semblent, au premier aspect, faire exception à cette règle générale; mais, avec un peu plus d'attention, on s'aperçoit bientôt que cette exception devient illusoire, puisque l'eau, seulement intermoléculaire, n'est point identifiée à la substance du sel, et qu'entièrement étrangère à la nature, au fond, elle devient exclusivement relative à la forme de ce même corps. Ainsi, prenez du sulfate d'alumine cristallisé, privez-le, par la calcination, de l'eau qu'il contient en grande proportion, il perd sa forme cristalline, se réduit en poudre; mais il conserve sa composition primitive et nous offre toujours une combinaison d'acide sulfurique et d'oxyde d'aluminium.

Les corps organisés, au contraire, n'existent jamais sous un même état exclusivement, et dans leurs élémens offrent toujours au moins des solides et des fluides réunis. Ainsi, dans les économies animale et végétale réduites à leur plus grande simplicité, nous trouvons encore partout les solides vivans disposés en canaux, et les fluides organiques circulant dans ces derniers. D'un autre côté, les corps organisés ne peuvent jamais, sans éprouver une destruction irréparable, passer par les états *solide, liquide, gazeux, vaporeux*, et vice versâ.

8° HOMOGÉNÉITÉ.

Les corps inorganiques sont toujours homogènes; on trouve dans leurs diverses parties les mêmes principes constituans et les mêmes propriétés. Réduisez en corpuscules un fragment volumineux de marbre ou carbonate de chaux, toute molécule séparée devient un être distinct offrant une existence isolée, présentant, comme les autres, et dans les mêmes proportions, la combinaison de l'acide carbonique et de l'oxyde de calcium, avec les mêmes caractères essentiels et les mêmes propriétés chimiques.

Les corps organisés, au contraire, nous offrent une composition et des propriétés qui diffèrent essentiellement dans leurs diverses parties. Il suffit, pour s'en convaincre, de comparer, dans un végétal, la racine, la tige, les feuilles, les fruits, etc.; dans un animal complet, la tête, le tronc, les membres, les os, les muscles, les artères, les nerfs, etc. ; d'analyser l'écorce, le bois, la moelle, le suc propre, la séve, dans le premier; la peau, les séreuses, le sang, la bile, le lait, l'urine, etc., dans le second. C'est pour cette raison que les diverses parties d'un corps organisé, surtout lorsqu'il se rapproche de l'homme, ne peuvent exister isolément et séparées du centre vital; que diviser ce corps est en même temps le détruire.

9° STRUCTURE.

Les corps inorganiques n'offrent jamais aucune disposition fibrillaire, aucune texture; on ne rencontre point chez eux des tissus pour former des organes, et des organes pour exécuter les fonctions relatives à la conservation des individus et des espèces. Toute leur structure se borne au rapprochement de molécules uniformes sous l'influence de la cohésion seule, lorsqu'ils sont élémentaires; de la cohésion et de l'affinité, lorsqu'ils sont composés.

Les corps organisés, au contraire, présentent constamment une texture propre, une disposition fibreuse particulière; nous y trouvons divers tissus réunis en nombre, en proportion variables pour former des organes, différens organes groupés dans un but commun pour constituer des appareils, et chacun de ces instrumens employé soit à la conservation de l'individu, soit à la propagation de l'espèce. Leurs molécules sont unies par la cohésion et l'affinité, leurs tissus et leurs organes rapprochés et conservés par la force vitale.

10° ACCROISSEMENT VOLUME.

Les corps inorganiques s'accroissent toujours par l'extérieur; des couches nouvelles et superposées viennent incessamment s'ajouter à celles qui forment le noyau central, sans élaboration, sans aucun travail intérieur de la part des corps dont elles agrandissent les dimensions. Le volume de ces mêmes corps n'est jamais réglé par la nature; il peut augmenter d'une manière indéfinie, leur accroissement n'ayant d'autres limites que le défaut de matériaux susceptibles de le perpétuer.

Les corps organisés, au contraire, offrent un développement dont les bornes sont posées dans chaque espèce, par des lois naturelles à peu près invariables; de telle sorte qu'il est possible de calculer, au moins approximativement, le volume que doit offrir, après son entier accroissement, un corps organisé pris dans une espèce déterminée. Ce développement s'opère toujours d'une manière active, au moyen de matériaux introduits dans l'économie vivante et convenablement élaborés par l'action des organes plus spécialement affectés aux fonctions nutritives. C'est par l'intérieur surtout, c'est, comme on l'a dit, par *intus-susception*, que s'accroissent les corps organisés; toutefois il ne faut pas, comme on l'a fait, admettre cette voie de préhension d'une manière exclusive; la peau chez les animaux, l'écorce et les feuilles chez les végétaux servent également à développer l'organisme des corps vivans. Admirons la sagesse du Créateur dans les limites imposées à l'accroissement de ces corps; si tous ceux qui peuplent la terre et les eaux, et plus spécialement encore ces géans de notre globe, tels que l'éléphant, la baleine, le cèdre, etc., n'avaient rencontré à leur développement indéfini d'autre obstacle que le défaut d'élémens nutritifs, le globe tout entier n'eût-il pas été englouti par ces êtres insatiables, et la nature physique absorbée par la nature vivante ?

11° MODE D'EXISTENCE.

Les corps inorganiques présentent seulement une existence passive; ils ne jouissent point de la vie. La cohésion, l'affinité seules ont présidé à leur origine ; ces deux propriétés sont les seuls garants de leur conservation. Il suffit, en effet, pour les détruire, de surmonter, de neutraliser cette cohésion et cette affinité.

Les corps organisés offrent, au contraire, non seulement l'existence passive des corps inorganiques, mais encore une existence active désignée par le terme *de vie*. Placés, d'une part, sous l'influence des lois physiques et chimiques, présidant à ce premier mode d'existence; ils sont, de l'autre, plus spécialement régis par les lois vitales qui maintiennent le second et leur donnent la faculté de résister aux influences destructives du froid, du chaud, du sec, de l'humide, des attractions, des affinités; de se conserver avec intégrité, sous toutes les latitudes, au milieu des innombrables changemens du monde physique; de constituer dans l'économie générale une économie particulière, ayant son ordre et ses lois : *l'économie vivante.* Pour détruire ces corps, il faut anéantir d'abord la force vitale, ensuite la cohésion et les affinités.

12° MODIFICATIONS RELATIVES A L'AGE, AUX ALTÉRATIONS, A LA SANTÉ.

Les corps inorganiques, exclusivement régis par des lois invariables et constantes, offrent dès-lors, pendant

toute la durée de leur existence, un état et des phénomènes constans, invariables comme ces lois. Leur forme,
leur volume peuvent seuls présenter des altérations,
soit par la soustraction de quelques-unes de leurs parties, soit par l'addition de couches nouvelles; en effet,
changer leur manière d'être et leur composition serait
les anéantir. Les corps inorganiques sont destructibles,
mais en même temps inaltérables; ils peuvent cesser
d'être, mais ils ne deviennent point malades. Le temps
n'exerce dès-lors aucune influence relative à leurs caractères essentiels; ils n'offrent point les modifications des
âges, et tant qu'une cause étrangère ne viendra pas
en altérer la pureté, ils présenteront à la fin des siècles
et les mêmes propriétés et la même composition.

Les corps organisés régis, au contraire, par les lois
de la vie dont l'inconstance et la mobilité forment le
principal caractère, offrent nécessairement dans leurs
fonctions des irrégularités et des anomalies qui frappent
d'abord les propriétés vitales, ensuite les actes physiologiques, enfin la texture même des appareils chargés
de leur exécution. Ces anomalies et ces irrégularités, si
variables et si nombreuses dans l'économie vivante, forment les maladies que ces corps organisés peuvent seuls
présenter. Par cela même qu'ils vivent et se développent, ces corps doivent aussi décroître et mourir; delà
ces périodes, ces âges et les modifications qu'ils entraînent dans toute la constitution; delà ces distinctions
d'enfance, de virilité, de vieillesse, de caducité; delà
ces ravages plus ou moins profonds, mais toujours inévitables, que le temps doit nécessairement exercer chez
tous les sujets soumis aux lois de l'existence active.

13° TEMPÉRATURE.

Les corps inorganiques n'offrent jamais une chaleur

déterminée, une température indépendante soit de l'atmosphère, soit des autres milieux ambians; elle peut varier d'une manière infinie en parcourant tous les degrés de l'échelle thermométrique. Le calorique n'est jamais développé dans ces mêmes corps par un travail propre; il s'y trouve communiqué; il est acquis et non produit. Les corps inorganiques jouissent de la faculté conductrice et conservatrice à des degrés différens; *la calorification* leur devient pour toujours absolument étrangère. On objectera peut-être qu'en mêlant plusieurs de ces corps, il est possible d'élever ou d'abaisser leur température, sans aucune addition ou soustraction de calorique. Ainsi, le mélange à parties égales, de l'eau et de l'acide sulfurique froids offre immédiatement une chaleur très-élevée. D'un autre côté, l'union de la neige et du sel marin en certaines proportions présente un refroidissement si considérable, qu'il détermine la congélation du mercure; phénomène qui exige à peu près 40 degrés au-dessous de zéro, thermomètre centigrade. Mais en réfléchissant à ces deux résultats purement chimiques, il est aisé de voir que, dans le premier, l'eau et l'acide sulfurique, en raison de leur grande affinité réciproque, se concentrent, resserrent leurs interstices moléculaires, et chassent, par expression, le calorique logé dans ces intervalles; ce calorique est dès-lors expulsé, non produit; il était latent, combiné, il devient libre, sensible; et que, dans le second, le mélange de la neige et du sel marin déterminant une prompte liquéfaction, il en résulte pour les corps en contact avec lui une soustraction très-considérable de calorique, d'après cette loi précise qu'un corps absorbe toujours 75 degrés de chaleur, qui devient latente, pour passer soit de l'état solide à l'état liquide, soit de celui-ci à l'état gazeux. Si les corps inorganiques offrent des élévations ou des abaissemens de température, c'est donc toujours en empruntant ou cédant du calorique; ils tendent constamment à l'équilibre sous ce rapport; leur température, après quelques oscillations, s'arrête précisément à celle de l'air atmosphérique et des corps environnans.

Les corps organisés jouissent toujours, au contraire, d'une température indépendante, réglée, particulière à chaque espèce, pour ne pas dire à chaque individu. Ainsi, la chaleur naturelle de l'arbre n'a point le degré d'élévation de celle que l'on observe chez les animaux qui respirent; celle du reptile est inférieure à celle de l'homme; celle d'un grand nombre d'oiseaux lui devient bien supérieure. Cette chaleur propre n'est point soumise aux variations atmosphériques; ainsi lorsque le thermomètre marque 25 degrés au-dessus de zéro, par exemple, établissez la boule de cet instrument, 1° *dans le tronc d'un arbre*, il marque six ou huit degrés; 2° *sur le corps de l'homme*, il s'élève à 40; 3° *sur celui des oiseaux*, il atteint 50 degrés centigrade. Répétez les mêmes expériences pendant les froids de l'hiver, lorsque le thermomètre se trouve, par exemple, à 8 ou 10 degrés au-dessous de zéro, vous obtiendrez à peu près les mêmes résultats. Ces faits prouvent évidemment que les corps organisés jouissent de *la calorification*, qu'ils developpent la chaleur de l'intérieur à l'extérieur et conservent, par des moyens que nous indiquerons, une température propre, déterminée, indifférente à celle du milieu dans lequel ils se trouvent plongés.

14° MOUVEMENT.

Les corps inorganiques, dans leurs mouvemens, sont toujours déplacés par une puissance étrangère susceptible de vaincre la force de gravitation qui les attache plus ou moins au plan sous-jacent, en raison de leur masse, de leur forme et de l'inclinaison du sol; ces mouvemens ne leur sont jamais propres, mais toujours communiqués. Les corps inorganiques sont *mobiles* et non *motiles*; ils conserveront la même position jusqu'à la fin des temps, si l'élasticité, l'attraction, l'affinité, la pesanteur, etc., ne viennent pas surmonter cette inertie qui forme leur caractère essentiel.

Les corps organisés offrent, au contraire, en eux-mêmes, le principe des mouvemens qu'ils effectuent. A la manière des corps inorganiques, ils peuvent être déplacés par l'action d'une puissance étrangère, mais ils ont de plus la faculté de se mouvoir indépendamment de tout ce qui les entoure, et d'opposer une résistance active aux efforts des agens extérieurs qui tendraient à les changer de lieu sans leur participation; ils sont dès-lors *mobiles* et *motiles* en même tems. Sous le rapport du développement de cette faculté, combien d'intermédiaires ne rencontrons-nous pas depuis le végétal obscur dont les mouvemens toujours partiels sont bornés à ceux de la nutrition et de l'accroissement, jusqu'à ces animaux qui nous étonnent par la rapidité, par l'étendue, par la variété de leurs mouvemens généraux; tels que ces quadrupèdes qui semblent toucher à peine la surface du sol dont ils parcourent, avec tant de vitesse, une partie de l'étendue; tels que ces oiseaux plus admirables encore qui s'élèvent, avec tant de légèreté, dans les plus hautes regions de l'atmosphère, et disparaissent à nos regards en s'abymant dans l'immensité des Cieux.

15° TRANSMISSION DE L'EXISTENCE.

Les corps inorganiques partagent, mais ne transmettent point l'existence, en prenant ce terme dans sa véritable acception. En effet, ils sont absolument incapables de produire un autre corps sans perdre une partie de leur propre substance, ou même toutes leurs qualités physiques et chimiques ; nous en trouvons la preuve dans la division d'un bloc de marbre pour en constituer plusieurs ; dans la combinaison de l'acide hydro-chlorique et de la soude pour former le sel marin. Dans le premier cas, les corps produits ne sont rien autre chose que les divisions du corps principal ; dans le second, le résultat de la nouvelle formation est simplement un composé des élémens réunis pour lui donner naissance par le sacrifice de leurs propriétés et de leur existence individuelle.

Les corps organisés, au contraire, peuvent transmettre cette existence à d'autres sujets, en conservant celle qui leur est propre avec tous ses caractères et toutes ses facultés. L'existence envisagée dans ces corps sous le rapport de sa propagation, est le feu céleste, le souffle divin, qui se communique et se perpétue, sans jamais s'affaiblir ou se détruire. Ainsi, nous voyons les végétaux et les animaux, sans rien perdre de leurs molécules constituantes, souvent même pendant un accroissement assez remarquable, donner la vie à des individus offrant par leur ensemble un volume bien supérieur à celui des corps qui les ont produits.

16° DÉCROISSEMENT.

Chez les corps inorganiques, le décroissement, de même que l'augmentation de volume, s'effectue sans ordre constant, sans marche régulière et déterminée. Soumis aux chances du hasard, il est produit par des agens extérieurs qui enlevent à ces mêmes corps, par la percussion, le frottement, la dissolution, etc., un nombre plus ou moins considérable de leurs molécules superficielles. Ce décroissement peut être lent ou rapide, s'arrêter entièrement pendant un grand nombre d'années; toujours éventuel dans ses résultats, il ne se trouve jamais lié à l'existence individuelle, à l'ordre naturel des choses.

Chez les corps organisés, au contraire, l'accroissement, comme nous l'avons démontré, s'effectue par un mouvement intérieur, par une action essentiellement inhérente à la vie, en conséquence des principes établis dans la création; de même ces corps, après avoir acquis le terme de leur développement, se trouvent insensiblement entraînés vers une destruction inévitable, sous l'influence des mêmes causes, et d'après les mêmes lois; ainsi *naître*, *croître*, *demeurer stationnaire*, *décroître*, *mourir*, *se décomposer*, telles sont les inévitables périodes qui constituent la révolution et la destinée communes à tous les corps organisés.

17° DURÉE.

Les corps inorganiques offrent toujours une durée qui n'a rien de réglé, rien de limité dans l'ordre de la nature; le temps de leur existence ne peut jamais être soumis au calcul; il est entièrement sous la dépendance du hasard; ces corps pourront se conserver indéfiniment au milieu de l'Univers, si quelque circonstance fortuite ne vient pas entraîner plus ou moins rapidement leur destruction.

Les corps organisés ont toujours, au contraire, une existence limitée avec assez de précision pour qu'il soit possible d'en calculer la durée. Nous savons en effet qu'il est des insectes éphémères; que la carrière de l'homme s'étend rarement au-delà des bornes d'un siècle;

que cette existence, chez les corps organisés, quelque soit sa durée, trouve un terme qu'elle ne peut jamais franchir, leur décomposition étant irrévocablement fixée par les lois mêmes de la vie et de l'organisation.

18° FIN.

Chez les corps inorganiques, la destruction n'est autre chose que le passage de leurs molécules à des combinaisons nouvelles sous l'influence de l'affinité. Les élémens de ces corps ont éprouvé des modifications de rapport, mais ils n'ont pas cessé d'exister ; toujours disposés à reprendre leur premier état, ils n'attendent que des circonstances opposées à celles qui les ont désunis pour constituer de nouveau le corps qu'ils formaient d'abord, et dont la destruction n'était pas dès-lors irrévocable.

Les corps organisés offrent une fin bien différente ; elle est toujours signalée par une véritable mort, dont les effets destructeurs ne laissent aucun espoir de retour. L'extinction des propriétés vitales semble, au premier aspect, rapprocher les corps organisés des corps inorganiques, bien qu'il n'existe pas même alors un seul trait d'analogie entre les uns et les autres. La fin des corps organisés est remarquable par deux circonstances principales : 1°. destruction de la vie, abolition des propriétés vitales; 2°. destruction du corps lui-même, dissociation de ses élémens sous l'influence des forces chimiques jusqu'alors neutralisées par les forces vitales, impossibilité de les reconstituer par des moyens artificiels.

19° ALTÉRABILITÉ CHIMIQUE.

Nous entendons par *altérabilité chimique* la faculté que présentent les élémens corporels de s'abandonner mutuellement pour former des combinaisons nouvelles. Plus ces élémens sont nombreux et diversifiés dans un corps, plus ils seront entraînés par les affinités destructives, plus ce corps offrira d'*altérabilité*.

Les corps inorganiques, toujours exclusivement *solides*, *liquides*, *gazeux* ou *vaporeux*, toujours formés d'un petit nombre de principes constituans, souvent même d'un seul élément, sont naturellement peu susceptibles d'altération chimique ; c'est ainsi qu'un fragment de silice, de marbre, de fer, d'alumine, etc. pourra se conserver pendant plusieurs siècles dans l'économie physique sans éprouver aucune modification substantielle.

Les corps organisés, au contraire, toujours formés d'un grand nombre d'élémens divers, offrant, pour la plupart dans leurs différentes parties, la réunion des états *solide*, *liquide*, *gazeux* et *vaporeux*, deviennent, par cela même, beaucoup plus altérables sous l'influence des forces chimiques alors qu'elles ne sont plus contrebalancées par la force vitale qui présidait à la conservation de ces corps. Exposez à l'action de l'atmosphère le cadavre d'un animal très-composé, d'un homme par exemple, vous y remarquerez bientôt les mouvemens appréciables d'une fermentation intérieure. Ce travail de décomposition dissociant les élémens constitutifs de ce même corps, lui faisant perdre successivement sa forme, sa couleur, son volume, sa densité, etc. après l'avoir altéré par degrés, l'anéantira sans retour.

20° ANALYSE CHIMIQUE.

Les corps inorganiques peuvent-être soumis à l'analyse complète, c'est-à-dire que leurs élémens sont dissociés, et de nouveau combinés avec la même facilité. Si nous prenons le carbonate de chaux pour exemple, nous voyons qu'en l'exposant à l'action d'une forte chaleur, il se décompose en oxyde de calcium qui reste solide, en acide carbonique dégagé à l'état gazeux; qu'en reprenant ces principes actuellement séparés, en les rapprochant sous une température moins élevée, on parvient à les combiner en reconstituant ce même sel. Ces deux phénomènes de l'analyse parfaite, la *diérèse* et la *synthèse*, appèlent chaque jour notre attention, soit dans la nature, soit dans les arts. Ainsi, la *diérèse* ou décomposition s'effectue dans les fourneaux où l'on prépare la chaux pour les usages habituels; et la *synthèse* ou recomposition, lorsque l'oxyde de calcium ainsi obtenu se trouve exposé pendant quelque tems, et sous l'influence d'une chaleur modérée, à l'action du gaz acide carbonique de l'atmosphère.

Les corps organisés ne sont au contraire jamais susceptibles de cette analyse complète. On peut les décomser, mais jamais les reconstituer dans leur premier état. Ainsi, par l'intermédiaire du feu, de l'eau, des acides, des alkalis et des autres réactifs chimiques, on parvient à dissocier tous les élémens d'une substance végétale, d'un muscle, d'un os, d'un nerf, etc. ; mais cette première partie de l'opération effectuée, le corps organisé n'existe plus; il est irrévocablement détruit. En vain réunirait-on les élémens de ce même corps dans les circonstances les plus favorables à leur combinaison, il deviendrait pour toujours impossible de le reproduire à son premier état. C'est en conséquence de ce principe que J. J. Rousseau disait. « *Je croirai à la chimie, seulement lorsqu'elle aura le pouvoir de nous faire du bois et de la farine.* » Cet écrivain célèbre ignorait sans doute que la chimie n'a point à ses ordre la puissance vitale seule capable de former les corps organisés, et que lui refuser le nom de science par cela seul qu'elle ne possède pas une faculté absolument étrangère à son domaine, c'est émettre une idée paradoxale, c'est vouloir au-delà des bornes du possible. Arrêtons-nous à des considérations plus positives , ne rejetons point l'art comme absolument imaginaire, alors même qu'il vient s'abaisser devant la nature.

SECTION SECONDE.

DIFFÉRENCES PRINCIPALES CONSIDÉRÉES ENTRE LES VÉGÉTAUX ET LES ANIMAUX.

Nous avons tracé des lignes de démarcation naturelles entre les corps inorganiques et les corps organisés; nous avons rencontré partout entre les uns et les autres des différences essentielles, un intervalle immense que rien ne peut faire disparaître.

Si nous cherchons actuellement à poser des limites semblables entre les végétaux et les animaux, nous sentons bientôt les difficultés d'un pareil travail; ici plus d'intervalle à combler, plus de caractères essentiellement différens, mais seulement des transitions graduées et des nuances bien souvent à peine sensibles.

En formant deux pyramides, l'une végétale et l'autre animale, dont les bases comprennent les corps organisés les plus simples par leur structure et par leurs fonctions, nous voyons ces deux bases confondues et nous sentons l'impossibilité d'établir entre elles aucune distinction positive. Quelles différences pourrions-nous en effet raisonnablement admettre, dans l'état actuel de la science, entre les algues, les mousses, les champignons, etc. placés dans le règne végétal, et les individus amorphes, les éponges, les coraux, etc. qui se trouvent au premier degré de l'échelle animale. Nous pensons que la ligne réelle de démarcation est encore à placer entre ces deux économies, entre ces deux pyramides considérées à leur base, puisque les plus savans naturalistes sont loin de s'accorder sur ce point important. Pour établir plus convenablement ces différences entre les végétaux et les animaux, nous devons les envisager au sommet de ces mêmes pyramides; c'est alors qu'elles prendront un caractère plus vrai, plus positif et plus sensible.

1° ORIGINE.

Les végétaux sont formés par une véritable génération, mais toujours opérée sans intromission de l'organe mâle, souvent sans contact, quelquefois même à des éloignemens assez considérables. La matière prolifique nommée *pollen* est toujours à l'état pulvérulent, et dans les fécondations à distance, l'air atmosphérique devient ordinairement le véhicule chargé de la transporter au lieu de sa destination.

Les animaux naissent également par génération. Chez eux, il existe constamment au moins frottement de l'organe mâle sur l'organe femelle, et le plus souvent introduction du premier dans le second; cette génération s'opère dès-lors au contact. La matière fécondante ou *sperme*, toujours liquide, se trouve déposée par l'organe mâle directement dans l'organe femelle.

2° PRODUIT DE LA FÉCONDATION.

Chez les végétaux, le produit de la fécondation n'est jamais immédiatement semblable aux individus qui l'ont formé. On peut même dire qu'il ne contient que les rudimens du nouvel être, dont le developpement exige des circonstances absolument étrangères à ces individus, à cette fécondation. Nous voyons même souvent ce developpement suspendu, sans inconvéniens, pendant plusieurs années; c'est ainsi que nous observons des graines, des amandes à péricarpe osseux, etc. déposées dans un terreau convenable, après avoir éprouvé déjà depuis long-tems un desséchement assez marqué, germant et faisant naître des végétaux semblables à ceux qui les ont elles-mêmes produites.

Les animaux au contraire, du moins pour toute la série des vivipares, engendrent des individus qui leur ressemblent, et qui, dès l'origine, offrent en miniature leurs formes, leurs propriétés et leurs fonctions. Ceux même dont les produits ne réunissent pas tous ces caractères diffèrent encore essentiellement des végétaux sous le rapport que nous étudions. En effet, chez ces animaux, le développement du nouvel être ne peut, sans danger pour sa conservation, éprouver une suspension durable ; ce même produit s'échappe tout formé de la prison qui l'avait retenu jusqu'alors, comme nous l'observons dans les ovipares.

3° TYPE COMMUN.

Les végétaux n'ont jamais qu'un type approximatif, leurs formes ne sont point rigoureusement déterminées, le nombre de leurs parties ne présente rien de constant. Si nous reconnaissons un arbre à la seule inspection de son ensemble, c'est par sa taille, son volume, sa disposition génerale, etc. bien plutôt que par l'énumération de ses branches. Il suffit d'avoir étudié ce règne, pour savoir combien il est souvent difficile de bien distinguer à quelle espèce appartient une plante. Les organes génitaux, ou les productions séminales, présentent même les seuls caractères positifs de classification; ainsi, 1° la forme de la corolle ; 2°. le nombre , la disposition du pistil, des étamines; 3°. celui des cotylédons, sont identiques dans les mêmes familles végétales; delà ces trois méthodes botaniques auxquelles se rattachent les noms justement célèbres de Tournefort, de Linné, de Jussieu.

Les animaux offrent toujours au contraire, pour le plus grand nombre, un type constant, déterminé dans chaque espèce. Les sujets de la même famille présentent des formes semblables, des organes et des parties en nombre toujours égal. En exceptant les cas de monstruosités et quelques variétés relatives au développement, ils semblent tous avoir été jetés dans un moule commun.

4° SYMÉTRIE.

Les végétaux ne sont jamais symétriques; il est impossible de les diviser en deux moitiés parfaitement semblables; ils n'offrent point la ligne médiane. Prenez un tilleul, un platane, un rosier, une tubéreuse, etc. coupez leur tige suivant sa longueur en deux moitiés égales, jamais elles ne seront identiques; disposition qui nous démontre l'unité végétale.

Les animaux en général sont, au contraire, plus ou moins exactement symétriques; ils offrent une ligne médiane et peuvent être divisés en deux parties assez ressemblantes pour indiquer la présence de deux sujets dans un seul. Ainsi le chien, le cheval, le lion, etc. nous offrent les nerfs, les muscles, tous les os du squelette, etc. soit pairs, soit uniques et formés par deux moitiés absolument semblables; l'homme présente les mêmes caractères dans tous ses appareils de relation. C'est ainsi qu'il faudrait entendre l'*homo duplex*.

5° ÉLÉMENS CONSTITUANS.

Dans le plus grand nombre des végétaux on ne rencontre ordinairement, en dernière analyse, que trois élémens simples, *oxygène*, *hydrogène*, *carbone*. Les crucifères et quelques individus appartenant à d'autres familles font seuls exception à cette règle commune. *Le carbone*, principe naturellement solide, forme en quelque sorte la base fondamentale du règne végétal par sa prédominence habituelle sur les autres élémens.

Chez tous les animaux, au contraire, nous trouvons quatre élémens réunis, *oxygène*, *hydrogène*, *carbone*, *azote*. Celui-ci, gazeux par essence, constitue le fondement essentiel de l'économie animale. Nous verrons bientôt les différences que doivent apporter entre les végétaux et les animaux, sous le rapport de l'altérabilité, cette opposition dans le nombre de leurs principes élémentaires, et dans les propriétés naturelles de celui qui leur sert de base.

6° PROPORTION DES SOLIDES ET DES FLUIDES.

Les végétaux, considérés d'une manière générale, présentent constamment une prédominence marquée des solides sur les fluides. Il suffit, pour s'en convaincre, de soumettre à la dessication parfaite un tronc d'arbre, par exemple; d'examiner ensuite les pertes qu'il aura faites sous le rapport de sa forme, de son volume, de sa pesanteur, etc. On ne tardera pas à s'apercevoir que les solides en forment la base principale, et que les fluides s'y trouvent en quelque sorte d'une manière accessoire.

Chez les animaux, au contraire, les fluides prédominent sur les solides. Si vous soumettez à la même expérience le cadavre d'un homme ou d'un autre sujet de la même catégorie, vous le verrez bientôt, ainsi desséché, perdre sa forme, son poids et son volume, en nous démontrant positivement que les fluides entrent pour la majeure partie dans l'économie animale.

7° HERMAPHRODISME.

Les végétaux nous offrent des exemples nombreux d'hermaphrodisme parfait; en d'autres termes, sur le même sujet, la réunion des deux sexes avec faculté d'opérer la fécondation sans le concours d'aucun autre individu. De telle sorte qu'un être ainsi constitué, en le supposant isolé sur le globe, pourrait à lui seul assurer la propagation de son espèce.

Les animaux ne présentent jamais, au contraire, cet hermaphrodisme parfait. Les uns offrent des organes soit mâles, soit femelles bien constitués, et des organes du sexe différent dans un état d'imperfection telle que ces mêmes organes sont incapables de remplir aucune fonction, et que dès-lors ces individus sont exclusivement ou femelles ou mâles. D'autres ont les organes des deux sexes, mais dans l'état rudimentaire, et tellement défectueux que ces sujets se trouvent absolument neutres; ces deux circonstances ne sont pas très-rares dans les monstruosités qui viennent, sous ce rapport, en imposer soit chez les animaux, soit même chez l'homme. D'autres enfin, comme on l'observe surtout chez les limaces, offrent les deux sexes réunis et bien constitués, mais disposés de manière que la fécondation ne peut s'effectuer isolément pour chaque sujet; qu'elle est constamment réciproque entre deux individus, l'organe mâle de l'un opérant cette fécondation sur l'organe femelle de l'autre, *et vice versâ*. Dans toute la série des animaux, il n'en existe donc pas un seul qui présente isolément la faculté d'entretenir et de perpétuer son espèce; dans ce règne tout entier, on ne rencontrera donc jamais un seul hermaphrodite parfait soit à l'état de nature, soit à l'état de monstruosité.

8° VITALITÉ.

Chez les végétaux, on ne trouve jamais d'organe central de la vie; d'organe qui semble présider à l'exercice de toutes les fonctions en offrant le foyer commun des forces vitales; ces dernières semblent même tellement distribuées dans cette économie, que chacune des parties de l'organisme peut exister indépendamment de toutes les autres. C'est ainsi qu'une branche d'arbre, plantée dans un terrein convenable, s'accroît et devient un individu semblable à celui dont elle fit partie; c'est ainsi que plusieurs rameaux d'un arbuste peuvent se flétrir et se dessécher sans altérer la conservation et même la fraîcheur du tronc commun et des rameaux voisins; chaque partie du végétal offre une vitalité spéciale, possède l'isolement et la raison de sa propre existence.

Chez les animaux au contraire, surtout en les examinant dans les degrés élevés de la série générale, on trouve des parties centrales, des organes dont les irradiations communiquent aux différens appareils le principe qui doit animer et perpétuer leur existence. Tous les instrumens de la vie sont plus ou moins dépendans les uns des autres, plus ou moins directement liés à ces foyers centraux; ils offrent partout une mutuelle solidarité; aussi, toute partie dont les communications vitales sont détruites est bientôt frappée de mortification.

9° NUTRITION.

Les végétaux ne présentant jamais de cavité digestive sont absolument incapables de préparer les substances alimentaires, et d'élaborer celles qui doivent servir à leur nutrition. La terre qui reçoit les racines de ces végétaux devient en même temps le support qui les maintient dans la position verticale, et le filtre indispensable qui purifie les sucs destinés à l'accroissement et à la réparation de leur économie.

Les animaux offrent toujours, au contraire, une cavité digestive centrale. Quelques auteurs ont même cousidéré cette disposition comme le caractère fondamental et distinctif de l'animalité. C'est dans cette cavité que se passent tous les phénomènes de l'élaboration alimentaire. Chez les animaux très-simples, tels que les polypes, cette cavité est unique et ses parois remplissent la fonction tout entière. Chez les animaux plus compliqués, cette même cavité devient multiple, et des organes assez nombreux s'y joignent pour constituer l'appareil digestif.

10° RESPIRATION.

Les végétaux n'offrent jamais d'organe central de la respiration; c'est par leurs vaisseaux capillaires cutanés qu'ils absorbent l'air destiné à cette fonction importante. Ils décomposent l'acide carbonique, s'emparent du carbone et rendent l'oxygène à l'atmosphère. Pour effectuer cette décomposition, ils ont besoin du concours de la chaleur et de la lumière; aussi les voyons-nous languir et s'étioler sous l'influence du froid et de l'obscurité.

Les animaux au contraire présentent, pour le plus grand nombre, des organes spécialement affectés à la respiration, et dans lesquels cette fonction est réellement centralisée. Ceux qui vivent dans l'eau, tels que les poissons, nous offrent des branchies; ceux qui se trouvent naturellement placés dans l'air, tels que les mammifères, les oiseaux et les reptiles, ont des *poumons*. Les insectes font seuls exception à cette loi générale, encore sont-ils pourvus d'un appareil particulier, composé de vaisseaux élastiques nommés *trachées*. Mais s'il existe, en apparence, un premier degré d'analogie entre eux et les végétaux sous le rapport que nous étudions, de même que tous les autres animaux, ils diffèrent de ces derniers par l'élément aérien qu'ils absorbent et par celui qu'ils rejettent. Ainsi, *dans le règne animal* tout entier, le résultat de la respiration est une importation d'oxygène, une exhalation d'acide carbonique; nous venons de faire observer, *dans le règne végétal*, une importation d'acide carbonique, une exhalation d'oxygène; cet antagonisme nous explique l'équilibre admirable et constant présenté par l'air atmosphérique dans les proportions relatives de ses principes constituans, et dans son utilité pour les êtres vivans en le considérant comme agent essentiel de la respiration.

11° ACCROISSEMENT.

Chez les végétaux, le terme de l'accroissement n'est presque jamais rigoureusement déterminé; on peut, en quelque sorte, le ralentir ou l'activer à son gré. La bonté du sol et de la culture, le renouvellement facile de l'atmosphère, etc. sont autant de circonstances favorables qui le porteront presque toujours au-delà des bornes ordinaires. Un terrein dépourvu de sucs nutritifs, un air stagnant, le défaut de soins, etc. sont, au contraire, autant d'obstacles à la végétation, qui retiennent l'accroissement au-dessous de la mesure naturelle.

Chez les animaux cet accroissement présente, au contraire pour chaque espèce, un terme bien rarement dépassé. Les *nains* et les *géans* cités, comme exceptions peu communes, démontrent assez toute la valeur de cette règle générale. D'un autre côté, les animaux doués d'une vie plus active, et sous une dépendance moins absolue des circonstances qui les environnent, sont moins influencés par les agens extérieurs dans leur développement particulier. Ainsi, nous voyons des nains au milieu des circonstances les plus avantageuses à l'accroissement, et des géans entourés des causes les plus défavorables à cette grande extension de l'organisme.

12° TEMPÉRATURE.

Les végétaux présentent, comme tous les corps organisés vivans, une température étrangère, mais en même temps presque toujours inférieure à celle des milieux qui les entourent. La chaleur physiologique, dans l'économie végétale, est ordinairement uniforme et ne présente point ces exaltations notables dans une partie de l'organisme, tandis qu'elle s'abaisse dans une autre d'une manière également appréciable. Ces effets sont la conséquence du peu d'activité des propriétés vitales, de leur égale répartition et de l'absence des organes centraux de la circulation et de la respiration dans cette catégorie des êtres.

Chez les animaux au contraire, si nous exceptons ceux qui forment les premiers rudimens de cette économie, la température individuelle est ordinairement supérieure à celle des milieux ambians. Cette même température, sous l'influence de certains modificateurs, est susceptible d'offrir des élévations et des abaissemens partiels d'autant plus sensibles qu'on les observe chez des sujets pourvus d'organes centraux de la circulation et de la respiration plus développés et plus actifs.

13° MOUVEMENT.

Les végétaux, lorsqu'ils ne sont pas déplacés par la main de l'homme, naissent, vivent et meurent sur le même sol, incapables d'exécuter aucun mouvement de locomotion générale. Quant à leur motilité partielle, combien ne s'éloigne-t-elle pas encore de celle que nous offrent les animaux supérieurs, et qui toujours s'exerce avec conscience et volonté. Pourra-t-on jamais comparer l'extension de la racine qui semble chercher les sucs nutritifs, l'inclinaison du tournesol qui paraît suivre la lumière céleste, la retraction de la sensitive sous le doigt qui la touche, l'occlusion de la diona muscipula et de plusieurs liserons tantôt par la titillation des insectes qui s'y reposent, tantôt par l'action de la lumière et de la chaleur, enfin ces rapprochemens des organes sexuels, à l'époque de la fécondation, aux mouvemens particuliers qui, chez les animaux, servent à l'attaque, à la défense, à l'expression des idées et des passions? Ne sentira-t-on pas, au contraire, que chez les végétaux ces déplacemens partiels, même chez les sujets qui les offrent dans tous leurs developpemens, sont constamment bornés et sans aucune intention d'établir des rapports naturels avec les objets extérieurs ?

Chez les animaux, en exceptant les plus rudimentaires, on observe toujours une véritable locomotion, et même, dans toute la série, des mouvemens partiels directement liés à la conservation individuelle, comme on le voit, par exemple, chez les polypes dans l'action de prendre et d'élaborer les substances nutritives. Dans la partie supérieure de l'échelle animale, tous les mouvemens locomoteurs soumis à l'empire de la volonté, donnent à chaque individu le pouvoir de saisir les objets qui lui conviennent; de rejeter ceux qui seraient nuisibles à son organisme; de chercher au loin des alimens appropriés à sa nature, à ses besoins; de varier, d'agrandir la sphère de ses rapports en changeant à son gré de mœurs, de région et de patrie.

14° DÉCROISSEMENT, MORT.

Les végétaux qui nous offrent un accroisement lent et régulier pendant la belle saison, qui semblent demeurer absolument stationnaires lorsque se manifestent les froids rigoureux des hivers, tems du repos et du sommeil pour cette économie, décroissent avec la même gradation et la même lenteur, sans jamais offrir ces ré-volutions et ces périodes qui marquent les principales époques de la vie chez les animaux. La mort, dans l'économie végétale n'est point une extinction générale instantanée des propriétés de la vie, mais un épuisement progressif de ces mêmes propriétés, sans conscience de la destruction qui s'effectue.

Les animaux offrent toujours au contraire, dans leur existence, des époques, des modifications essentielles qui la divisent naturellement en plusieurs périodes. Leur augmentation et leur décroissement ne sont pas sensiblement influencés par les saisons et les variations atmosphériques. Nous ajouterons même que la chaleur, si favorable au grand développement des végétaux, semble imposer aux animaux des limites plus ou moins étroites. Ceux d'un ordre supérieur offrant des centres de vitalité, finissent par une extinction générale et simultanée, presque toujours avec conscience, bien souvent avec horreur de la mort.

15° DÉCOMPOSITION SPONTANÉE.

Les végétaux privés de la vie, abandonnés à l'influence exclusive des forces chimiques, se décomposent, mais avec lenteur. Avant d'éprouver cette destruction irréparable, ils ont résisté long-temps à l'action des causes qui tendent à dissocier leurs élémens pour les faire passer à des combinaisons nouvelles. Il suffit, pour s'en convaincre, de considérer les matières végétales qui servent à la confection de nos instrumens de musique, de nos meubles, et qui forment les pièces principales de nos constructions où nous voyons ces cadavres, en apparence incorruptibles, braver impunément l'influence inévitable des siècles. Trois circonstances principales donnent aux végétaux cette faculté de conservation :

1º *la simplicité de leur composition*, qui laisse moins de prise à l'influence des affinités destructives; aussi, les plantes qui présentent le quatrième élément, *l'azote*, sont-elles en même temps les plus disposées à la putréfaction; 2º *les caractères de l'élément fondamental, du carbone*, principe simple naturellement solide et dèslors peu susceptible d'altération; 3º *la prédominence des organes sur les humeurs*, circonstance qui les fait résister à la décomposition. Aussi, les substances molles abreuvées de sucs, tels que les fruits, les feuilles et les tiges grasses, cèdent beaucoup plus facilement à cette influence destructive.

Les animaux au contraire, à peine abandonnés par les propriétés vitales, obéissent aux affinités chimiques; ils deviennent le siége d'une fermentation intérieure qui dissocie leurs élémens et les soumet à d'autres combinaisons. Aussi, quelles précautions ne deviennent pas indispensables pour conserver, surtout pendant le règne de la chaleur et de l'humidité, les viandes que nous destinons à servir d'aliment. Quel soin ne devonsnous pas apporter dans les préparations anatomiques, pour garantir d'une fâcheuse destruction les parties à ménager dans l'intérêt de la science? Quelles altérations de volume, de forme, de texture, de couleur, etc. n'éprouvent pas encore ces organes ainsi préparés? Trois dispositions principales concourent à l'altérabilité des animaux: 1º *le grand nombre et la diversité de leurs élémens*; aussi les substances de ce règne qui ne présentent pas le quatrième principe, *l'azote*, telles que les huiles, les graisses, etc. offrent la faculté de se conserver plus long-temps; 2º *la nature de l'élément fondamental, de l'azote*, principe gazeux et tendant sans cesse au dégagement; 3º *la prédominence des humeurs*; aussi les matières animales plus solides que fluides, telles que les cheveux, la corne, les os ; etc. peuvent résister bien davantage que les autres avant d'éprouver une entière décomposition.

SECTION TROISIÈME.

DIFFÉRENCES PRINCIPALES ENTRE LES ANIMAUX ET L'HOMME.

Les philosophes et les naturalistes ont placé l'homme au degré le plus élevé dans la série des animaux ; plusieurs d'entre eux en le confondant avec ces derniers ont abusé de quelques analogies superficielles présentées comme des caractères essentiels d'identité parfaite.

Pourrions-nous adopter ces illusions mensongères du matérialisme et de la plus absurde philosophie, sans dégrader cet être supérieur qui commande aux élémens , qui gouverne la nature, dont la sublime pensée peut s'élever à la connaissance d'un créateur, dont l'œil pénétrant embrasse tout l'univers, et dont le profond génie sait enfanter des merveilles ?

Sans doute par les lois de son organisation, par ses besoins physiques , l'homme nous présente quelques points de contact avec les animaux ; nous ajouterons même que par sa composition il participe en quelque sorte des trois régnes : 1° *du minéral* par ses os, 2° *du végétal* par ses tissus fibreux, 3° *de l'animal* par ses appareils musculaire, nerveux, etc. Mais il appartient plus au troisième qu'au second, à celui-ci qu'au premier. La vitalité de ses tissus est en raison de leur connexions avec telle ou telle catégorie. Ceux du règne animal sont plus vivans que ceux du règne végétal ; ces derniers le sont davantage que ceux du règne minéral. En s'élevant, par degrés des corps inorganiques aux corps organisés, des végétaux aux animaux, des animaux proprement dits à l'homme, la nature semble avoir ménagé ces transitions pour nous faire connaître plus positivement tous les caractères et toutes les facultés de notre espèce.

Le célèbre Buffon avait bien senti cette vérité lorsqu'il disait : « *s'il n'existait point d'animaux, la nature » de l'homme serait encore plus incompréhensible.* » Suivons cette idée féconde en résultats, établissons les différences fondamentales qui distinguent le premier des seconds, indiquons les analogies qui les rapprochent, mais ne cherchons pas à faire disparaître l'intervalle immense qui les sépare à jamais et que rien ne peut combler.

1° ORIGINE.

Les animaux à l'état de nature n'éprouvent ordinairement que dans une saison de l'année le besoin pressant de la copulation : cette saison est le printemps. C'est à cette époque brillante où la terre se couvre de fleurs, où les végétaux conspirent à la reproduction de leur espèce, que les animaux, cédant à la loi générale et commune à tous les corps organisés vivans, obéissent au penchant instinctif qui rapproche, entraîne les deux sexes l'un vers l'autre pour l'accomplissement des desseins éternels. Chez tous ces êtres, le temps des amours et de la fécondation est tellement réglé dans l'ordre universel, que l'on peut déterminer, pour chaque espèce, l'époque précise pendant laquelle cette grande fonction s'effectue. C'est alors que les animaux de sexe différent s'expriment dans leur langage tous les sentimens qu'ils éprouvent les uns pour les autres. Mais cette époque révolue, ces mêmes animaux naguère si passionnés, si brûlans ne ressentent plus aucune attraction mutuelle, et la plus froide indifférence a remplacé tous ces amoureux transports. Limités par cette loi dans leur activité reproductrice, de même que les végétaux, ils trouvent , sous ce rapport, une véritable compensation dans la persistance de leur fécondité jusqu'à la vieillesse la plus reculée ; affranchis de la menstruation, ils le sont également de l'âge critique.

L'homme au contraire ne reconnaît plus aucune saison déterminée pour la fécondation. Soustrait, par son intelligence et par son industrie, aux rigueurs des hivers, aux privations, à l'engourdissement qu'ils entraînent, conservant toujours pour sa compagne les mêmes sentimens et les mêmes égards, il peut, dans tous les temps et sous tous les climats, travailler à l'œuvre important de la reproduction. Chez lui, la réflexion, la volonté bien souvent amènent le désir de la copulation qui, chez les animaux, est toujours un résultat des impulsions instinctives. Mais s'il paraît au premier aspect favorisé par ces dispositions sous le rapport de la fécondation, cet avantage est contrebalancé par les bornes imposées à la faculté génératrice, qui, dans l'espèce humaine et chez la femme particulièrement, ne s'exerce qu'entre deux époques souvent assez rapprochées, *la puberté*, *l'âge de retour*.

2° EXISTENCE.

Les animaux, d'après la nature de leur constitution et de leurs besoins, se trouvent destinés à l'habitation de telle ou telle partie du globe. Ceux qui vivent sans danger sur les glaces des pôles, succomberaient inévitablement dans l'atmosphère embrasée de la zône torride, et ceux qui soutiennent sans altération les feux de l'équateur, trouveraient une mort assurée sous les frimats des régions hyperboréennes. Ainsi les qualités du sol, des alimens, du climat rapprochés de l'organisation particulière aux différentes espèces animales, sont les circonstances essentielles qui leur imposent des limites qu'elles ne peuvent jamais franchir sans danger.

L'homme, au contraire dont l'organisation paraît d'abord si frêle et si délicate, offre dans l'ensemble de son économie des perfectionnemens admirables, des ressources intérieures qui lui donnent le pouvoir étonnant de lutter avec avantage contre les influences destructives les plus opposées. Il sait au besoin s'approprier toutes les latitudes, tous les alimens, tous les climats; ses courses hardies n'ont d'autres bornes que celles du monde, ses vastes conceptions d'autre horizon que celui de l'Univers; véritable cosmopolite, aucune région ne lui semble étrangère, sa patrie est partout!

3° STATION, PROGRESSION.

Les animaux, soit dans la station, soit dans la progression, ne présentent jamais naturellement la colonne rachidienne dans une situation verticale. Tous les bipèdes eux-mêmes, tels que les oiseaux, etc. se tiennent de bout et marchent dans une position oblique du rachis. Les quadrupèdes qui semblent, au premier aspect, faire exception à cette règle générale, tels que le chien, le singe, etc. n'offrent qu'une apparence illusoire; vicieusement constitués pour la station et la progression verticales, ils ne les prennent que très-imparfaitement et par intervalles, ne les conservent qu'avec des efforts pénibles; sont-ils poursuivis par un ennemi dangereux, le naturel reprend aussitôt ses droits, cette station et cette locomotion artificielles font place à la station, à la locomotion quadrupèdes.

L'homme est au contraire essentiellement vertical

et bipède; les dispositions de son organisme tout entier se trouvent positivement accommodées à cette situation, et rendraient la station et la progression quadrupèdes si pénibles et si défectueuses, qu'il deviendrait sous ce rapport le plus disgracié des animaux, si la nature avait pu le condamner à cette abjection, comme l'ont prétendu quelques philosophes dans leurs aveugles rêveries. La situation verticale est donc l'apanage exclusif de l'homme; elle semble destinée à marquer sa puissance au milieu des êtres qui l'environnent; il s'agrandit au physique par cette attitude imposante, comme il s'élève au moral par la supériorité de son génie.

4° PUISSANCE.

Chez les animaux, la puissance est toujours plus ou moins bornée, toujours circonscrite dans les limites d'une sphère assez étroite. Si nous cherchions des points de comparaison dans les derniers degrés de la série, les différences deviendraient tellement saillantes, qu'il semblerait inutile de les approfondir; nous examinerons donc plus spécialement les animaux qui, par leur adresse et leur force réelle, paraissent offrir le plus d'importance, et nous verrons combien leur puissance est encore inférieure à celle de l'homme. Le renard, cet animal si remarquable par sa ruse et par sa finesse, a-t-il jamais fait tomber l'homme dans ses embûches? Le serpent à sonnettes, ce reptile si redoutable par le poison mortel que la nature a mis à sa disposition, le lion, ce roi des animaux, l'éléphant, ce colosse en apparence inattaquable, la baleine, cette montagne vivante qui semble régner dans l'empire des eaux par l'épouvante et la terreur dont elle devient l'objet, etc. ont-ils jamais vaincu l'homme secondé par tous les moyens dont il peut s'environner pour l'attaque et pour la défense?

Dans l'espèce humaine, au contraire, la puissance est illimitée ; les animaux les plus rusés, les plus vénéneux et les plus terribles se trouvent constamment soumis à l'homme qui peut au gré de ses désirs ou les charger de chaînes ou leur donner la mort. Dans toute la nature, il n'est pas un seul être vivant qu'il ne parvienne à subjuguer par les développemens de son génie, par les moyens et les instrumens qu'il sait inventer. Ainsi tout cède à son magique pouvoir ; celui des animaux les plus astucieux, comme celui des plus forts ne peuvent jamais entrer en comparaison avec sa puissance.

5° FACULTÉS INTELLECTUELLES.

Chez-les animaux les plus parfaits, nous voyons toutes les facultés intellectuelles à peu près limitées par le cercle des besoins physiques. Ces animaux pensent, jugent et raisonnent ; chercher à détruire cette vérité, serait en même temps révoquer en doute les faits les plus positifs et les plus évidens ; mais quel est le dernier, l'unique terme de ces idées, de ces jugemens, de ces raisonnemens ? la conservation de l'individu, la propagation de l'espèce. Après les conceptions relatives aux moyens de se procurer des alimens, de s'assurer un refuge paisible, d'y féconder sa compagne, d'y élever ses petits, de soumettre par la force les animaux plus faibles, par la ruse les animaux plus forts ; de repousser les agressions des uns, de tromper et d'éviter les attaques des autres, etc. où sont les idées du moi, du juste, de l'injuste, du vrai, du faux, du mal, du bien, du grand, du sublime, etc. enfin de quelque chose de moral et de supérieur aux besoins organiques ?

Chez l'homme au contraire si nous rencontrons , d'une part, des idées également renfermées dans la sphère des nécessités matérielles, n'en trouvons-nous pas d'autres qui leur sont entièrement étrangères; qui dans leurs élans merveilleux l'enlèvent à la terre pour le transporter dans une sphère nouvelle et presque divine? lois de la matière, phénomènes corporels , besoins organiques vous disparaissez; idée d'un Créateur, d'un libre arbitre, d'une existence indépendante, horreur du vice, amour de la vertu, traits de génie, conception des plus sublimes vérités, vous devenez les élémens célestes qui le constituent, le feu sacré qui l'échauffe , l'anime, l'embrase, en lui communiquant cette vie purement intellectuelle.qui le fait exister dans un monde pour jamais étranger même aux animaux qui semblaient au premier aspect s'en rapprocher davantage.

6° passions.

Chez les animaux les passions, de même que les facultés intellectuelles, rentrent complètement dans la sphère des besoins naturels. Exclusivement déterminées par les impulsions instinctives, elles n'offrent jamais une origine morale, et portent constamment sur des objets physiques. L'amour, la haine, la gaieté, la tristesse, la reconnaissance, le ressentiment, etc. présentent pour cause des dispositions organiques, la santé, la maladie de bons ou de mauvais traitemens, etc. telles sont à peu près toutes les passions des animaux.

Chez l'homme au contraire nous trouvons bien encore des impulsions purement instinctives, exclusivement animales; mais en même temps nous observons des passions qui n'offrent aucun rapport avec les objets physiques; des passions qui semblent même quelquefois maîtriser les réactions de l'organisme. Ainsi, la bienfaisance, la philantropie font pardonner les injustices, éteignent les ressentimens, et portent même quelquefois à combler de faveurs celui qui ne devait attendre que vengeance et réprobation. Ainsi l'amour de la vertu, l'entraînement de la gloire imposent à l'homme des privations qu'il supporte avec courage; lui font entreprendre des travaux périlleux que d'aussi puissans mobiles peuvent seuls conduire à leur terme. Les animaux offrent-ils jamais rien d'analogue dans leurs passions ? L'homme seul reconnaît un Créateur, l'homme seul éprouve le besoin d'un culte divin, parce que lui seul conçoit l'idée d'une existence à venir !

Tels sont les êtres naturels considérés dans leur ensemble, telles sont les différences principales qui distinguent le règne inorganique du règne organisé, les végétaux des animaux, les animaux de l'homme. Etudions actuellement ces êtres divers relativement à leurs altérations, aux propriétés qui-leur sont départies, aux forces productrices des actions qu'ils sont particulièrement chargés d'exécuter.

CHAPITRE CINQUIÈME.

ALTÉRATIONS DES CORPS.

Tous les corps de la nature sont altérables, mais tous n'offrent pas ce caractère au même degré, tous n'éprouvent pas ces altérations d'après les mêmes lois.

Les corps simples ne sont par eux-mêmes susceptibles d'aucune lésion matérielle ; en les supposant isolés dans l'Univers, ils s'y conserveront jusqu'à la fin des siècles avec une parfaite intégrité. Toutes les altérations auxquelles ils peuvent se trouver exposés tiennent exclusivement à l'action des modificateurs qui les environnent. Tantôt c'est un autre élément qui se combine à leur propre substance pour les constituer dans un état différent, comme nous le voyons, par exemple, dans la combinaison de l'oxygène aux métaux qu'il altère et détruit en effectuant leur oxydation; tantôt ce sont d'autres corps inférieurs ou supérieurs en dureté qui détachent successivement leurs molécules de la masse principale soit par la dissolution, soit par le frottement, soit par la percussion, en changeant diversement leur volume et leur forme, etc.

Les corps composés, pour le plus grand nombre, offrent au contraire souvent en eux-mêmes le principe de leurs altérations et même celui de leur destruction complète. Ils sont, en général et toutes choses égales, d'autant plus disposés à ces désordres que leurs élémens sont plus disparates et plus nombreux, que leur conservation et leur intégrité reposent entièrement sur des propriétés plus multipliées et plus essentiellement différentes, une proportion plus considérable d'affinités perturbatrices conspirant à leur destruction. Aussi trouvons-nous l'altérabilité beaucoup moins développée chez les minéraux que chez les végétaux, chez ces derniers que chez les animaux. C'est particulièrement aux lésions des corps organisés vivants qu'il faut réserver le titre de *maladies*; les corps inorganiques se trouvant bornés à des modifications physiques ou chimiques dans toutes leurs altérations.

Les maladies substantielles des corps vivans peuvent être le principe ou la conséquence des lésions fonctionnelles. Ainsi les contusions, les extensions, les fractures, les plaies, etc. se rangent naturellement dans la première catégorie; tandis que l'ulcère, la carie, le fungus,

le squirrhe, le cancer, etc. appartiennent bien positivement à la seconde. C'est à ces dernières que l'on donne
plus spécialement le nom de *lésions organiques*. Les
pathologistes ont longuement discuté pour déterminer,
dans ces affections morbifiques, si la priorité d'altération se rencontre dans le solide vivant, ou dans les
propriétés qui lui sont départies. Cette question nous
semble résolue par la distinction que nous venons d'é-
tablir. En effet, il est évident que dans toutes les lésions substantielles directes l'altération de l'organe précède constamment celle des propriétés vitales; mais
d'un autre côté lorsque nous voyons la douleur se manifester dans une partie, sans cause appréciable, une
violente réaction inflammatoire s'effectuer consécutivement à l'augmentation de la vitalité dans cette partie,
la désorganisation se trouver ultérieurement produite,
n'est-il pas également démontré que cette lésion a porté
sur les facultés de la vie dans l'organe affecté avant
d'agir sur la matière de sa propre substance? Vérité
que nous indiquons seulement ici, nous réservant de
la démontrer dans l'histoire des altérations relatives
aux propriétés vitales. Toutefois ces lésions des corps
organisés doués de la vie, comme celles de leurs propriétés et de leurs fonctions, peuvent se rattacher à
plusieurs types essentiels.

1° AUGMENTATION. — Nous en trouvons des exemples
assez nombreux dans les résultats de la maladie nommée
hyperthrophie, qui peut se rencontrer dans tous les tissus et plus spécialement dans ceux dont la nutrition est
très-active même dans l'état normal.

2° DIMINUTION. — Les affections morbifiques opposées, décrites sous la dénomination d'*atrophies*, nous
offrent ce genre de lésion surtout dans les tissus d'une

vitalité naturellement obscure, ou qui ressentent plus profondément l'influence du défaut d'exercice et de nutrition, causes les plus ordinaires de ces altérations pathologiques.

3° PERVERSION. — Les organes actuellement à l'état fungueux, squirrheux, lardacé, cancéreux, etc. ne laissent aucun doute sur la nature des maladies qui les affectent ; la matière de ces organes est évidemment dans une disposition vicieuse directement opposée aux dispositions naturelles et physiologiques.

4° DESTRUCTION. — Elle peut être partielle ou totale dans les appareils affectés ; elle peut se manifester sous l'influence d'une lésion physique, chimique ou vitale suffisante pour déterminer ce funeste résultat. Les profondes attritions, les brûlures graves, les absorptions moléculaires anormales, etc. nous en fournissent des exemples nombreux.

CHAPITRE SIXIÈME.

PROPRIÉTÉS DES CORPS

L'auteur de l'Univers en créant la matière lui donna *des caractères généraux* inhérens à son existence propre, et que dès-lors nous retrouvons nécessairement dans tous les êtres dont elle fait partie.

Modifiant ensuite cette matière, pour en constituer les différens corps de la nature, il lui distribua *des qualités spéciales* et variées dans chacun de ces mêmes corps.

Ces caractères généraux, ces propriétés spéciales sont précisément ce que nous désignons par le terme *de propriétés des corps*, en ajoutant les dénominations *de générales* pour les premiers et *de particulières* pour les secondes.

Considérées dans leur plus grande universalité, ces propriétés peuvent être définies: *qualités qui nous avertissent de la présence d'un corps en agissant sur nos sens par elles-mêmes ou par les phénomènes qu'elles déterminent.*

SECTION PREMIÈRE.

PROPRIÉTÉS GÉNÉRALES DES CORPS.

Les propriétés générales des corps sont les attributs essentiels de la matière, sans lesquels il est absolument impossible de concevoir son existence. Elles sont au nombre de six: 1° *l'étendue*; 2° *la divisibilité*; 3° *l'impénétrabilité*; 4° *la porosité*; 5° *la figure*; 6° *la pesanteur*; quelques auteurs en ajoutent même une septième, *l'immobilité.* Nous ne partageons pas cette opinion, puisque l'on comprend très-bien l'existence de la matière actuellement en mouvement. Il nous semblerait beaucoup plus rationnel d'admettre la *compressibilité*; en effet, par cela même que toute matière est poreuse, elle doit être compressible; et si l'eau, par exemple, n'a point encore manifesté cette propriété d'une manière bien sensible, faut-il en inférer qn'elle ne la presente pas? Disons plutôt que ce corps n'a point encore été soumis à des pressions assez fortes pour diminuer notablement ses interstices moléculaires.

Les propriétés générales étant inhérentes à la matière se rencontrent nécessairement dans tous les corps, elles en forment les élémens indispensables et les qualités fondamentales; il suffit, pour s'en convaincre, de les considérer avec un peu d'attention.

1° L'ÉTENDUE. — Il n'existe pas un seul corps, quelque soit sa composition, sa forme, sa ténuité, qui ne présente plusieurs molécules juxta-posées, qui n'occupe un certain espace dans l'immensité.

2° LA DIVISIBILITÉ. — Tous les corps étant formés de molécules réunies, peuvent dès-lors être partagés en plusieurs fragmens ; et chacune de ces molécules étant constituée par des molécules plus petites encore, l'imagination ne trouve aucun terme à cette propriété même dans les particules de matière les plus ténues et les plus subtiles.

3° L'IMPÉNÉTRABILITÉ. — Un corps, quelque poreux qu'on le suppose, offre toujours, dans sa composition, une certaine quantité de matière ; celle-ci occupe nécessairement un espace et ne peut jamais le céder sans éprouver un véritable déplacement ; ainsi, la matière change de lieu, mais elle n'est point pénétrée ; dans toute autre hypothèse, il faudrait en admettre l'anéantissement complet. Ainsi les corps les plus *pénétrables* en apparence, tels que le sucre, les éponges, etc. ne sont point envahis par les fluides que l'on y fait entrer, ces derniers se bornent à remplir les interstices moléculaires, quelquefois à dissocier ces molécules, mais sans jamais pénétrer la matière dont elles sont formées.

4° LA POROSITÉ. — Les corps les plus denses offrent encore des intervalles moléculaires nommés *pores*, intervalles dont l'existence est facile à constater soit par la compression, soit par le mélange avec un autre corps ; ainsi par le marteau nous réduisons le volume de l'argent, du platine, de l'or, etc. En versant dans l'eau, dont la compressibilité n'est cependant pas encore bien démontrée par l'expérience, une certaine proportion d'acide sulfurique, on obtient toujours un grand dégagement

de calorique évidemment expulsé des porosités naturelles à ces fluides, offrant pendant leur mélange un
volume inférieur à celui qu'ils présentaient avant cette
union.

5° LA FIGURABILITÉ. — Il n'existe aucun corps dans
la nature qui ne présente plusieurs faces terminées par
des lignes variables et susceptibles de lui donner une
forme particulière ; tantôt cette forme est régulièrement
déterminée comme on le voit dans les espèces qui reconnaissent un type commun ; souvent on la trouve au
contraire bizarre, sans analogue, mais alors même son
existence et sa réalité n'en deviennent pas moins positives.

6° LA PESANTEUR. — Toute substance corporelle offre nécessairement une tendance plus ou moins forte à
se porter vers le centre de la terre ; tendance désignée
par les termes *de pesanteur*, *d'attraction centripète*, et
présentant pour les différens corps des variétés nombreuses, comme il est aisé de s'en convaincre en soumettant ces derniers à la pondération dans le vide le plus
parfait. Tous les corps offrent donc *la pesanteur* pour
caractère commun ; cette propriété leur devient même
tellement essentielle, que plusieurs physiciens révoquent
encore en doute l'existence matérielle *du calorique*, *de
la lumière*, *du magnétisme*, *du galvanisme* et *de l'é-
lectricité*, par cela seul qu'ils sont impondérables, ou
mieux *impondérés* ; les expériences tentées jusqu'ici ne
prouvant pas qu'ils soient absolument sans pesanteur,
mais seulement que nous ne possédons point encore
d'instrumens assez sensibles pour apprécier chez eux
cette même propriété.

Ces attributs généraux des corps sont donc toujours
communs aux *minéraux*, *aux végétaux*, *aux animaux*,
à l'homme, et pour ces trois derniers ordres, aussi
bien pendant la vie qu'après la mort ; ils sont donc *les*

propriétés essentielles de la matière, inhérens à tous les corps, et constituant leur base fondamentale; *être* et *jouir de ces propriétés* sont donc, pour tout être corporel deux expressions absolument synonimes. Enlevez en effet, par la pensée, à l'un des corps toutes ces propriétés générales, il devient dès-lors incapable d'agir sur aucun de vos organes sensitifs, il s'évanouit et ne l'aisse à votre imagination que l'idée vague du néant.

SECTION SECONDE.

PROPRIÉTÉS PARTICULIÈRES DES CORPS.

Ces propriétés en nombre considérable ne sont plus essentiellement liées à la matière qui peut exister sans les présenter. Elles ne se rencontrent point dans tous les corps mais appartiennent plus particulièrement à telle ou telle espèce dont elles constituent les premiers attributs et les caractères distinctifs. Nous les divisons en trois ordres principaux :

1° PROPRIÉTÉS PHYSIQUES. — Indistinctement réparties aux *corps inorganiques* et *aux corps organisés*.

2° PROPRIÉTÉS DE TISSU. — Exclusivement accordées aux corps organisés, mais existant indépendamment de la vie.

3° PROPRIÉTÉS VITALES. — Apanage exclusif des corps organisés vivans.

ARTICLE PREMIER.

PROPRIÉTÉS PHYSIQUES.

Les propriétés physiques sont les attributs que nous rencontrons indistinctement dans tous les corps qui par leur ensemble constituent la nature. Parmi ces propriétés les unes deviennent seulement caractéristiques des individus qui les présentent, les autres offrent en même tems l'avantage d'agir comme puissances, comme forces motrices, dans la production des nombreux phénomènes dont la réunion, l'ordre et l'enchaînement prennent la denomination *d'économie universelle* ; nous trouvons les premières au nombre de vingt-trois : 1° *Densité*, 2° *solidité*, 3° *fluidité*, 4° *état vaporeux*, 5° *état gazeux*, 6° *dureté*, 7° *mollesse*, 8° *couleur*, 9° *sapidité*, 10° *odeur*, 11° *sonorité*, 12° *température*, 13° *malléabilité*, 14° *ductilité*, 15° *fragilité*, 16° *transparence*, 17° *opacité*, 18° *combustibilité*, 19° *incombustibilité*, 20° *tenacité*, 21° *volume*, 22° *mobilité*, 23° *inertie* ; les secondes au nombre de huit : 1° *compressibilité*, 2° *dilatabilité*, 3° *expansibilité*, 4° *condensabilité*, 5° *extensibilité*, 6° *rarescibilité*, 7° *élasticité*, 8° *attraction*. Etudions, dans chacune de ces catégories, les caractères essentiels des propriétés qui s'y trouvent naturellement placées.

1°. PROPRIÉTÉS PHYSIQUES INERTES.

1° DENSITÉ. — État d'un corps dont les interstices moléculaires sont peu considérables. Un corps est dense lorsqu'il existe peu d'intervalle entre ses molécules, et que celui-ci presente beaucoup de masse relativement à son volume. Cette propriété, dans son plus grand developpement, n'est autre chose que le premier degré de la porosité, puisqu'il n'est aucune substance corporelle dans laquelle on ne puisse au moins supposer ces interstices moléculaires ; de telle sorte que le corps le plus dense est précisément le moins poreux et *vice versâ*.

2° SOLIDITÉ. — État d'un corps dont *la cohésion* chargée d'unir les molécules est supérieure à *l'attraction centripète* qui tend à les dissocier. Un corps est *solide* toutes les fois que ses molécules similaires offrent assez de cohésion pour que les efforts qui lui sont appliqués n'y déterminent pas des mouvemens partiels, mais le déplacent en masse lorsque la force motrice devient suffisante à la production de ce résultat.

3° LIQUIDITÉ. — État d'un corps dont *la cohésion* chargée d'unir les molécules est inférieure à *l'attraction centripète* qui tend à les dissocier. Un corps est *liquide* lorsque ses molécules ont assez de mobilité les unes sur les autres, pour que ce même corps puisse éprouver des mouvemens partiels indépendans et distincts des mouvemens de la masse, et que ces molécules dans l'état de repos, livrées à l'influence exclusive de la pesanteur, se placent toujours de niveau sur un plan parfaitement horizontal.

Les physiciens ont établi une distinction entre les liquides et les fluides; ils admettent que ces derniers offrent seulement la mobilité moléculaire au degré suffisant pour ne pas être solides, mais que ce caractère n'est point assez développé chez eux pour leur donner la faculté de prendre naturellement la position horizontale dans le repos complet; d'après ces auteurs une masse d'eau est un corps liquide, tandis qu'un monceau de blé presente un corps fluide. Cette distinction n'est-elle pas une subtilité physique, et loin de considérer celui-ci comme un seul et même corps, n'est-il pas plus naturel de l'envisager comme une masse formée d'autant de corpuscules solides qu'il existe de grains de blé, puisqu'ils sont tous indépendans les uns des autres, et n'offrent d'autre connexion et d'autres rapports qu'un rapprochement entièrement fortuit et sans aucune cohésion?

4° ÉTAT VAPOREUX. —Disposition d'un corps dont les molécules sont actuellement très-écartées par l'action répulsive du calorique, de manière à diminuer tellement son attraction centripète qu'il peut s'élever dans l'atmosphère, quelquefois même disparaître à nos yeux. Un corps est à l'état de *vapeur* lorsque ses molécules se trouvent assez écartées les unes des autres par l'action du calorique interposé, pour que ce même corps occupe un espace beaucoup plus considérable et devienne même quelquefois invisible, comme on l'observe souvent pour l'eau atmosphérique par exemple. L'état vaporeux est susceptible de revenir aux états liquide et même solide par la soustraction du calorique auquel il devait sa manifestation. L'eau nous offre toutes ces modifications suivant les différens degrés de la température ambiante; ainsi nous la voyons devenir, en passant du froid au chaud, *glace*, *liquide*, *vapeur*; et dans la transition opposée, *brouillard*, *pluie*, *neige*, *grèle etc.*

5° ÉTAT GAZEUX. — Disposition d'un corps dont les molécules sont naturellement très-écartées, et qui se trouve dans l'expansion permanente. Un corps est *gazeux* lorsque ses molécules très-éloignées offrent une grande mobilité respective indépendamment du calorique; lorsqu'il conserve ces dispositions sous l'influence des plus basses températures et qu'il jouit d'une élasticité parfaite. Ces caractères le distinguent essentiellement du corps vaporeux; il ne changera jamais d'état, comme ce dernier, par l'addition ou la soustraction de la chaleur, mais il deviendra liquide ou même solide en se combinant à d'autres corps. L'*eau* formée par les gaz oxygène et hydrogène, l'*oxyde de fer* constitué par le fer et l'oxygène en fournissent des exemples.

6° DURETÉ. — État d'un corps qui présente beaucoup de résistance à la dépression substantielle. Un corps est *dur* toutes les fois que l'on est obligé de faire un grand effort pour déprimer ses molécules. Cette propriété peut dès-lors être considérée dans sa plus simple expression, comme l'opposition que présente la matière d'un corps à l'effort d'un autre qui tend à modifier sa forme dans un ou plusieurs sens. Il ne faut donc pas confondre cette même propriété avec la *densité*; un corps peut être *dense*, et ne pas être *dur*; il peut offrir la *dureté* sans être *dense*. Le mercure, par exemple, dans l'état ordinaire, présente la densité jointe à l'état liquide; la pierre-ponce, naturellement si poreuse, offre cependant une dureté remarquable.

7° MOLLESSE. — État d'un corps qui n'offre pas une résistance notable à la dépression matérielle. Cette propriété entièrement opposée à la dureté consiste dans la facilité avec laquelle on peut affaisser la substance d'un corps en le soumettant à la pression. Elle peut s'allier à la densité; la graisse nous en présente un exemple.

8° FRAGILITÉ. — État d'un corps dont la cohésion n'agit plus au-delà du contact. Lorsque les molécules d'un corps, bien que naturellement réunies par une forte cohésion, ne peuvent être même légèrement écartées sans rupture, ce corps est *fragile*. Il ne faut pas croire que cette propriété soit en raison directe de la *cohésion*, de la *densité*, de la *dureté*; il faut encore moins la confondre avec ces dernières. En effet la *densité*, la *cohésion*, la *dureté* du plomb sont bien inférieures à celles du verre, et cependant la *fragilité* de celui-ci est beaucoup plus considérable que celle du premier.

9° TÉNACITÉ. — État d'un corps dont la cohésion lutte avantageusement contre les efforts d'extension. Cette propriété n'est autre chose que la résistance d'un corps à l'action de deux puissances qui agissent en sens opposé pour dissocier ses molécules ; son développement n'est pas toujours en proportion de la *dureté*, de la *densité* des substances, il peut même quelquefois se concilier avec un certain degré de *mollesse*. Ainsi les tissus fibreux des animaux et des végétaux naturellement assez mous, assez peu compactes, nous offrent cependant une ténacité bien remarquable, et qui les rend propres à servir de ligamens dans l'organisme, et de liens artificiels très-utiles et très-employés pour nos besoins habituels; le marbre, le verre, l'acier lui-même, trempé avec excès, ne présentent qu'une faible résistance bien que cependant ils soient assez compactes et même très-durs.

10° TRANSPARENCE. — État d'un corps dont la substance n'oppose aucun obstacle au passage des rayons lumineux. Toutes les fois que la nature et les dispositions moléculaires d'un corps permettent à la lumière de le traverser complètement sans réflexion, ce corps est *diaphane* ou *transparent*; il devient en même tems invisible, et laisse apercevoir les corps placés derrière lui comme s'il n'était pas interposé, lorsque cette transparence est parfaite, comme on le voit pour le cristal le plus pur.

11° OPACITÉ. — État d'un corps qui absorbe ou réfléchit la lumière. Un corps est *opaque* lorsque la nature et l'arrangement de ses molécules sont tels que les rayons lumineux y trouvent un obstacle insurmontable; il est noir lorsqu'il les absorbe tous; il est coloré ou blanc lorsqu'il les réfléchit, suivant qu'il les décompose et ne renvoie qu'un rayon colorifique, suivant que cette réflexion est complète et sans aucune décomposition de ces mêmes rayons.

12° COULEUR. — Disposition moléculaire d'un corps en vertu de laquelle s'effectue la décomposition de la lumière et le renvoi d'un ou plusieurs rayons colorifiques. Un corps est *coloré* toutes les fois qu'il décompose le rayon lumineux et qu'il réfléchit un ou plusieurs des sept rayons colorifiques en absorbant les autres ; d'où résultent les couleurs simples ou primitives, pour la première circonstance, et les couleurs composées ou secondaires pour celle qui la suit. Tous les corps de cette catégorie sont vus au moyen d'un ou plusieurs rayons colorifiques ; ceux qui n'en font point partie reçoivent le nom d'incolores ; les uns blancs sont vus par la réflexion des rayons lumineux sans décomposition , les autres noirs sont aperçus négativement, c'est-à-dire par l'absence de lumière dans le point qu'ils occupent , toute celle qui les frappe étant complètement absorbée.

13° SONORITÉ. — Nature substantielle et disposition moléculaire d'un corps dont la percussion détermine sur l'appareil acoustique une modification dans laquelle on distingue non seulement *le son*, mais encore *le timbre* et *le ton*. Lorsqu'un corps est susceptible d'éprouver entre ses molécules ce trémoussement auquel on donne le nom de vibration, de le communiquer aux molécules de l'air, de manière à produire sur l'oreille une impression dans laquelle on apprécie la qualité du timbre, la force, la gravité ou l'acuité du ton, ce corps est éminemment *sonore*, et l'effet qu'il détermine est un *son* proprement dit ; toutes les fois au contraire que ce résultat ne présente pas les caractères indiqués , il est appelé *bruit*, et le corps dont il part ne mérite plus la dénomination de corps sonore.; l'argent, le cuivre, le verre, etc. rentrent dans la première espèce ; le plomb, la craie, l'argile, etc. à l'état naturel , appartiennent à la seconde.

14° ODEUR. — État d'un corps qui détermine par lui-même, peut-être mieux encore par les modifications qu'il imprime à l'air ambiant, une impression spéciale sur l'appareil olfactif. Un corps est *odorant* lorsque porté dans les fosses nasales, il produit sur la pituitaire une impression particulière et bien distincte de l'impression tactile générale; au contraire celui qui, dans les mêmes circonstances, ne fait qu'exciter l'irritabilité commune, sans mettre en jeu la sensibilité olfactive, est un corps *inodore*.

15° SAPIDITÉ.— État d'un corps qui détermine par lui-même une impression spéciale sur l'appareil de la gustation. Toutes les fois qu'un corps excite la sensibilité spéciale de la langue, il produit une saveur et mérite le nom de corps *sapide ;* il est au contraire *insipide* lorsqu'il agit exclusivement sur la sensibilité générale ou tactile de cet organe.

16° MALLÉABILITÉ. — Disposition que présente un corps solide à se réduire, par le marteau, en lames souvent très-minces. Les corps durs qui jouissent de la propriété de changer de forme, sans se rompre, sous l'action de cet instrument, sont *malléables.* Cette proriété distinctive des métaux se rencontre dans le plus grand nombre d'entre eux, dans l'or particulièrement.

17° DUCTILITÉ. — Disposition que présente un corps à se laisser disposer en fils plus ou moins ténus. Un corps est *ductile*, lorsqu'il unit à la solidité bien caractérisée la faculté de s'allonger sans rupture en passant par les différens degrés de la filière. Plusieurs métaux nous offrent cette propriété; le fer, le cuivre, l'argent et l'or en sont doués au degré le plus remarquable. Les deux premiers métaux comparés à l'or sous ce point de vue nous démontrent que cette disposition n'est pas toujours en proportion rigoureuse de la malléabilité.

18° COMBUSTIBILITÉ. — Affinité spéciale d'un corps pour l'oxygène. On considère en chimie comme jouissant de cette propriété les corps susceptibles de se combiner avec l'oxygène. Tous les corps simples, ce gaz excepté, rentrent dans la série des corps *combustibles*, tandis qu'un assez grand nombre de composés ne se trouvent pas dans cette catégorie. Pour les plus combustibles cette combinaison peut s'effectuer avec dégagement de calorique et de lumière; elle est alors plus ou moins rapide, comme on le voit pour l'hydrogène, le soufre, le phosphore etc. placés dans les conditions favorables à cette même combinaison.

19° INCOMBUSTIBILITÉ. — État des corps qui n'offrent aucune affinité pour l'oxygène. Toutes les substances incapables de se combiner avec cet élément sont *incombustibles;* elles éteignent la déflagration des corps au lieu de la soutenir et de l'alimenter; l'eau, les acides etc. se trouvent dans cette classe, tandis que la graisse, les huiles, la cire etc. produisent des résultats absolument opposés.

20° TEMPÉRATURE. — Degré de chaleur que présentent les corps. Le développement de cette propriété est relatif aux proportions du calorique libre accumulé dans une partie de la matière. Il varie depuis le dernier degré d'abaissement du froid jusqu'à la plus forte chaleur; il faut toujours l'apprécier avec le thermomètre, jamais par le toucher. En effet si l'on appliquait le dernier moyen d'investigation à deux corps, l'un rugueux, l'autre poli, l'un mauvais, l'autre bon conducteur du calorique, le second nous paraîtrait beaucoup plus froid que le premier, si leur température était inférieure à celle de la main, et beaucoup plus chaud dans l'hypothèse contraire, parce que dans un tems donné, le corps bon conducteur enlève ou cède beaucoup plus de chaleur que l'autre; il suffit pour s'en convaincre de toucher comparativement, dans les deux circonstances que nous venons d'indiquer, un fragment de bois inégal, un morceau de marbre poli.

21° VOLUME. — Mesure de la capacité envahie par les

dimensions d'un corps. Cette propriété, dont le développement est marqué par l'étendue qu'occupe une division de la matière dans l'espace, n'a rien d'absolu ; tel corps qui paraît offrir de grandes proportions comparativement à tel autre, cesse d'appartenir aux dimensions largement exprimées lorsqu'on le rapproche d'un colosse. D'après l'habitude que nous avons prise de comparer les objets extérieurs à notre individu, nous considérons, comme *volumineux*, les corps dont la mesure est supérieure à la notre, et comme *petits* ceux chez lesquels on la trouve au-dessous.

22° IMMOBILITÉ.—État d'un corps dont l'attraction centripète et l'inertie peuvent être vaincues par une puissance motrice. Un corps jouit de cette propriété toutes les fois qu'il n'oppose pas au mouvement une résistance supérieure à la force qui tend à le déplacer. Dès-lors il n'existe dans la nature aucun corps absolument *immobile*, puisque celui qui semblait tel se meut aussitôt que l'on découvre une puissance capable de surmonter la résistance qu'il offrait d'abord. On ne doit pas confondre ce caractère avec la *motilité* ; cette propriété particulière et même exclusive aux corps organisés vivans, est la faculté que présentent ces derniers de se déplacer soit partiellement, soit en totalité, sans le secours d'aucun agent étranger et par la seule action d'une force inhérente à ces mêmes corps, qui par conséquent sont en même tems *mobiles* et *motiles*.

23° INERTIE. — Disposition d'un corps à conserver son état actuel. On nomme ainsi la tendance qui maintiendrait tous les corps au même état soit de mouvement, soit d'inaction, si d'autres circonstances ne venaient tantôt consumer le premier, tantôt faire disparaître la seconde. C'est dès-lors un obstacle toujours opposé aux puissances destinées soit à communiquer le mouvement, soit à rétablir l'immobilité.

2° PROPRIÉTÉS PHYSIQUES ACTIVES.

Forces physiques.

Ces propriétés que nous désignons par le terme collectif de *forces physiques* sont des modifications de la matière et ne peuvent coïncider qu'avec un certain nombre de ses dispositions; elles deviennent aux corps inertes, à l'économie générale, ce que les propriétés vitales sont aux corps organisés, à l'économie vivante; c'est-à-dire l'âme et le mobile principal de tous les phénomènes particuliers à cette économie universelle. Ainsi rapprochez deux lames de fer ordinaire, vous n'observez aucun résultat; exposez l'une de ces lames à l'action de l'aimant, réitérez la première expérience, aussitôt les deux lames se meuvent l'une vers l'autre, se réunissent, et se tiennent assez fortement en contact; cependant cette lame soumise à l'influence de l'aimant n'a rien acquis de matériellement appréciable, elle présente absolument la même forme, la même pesanteur, la même étendue etc.; d'un autre côté, nous la voyons après avoir éprouvé cette influence, animer pour ainsi dire l'autre lame et lui communiquer la spontanéité du mouvement; il existe évidemment ici transmission de quelque chose d'immatériel, *d'une sorte de vie*; cette transmission de la *force d'attraction magnétique*, nous donne l'idée de la propagation des forces vitales du corps fécondant au germe fécondé; c'est en quelque sorte la communication d'un principe immatériel au premier degré, l'animation rudimentaire. Aussi trouvons-nous les effets de ce principe simples et bornés comme lui. L'attraction qui rapproche le fer, le chrôme, le cobalt, le nikel, du corps aimanté, voilà toute la sphère des phénomènes relatifs à la force magnétique; tandis que nous verrons, dans les corps organisés, les forces vitales, d'un ordre bien supérieur, déterminer des actes beaucoup plus nombreux et plus variés.

Toutes les forces physiques, n'ont pas la même valeur dans la production des phénomènes de cette économie. Les unes prédisposent en quelque sorte à ces résultats : 1° *la compressibilité*, 2° *la dilatabilité*, 3° *l'expansibilité*, 4° *la condensabilité*, 5° *l'extensibilité*, 6° *la rarescibilité* ; les autres essentiellement actives en amènent plus directement la manifestation, 7° *l'élasticité*, 8° *l'attraction* et toutes ses variétés.

1° COMPRESSIBILITÉ. — Faculté que présente la substance d'un corps de céder librement à l'effort d'un autre corps. Lorsqu'en pressant un corps on le voit s'affaiser et diminuer de volume, on en conclut naturellement que ce corps est *compressible*. La compressibilité s'exerce particulièrement, pour ne pas dire d'une manière exclusive, sur les interstices moléculaires des corps ; son étendue se trouve dès-lors mesurée par la porosité, sa facilité par le degré d'effort nécessaire pour effectuer la compression.

2° DILATABILITÉ. — Faculté que présentent certains corps d'acquérir un grand développement sans désunion de leurs molécules et par l'influence du calorique ou d'un autre modificateur. Toutes les fois qu'il est possible d'écarter les molécules d'un corps au-delà du degré de leur éloignement naturel, par un effort excentrique et sans les dissocier, ce même corps est *dilatable*. On trouve des exemples de ces phénomènes dans la vapeur d'eau soumise à l'action d'une forte chaleur, dans l'éponge exposée à l'humidité de l'atmosphère.

3° EXPANSIBILITÉ.—Faculté que présentent plusieurs corps d'acquérir un très-grand volume par la seule destruction des obstacles qui servaient à les coërcer. Lorsqu'un corps est doué de la tendance à se répandre dans une capacité plus considérable que celle qu'il occupe actuellement, on dit que ce corps est *expansible*, comme on l'observe pour les gaz très-élastiques etc. Cette expansibilité se trouve dautant plus développée, que ce même corps est plus comprimé dans tous les sens; aussi lorsqu'il peut alors s'échapper, c'est avec irruption et violence, comme on le voit dans la rupture des séservoirs de nos machines à vapeur, brisés par l'effort qu'ils ont à supporter.

4° CONDENSABILITÉ.— Faculté que présentent certains corps d'être réduits dans toutes leurs dimensions par le rapprochement des particules matérielles qui les constituent. Un corps jouit de cette propriété, lorsque ses molécules se concentrent par la soustraction d'un autre corps qui les tenait écartées en remplissant leurs interstices; il diminue de volume et ce phénomène prend alors le nom de *condensation* ; telles sont les modifications d'un sel qui perd son eau de cristallisation, de la vapeur d'eau que l'on prive d'une partie de son calorique etc.

5° RARESCIBILITÉ. —— Faculté que présente un corps de remplir toujours exactement une capacité donnée, quelques soient les soustractions que l'on fasse éprouver à sa masse. L'on doit accorder cette propriété aux corps qui, par le défaut de pression extérieure, en perdant graduellement leur densité, se développent d'une manière presque indéfinie, remplissant toujours exactement la capacité qui les renferme, quelques soient son augmentation et les pertes éprouvées par ces mêmes corps. Ainsi lorsque l'on effectue le vide presque parfait sous une cloche pneumatique même très-vaste, la petite proportion d'air qui s'y trouve encore ne fût-elle qu'un atôme, occupe exactement toutes les parties de cette même capacité; lair, comme les autres gaz, est dès-lors un corps essentiellement *raréfiable*.

6° EXTENSIBILITÉ. — Faculté que présente un corps

d'obéir à plusieurs actions contraires par l'éloignement de ses molécules sans anéantissement de leur cohésion. Lors qu'un corps peut céder sans se rompre à l'action de deux ou d'un plus grand nombre de puissances qui agissent en sens opposé, ce corps est *extensible*. Nous en trouvons un exemple dans la corde métallique placée sur l'instrument qu'elle met en vibration; cette corde s'allonge et se relâche, le ton baisse; on la tend de nouveau, elle se relâche et s'allonge encore ; il arrive un terme où l'extensibilité se trouve à son dernier degré; la plus légère tension ajoutée produit alors une rupture inévitable.

7° ELASTICITÉ. — Faculté que présente un corps de revenir à son état primitif, après avoir été modifié par la mise en jeu de l'une ou l'autre des propriétés que nous venons d'énumérer. Lorsqu'un corps placé dans l'une ou l'autre des circonstances suivantes : *compression, dilatation, condensation, raréfaction, expansion, extension*, se trouve dégagé de la force qui l'avait ainsi changé dans sa manière d'être, et qu'il possède en lui même une puissance capable de le rétablir dans son premier état, ce corps est *élastique* ; cette puissance est *l'élasticité*. Si le retour dons nous parlons est toujours complet, cette *élasticité* reçoit le nom de *parfaite*; sa force de réaction est absolument inaltérable comme on l'observe pour les gaz. Ainsi comprimez cent fois une masse d'air avec le piston d'une pompe foulante, l'instrument se trouvera toujours renvoyé au même point, lorsque la pression n'existera plus. Maintenez cette compression pendant un tems indéterminé, jamais vous ne parviendrez à diminuer d'un seul degré l'énergie de cette élasticité. Mais il n'en est pas ainsi pour celle du plus grand nombre des corps. Ce degré de perfection ne se trouve dans aucun des ressorts que nous employons pour nos mécaniques, et cette circonstance est une de leurs principales causes d'altération ; chaque jour la puissance élastique s'affaiblit par son propre exercice, et devient insuffisante pour vaincre les résistance qui lui sont opposées. Nos montres, nos pendules, nos horloges etc. vieillissent réellement sous l'influence de cette perversion dans le principe de leurs mouvemens.

8° ATTRACTION. — Nous désignons sous ce terme générique, la faculté que présentent deux corps de se rapprocher, entraînés l'un vers l'autre par une convenance mutuelle.

Cette propriété nous offre un grand nombre de variétés. Elle peut s'exercer 1° entre les molécules : *cohésion, affinité*; 2° Entre les masses: *attraction céleste, magnétique, électrique, centripète*. Chacune de ces modifications de la même force, présente ses caractères spéciaux et son influence particulière dans l'économie universelle.

COHÉSION.— On nomme ainsi l'attraction moléculaire qui s'exerce entre les particules homogènes, pour les rapprocher et les maintenir en contact jusqu'à ce qu'une force supérieure à cette tendance réciproque vienne les dissocier. Ainsi dans le marbre, toutes les molécules similaires *carbonate de chaux*, sont unies par la *cohésion*.

Affinité. —Cette propriété est la faculté que présentent les molécules hétérogènes de se combiner, de s'identifier, en quelque sorte, et de persister dans ces dispositions autant qu'une puissance étrangère plus active que cette affinité ne viendra pas en détruire les effets. Ainsi, dans le carbonate de chaux, que nous venons de citer pour exemple, les molécules différentes *chaux, acide carbonique* sont unies et combinées par l'*affinité*.

Attraction céleste. — Nous entendons par cette dénomination la faculté que présentent les astres de s'attirer mutuellement à des distances bien souvent incalculables. C'est elle qui préside aux mouvemens, au maintien des rapports naturels entre les grands corps de la nature, à l'harmonie de l'univers.

Attraction magnétique.—On donne ce nom à la force qui porte l'un vers l'autre deux corps placés dans les circonstances particulières à ce genre d'attraction; ainsi, d'une part, une pierre d'*aimant naturel*, ou simplement de l'acier aimanté *(aimant certificiel)*, de l'autre, un de ces quatre métaux : fer, cobalt, chrôme, nikel s'attirent mutuellement par la force magnétique.

Attration électrique. — On distingue par ce terme l'entraînement qui tend à réunir deux corps électrisés d'une manière différente, l'un offrant l'*électricité positive*, l'autre *l'électricité négative*. Une disposition inverse, c'est-à-dire la rencontre de deux corps électrisés d'une manière identique, provoque entre ces mêmes corps une *répulsion* plus ou moins forte, qui devient antagoniste de l'attraction. Ces deux puissances rivales concourent dans l'économie universelle à l'accomplissement de phénomènes essentiels et beaucoup plus nombreux qu'on ne le pense vulgairement, sans toutefois régir l'économie vivante comme l'ont avancé des auteurs séduits par les plus fautives analogies.

Attraction centripète.—On nomme ainsi la force qui porte les corps sublunaires, sans exception, vers le centre de la terre; on la désigne encore par les termes de *force centripète*, de *pesanteur*. Dans le vide parfait cette attraction devenant absolue, se trouve identique pour tous les corps; ainsi deux balles, l'une de plomb, l'autre de liége y tombent avec une égale pesanteur, avec une vitesse pareille. Dans un milieu ambiant, cette même attraction n'étant plus alors que relative, offre des variétes nombreuses dans les différens corps, distingués par cette raison en *graves* et *légers*.

La pesanteur et *la légèreté* des corps sont calculées d'après celles du milieu ambiant qui devient le terme moyen, le point essentiel de comparaison ; ainsi tous ceux qui présentent, à volume égal, un poids supérieur à celui de ce milieu, y tombent vers le centre de la terre et sont nommés *graves* ou *pesans* ; tandis que ceux qui offrent une disposition contraire s'y élèvent et sont distingués par le terme de *légers* ; il est dès-lors facile de concevoir comment il se fait qu'une forte pièce de bois est très-légère dans l'eau, très-pesante dans l'air etc.

Placez un corps dans l'atmosphère ; s'il offre, à volume égal, un poids supérieur à celui de l'air, vous le voyez aussitôt se précipiter vers le centre du globe avec une force d'autant plus grande que la différence est plus considérable ; avec une vitesse dont l'augmentation s'opère d'après le carré de la distance parcourue.

Répétez la même expérience avec un corps beaucoup moins lourd que l'atmosphère, toujours à volume egal, vous voyez l'air obéissant à son tour aux lois de la pesanteur comparative, descendre constamment au-dessous de ce même corps, en prenant sa place et le faisant monter avec une vitesse proportionnée à la différence d'attraction centripète relative à chacun de ces corps. C'est d'après ce principe invariable que l'homme utilisant les ressources merveilleuses de son génie, trouva le sécret de s'élever au moyen des machines aërostatiques dans ces hautes régions de l'air, qui semblaient d'abord inaccessibles et complètement étrangères à son domaine.

Telles sont les *propriétés physiques* des corps, telles sont les forces principales qui régissent l'économie générale ; c'est à leur influence qu'il faut, en dernière analyse, rapporter les phénomènes que présente cette économie, depuis les plus bornés jusqu'aux plus grands, depuis les plus simples jusqu'aux plus compliqués; elles sont dans les corps de la nature, comme autant de ressorts qui les animent, les font agir, et leur donnent les moyens de concourir, chacun suivant sa manière d'être, à cette belle harmonie qui règne dans tout l'univers. C'est d'après ce caractère essentiel que nous désignerons désormais leur ensemble par le terme collectif de *forces*, de *puissances physiques*.

Ces forces constamment employées par la nature dans le jeu de l'économie générale, sont encore utilisées par imitation dans tous les arts.

Quelle puissance communique une si grande vitesse d'impulsion à ces projectiles meurtriers lancés par nos machines de guerre ? *la rarescibilité.*

Quelle force met en mouvement les rouages de nos pendules, de nos montres et des machines analogues ? l'*élasticité.*

Quelle cause précipite vers l'abîme des mers le cours de ces ruisseaux, de ces rivières, de ces fleuves dont nous savons utiliser l'impulsion pour le jeu des mécaniques les plus importantes ? l'*attraction centripète.*

Quel pouvoir magique nous élève dans les plaines de l'air au moyen de ces merveilleux aérostats ? *la légèreté relative.*

Quel modificateur ébranle en quelque sorte l'univers par ces violentes commotions qui suivent les éclats de la foudre ? *l'électricité.* Nous pourrions multiplier ces applications soit aux arts, soit à la nature, et prouver de plus en plus toute la réalité des principes que nous venons d'établir; mais nous laissons aux physiciens le soin d'approfondir un sujet que nous avons dû seulement envisager dans son ensemble.

ARTICLE SECOND.

PROPRIÉTÉS DE TISSU.

Nous désignons par ce terme des propriétés qui se rencontrent exclusivement avec un développement parfait dans les corps doués d'une véritable organisation ; c'est dire en même temps quelles sont, pour la plupart, entièrement étrangères aux corps inorganiques. Nous en distinguerons quatre principales : 1° *Extensibilité*, 2° *rétractilité*, 3° *racornissement*, 4° *putrescibilité*.

1° EXTENSIBILITÉ. — Les corps organisés, pour le plus grand nombre, jouissent de la faculté de prêter, sans rupture, à l'influence d'un effort d'allongement qui tend à vaincre leur cohésion ; ceux même qui seraient aisément déchirés ou brisés par une action subite, peuvent éprouver une extension assez considérable, sans altération de leur intégrité, lorsque cette extension est lente et graduée ; ainsi les membranes séreuses, fibreuses, les os, les cartilages etc. naturellement assez fragiles, supportent sans déchirement et sans fracture, des ampliations quelquefois très-remarquables. On peut des-lors avancer que tous les corps organisés jouissent de l'extensibilité, mais à des degrés bien différens. Quelle opposition n'existe pas sous ce rapport, entre les membranes fibreuses et muqueuses, entre les tissus séreux et cutané, entre les ligamens et les os etc.

La nature des systêmes organiques n'est pas la seule cause de ces différences ; l'âge, le tempérament, l'état de santé ou de maladie produisent également ici des modifications très-importantes. Sous le rapport de *l'âge*, quelle souplesse n'offrent pas les tissus de l'enfant comparés à ceux du vieillard dont la rigidité fait le principal caractère. Sous le rapport du *tempérament*, quel relâchement ne présente pas la fibre molle et pâteuse du lymphatique mise en opposition avec la fibre séche et compacte du bilieux. Enfin, relativement à *l'état de santé ou de maladie*, quelle opposition n'existe pas entre les cartilages, les ligamens, les tendons, les os etc. du sujet robuste, sain, et les mêmes tissus considérés chez l'individu cacochime, étiolé, scrophuleux, où nous les voyons trop souvent éprouver des dilatations, des incurvations excessives sous l'influence des dégénérations lardacées, du *rachitis* et du *spinaventosa ?*

2° RÉTRACTILITÉ. — Nous désignons par ce terme la faculté que présente la fibre organique de se raccourcir même après la mort, indépendamment de toute circonstance extérieure, et sans aucune distension préliminaire. Cette propriété particulière aux animaux, aux végétaux, manifeste à chaque instant sa présence dans l'une et l'autre de ces économies; l'oblitération des alvéoles après l'extraction des dents, celle des artères lorsque le sang ne les traverse plus etc. nous démontrent son existence même dans les tissus qui semblaient au premier aspect ne pas devoir la posséder.

C'est par erreur que l'on a voulu confondre la *rétractilité* avec *l'élasticité*. Celle-ci, en effet n'est qu'un retour du corps à son état primitif après avoir été modifié passagèrement par la compression ou la distension sans lesquelles cette même propriété n'entre jamais en exercice; en supposant dès-lors qu'il fût possible d'établir quelques points d'analogie entre elles, on ne doit jamais les considérer comme absolument identiques.

La rétractilité, sous l'influence des mêmes circonstances, est susceptible d'éprouver des modifications analogues à celles que nous avons observées pour *l'extensibilité ;* il est surtout important d'ajouter que les distensions fréquentes et long-temps soutenues affaiblissent graduellement la faculté rétractile. Ainsi l'estomac , chez les gourmands, conserve une très-large capacité lors-même qu'il n'est plus actuellement rempli par une grande masse de substances alimentaires. La vessie urinaire chez les hommes de lettres, chez les joueurs etc. présente habituellement une grande capacité même dans l'état de vacuité complète. Ces dispositions et toutes leurs analogues sont d'autant plus fâcheuses, dans l'économie vivante, qu'elle affaiblissent constamment l'action des organes dans lesquels on les rencontre.

3° RACORNISSEMENT. — Tous les corps organisés soumis à l'action de l'air, des acides et du feu, se dessèchent, se durcissent, se rétractent, se roulent sur eux-mêmes ; l'ensemble de ces phénomènes constitue *le racornissement*, il peut être lent et gradué comme on l'observe sous l'influence des acides et de l'air; il peut se manifester instantanément comme on le voit par l'action du feu.

Cette propriété appartient exclusivement aux tissus de l'organisme, aussi bien à l'état de cadavre qu'à l'état vivant; mais une fois racornis ces tissus meurent inévitablement et sont bientôt éliminés, comme il est aisé de s'en convaincre après une cautérisation par le fer incandescent; ils ne reprennent jamais leur souplesse et leur extension primitive; mais quelques-uns d'entre eux peuvent acquérir l'élasticité qu'ils n'offraient pas dans l'état normal, comme on l'observe dans le racornissement léger des tendons, des aponévroses etc.

4° PUTRESCIBILITÉ. — Nous désignons par cette dénomination la faculté que présentent les corps organisés à l'état de cadavre de céder à la décomposition qui dissocie leurs élémens constituans pour les employer à des combinaisons nouvelles. Cette propriété, sur laquelle repose la destruction des tissus, ne coïncide jamais avec les forces vitales, elle est dès-lors incompatible avec l'existence active. Commune à tous les corps organisés privés de la vie, la putrescibilité ne se rencontre pas au même degré dans chacun d'eux ; elle est en général d'autant plus active que leurs élémens sont plus nombreux, plus disparates, et qu'ils offrent une prédominence plus considérable des fluides sur les solides.

Telles sont les propriétés de tissu considérées dans leurs caractères essentiels. Inhérentes aux corps organisés, particulières à ces derniers, elles se trouvent affranchies de l'empire des lois vitales ; l'une d'entre elles, *la putrescibilité* se range même au nombre des signes les plus certains de la mort ; les autres peuvent se concilier avec la vie, sans être bien sensiblement influencées par elle ; une seule, *la rétractilité* semble emprunter à ce genre d'existence une certaine augmentation dans son développement.

Intermédiaires aux propriétés physiques et vitales, ces propriétés de tissu paraissent avoir été créées par la nature dans les corps organisés pour servir de passage des premières aux secondes, d'après cette loi générale qu'elle s'est imposée de rapprocher les extrêmes par des nuances graduées avec tant de soin quelles opèrent des transitions à peine sensibles.

ARTICLE TROISIÈME.

PROPRIÉTÉS VITALES.

En étudiant cette classe de propriétés spéciales, nous faisons le premier pas dans le domaine des êtres animés, et l'horizon de la vie se déroule insensiblement sous nos yeux. La matière jusqu'alors exclusivement régie par les lois physiques, va désormais constituer un monde particulier dans le monde général, une économie limitée dans l'économie de l'univers ; les lois vitales vont se trouver partout en opposition avec les lois de la nature inerte.

Les auteurs qui ont écrit sur la théorie de ces lois vitales sont, pour la plupart, diamétralement opposés dans leurs opinions.

Les uns rejettent complètement l'existence de ces lois; les autres n'en reconnaissent qu'une seule comme principe de tous les phénomènes de la vie; d'autre enfin, multiplient leurs divisions d'une manière exagérée.

Au nombre des premiers nous citerons particulièrement M. Fourcault dont tout le système *physico-chimico-physiologique* roule sur une erreur fondamentale. En effet, l'auteur confond évidemment dans ses longues discussions *la faculté de sentir*, *de se mouvoir* avec la *cause occasionnelle* du sentiment et du mouvement ; il met *son principe électro-moteur*, qui n'est autre chose qu'un agent d'excitation, à la place des propriétés vitales sans lesquelles cet agent ne produit que des résultats physiques et chimiques ; il personifie ces forces afin de combattre ce qu'il nomme des *entités*. Prouvons d'abord par des citations textuelles qu'il n'est pas très-heureux dans la substitution *d'une autre entité*, de son principe *électro-moteur* mis en question par les physiciens, aux propriétés vitales dont la réalité nous paraît incontestable. Nous démontrerons ensuite, par l'exposition naturelle de ces propriétés, que les aggressions dirigées contre elles n'ont aucune valeur, à moins d'avoir pris la peine, à l'exemple de M. Fourcault, d'en défigurer complètement les caractères essentiels pour se ménager les avantages faciles d'une réfutation sans résultat.

L'auteur après avoir confondu *l'élasticité* commune à tous les règnes, avec la *rétractilité* de tissu propre aux corps organisés, nie l'existence de la force vitale dont la manifestation brille de toutes parts dans l'existence active des corps organisés, pour y substituer les obscurités et les erreurs qui vont suivre...... « La con-

« traction dite vitale dépend d'une *force attractive* des
« particules de la matière organique........ La sensibilité
« n'est qu'une *entité* et l'on doit rapporter les phénomènes
« de l'excitation et de la sensation *à des courans électri-*
« *ques* et à des actions moléculaires dont le système ner-
« veux est le siége..... En suppléant à l'action nerveuse et
« sanguine par l'action du galvanisme ou de l'élec- .
« tricité, l'irritation se réveille dans *ces organes maté-*
« *riels* comme dans les plantes auxquelles on rend la
« lumière, le calorique et l'humidité dont elles étaient
« privées...... Le phénomène de l'irritation dépend donc
« de phénomènes purement physiques quels qu'ils soient
« entre les agens excitateurs et les molécules excitées. »
N'est-ce pas évidemment prendre ici l'agent d'excitation
pour la faculté d'être excité? Si cette erreur n'existe pas,
alors que notre auteur fasse donc sentir et se mouvoir,
par la magique influence de *son principe électro-moteur*,
les *organes matériels* d'un cadavre animal ou végétal
soumis à cette miraculeuse résurrection !

M. Fourcault, dans les passages suivans devient-il plus
concluent et plus vrai ? « Dans les vaisseaux comme dans
« tous les autres tissus contractiles, la contraction est l'ef-
« fet non d'une cause occulte, mais de l'action d'un fluide
« excitateur sur les parties contenantes, et d'un change-
« ment matériel dans les particules qui les composent,
« suite d'une action physico-chimique ou des agens extérieurs des fluides contenus T. 1er p. 130. » Il serait
oiseux de s'arrêter sérieusement à réfuter de pareilles
explications, nous ajouterons seulement qu'il faut être
initié aux mystères de la doctrine *électro-motrice* pour en
comprendre les principes fondamentaux et les applications spéciales.

Que dire enfin de cet autre passage où les contradictions et les erreurs semblent accumulées à loisir.

« .....Dans l'organisation de l'embryon, le phénomène de
« *composition* a l'initiative et est antérieur au phéno-
« mène *d'excitation* et a l'existence de toute propriété
« vitale. Ces prétendues propriétés sont nulles dans l'état
« muqueux de l'embryon, et ce n'est que lorsque l'orga-
« nisation est déjà avancée qu'elle se manifestent avec
« d'autant plus d'intensité que le fœtus approche plus
« de la naissance. » Nous demanderons à l'auteur comment, « *des propriétés qui n'existent* pas, peuvent se
« manifester avec intensité dans un être vivant? »

Il suffisait de citer M. Fourcault pour démontrer les
erreurs de sa doctrine *physico-chimique*, aussi nous
fussions - nous dispensé des commentaires si l'auteur
n'avait attaqué avec trop peu de mesure et de circonspection l'école dont nous professons les principes, les
vérités sanctionnées par l'expérience et le raisonnement,
les hommes supérieurs dont les opinions mériteraient
encore des égards alors même qu'elles seraient moins solidement établies.

D'autres physiologistes ont réduit les facultés vitales
à une seule propriété, sous le titre *d'irritabilité*. Cette
idée qui rappèle toutes les disputes suscitées par Haller et
ses dissiples nous paraît trop exclusive et ne suffit pas
à l'intelligence, à l'explication des phénomènes vitaux.

D'autres enfin, en multipliant ces facultés sans besoin,
ont affaibli la saine doctrine du vitalisme; cherchant à
lui donner trop d'extension, ils ont pris pour des propriétés différentes les facultés qui n'étaient rien autre
chose que des modifications de la même propriété; c'est
un reproche qu'il est permis d'adresser à Bichat.

Toutefois chacun de ces divers systèmes se rattachant
à des noms justement recommandables, notre but exclusif étant la recherche de la vérité, nous procéderons
dans l'examen de cet objet important, comme s'il n'éxis-

tait encore aucune théorie sur les propriétés vitales, nous prendrons exclusivement pour guide les faits et l'observation.

Si nous excitons les muscles mis à découvert chez un sujet, dans une opération par exemple, celui-ci nous dit aussitôt je sens une douleur, et dans le même instant les muscles excités se contractent. Nous observons d'une part une *sensation*, de l'autre une *contraction* déterminées par la même cause.

Si nous réitérons l'expérience, mais avec assez de ménagement pour n'exciter aucune douleur, aucune irritation, le sujet nous dit alors, je sens le corps qui me touche mais je ne souffre pas, et d'un autre côté, les muscles ne font aucun mouvement. Nous observons ici la *sensation* indépendamment de la *contraction*.

Enfin si nous invitons le même sujet à faire agir les muscles indiqués, aussitôt ces derniers entrent en activité, sans aucune stimulation directe, par conséquent sans impression perçue. Nous observons ici dans les muscles la *contraction* indépendamment de la *sensation*.

On n'objectera pas sans doute que le principe de cette *sensation* et de cette *contraction* n'est pas dans les muscles mais bien dans le cerveau. Cette vérité dont nous reconnaissons toute l'évidence, ne ferait en effet que reculer la difficulté; nous dirions alors du cerveau ce que nous disions des muscles pour simplifier d'avantage ; mais il n'en resterait pas moins rigoureusement démontré que, dans le même corps organisé doué de la vie, on peut observer isolément, et indépendamment l'un de l'autre ces deux phénomènes vitaux *sensation, contraction*.

Si maintenant le sujet vient à succomber, et que nous répétions absolument les mêmes expériences, bien que les muscles de ce cadavre nous offrent encore la même forme, le même volume, la même couleur, la même faculté de racornissement, enfin les mêmes propriétés physiques, les mêmes propriétés de tissu, ces muscles ne répondent plus à l'influence du *stimulus* qui les faisait agir; nous ne voyons dans cette circonstance ni *sensation*, ni *contraction*. Ces organes en perdant la vie ont donc perdu les propriétés inhérentes, non point à leur propre substance, mais à cette modification passée de leur manière d'exister; il est donc bien naturel d'accorder à ces dernières la dénomination de *propriétés vitales*. Quels sont et le caractère et le nombre de ces mêmes propriétés? La réponse est facile; revenons aux faits.

Nous avons observé dans le même corps organisé, tantôt simultanément, tantôt isolément, les deux phénomènes les plus simples de l'économie vivante, ceux qui deviennent l'élément essentiel de tous les autres : *sensation* et *contraction*. Chacun de ces actes réclame nécessairement une faculté ou propriété différente ; ainsi : *sensation* indique positivement *la faculté de sentir*, et *contraction la faculté de se contracter*. Nous désignons, d'une manière plus concise, la première de ces facultés par le terme de *sensibilité*, la seconde par celui de *contractilité*.

Il est évident que dans l'admission de ces propriétés il n'existe aucune supposition, aucune hypothèse, et que cette admission est le résultat de l'observation des phénomènes les plus simples, et la conséquence immédiate, rigoureuse des faits les mieux démontrés.

Sensibilité, *contractilité*, sont donc les deux propriétés fondamentales sur lesquelles repose la vie, telles sont, par une conséquence nécessaire, les deux facultés inhérentes à l'existence active. Si nous considérons quelles deviennent en même-temps le premier mobile de tous les phénomènes propres à l'économie vivante, nous leur accorderons, dès-lors, la dénomination de *forces vitales*, comme nous avons désigné par le terme de *forces physi-*

ques les propriétés qui deviennent leurs analogues dans l'économie universelle. Sans doute nous n'avons pas la prétention de personifier ces propriétés en les isolant de la matière quelles animent, nous permettons même de les envisager comme des modifications temporaires des corps ; sans doute nous ne voulons pas y placer la cause *occasionnelle* des actions physiologiques ; elle existe dáns le fluide nerveux sous l'influence des agens intérieurs ou extérieurs d'excitation, mais seulement la cause *essentielle* de ces mêmes actions. D'un autre côté, nous ne pouvons admettre l'erreur opposée dans laquelle on confond ces deux causes différentes en substituant le principe électro-moteur aux propriétés de la vie.

Après ces considérations simples et naturelles où nous croyons avoir positivement établi la réalité des forces particulières aux corps vivans, abordons franchement les opinions des auteurs.

Quelques physiologistes, avons nous dit, ont nié l'existence des propriétés vitales et les ont rejetées comme des subtilités, par cela seul qu'il est impossible d'en apprécier directement la nature. Mais *l'élasticité*, *l'attraction*, *l'affinité*, *la cohésion etc*, admises par tous les physiciens, par tous les chimistes, servant de base à l'explication de tous les phénomènes dont l'histoire constitue les sciences nommées exactes, offrent-elles des caractères essentiels à la portée de nos sens ? Le principe électro-moteur lui-même est-il matériellement appréciable ; n'est-ce pas au contraire exclusivement par leurs effets, que nous en reconnaissons la présence ? Et lorsque celle des propriétés vitales se trouve, par des moyens semblables, encore plus rigoureusement démontrée, pourrait-on la révoquer en doute sans nier en même-temps la réalité des forces physiques, ou mieux encore, sans repousser entièrement l'évidence ?

Pénétrés de ces vérités incontestables, d'autres écrivains ont admis les forces vitales, mais quelques-uns d'entre eux, au nombre desquels nous citerons spécialement Grégori, Glisson, Zimmerman, Brown, Rolando, Broussais les ont réduites à une seule propriété sous les diverses dénominations de *mobilité, incitabilité, irritabilité etc.* Il nous est impossible de partager cette opinion, et bien que nous éprouvions le besoin de simplifier les lois de l'économie vivante, pour céder à ce désir, nous ne confondrons jamais la faculté que présentent les muscles de se mouvoir sous l'influence de la volonté, avec celle qu'offre la rétine d'être seule accessible à l'influence visuelle des rayons lumineux ; en d'autres termes, et sans renouveler d'une manière fastidieuse toutes les disputes Hallériennes relatives à cet objet, par celà même que nous établissons une différence positive entre ces deux phénomènes *sensation* et *contraction*, nous distinguerons toujours *faculté de sentir, faculté de se contracter, sensibilité, contractilité*.

D'autres auteurs ont multiplié sans besoin le nombre des forces vitales, en considérant comme des facultés différentes les variétés, les modifications de la même propriété. C'est un autre extrême dont les inconvéniens ne sont pas moins réels. Enfin quelques physiologistes modernes ont rangé les propriétés vitales au nombre des fonctions. Ils ont évidemment identifié *sensation* avec *sensibilité, contraction* avec *contractilité*; ils ont confondu le phénomène avec la faculté de l'exercer, le principe avec son résultat. Une erreur aussi palpable n'exige pas de réfutation.

Sensibilité, contractilité, telles sont dès-lors, en dernière analyse, les deux propriétés fondamentales dont nous devons étudier et la nature et la principales modifications.

DE LA SENSIBILITÉ.

La sensibilité est cette faculté que présente la matière organisée vivante de recevoir une impression sous l'influence des excitans appropriés.

Si nous touchons la peau, nous déterminons une *sensation* ; ce tissu jouit par conséquent de la *sensibilité*. Pourrions-nous en effet concevoir un phénomène sans la faculté de l'exercer ? Pourrions-nous dire que cette faculté n'existe qu'à l'instant du contact ? Mais alors elle ne serait donc plus inhérente au corps organisé vivant ; et comme elle doit avoir un siége, il faudrait donc la placer dans l'agent d'excitation, fût-il minéral, en accordant ainsi à la matière inerte ce que l'on refusait à la matière douée de la vie. On conçoit aisément toute la nullité d'un pareil système et l'on place naturellement la sensibilité dans le solide vivant.

Faut-il avec Haller établir dans les nerfs le siége exclusif de cette propriété ? Mais un grand nombre de tissus où l'anatomie ne démontre pas la présence du système nerveux, sont évidemment sensibles ; cette opinion repose dès-lors entièrement sur une hypothèse, puisqu'il faut ajouter en l'admettant que les mêmes tissus reçoivent des nerfs, mais que ces derniers sont trop déliés pour être visibles ; c'est établir en principe ce qui est en question, c'est abandonner le sentier de l'expérience pour s'égarer dans le vaste champ des conjectures. Nous savons que le tissu qui *sent* jouit par cela même de *la sensibilité*, qu'il est le siége de cette force vitale ; voilà ce que nous disent les faits, voilà ce qu'il importait de bien établir ; le reste nous semble problématique et sans utilité ; revenons donc à l'observation.

Si nous examinons avec attention les autres systêmes de l'économie vivante, nous les voyons répondre chacun à sa manière aux influences des corps qui les excitent, nous donner la preuve matérielle qu'ils ont senti l'impression de ces mêmes corps, et nous obliger à leur accorder également *sensation*, *faculté de sentir*, *sensibilité*. Mais comme ces tissus ne sentent pas tous au même degré, comme plusieurs d'entre eux répondent à des agens particuliers, comme chacun exprime d'une manière différente les influences auxquelles il est soumis, nous devons distinguer, non point comme l'a fait Bichat, plusieurs espèces de sensibilité, il n'en peut exister qu'une seule, mais plusieurs variétés, plusieurs nuances, plusieurs modifications de cette même propriété.

La sensibilité se manifeste dans les tissus organisés vivans sous trois modes principaux : 1° comme premier moteur des phénomènes moléculaires au moyen desquels, sans la conscience des sujets, s'entretient la chaleur des tissus organisés vivans, se répare et s'accroît leur propre substance ; phénomènes qui constituent *la nutrition*.

2° Comme centre des impressions dont le sujet a la conscience, et que peuvent déterminer les excitans *généraux* en agissant sur le plus grand nombre des organes vivans, l'irritation du feu sur la peau, sur les muscles etc.

3° Comme centre des impressions dont le sujet a la conscience, et que peuvent effectuer des agens *particuliers* sur des organes *déterminés*, l'excitation des saveurs sur la langue, des odeurs sur la pituitaire, des sons sur l'oreille, de la lumière sur l'œil.

Nous donnons tout naturellement à chacune de ces modifications de la faculté de sentir la dénomination appropriée aux phénomènes qui servent à manifester son existence ; ainsi, pour la première modification, *sensibilité nutritive* ; pour la seconde, *sensibilité percevante générale* ; pour la troisième, *sensibilité percevante spéciale* ; examinons chacune de ces variétés.

1° SENSIBILITÉ NUTRITIVE.

Cette première forme de la sensibilité que les auteurs ont encore désignée par les termes *irritabilité, sensibilité organique, moléculaire, végétative* etc. est celle qui donne aux tissus vivans la faculté de recevoir l'impression des modificateurs qui doivent concourir au développement, à l'entretien de ces mêmes tissus ; elle constitue la base fondamentale de la vitalité ; aussi la rencontrons-nous dans tous les corps organisés doués de l'existence active et dans toutes les parties de ces corps jouissant de la vie même au plus faible degré. Cette variété de la faculté de sentir est la seule que présentent les végétaux en général, et les animaux du dernier ordre en particulier.

Commune à tous les tissus vivans, cette première forme présente en même temps des modifications importantes relatives *à sa nature* d'une part, de l'autre *à son développement.*

Sous le rapport de sa nature essentielle. — L'expérience de chaque jour nous démontre que le même agent d'excitation appliqué aux différens tissus de l'économie développe chez les uns des phénomènes très - remarquables, tandis que sur les autres il glisse rapidement et sans effet notable. Ainsi, le tartrate antimonié de potasse très-étendu d'eau, mis en contact avec la conjonctive, la pituitaire etc. divisions très-sensibles du système muqueux, ne produit aucun effet positif ; avec la membrance interne de l'estomac, autre division du même système, il détermine au contraire une excitation tellement violente que le vomissement en devient le résultat ordinaire. L'aloës, le jalap, la rhubarbe, les sulfates de soude, de magnésie, de potasse etc. etc. traversent le pharynx, l'œsophage et l'estomac sans déterminer aucun effet bien appréciable ;

arrivés dans la portion intestinale du tube digestif, ils provoquent des évacuations alvines et quelquefois même des coliques assez violentes. Le fraisier, l'asperge, la pariétaire, la digitale, le nitrate de potasse etc. etc. offrent une action spéciale sur les reins dont ils augmentent l'activité sécrétoire ; la pyrèthre, le mercure etc. sur les glandes salivaires ; le gayac, la salsepareille, le sassafras, la bourrache etc. sur la peau etc. ; tels sont les motifs de la distinction des médicamens en *vomitifs*, *purgatifs*, *diurétiques*, *sialogogues*, *diaphorétiques etc.*

D'un autre côté, nous voyons les tissus organiques choisir dans les fluides circulatoires et nutritifs les élémens qui leur conviennent, et les assimiler à leur substance, en vertu de cette sensibilité que l'on peut nommer *élective*, et dont la nature diffère évidemment dans chacun d'eux. Les os, les tendons, les cartilages, les muscles, la peau, les nerfs etc. saisissent dans le sang ou la lymphe les seuls matériaux propres à leur accroissement et à leur conservation. L'histoire de la nutrition mettra bientôt cette importante vérité physiologique dans tout son jour.

De ces faits dérive nécessairement un principe fondamental et du plus haut intérêt pour la thérapeutique : *Tous les tissus organisés vivans jouissent de la sensibilité nutritive, mais avec des modifications relatives à la nature de cette propriété ; de-là cette aptitude particulière de chacun d'eux pour répondre à tel ou tel agent d'excitation.*

Sous le rapport de son Développement. — Quelles différences n'observons-nous pas encore entre les systêmes organiques ? si nous opposons les muscles, les nerfs, la peau, les muqueuses etc. d'une part, aux ongles, aux tendons, aux ligamens, aux cartilages etc. de l'autre, nous voyons dans les premiers la sensibilité nutritive développée avec énergie, manifestant sa présence par des phénomènes bien caractérisés; dans les seconds, cette propriété latente et si bornée, les actes vitaux environnés d'une telle obscurité, que des physiologistes ont placé plusieurs de ces mêmes tissus dans la série des corps inertes.

De cet autre fait découle un second principe également très-important : *La sensibilité nutritive existe dans tous les tissus organisés vivans, mais avec un développement différent pour chacun d'eux.*

2° SENSIBILITÉ PERCEVANTE GÉNÉRALE.

Nous désignons sous ce titre : *Une seconde modification de la sensibilité qui donne aux tissus vivans la faculté de répondre à l'action des excitans et de transmettre au sujet, avec conscience, l'impression qu'ils ont reçue.* Les auteurs l'ont encore nommée *sensibilité cérébrale, de relation, animale, perceptibilité.*

Deux circonstances principales d'organisation deviennent indispensables à son existence: 1° *Un centre nerveux distinct;* 2° *des nerfs étendus directement* de ce même centre nerveux au tissu qui reçoit l'impression. Aussi trouvons-nous cette propriété constamment étrangère à tous les végétaux, et même à ceux des animaux qui n'offrent pas ces deux caractères organiques, tandis qu'elle ne manque jamais chez ceux qui les présentent. Nous voyons encore pour ces derniers, des tissus qui dans l'état normal jouissent de *la sensibilité nutritive* exclusivement, acquérir *la sensibilité percevante générale* sous l'influence d'un état pathologique. Ainsi les tendons, les os, les cartilages etc. qui dans le premier de ces états peuvent être touchés et même divisés par l'instrument tranchant sans aucune impression perçue, deviennent bien souvent dans le second, et sous l'influence des mêmes agens, le siége des plus vives douleurs. Faut-il admettre ici le développement d'une propriété nouvelle dans ces tissus? N'est-il pas au contraire bien plus naturel de penser que la *sensibilité nutritive* altérée par l'inflammation est devenue *sensibilité percevante générale*, et que l'impression, dès-lors très vive dans les tissus phlogosés, rencontrant des conducteurs nerveux pour la transmettre au centre sensitif, s'est trouvée convertie en perception.

Ce fait pathologique dont la pratique des opérations nous démontre chaque jour toute la réalité, prouve bien positivement deux vérités importantes. 1° *Que la sensibilité nutritive et la sensibilité percevante générale ne sont que des modifications de la même propriété.* 2° *Que le système nerveux étend ses ramifications même dans les tissus où l'anatomie ne les démontre pas.*

3° SENSIBILITÉ PERCEVANTE SPÉCIALE.

Nous désignons ainsi cette modification de la sensibilité qui appartient exclusivement à quelques organes *déterminés*, et ne peut être excitée que par des agens *spéciaux*. Telle est en effet celle qui lie par des rapports intimes et particuliers, la *lumière à la rétine; les vibrations sonores au nerf auditif; les odeurs à la pituitaire; les saveurs à la muqueuse linguale.* Cette convenance de *l'excitant* et de l'organe *sensible* est ici tellement exclusive et rigoureuse, que chacun de ces modificateurs est incapable de remplacer les autres, et que chacun des organes sensitifs se trouve dans l'impossibilité d'être excité par un modificateur étranger. Ainsi paralyser successivement chez un animal supérieur *la rétine, la pituitaire, le nerf auditif, la muqueuse linguale,* c'est le placer dans l'impossibilité de répondre à l'influence *de la lumière, des odeurs, des sons et des saveurs;* c'est lui ravir en même tems, *la vision, l'olfaction, l'audition, et la gustation.*

Cette modification de la sensibilité présente encore, pour caractère distinctif, qu'elle ne peut jamais se transformer dans les deux autres variétés, et que celles-ci ne sont point susceptibles de revêtir sa nature, soit dans l'état normal, soit même dans l'état pathologique.

Telles sont les trois modifications principales de la faculté de sentir; modifications dont l'existence n'est point imaginaire, puisque le même tissu peut nous les offrir simultanément avec tous leurs caractères particuliers. Ainsi la pituitaire nous présente 1° *la sensibilité nutritive;* puisqu'elle s'accroit et se répare comme tous les autres tissus vivans; 2° *la sensibilité percevante générale ;* puisque tous les excitans physiques, en stimulant cette membrane, déterminent une sensation dont nous avons la conscience; 3° *La sensibilité percevante spéciale ;* puisque les odeurs agissent exclusivement sur elle de manière à produire une perception que nul autre tissu ne peut effectuer.

On n'objectera pas sans doute, que ces trois variétés sont identifiées et confondues en une seule propriété susceptible de se métamorphoser, suivant la nature des agens qui déterminent sa mise en activité; en effet leur isolement et leur indépendance offrent une réalité si positive que, dans certaines affections morbifiques, l'une d'elles peut augmenter, les autres diminuant, se trouvant même suspendues, *et vice versâ.* Ainsi dans le corrysa, nous observons ordinairement : 1° *diminution ou suspension entière de la sensibilité percevante spéciale;* puisque l'odoration est alors ou très-affaiblie, ou momentanément détruite. 2° *Augmentation de la sensibilité percevante générale ;* puisque le contact d'un corps inoffensif, le passage même de l'air, suffisent pour éveiller une douleur très-aigue. 3° *Perversion de la sensibilité nutritive*; puisque la membrane enflammée se ramollit, s'épaissit, et devient le siége d'une sécrétion dont les produits sont notablement altérés.

DE LA CONTRACTILITÉ.

Cette propriété considérée d'une manière générale doit être définie : *faculté que présentent les tissus organisés vivans de se raccourcir et de s'allonger alternativement par leur action propre, sous l'influence d'une excitation étrangère.*

Il ne faut pas dès-lors confondre cette propriété avec celles qui peuvent également produire le raccourcissement, telles que *l'élasticité, le racornissement, et la rétractilité.* Dans les phénomènes produits par ces dernières forces, l'allongement devient en effet toujours passif, il est déterminé par une action étrangère au tissu qui l'éprouve; le raccourcissement est le retour de ce même tissu à l'état normal, toute cause extensive cessant d'agir; on doit ici lui donner le nom de *rétraction.* Au contraire dans les mouvemens effectués sous l'influence de la *contractilité*, le raccourcissement se manifeste d'abord et sans aucune extension préliminaire; il présente une véritable *contraction;* dans cette circonstance, l'allongement consécutif au raccourcissement est le résultat naturel du relâchement de la fibre d'abord contractée.

De même que la *sensibilité, la contractilité* est une propriété simple toujours identique par sa nature mais susceptible d'offrir diverses modifications dans la série des êtres organisés, et dans les différens tissus du même sujet. Dans son exercice, elle peut se trouver affranchie du pouvoir de la volonté ou reconnaître cette faculté pour mobile; de là nécessairement deux variétés principales de cette même propriété : 1° *contractilité involontaire,* 2° *contractilité volontaire.*

1° CONTRACTILITÉ INVOLONTAIRE.

Nous décrivons sous ce titre la première variété de la faculté contractile, qui toujours soustraite aux influences volontaires, s'exerce dans l'économie vivante avec deux modifications. Les phénomènes qu'elle détermine dans cette économie, tantôt sont directement *inappréciables*, même pour celui qui les présente, et ne deviennent sensibles que par les résultats qu'ils entraînent dans l'organisme ; tantôt se trouvent immédiatement *perceptibles* même pour les individus étrangers à leur manifestation. Dans le premier cas, la propriété qui leur sert de mobile prend le nom *contractilité involontaire insensible*, et dans le second celui de *contractilité involontaire sensible*.

Contractilité involontaire insensible.—Cette modification de la *contractilité involontaire* est celle qui s'exerce dans l'économie vivante sans autres caractères apparens que ceux qui naissent indirectement des changemens organiques lentement effectués sous son influence continuelle.

Cette variété désignée par quelques auteurs sous les noms de *tonicité*, *contractilité organique*, *nutritive*, *fibrillaire* etc. est commune à tous les êtres vivans, depuis le végétal le plus simple jusqu'à l'homme ; pendant la durée de cette existence active, elle appartient à tous les tissus de l'organisme ; unie dans ce dernier *à la sensibilité nutritive*, elle constitue la base fondamentale des mouvemens de composition et de décomposition moléculaires.

Un corps inorganique, ou même organisé privé de la vie, mis en contact avec des élémens nutritifs, ne leur fait éprouver et ne subit lui-même aucun changement.

Un corps organisé vivant placé dans les mêmes circonstances est aussitôt le siége d'une impression latente il réagit avec la même obscurité sur ces élémens, les assimile en partie à sa propre substance, les emploie à l'accroissement et à la réparation de son économie.

Si nous cherchons la cause de cette différence, il est aisé de la trouver. Le corps inorganique, ou même organisé privé de la vie, ne reçoit aucune impression et dès-lors ne présente aucune réaction, aucune assimilation; tandis que le corps organisé vivant excité répond à cette agression en réagissant avec plus ou moins d'énergie. Ces faits palpables nous démontrent évidemment, chez les corps organisés doués de la vie, deux propriétés étrangères à tous les autres corps : *sensibilité nutritive*, *contractilité involontaire insensible*, marchant toujours sur la même ligne dans l'économie vivante.

Contractilité involontaire sensible. — Nous désignons par ce terme la modification de la *contractilité involontaire* dont les effets sont immédiatement perceptibles dans les phénomènes qu'elle sollicite. Ainsi les mouvemens du cœur, de l'estomac, des intestins, de la vessie urinaire, de l'utérus etc. auxquels cette même faculté préside, sont d'une part affranchis de la volonté, de l'autre facilement appréciables par la vue et le toucher.

Cette variété commune à tous les animaux vivans reste complètement étrangère aux végétaux. Les mouvemens de la sensitive sous le doigt qui la touche, du tournesol pour suivre et chercher la lumière etc. nous semblent de bien faibles exceptions à cette règle générale.

Si nous embrassons d'un coup d'œil toute l'économie animale dans les parties les plus élevées de la série, dans l'homme plus spécialement, nous voyons la *contractilité involontaire sensible* présider à l'action de tous les organes dont les fonctions indispensables à la vie ne peuvent être suspendues quelque tems sans les plus grands dangers. Admirons ici la prévoyance de la nature et toute la perfection de ses œuvres!

La volonté, comme toutes les autres facultés intellectuelles, a besoin de repos, et pendant le sommeil parfait ne s'exerce jamais. Capricieuse dans ses déterminations, même pendant l'état normal, bizarre dans un grand nombre de maladies, pervertie chez les aliénés, la volonté se montre incessamment capable de toutes les anomalies et de toutes les aberrations. Que deviendrait l'économie vivante sous l'influence d'un moteur aussi versatile, et si les mouvemens de l'utérus, de la vessie urinaire, des intestins, de l'estomac, du cœur etc., s'y trouvaient directement soumis? Les fonctions de ces organes centraux anéanties pendant le sommeil, suspendues par les distractions de la volonté, dénaturées par ses irrégularités, n'offriraient plus aucune garantie positive; la vie se trouverait constamment réduite en problème dans ces économies dégradées où l'imperfection et le désordre viendraient seuls dicter des lois.

2° CONTRACTILITÉ VOLONTAIRE.

Nous accordons ce titre à la seconde modification de le faculté contractile dont la volonté peut solliciter et développer l'action. Encore désignée dans les auteurs par les termes de *contractilité animale, musculaire, cérébrale, de relation* etc., cette variété se trouve exclusivement départie aux muscles en communication directe par les nerfs avec le centre encéphalique. Aussi la voyons-nous complètement étrangère aux végétaux et même à tous les animaux qui n'offrent pas un foyer principal d'irradiation nerveuse, un système musculaire bien distinct en communication avec ce même foyer.

Cette modification ne se trouve jamais essentiellement liée aux fonctions vitales; moteur principal des actions destinées aux relations extérieures, elle donne à la volonté le pouvoir avantageux d'établir ou de suspendre à son gré l'enchaînement de ces rapports, mais jamais la dangereuse faculté d'exercer le même empire sur les actes immédiatement conservateurs de l'organisme vivant.

Telles sont les trois variétés que peut offrir la contractilité ; plus isolées, plus incompatibles encore que les modifications de la sensibilité, nous ne les rencontrons jamais toutes réunies dans le même tissu; jamais également, et cette circonstance est bien remarquable, nous ne les voyons, comme les précédentes, se métamorphoser les unes dans les autres ; et lorsqu'un système comprend deux de ces modifications, ce n'est jamais en même tems, *la contractilité involontaire sensible et la contractilité volontaire;* elles sont absolument opposées.

Ainsi tous les tissus organisés vivans, sans aucune exception, offrent la *contractilité involontaire insensible.* Quelques-uns la présentent seule; tels sont les os, les tendons, les cartilages, les ligamens, les aponévroses etc. D'autres jouissent en même tems de la *contractilité involontaire sensible;* comme on le voit pour le cœur, l'estomac, les intestins, la vessie urinaire, l'utérus etc. D'autres enfin réunissent *la contractilité volontaire et la contractilité involontaire insensible;* l'appareil musculaire soumis à l'influence de l'encéphale nous en fournit seul un exemple.

Ces variétés de la contractilité sont tellement indépendantes et tellement isolées dans les tissus, qu'elles y peuvent éprouver, sous l'influence de certaines maladies, des modifications quelquefois entièrement opposées. Ainsi, dans le rhumatisme aigu, ou phlegmasie du système musculaire, nous voyons s'accroître *la con-*

tractilité involontaire insensible puisqu'il existe en même tems augmentation de la nutrition et de la chaleur vitale, tandis que la *contractilité volontaire* se trouve quelquefois entièrement suspendue. Dans la paralysie de ce même tissu, la *contractilité volontaire* est complettement détruite, puisque les muscles ainsi affectés se trouvent dans l'impossibilité absolue d'exercer aucun mouvement sous l'influence de la volonté; cependant, *la contractilité involontaire insensible*, seulement affaiblie par l'inaction, persiste encore, puisque la nutrition ne se trouve pas interrompue dans les muscles paralysés.

En résumant toutes les considérations relatives aux propriétés de la vie, nous réduisons ces derniers à deux principales : *sensibilité, contractilité*.

Ces deux propriétés sont tellement liées dans leur action que plusieurs physiologistes célèbres les ont confondues, identifiées sous le nom *d'irritabilité*. Nous croyons avoir surabondamment démontré par les faits et l'observation que cette opinion est complettement erronée.

D'un autre côté, ces deux forces, bien qu'avec des caractères différens, sont tellement unies par le but de leur activité qu'on ne les rencontre jamais isolées dans l'état normal. Ainsi *la sensibilité nutritive* est inséparable de *la contractilité involontaire insensible*; elle est quelquefois accompagnée de la *contractilité involontaire sensible* et même de la *contractilité volontaire. La sensibilité percevante*, soit *générale*, soit *spéciale* suppose toujours *la contractilité volontaire*; ces alliances naturelles font partie des lois de l'organisation. Supposons par la pensée un tissu, un organe, un appareil, un animal, qui présente *la sensibilité* sans *la contractilité*, ou *la contractilité* indépendamment de *la sensibilité;* dans la première hypothèse, l'être vivant se trouve excité sans avoir la faculté de réagir; il apprécie tout ce qui peut lui devenir avantageux ou nuisible, mais il est incapable de saisir ou de repousser l'objet de ces divers sentimens. Dans la seconde, il agit sans motif, sans but, et dès-lors sans aucune utilité; dans l'une et dans l'autre circonstance, l'économie tout entière offre désormais l'image du désordre et de la confusion.

Nous avons démontré la réalité des propriétés vitales; nous avons dit qu'elles se manifestaient avec autant d'évidence par leurs effets dans l'économie vivante que *l'attraction, la cohésion, l'élasticité, l'affinité, etc.* dans l'économie générale; que l'on distinguait dans tous les corps *l'affinité, l'élasticité, la cohésion,* l'attraction des phénomènes qu'elles déterminent, et que dès-lors on ne devait pas confondre la *sensibilité* avec la *sensation*, la la *contractilité* avec la *contraction*. Nous ajouterons que l'existence de ces deux propriétés est désormais incontestable, elles sont inhérentes à la vie, non point à l'organisation, puisque le cadavre ne les présente plus; vivre et jouir de ces propriétés sont, pour les corps organisés, deux expressions absolument synonimes.

Ces deux facultés, premiers mobiles de tous les phénomènes vivans, méritent par conséquent la dénomination de *forces vitales*; puisque nous avons désigné, par celle de *forces physiques*, *l'attraction*, *l'affinité*, *la cohésion*, *l'élasticité* etc. la puissance de ces deux forces nous paraît avoir été sentie par les anciens auteurs, comme le démontrent toutes les expressions qu'ils ont employées pour les caractériser; ainsi Pithagore l'appèle *âme mortelle*; Platon *âme irraisonnable*; Aristote *principe moteur et générateur*; Hyppocrate φύσις *force, nature*. Les stoïciens, *feu intelligent*; Willis, *flamme vitale*; Kaw-Boerhaave, *principium impetum faciens*; Sthal, *âme sensitive*; Vanhelmont *archée*; d'autres auteurs, *vis insita*, *vis vitæ*; Canaveri, Amoretti--ἔνορμον *force qui fait effort ;* Darwin, *esprit d'animation, force sensoriale ;* les modernes, *principe vital, forces vitales ;* nous adopterons cette dernière dénomination, toutefois après en avoir bien précisé la valeur.

Par le terme de *forces vitales* nous n'entendons point, un *être* particulier, susceptible d'offrir une existence isolée dans les corps organisés ; *un principe intelligent* règnant dans l'économie vivante indépendamment des tissus qui constituent l'organisme, présidant à toutes les fonctions, réglant avec discernement le jeu des appareils nombreux qui les exécutent ; mais seulement la réunion l'ensemble des deux propriétés vitales essentielles, *faculté de sentir ; faculté de se contracter ; sensibilité, contractilité.*

Quelques physiologistes ont considéré *la force vitale* comme un *être pensant, raisonnant et jugeant ;* il est évident qu'ils ont confondu cette force avec le principe immatériel auquel on donne assez généralement le nom d'*âme ;* isoler ces propriétés, serait multiplier sans raison dans l'économie vivante des êtres moraux dont la sphère d'activité n'aurait plus aucunes limites bien déterminées ; les identifier *à l'ame* serait admettre, dans les végétaux, qui offrent évidemment les forces de la vie, cette faculté de *penser, raisonner et juger.* En accordant l'intelligence et le raisonnement à la force vitale même chez l'homme, nous verrions chaque jour les faits les plus concluans ou déposer contre cette opinion, ou démontrer les aberrations dela nature dans l'établissement d'un ordre aussi vicieux. Ainsi la membrane muqueusé des bronches offre-t-elle un point d'irritation vive sans la présence d'aucun corps étranger, une toux violente se manifeste aussitôt, l'air parcourt avec rapidité les canaux respiratoires comme pour expulser un agent nuisible dont la nature chercherait à débarrasser l'organe affecté; ces expirations brusques et répétées n'ont ici d'autre effet que d'augmenter encore l'excitation qui devient alors une véritable phlegmasie. Nous trouverons les mêmes inconvéniens dans le vomissement pendant la gastrite aigue, dans les contractions de l'intestin pendant l'entérite, de la vessie pendant la cystite etc. dans toutes ces circonstances et leurs analogues, *le principe intelligent* serait évidemment en défaut; il se tromperait sur les caractères de la cause morbifique, dans le choix des moyens convenables, il agirait précisément dans le sens de l'altération contre les intérêts de l'organe malade. N'est-il pas bien plus conforme à la raison, à l'expérience, de voir dans cette occasion *la sensibilité*, surexcitée par un modificateur dans la muqueuse bronchique, éveiller sympathiquement *la sensibilité* en même temps *la conctractilité* des muscles pectoraux, diaphragme, abdominaux etc, enfin solliciter l'action plus ou moins énergique de ces organes sans aucune détermination réfléchie.

D'après ces considérations générales, si nous embrassons maintenant d'un seul coup d'œil les êtres naturels et les propriétés qui leur sont départies ; nous voyons la matière sortir des mains du créateur avec des *qualités générales* indispensables à son existence ; nous l'observons ensuite s'enrichissant par degrés *des caractères particuliers*, variés d'une manière admirable dans les différens corps qu'elle est destinée à former ; caractères sur lesquels nous avons établi, comme sur une base positive, la diversité *des minéraux, des végétaux, des animaux et de l'espèce humaine*; c'est en nous élevant par degrés dans la série de ces propriétés, que nous monterons également dans la série des êtres. Ainsi la matière plus *les propriétés physiques:* — corps inorganiques, MINÉRAUX.

La matière plus *les propriétés physiques, les propriétés*

de tissu, les modifications des propriétés vitales sensi-bilité nutritive, contractilité involontaire insensible : —VÉGÉTAUX.

La matière plus *les propriétés physiques*, les pro-priétés de tissu, la plupart *des modifications des pro-priétés vitales* ; pour les sujets élevés dans cet ordre, *un principe immatériel* borné dans son activité à la sphère des besoins organiques : — ANIMAUX.

La matière plus *les propriétés physiques*, les propriétés de tissu, *les propriétés vitales dans toutes leurs modifi-cations, un principe immatériel* presque sans limites dans son empire, pouvant s'élever des soins de l'organisme à sa propre intuition, à la connaissance d'un créateur, aux notions du juste et de l'injuste, à l'amour de la vertu, à l'horreur du vice, à la conception des plus sublimes vérités, pouvant dissiper le vague affreux du néant et de la mort, en faisant concevoir les espérances d'une existence à venir ; tels sont les attributs principaux exclu-sivement départis à L'HOMME.

Si nous faisons maintenant abstraction des deux prin-cipes immatériels relatifs l'un à l'espèce humaine, l'autre aux animaux, nous verrons que tous les corps ne sont autre chose que de *la matière et des propriétés.*

Si nous suivons actuellement cette matière dans les modifications admirables quelle est susceptible d'éprou-ver, nous la voyons partir de l'état inorganique le plus simple, revêtir graduellement toutes les propriétés que nous venons d'étudier, parvenir à l'état d'organisation la plus compliquée, suivre une progression inverse, aban-donner successivement toutes ces propriétés spéciales, revenir aux conditions de la matière inerte, pour éprou-ver de nouveau les mêmes transformations ; un exemple rendra cette vérité plus évidente encore.

Le gaz acide carbonique, principe constituant de l'atmosphère, ne présente que *les propriétés générales* inhérentes à la matière inerte, et quelques *propriétés physiques particulières.*

Absorbé par les végétaux, il est décomposé, en oxygène, rendu à l'air ambiant, en carbone porté dans l'économie de ces êtres vivans; élaboré, assimilé à leurs propres tissus, il devient dès-lors substance organisée vivante, jouissant *des propriétés physiques*, de la première modification des propriétés vitales, *sensibilité nutritive, contractilité involontaire insensible, des propriétés de tissu.*

Ce corps naguère acide carbonique, carbone minéral, inorganique, maintenant carbone végétal, substance organisée vivante, sert d'aliment aux animaux, éprouve dans cette économie compliquée, une élaboration nouvelle et plus parfaite; modifié surtout par la digestion, dont il n'avait point encore éprouve l'influence, il devient bientôt matière animale douée des *propriétés physiques, des propriétés de tissu et de toutes les modifications des propriétés vitales.*

Cette substance d'abord *minérale*, ensuite *végétale*, enfin *animale*, arrivée au dernier terme de l'organisation se trouve éliminée du corps vivant par l'acte même de la décomposition nutritive ; elle perd insensiblement tous les caractères qu'elle avait acquis et revient à son premier état en passant par des modifications opposées, pour offrir plus tard des combinaisons nouvelles et s'élever encore progressivement des minéraux aux végétaux, de ces derniers aux animaux.

Tel est le cercle complet que parcourt incessamment la matière ; toujours modifiée, jamais détruite ; revêtant graduellement des propriétés qui la font appartenir successivement à tous les corps de la nature depuis le minéral élémentaire jusqu'à l'homme. C'est ainsi qu'il faut raisonnablement expliquer *la métempsycose* des anciens philosophes.

Nous avons positivement établi qu'il existe dans la nature deux ordres de principes actifs pour tous les phénomènes qui s'y rencontrent: 1° *forces physiques* régissant l'économie universelle; 2° *forces vitales* gouvernant l'économie vivante. Etudions maintenant les différences principales qui distinguent ces forces opposées.

CHAPITRE SEPTIÈME.

DIFFÉRENCES PRINCIPALES QUI DISTINGUENT LES FORCES PHYSIQUES ET LES FORCES VITALES.

Tous les phénomènes de la nature, qu'on les examine soit dans les corps inorganiques, soit dans les corps organisés morts, soit dans ces mêmes corps doués de la vie, s'effectuent, sans aucune exception, sous l'influence de certaines propriétés que nous désignons collectivement par les termes de *forces*, de *puissances*. Nous distinguons ensuite par le terme de *forces* ou *puissances physiques* l'ensemble des propriétés qui régissent les *corps inorganiques* et les *corps organisés privés de la vie*; et par celui de *forces* ou *puissances vitales*, cette réunion des facultés qui président aux fonctions des *corps organisés vivans*.

Les phénomènes des corps n'étant autre chose que la mise en activité des *puissances* ou *forces* départies à ces mêmes corps, la nature et les modifications de ces *forces* ou *puissances* déterminent dès-lors positivement la nature et les modifications de ces phénomènes ; il est donc absolument indispensable, pour bien apprécier ces derniers dans leurs caractères essentiels et dans les particularités qui les distinguent, d'établir d'après l'observation les différences principales que présentent *les puissances ou forces physiques et les puissances ou forces vitales.*

1° ORIGINE.

Les Forces physiques — naissent d'une source inépuisable toujours au même état dans les mêmes circonstances; jamais affaiblies par l'exercice, jamais usées par le temps. Ainsi *l'affinité*, *l'attraction*, *la cohésion*, *la pesanteur*, *l'élasticité* etc. dans les mêmes corps et dans les conditions identiques, s'exercent avec la même activité, la même énergie depuis la création. Une masse d'air ayant été comprimée pendant quinze ans sous le piston d'une pompe foulante, offrit une réaction élastique absolument semblable à celle d'une autre masse d'air soumise à la même pression depuis quelques instans. Des expériences aussi positives serviraient à démontrer la réalité du même principe dans les autres forces physiques, si cette démonstration n'était pas rendue complètement inutile par l'état actuel de la science.

Les Forces vitales — émanent au contraire d'une source féconde, mais susceptible d'épuisement. Leur entretien nécessite une réparation habituelle et suffisante, lorsque cette réparation devient impossible, les *puissances vitales* s'anéantissent dans les corps organisés quelles abandonnent à l'influence exclusive *des puissances physiques* ; telle est *la mort par excès de douleur*, par épuisement complet de l a sensibilité. Lorsque cette réparation est de plus en plus imparfaite, *les forces vitales* baissent chaque jour, et s'éteignent enfin d'une manière lente et graduée ; *telle est la mort par caducité.*

Sous l'influence d'un exercice violent, d'une marche longue et forcée, *la contractilité volontaire* est frappée d'usure caractérisée par une lassitude profonde, toute locomotion devient désormais impossible, sans un repos suffisant pour effectuer la réparation de la puissance musculaire ; dans cet état de choses, si l'exercice est prolongé par une violence faite à l'appareil moteur, cette variété de la contractilité s'anéantit bien souvent sans retour, comme nous le voyons ordinairement pour le gibier forcé dans les chasses à courir. Les exemples de paralysies produites par la cause que nous venons d'indiquer ne sont pas très rares dans les fastes de l'art.

2° DISTRIBUTIOH.

Les Forces physiques. — Sont universellement reparties à tous les corps, et président aux phénomènes de l'économie générale. Ainsi *l'attraction centripète*, *l'affinité*, *la cohésion*, *l'élasticité* se rencontrent également dans les minéraux, les végétaux et les animaux ; mais avec cette différence, que chez les premiers elles déterminent toutes les actions, tandis que chez autres, elles ne font que les modifier se trouvant incessamment contre-balancées par les *forces vitales* ; toutefois dans les végétaux et les animaux comme dans les minéraux, elles offrent une influence plus ou moins grande, présentant pour dernier terme, cette belle harmonie qui règne dans tout l'univers.

Les Forces vitales. — sont au contraire exclusivement dévolues aux corps organisés actuellement doués de la vie ; elles ne régissent que l'économie vivante, et deviennent ainsi le principe moteur élémentaire d'un *petit monde* particulier offrant, dans le monde général, son existence indépendante, ses phénomènes propres et ses lois spéciales.

3° ÉTAT.

Les Forces physiques—peuvent rester pendant longtems inactives dans les corps qui les présentent ; c'est ainsi que l'affinité n'étant point mise en jeu par l'approche d'un autre corps, l'élasticité par la compression ou la distention etc. n'offrent aucun résultat.

Les Forces vitales au contraire ne restent jamais passives; elles présentent seulement des intervalles d'assoupissement destinés à la réparation de leur activité plus ou moins diminuée par l'exercice. On conçoit dèslors, pourquoi les corps exclusivement doués *des propriétés physiques*, n'offrent qu'une existence passive, tandis que ceux qui jouissent en même tems des propriétés vitales, acquièrent l'existence active que nous désignons par le terme de *vie*.

4° UNIFORMITÉ.

Les Forces physiques sont toujours uniformes dans les différentes parties d'un corps homogène. Ainsi, *la cohésion*, *l'affinité*, *la pesanteur* etc. sont absolument identiques dans les divers points d'un fragment de cuivre, de plomb, d'argent, d'or, etc.; chaque molécule de ces corps soumise à l'action des mêmes réactifs chimiques, éprouve des modifications, offre des combinaisons et des résultats absolument semblables.

Les Forces vitales diffèrent au contraire et par leur nature et par leur développement; non-seulement dans les différentes parties du même sujet mais encore dans les divers points du même système organique. Ainsi la rétine est sensible à la lumière, la pulpe auditive aux sons, la pituitaire aux odeurs, la muqueuse linguale aux saveurs; *la sensibilité* est obscure dans les tendons, les os, les cartilages etc. elle est très-développée dans la peau, les nerfs, les muqueuses etc.; *la contractilité* se fait à peine observer dans les synoviales, les séreuses etc. ses caractères sont très marqués dans le cœur, les intestins, l'estomac, surtout dans les muscles volontaires. Si nous examinons un même tissu, le muqueux, par exemple, dans ses principales divisions, nous trouvons des différences non moins positives; ainsi appliquez le même agent d'excitation sur la conjonctive, les muqueuses linguale bronchique etc. un fragment de sucre par exemple, vous observez dans le premier cas une irritation vive, dans le second une sensation agréable, dans le troisième une titillation qui provoque la toux. Le musc produit sur la pituitaire une impression agréable, sur la langue une saveur amère et pénible, sur la muqueuse gastrique une inflammation.

Ces faits et beaucoup d'autres qu'il serait aisé de rassembler, prouvent évidemment que les *forces vitales* n'offrent jamais, comme les *forces phyiques*, des caractères identiques dans les diverses parties d'un même corps.

Ces vérités susceptibles des plus beaux développemens et des applications les plus utiles à la science médicale, nous conduisent directement à la manière d'apprécier toutes les modifications que le même excitant peut imprimer aux différentes parties d'un systême organique; dès-lors au véritable moyen de préciser l'influence de tel ou tel agent thérapeutique, sur tel ou tel organe vivant.

5° INVARIABILITÉ.

Les Forces physiques présentent pour caractère essentiel une constance inébranlable. Ainsi *l'affinité*, *la cohésion*, *l'attraction*, *la pesanteur* etc. sont toujours absolument les mêmes, au milieu des circonstances semblables; par une conséquence nécessaire, nous verrons les phénomènes qu'elles déterminent invariables comme elles. Ainsi l'eau et l'acide sulfurique s'uniront dans tous les tems avec diminution de volume et dégagement de calorique; le fer, le cuivre, l'argent, etc. offriront toujours la même résistance à l'effort employé pour les briser; etc.

Les Forces vitales au contraire, présentent l'instabilité pour attribut particulier. Ainsi la *sensibilité*, *la contractilité* dans toutes leurs modifications, en les considérant relativement à l'état de plénitude ou de vacuité des organes digestifs; au calme ou bien aux agitations de l'âme; à beaucoup d'autres circonstances et bien souvent même sans aucune cause appréciable, parcourent successivement et quelquefois dans un tems borné, les degrés intermédiaires à leur plus grand abaissement, au développement le plus considérable quelles puissent offrir. La mobilité de ces forces est presque toujours si réelle que jamais on ne les voit dans le moment actuel ce qu'elles vont devenir dans l'instant qui doit suivre.

6ᵉ ALTÉRABILITÉ.

Les Forces physiques sont inaltérables dans leur nature; quelques-unes d'entre elles peuvent seulement diminuer d'activité; encore cette modification n'est-elle point relative à ces mêmes propriétés dans l'état parfait. Ainsi l'élasticité d'un ressort, d'une bandelette même de caout-chouc, peut s'affaiblir par l'exercice, tandis que celle de l'air et des autres gaz ne présente jamais une altération semblable. La raison de cette différence existe dans l'imperfection de la première et dans la pureté de la seconde; ainsi l'exception porterait ici non plus sur la nature essentielle des puissances physiques, mais sur les caractères incomplets de celles que l'on aurait tort de choisir pour exemple.

Par une conséquence naturelle du principe que nous venons d'établir, les phénomènes que ces forces déterminent sont inaltérables comme elles. Ainsi le corps grave tombe toujours avec une vitesse augmentée suivant le carré de la distance; *l'oxide de sodium* en se combinant avec *l'acide sulfurique*, produit constamment du *sulfate de soude* avec les mêmes caractères et les mêmes propriétés etc. dès-lors, par une induction nécessaire, tous les corps inorganiques exclusivement régis par les forces physiques à l'état de perfection sont complettement affranchis des maladies.

Les Forces vitales au contraire, éprouvent dans leur nature et dans leur activité des altérations bien fréquentes et bien nombreuses. Ainsi la *sensibilité, la contractilité,* sous l'influence des modificateurs nuisibles dont l'organisme est environné, sont trop souvent *augmentées, diminuées, suspendues, perverties* dans leur essence; toutes ces altérations en déterminent inévitablement de plus ou moins profondes et de plus ou moins facheuses dans les phénomènes régis par ces mêmes puissances; les corps organisés vivans se trouvent dès-lors sujets aux maladies qui ne sont autre chose que l'altération de ces propriétés. Ainsi la *sensibilité nutritive, la contractilité involontaire insensible* offrent-elles une *diminution* notable et prolongée, la nutrition languit et l'étiolement organique ne tarde pas à se manifester; sont-elles *augmentées,* la nutrition s'active et les organes sont frappés d'hypertrophie; enfin leur nature se trouve-t-elle essentiellement *pervertie,* l'élaboration nutritive devient aussitôt vicieuse dans ses résultats; alors se manifestent les dégénérations squirrheuses, lardacées, cancéreuses, les cartilaginifications, les ossifications anormales etc.; les autres modifications des *forces vitales* sont également susceptibles d'anomalies, nous les réunirons toutes en faisant l'histoire des altérations relatives à ces mêmes propriétés.

7° INHÉRENCE.

Les Forces physiques sont inhérentes à la substance même des corps, et ne les abandonnent qu'à leur entière destruction. Un bloc de marbre par exemple, conservera éternellement au même degré, sa pesanteur, son élasticité, sa cohésion, ses affinités etc. En supposant qu'aucune influence étrangère ne vienne modifier profondement ou détruire son existence.

Les Forces vitales, beaucoup plus fugitives au contraire, ne sont plus inhérentes aux corps qui les présentent, mais à la vie dont ces derniers sont alors animés; aussi les voyons-nous s'évanouir avec elle. Considérez ce végétal, cet animal, cet homme lui-même, naguère encore doués des puissances vitales dans toutes leurs modifications, maintenant réduits à l'état de cadavre; ils semblent dans une intégrité parfaite, ils conservent leur forme, leur volume, leur poids, leur consistance, etc. mais le flambeau de la vie qui les animait vient de s'éteindre, et les forces vitales, qui lui servaient d'aliment, les ont abandonnés sans retour; ils restent pour jamais insensibles à l'action des excitans qui les environnent, et rentrent désormais dans l'empire absolu des lois physiques. *Les forces de ce dernier ordre* sont donc essentiellement inhérentes à la matière, à l'existence passive; et les *forces vitales* à l'existence active, à *la vie*.

CHAPITRE HUITIÈME.

INFLUENCES RÉCIPROQUES DES FORCES PHYSIQUES ET DES FORCES VITALES.

Les forces physiques et les forces vitales déjà si essentiellement différentes et par leur nature commune, et par leurs caractères particuliers, se trouvent encore en opposition directe et perpétuelle dans l'économie vivante et chez les êtres organisés ; la vie toute entière n'est autre chose que l'ensemble des actions et des réactions qui naissent de cette lutte continuelle entre deux puissances rivales.

Les forces physiques régissent l'économie universelle d'une manière absolue pour tous les corps inorganiques; mais pour les corps organisés, leur influence est incessamment contrebalancée par la réaction des *forces vitales*.

Nous exprimons positivement cette grande vérité physiologique en disant qu'il existe dans le *monde général un petit monde particulier soumis à des lois spéciales*.

Ce monde général est l'ensemble de tous les corps, de toutes les forces qui les régissent, de tous les phénomènes qu'ils exécutent sous l'influence de ces forces, de toutes les lois qui assurent l'ordre et l'harmonie de ce vaste ensemble.

Ce petit monde particulier est la réunion des corps organisés acuellement doués de la vie, des forces qui les gouvernent, des fonctions qu'ils exercent par le concours de ces forces, des lois spéciales auxquelles se rattachent l'ensemble et l'harmonie de ces mêmes fonctions.

Les corps organisés vivans unissent donc les forces *physiques* aux forces *vitales*; par les premières, ils appartiennent *à la grande économie générale* ; par les secondes, *à la petite économie particulière* elle-même renfermée dans *l'économie universelle*.

Dans *cette petite économie spéciale*, nous voyons donc *les lois de la matière et les lois de la vie* incessamment confondues et dans une opposition qui n'a d'autre terme que celui de l'existence active. Dans les corps organisés vivans *les forces physiques* ne s'exercent donc jamais avec toute l'indépendance qu'elles offrent dans les corps inorganiques ; lenr action est même quelquefois entièrement suspendue par la réaction *des puissances vitales.* D'un autre côté, *les forces de la vie* sont contrebalancées dans leur développement par l'influence *des forces physiques,* et n'offrent point toute la liberté dont elles jouiraient sans le concours des *lois de la matière.* Nous arrivons directement à l'influence réciproque des unes sur les autres, et pour la faire mieux apprécier, nous appliquerons ces principes généraux aux grandes fonctions de l'économie vivante, et nous étudierons leurs modifications relativement aux âges, aux tempéramens, aux sexes, aux maladies etc.

1° *Digestion.* —Depuis l'introduction des substances alimentaires dans l'estomac jusqu'à l'expulsion du résidu nutritif par les excrétions urinaire, alvine etc, nous voyons ces mêmes substances à peu près entièrement soustraites à l'influence des *forces physiques par les puissances de la vie.* Ainsi dans l'état normal aucune fermentation réelle ne se manifeste pendant le séjour *des alimens* dans l'estomac, et *du chyme* dans le duodénum. Les résultats obtenus par ces élaborations organiques sont tellement vitaux qu'il est absolument impossible de les imiter par les moyens chimiques les plus parfaits et les plus compliqués ; on a vu même plusieurs fois des substances déjà frappées d'un commencement de putréfaction, avant leur ingestion dans les cavités digestives, s'arrêter, souvent même rétrograder vers leur intégrité première. D'un autre côté la cohésion de certains corps, les affinités de plusieurs autres contrarient l'influence digestive des propriétés vitales etc.

2° *Nutrition.*—Dans l'économie universelle, toutes les fois que plusieurs élémens différens se trouvent environnés des circonstances favorables et mis en contact, ils se combinent immédiatement, sous l'influence de *l'affinité*, pour former des composés divers. Dans l'économie vivante les principes constituans des organes sont arrêtés dans cette même tendance aux combinaisons chimiques, autant que les forces vitales s'exercent avec leur activité naturelle ; *les compositions et décompositions nutritives*, sont les seuls phénomènes moléculaires qui s'effectuent dans les tissus actuellement doués de la vie ; la *sensibilité latente*, *la contractilité involontaire insensible* l'emportent sur *l'affinité*, *les forces physiques* sont vaincues par *les forces vitales*. Mais ces dernières sont-elles notablement affaiblies, *les propriétés physiques* reprennent aussitôt leur empire, *les lois de la vie* sont contrebalancées par *les lois de la matière* et l'existence active plus ou moins compromise.

3° *Circulation.* —Dans l'économie générale tout fluide abandonné à l'action des tubes verticaux non capillaires, obéit constamment aux lois de la gravitation et se porte naturellement vers le point le plus déclive. Dans l'économie vivante, nous voyons au contraire, le sang la lymphe etc. parcourir les vaisseaux dans toutes leurs directions même en sens inverse de celle que tend à leur imprimer *l'attraction centripète* ; nous voyons la *pesanteur* vaincue par *la contractilité*, *les forces physiques* avantageusement contrebalancées par *les puissances vitales;* d'un autre côté cependant, la circulation est toujours moins facile de bas en haut que dans toute autre direction, *les forces de la vie* ayant constamment à surmonter, dans ce dernier sens, *la force de gravitation* dont l'opposition est permanente ; aussi lorsque sous l'influence d'une vieillesse avancée, d'un affaiblissement général de la constitution, *les forces vitales* n'offrent plus assez d'énergie pour vaincre tous ces obstacles, la stase des fluides circulatoires se manifeste spécialement dans les membres pelviens ; de là cette fréquence des varices, des engorgemens lymphatiques dans les jambes et les pieds. Ici *la pesanteur* diminue les effets de *la contractilité*, ici *les lois physiques* influencent positivement *les lois vitales*.

Il serait facile de multiplier les exemples, mais ceux que nous venons de présenter sont plus que suffisans pour établir toute la réalité de l'influence réciproque *des forces vitales et des forces physiques* dans l'économie vivante.

Si nous considérons actuellement les proportions relatives de ces mêmes influences, nous observons des variétés importantes sous le rapport *de l'âge, du tempérament, du sexe, des maladies.*

Sous le rapport de l'âge. — Il existe une différence bien marquée relativement à la manière dont les *lois vitales* et les *lois physiques* se contrebalancent dans *l'enfance, l'âge viril et la vieillesse.*

1° *Dans l'enfance.* — Nous trouvons une prédominence marquée *des forces vitales* sur les *forces physiques* ; toutes les affinités sont enchainées, toutes les combinaisons chimiques suspendues, les élaborations nutritives s'opèrent au contraire avec autant de facilité que de perfection ; les fluides circulent avec autant de promptitude que de liberté dans toutes les directions ; *la pesanteur* offre à peine un léger obstacle aux efforts puissans de la *contractilité.* A cette brillante époque, toutes les fonctions semblent s'effectuer sous l'empire absolu des loix de l'existence active ; la vie se trouve partout surabondante, partout en excès ; le mouvement de composition l'emporte sur le mouvement de décomposition, et l'on observe alors non seulement réparation des pertes, mais encore accroissement de tout l'organisme.

2° *Dans l'âge viril.* — L'équilibre naturel s'établit entre *les forces vitales et les forces physiques* ; les influences réciproques des unes sur les autres sont alors balancées avec régularité ; de là cet ordre, cette harmonie, cet ensemble que l'on voit régner dans toutes les fonctions de l'organisme qui devient ainsi moins accessible à l'influence des agens perturbateurs. C'est dans cet âge seulement que l'être organisé vivant peut braver avec impunité l'action des causes destructives au milieu desquelles il défend son existence ; le mouvement de composition est égal au mouvement de décomposition, la réparation, des pertes s'effectue, mais l'accroissement s'arrête.

3° *Dans la vieillesse.*—Nous voyons *les forces physiques* acquérir graduellement *sur les forces vitales* une fâcheuse prédominence, les phénomènes organiques sont insensiblement ou pervertis ou même enrayés dans plusieurs points ; *des actions physiques*, funestes précurseurs du désordre, viennent se mêler *aux actions de la vie* ; la contractilité n'a plus assez de puissance pour vaincre entièrement les résistances des frottemens, de la pesanteur etc. ; les fluides circulent avec lenteur et difficulté, les parties les plus déclives s'œdématient, deviennent variqueuses ; la station est pénible et mal assurée ; la locomotion imparfaite et chancelante ; une sorte d'engourdissement et de torpeur semble envahir progressivement toutes les fonctions ; les confins de l'organisme ne reçoivent plus comme autrefois, la puissante influence du cœur, et cette précieuse transmission de la chaleur et de la vie ; maintenant froids, décolorés, ils se trouvent souvent encore frappés de cette mortification désignée par le terme de *gangrène sénile ;* on voit alors dans le même appareil, dans le même organe, dans le même tissu, la décomposition putride en parallèle avec la nutrition, la mort à côté de la vie. Enfin la prédominence des forces physiques fait chaque jour des progrès, l'envahissement de l'organisme devient général, *les forces vitales* succombent de toutes parts, la mort frappe successivement les diverses fonctions, et le corps organisé rentre désormais à l'état de cadavre, dans l'ordre général, dans l'économie universelle pour se trouver exclusivement soumis *aux lois de la matière.*

Telle est en effet la mort naturelle que l'on doit physiologiquement cousidérer comme l'oppression et l'anéantissement des *forces vitales* sous le poids, toujours croissant des *forces physiques.*

Ne pourrions-nous pas, sous ce rapport, comparer la vie au mouvement parabolique d'un corps lancé par nos machines de guerre ; envisager la force d'impulsion comme *puissance vitale*, et l'attraction centripète comme *puissance physique*? Dans la première partie du mouvement, nous voyons *la force d'impulsion* prédominer sur *l'attraction centripète*, et le corps s'élever ; dans la seconde, les deux forces en équilibre, et l'ascension s'arrêter ; enfin dans la troisième, *l'attraction centripète* acquérir progressivement une prédominence marquée sur *la force d'impulsion*, le corps descendre et rentrer dans un repos absolu dès que la première de ces puissances a complètement détruit la seconde.

Sous le rapport du tempérament. — Nous pouvons établir en thèse générale que les *forces physiques* offrent sous ce rapport une influence d'autant plus marquée sur *les forces vitales*, que la constitution est moins énergique et le tempérament plus lâche et plus mou ; c'est dire qu'elles résistent beaucoup plus aux puissances de la vie chez le sujet lymphatique, moins chez le nerveux, moins encore chez le bilieux et le sanguin. N'observons-nous pas en effet les infiltrations des membres, sous l'influence de la pesanteur, la bouffissure générale par l'action hygrométrique de l'atmosphère etc., bien plus fréquemment dans le premier de ces tempéramens que dans tous les autres.

Sous le rapport du sexe. — Toutes choses égales, nous voyons *les puissances physiques* agir sur *les puissances vitales* beaucoup plus avantageusement chez la femme que chez l'homme, et nous trouvons ici l'occasion des mêmes applications.

Sous le rapport des maladies. — Pendant le cours des altérations morbides spécialement caractérisées par un grand affaiblissement *des propriétés vitales*, nous observons les *forces physiques* acquérant graduellement une prédominence plus ou moins dangereuse, mais offrant toujours pour effet immédiat le développement de *phénomènes anormaux* en contradiction avec les *phénomènes de la vie*. Cette importante considération dévoile à nos regards le principe d'un grand nombre d'anomalies vitales qui resteraient absolument incompréhensibles sans elle. Nous pourrions citer ces développemens gazeux dans les abcès de mauvais caractère, ces putréfactions des fluides animaux dans leurs propres réservoirs, ces altérations des tissus, intermédiaires à l'état sain, à la gangrène etc. Le fait suivant pourra servir de complément à la démonstration des vérités fondamentales que nous venons d'établir.

Au mois d'août 1824, Isidore L***, enfant âgé de 7 ans, d'une frêle constitution, d'un tempérament nerveux, éprouve tous les symptômes d'une encéphalite aiguë qui devient mortelle, après avoir parcouru toutes ses périodes et présenté vers le quinzième jour tous les caractères d'un épanchement purulent. Pendant les huit derniers jours, il survient une rétention d'urine par inertie du réservoir; une sonde en argent, introduite dans la vessie, excite les plaintes du sujet; dès-lors il n'existait point encore paralysie complète; l'urine est

épaisse, bourbeuse, grisâtre; elle exhale une odeur putride; la sonde retirée se trouve dans toute la partie
plongée au milieu de ce fluide vicieux, aussi fortement
noircie que si nous l'eussions trempée dans une dissolution d'hydro-sulfate de potasse; obligé de sonder plusieurs fois le malade, nous avons constamment observé le
même résultat. N'est-il pas évident ici que la putréfaction de l'urine dans la vessie, avait développé de l'a-
cide hydro-sulfurique, lequel porté sur l'argent de l'instrument produisait chaque fois un hydro-sulfate naturellement assez noir? N'est-il pas également incontestable que cette fermentation de l'urine dans son propre
réservoir n'a pu s'établir qu'à l'instant où les *forces vitales* n'avaient plus assez d'énergie pour contrebalancer
l'action des *affinités chimiques. Ces phénomènes pathologiques* rapprochés *des phénomènes vitaux naturels* suf-
firaient seuls pour démontrer la présence *des puissances
de la vie* dans l'organisme actuellement doué de l'existence active, si l'on pouvait encore élever des doutes
sur la réalité de *ces puissances.*

Toutes les considérations que nous venons d'établir
sont également applicables aux végétaux; un fait assez
remarquable vient naturellement se placer ici. Nous
voyons les pétales d'un grand nombre de fleurs bleues
prendre en vieillissant une teinte rouge plus ou moins
prononcée; n'existerait-il pas ici décomposition du bleu
végétal par l'acide carbonique de l'air? Décomposition
prévenue par *les forces vitales*, pendant la vigueur de
ces plantes, et seulement effectuée lorsque les *affinités
chimiques* ont pu s'exercer en conséquence de la diminution très-considérable *des lois de la vie.*

Tels sont les principes relatifs à l'influence réciproque
des *forces physiques* et des *forces vitales*; ils nous semblent démontrer évidemment toute l'erreur de ceux qui

veulent encore expliquer les phénomènes *de l'économie vivante* par les seules puissances *de l'économie univer-selle.*

Etudions actuellement les différentes altérations que peuvent éprouver les propriétés vitales des corps; nous arriverons naturellement ainsi à la connaissance positive des anomalies relatives aux fonctions.

CHAPITRE NEUVIÈME.

ALTÉRATIONS DES PROPRIÉTÉS.

Nous désignons par le terme d'altérations des pro-priétés, *les modifications anormales et durables que ces propriétés peuvent éprouver dans leur nature et dans leur développement.*

Ces altérations peu nombreuses dans *l'économie gé-nérale*, exclusivement régie par des *lois physiques* à peu-près invariables, n'entrainant d'ailleurs dans les phénomènes sur lesquels repose le systême de l'univers aucune perversion essentielle et dangereuse à la con-servation de ce vaste ensemble, ne peuvent devenir pour nous l'objet d'une étude sérieuse.

L'économie vivante, au contraire, nous offre dans les propriétés qui la régissent, des anomalies fréquentes, et par une conséquence naturelle, des aberrations plus ou moins graves dans les fonctions qui veillent à son accroissement, à son entretien, à sa conservation. Nous devons dès-lors envisager ces altérations, principes de toutes les maladies vitales, comme la première transition qui nous conduit de l'homme sain à l'homme souffrant, comme un objet de la plus haute importance en phy-siologie pathologique.

ALTÉRATIONS DES PROPRIÉTÉS DANS L'ÉCONOMIE VIVANTE.

Dans cette économie, *les propriétés physiques* se trouvent unies aux *propriétés vitales*, et l'intégrité des fonctions repose également sur l'état normal de ces propriétés opposées.

Les propriétés physiques ne peuvent éprouver qu'un bien petit nombre d'altérations. Toutes les maladies constituées directement par ces *altérations physiques*, ne sont autre chose que des lésions *matérielles* par leur principe et leur essence. Dans cette classe viennent se ranger *les dilatations*, *les extensions*, *les solutions de continuité*, *les déplacemens organiques* etc. D'un autre côté, ces lésions peuvent devenir, dans *l'économie particulière*, la cause des maladies essentiellement *vitales*; ces dernières, par une influence réciproque, entrainent assez fréquemment des altérations substantielles désignées par le terme de lésions organiques; nous devions dès-lors, sous le rapport physiologique, au moins les indiquer pour donner une idée d'ensemble.

Les propriétés de la vie sont au contraire susceptibles de perversions nombreuses, et ces perversions deviennent en quelque sorte, *l'essence* de toutes les maladies qui ne rentrent pas dans la classe des lésions physiques. Nous accorderons par conséquent à l'examen de cet objet l'attention que son intérêt éxige.

ALTÉRATIONS DES PROPRIÉTÉS VITALES.

En faisant l'histoire des propriétés de la vie, nous n'avons point isolé ces propriétés de leurs organes; en traitant des altérations de ces mêmes propriétés nous sommes fidèles à ce principe et nous entendons par lésions vitales, seulement, *des modifications anormales dans les dispositions des facultés naturelles et temporaires des corps vivans.*

Les maladies envisagées d'une manière générale peuvent affecter primitivement la matière organique; *lésions physiques, plaies, fractures* etc.; déterminer consécutivement des altérations dans les propriétés et les actions physiologiques; *lésions vitales, inflammation* etc.

Elles peuvent également affecter primitivement les propriétés et les actions physiologiques; *lésions vitales, inflammation* etc.; déterminer consécutivement des altérations dans la matière organique; *lésions physiques, ulcère, squirrhe, cancer* etc.

Le véritable médecin pourrait-il jamais préférer à ces principes simples, naturels, basés sur les faits et l'observation, les théories fautives des partisans de la doctrine opposée. Voudrait-il dire avec M. Foucault, par exemple, relativement à la nature, au traitement des maladies ? «...... On saura alors que pour fortifier un « poumon, un cerveau atteint d'une inflammation vio-« lente, c'est-à-dire, pour ramener l'action moléculaire « et fonctionnelle au type normal, il faut diminuer « l'action des stimulans internes ou externes, s'opposer « aux progrès de l'attraction morbide en enlevant les « fluides qui vont former ces combinaisons funestes, qui « amènent l'altération profonde des solides et des li-« quides et la décomposition des tissus....... pour par-« venir à ce but il faut abandonner la classification « ontologique des médicamens; il faut étudier leurs pro-« priétés idio-électriques et physico-chimiques afin de « connaître l'action de leurs principes immédiats et de « leurs molécules intégrantes sur les molécules organi-« ques des tissus vivans etc. » Nous craindrions d'affaiblir par des réflexions toute la supériorité qu'une pareille citation laisse à la doctrine du vitalisme. Nous avons établi sans prévention et sans partialité le parallèle entre les deux systèmes opposés, les esprits observateurs et judicieux pourront choisir. Pour nous, de même que nous recherchons la cause du ralentissement des mouvemens de la pendule, soit dans l'augmentation que présente la résistance de ses rouages, soit dans la diminution de l'élasticité du ressort qui les fait agir ; de même qu'il nous est impossible de confondre cette altération avec celles que produirait la rupture de cet agent central ; de même nous remontons aux lésions des propriétés vitales comme au principe des maladies du même ordre, et nous ne pourrons jamais identifier, sous le rapport de leur nature essentielle, ces derniers avec les altérations physiques, une pleurésie, un érysipèle, une fièvre intermittente etc. avec une plaie, une fracture, une luxation etc.

Les modifications anormales que peuvent éprouver les propriétés des corps vivans sous le double rapport de leur développement et de leur nature, se réduisent à cinq principales. 1° *Augmentation*, 2° *diminution*, 3° *perversion*, 4° *suspension*, 5° *extinction partielle*.

Si l'on considère actuellement que l'altération *des propriétés* entraîne directement celle des *phénomènes* ; si l'on définit la maladie : *désordre positif et durable d'une ou plusieurs fonctions*, on concevra sans difficulté, que la plupart des affections morbifiques, réduites à leur plus simple expression, ne sont autre chose *qu'une ou plusieurs de ces modifications principales des forces de la vie*.

Essentiellement liées à l'existence active, puisquelles se trouvent dans tous les corps organisés vivans, ces forces et leurs variétés, peuvent éprouver les différentes modifications que nous venons de signaler.

Considérées dans les individus, ces altérations sont

d'autant plus nombreuses que les propriétés sont plus diversifiées; d'autant plus profondes que la cause morbifique a présenté plus de permanence et d'énergie dans son action. Ainsi les maladies sont moins fréquentes et moins variées chez les végétaux que chez les animaux, chez ces derniers que chez l'homme.

Considérées dans les tissus, dans les organes, dans les appareils, ces mêmes altérations sont également nuancées et multipliées en raison du nombre et des modifications que présentent les forces vitales. Ainsi les maladies affectent plus ordinairement, avec des caractères plus différenciés, la peau, les muqueuses etc. que les aponévroses, les os etc.; l'estomac, le cœur etc. que la rate, le corps thyroïde etc. les appareils circulatoire, digestif etc. que les appareils salivaire pancréatique etc.

Si nous suivons l'enchaînement remarquable des phénomènes dans le développement de l'état pathologique, nous trouvons cette progression : 1° Des circonstances variables détruisent l'état normal; on les nomme *causes morbifiques.* 2° Elles déterminent l'altération des propriétés et consécutivement des fonctions de l'organisme, cette altération prend le nom de *maladie.* 3° De cette même altération qui constitue la maladie principale, résultent souvent des *lésions secondaires* et relatives à la nature, aux fonctions, aux rapports sympathiques de l'organe affecté; de là ces complications sans nombre, écueil de l'empirisme ignorant, et qui font sentir au médecin physiologiste, la nécessité de bien distinguer l'affection première de l'altération consécutive; la maladie du symptôme ; la cause de ses effets.

Ces considérations fondamentales bien établies, il est aisé d'embrasser d'un même coup d'œil la nature et le traitement des altérations morbides quelque soient leur siége, leurs variétés et leurs complications. Eloigner ou

détruire les causes, ramener les propriétés et consécutivement les fonctions vitales à leur type naturel, modifier l'emploi des moyens thérapeutiques suivant ces complications, suivant l'âge, le sexe, le tempérament, la
constitution, les habitudes, le climat, la saison etc. telles
sont, dans tous ces cas, les véritables indications à
remplir.

Après avoir considéré d'une manière générale et som-
maire les altérations des propriétés vitales, nous devons
les étudier en particulier dans chacune des modifications
de ces mêmes propriétés.

ALTÉRATIONS DE LA SENSIBILITÉ LATENTE ET DE LA CONTRACTILITÉ INVOLONTAIRE INSENSIBLE.

La sensibilité latente et la contractilité involontaire
insensible essentiellement liées à la nutrition, appartiennent dès-lors à tous les corps organisés vivans, et peuvent offrir tous les genres d'altération morbifique.

1° *Augmentation.* — Les modificateurs susceptibles
d'irriter les tissus doués de la vie, développent dans ces
derniers une exaltation plus ou moins prononcée *de la
sensibilité latente et de la contractilité involontaire insensible*; et par conséquent, une augmentation proportionnée de tous les phénomènes qui s'exécutent sous
l'empire de ces mêmes propriétés. La nutrition est
dés-lors sensiblement accrue dans tous ses actes, et l'on
voit se manifester dans les tissus affectés, *rougeur,
chaleur, douleur et tuméfaction.*

C'est à l'ensemble de ces caractères primitifs, en y
joignant toutefois un certain degré de *perversion* dans
la nature même des forces vitales indiquées, que nous
accordons le titre *d'inflammation.*

2° *Diminution.* — La sensibilité latente et la contractilité involontaire insensible, que nous indiquerons désormais par le terme collectif de *propriétés nutritives*, peuvent éprouver un affaiblissement plus ou moins considérable soit directement sous l'influence des causes débilitantes, soit indirectement et par le collapsus qui suit ordinairement l'exaltation de ces mêmes propriétés. Dans ces deux circonstances, dont les effets sont identiques, il résulte pour les tissus, les organes, les appareils, ou même toute l'économie vivante, ce que l'on nomme *atonie*, *adynamie* etc. qu'il ne faut pas surtout confondre avec *l'oppression des forces*.

Dans cette atonie de l'organisme la nutrition languit et s'altère, on voit se manifester quatre phénomènes opposés à ceux de l'inflammation, *paleur*, *froid*, *insensibilité*, *atrophie*, et consécutivement, relâchement des tissus affectés, *infiltration*, *œdème*, *anasarque*, *pétéchies* etc.

3° *Perversion.*—Les propriétés nutritives peuvent encore éprouver des altérations dans leur nature intime, dès-lors tellement pervertie, qu'elles ne déterminent plus les mêmes résultats, et que la nutrition dont elles dirigent les mouvemens se trouve profondément dénaturée dans ses produits.

La perversion se rencontre avec *l'augmentation* ou *la diminution*, ou bien encore, indépendamment de ces altérations. Elle entraîne directement la formation des tissus anormaux, des tumeurs fongueuses, lardacées, carcinomateuses, des ulcères rongeans, des constitutions scrophuleuse, scorbutique, cancéreuse et de toutes ces dégénérations organiques dont les nombreuses variétés indiquent assez les modifications multipliées que cette altération peut offrir.

4° *Suspension.* — Si nous exceptons quelques effets de la contusion, de la congélation etc. désignés par le terme *d'asphyxies locales*, nous observons rarement, pendant la vie, la suspension des propriétés nutritives. Elles sont même tellement inhérentes aux corps organisés, et leur action tellement essentielle à la conservation des tissus, que dans les premiers instans de la mort générale on les voit encore s'exercer avec assez d'énergie, lorsque déjà toutes les autres modifications des forces vitales ont entièrement disparu.

5° *Extinction partielle.*—Aussitôt que les propriétés nutritives se trouvent anéanties dans un tissu, le travail de réparation s'arrête, et ce tissu reste frappé d'une mortification irrévocable. Toutes les affinités chimiques s'exercent dès-lors avec liberté, la putréfaction ne tarde pas à s'emparer de ces restes matériels abandonnés par les puissances vitales.

C'est dans cette classe d'altération que viennent se placer les différentes espèces *de gangrène*, qu'il ne faut pas confondre avec *les paralysies.*

ALTÉRATIONS DE LA CONTRACTILITÉ INVOLONTAIRE SENSIBLE.

Cette propriété à la quelle se rattachent plusieurs phénomènes vitaux de la plus haute importance, est également susceptible des différentes altérations que nous venons d'énumérer ; on conçoit dès-lors toute la gravité que doivent offrir la plupart de ces altérations.

1° *Augmentation.*—*La contractilité involontaire sensible* est assez fréquemment augmentée soit par l'action directe des excitans, soit par l'extension sympathique des irritations développées dans les divers tissus de l'économie vivante ; cette augmentation entraîne directement celle des phénomènes auxquels préside la modification de la contractilité que nous étudions. On doit rattacher à cette altération : 1° la violence des contractions du cœur et consécutivement le développement et la force du pouls dans les irritations directes ou sympathiques de cet organe central, dans la plupart des fièvres, des inflammations parenchimateuses etc. ; 2° les mouvemens énergiques et fréquens de la vessie, expulsant incessamment l'urine dont elle ne peut supporter la présence ; 3° les efforts de l'estomac, des intestins dans le vomissement, la diarrhée etc. ; 4° les impulsions désordonnées de l'utérus pendant la gestation, cause assez ordinaire de l'avortement etc.

2° *Diminution.*—Elle peut-être la conséquence d'une violente exaltation, dont elle devient alors en quelque sorte *le collapsus* ; ou se trouver directement produite par des causes très variées, telles que la distension soutenue le défaut d'exercice, la débauche, la misère, les maladies qui déterminent l'usure locale ou constitutionnelle. C'est à cette altération qu'il faut rapporter, comme à leur principe essentiel et commun, la plupart des anévrismes passifs, la mollesse du pouls, les flatuosités intestinales, un grand nombre de langueurs d'estomac, de dyspepsies etc. d'inerties de l'utérus pendant ou après l'accouchement, d'où résulte dans le premier cas, un travail long, difficile etc. ; dans le second des hémorrhagies plus ou moins graves etc.

3° *Perversion.* — Elle est fréquente et le plus ordinairement sympathique d'une perturbation assez analogue dans le système nerveux, dans le ganglionnaire plus spécialement. Autour de cette altération viennent se grouper les spasmes de l'utérus, de la vessie, de l'estomac, des intestins ; ces mouvemens antipéristaltiques du tube alimentaire, d'où résultent la régurgitation, le passage de la bile dans l'estomac, le vomissement ; ces palpitations dites nerveuses et toutes les anomalies que peut offrir le pouls dans ce genre de perversion affectant le centre circulatoire.

4° *Suspension.* — Cette altération est heureusement assez rare ; elle est toujours grave. Les fonctions essentiellement vitales reposant spécialement sur l'activité de *la contractilité involontaire sensible*, la vie se trouverait aussitôt compromise dans la plupart des *suspensions* durables de cette propriété. C'est à cette même altération qu'il faut rapporter la stupeur de la vessie après les contusions, la commotion de l'épine sans paralysie complète ; celle de l'utérus après un accouchement trop brusquement terminé ; la suspension des phénomènes digestifs dans l'estomac, le duodénum et l'intestin ; la syncope etc. sous l'influence d'une impression morale, profonde et vivement sentie, d'une douleur physique très-aigue etc.

5° *Extinction partielle.* — Lorsqu'elle porte sur des organes dont l'action n'est pas indispensable à l'entretien de la vie, elle détermine seulement alors des maladies plus ou moins fâcheuses ; telles sont les paralysies de la vessie, du rectum, de l'utérus etc. et consécutivement la rétention d'urine, l'impossibilité, sans les moyens artificiels, de l'expulsion des matières fécales, du fœtus etc. Mais lorsque cette altération affecte un organe dont l'exercice est essentiellement vital, son développement détermine aussitôt la mort, telles sont la plupart de celles que l'on nomme *subites*, par cessation instantanée des mouvemens du cœur.

ALTÉRATIONS DE LA CONTRACTILITÉ VOLONTAIRE.

Cette propriété susceptible de tous les genres d'altération peut les offrir sans inconvéniens aussi graves, les fonctions indispensables à la vie ne dépendant pas essentiellement de son intégrité ; les relations que nous entretenons avec tous les objets extérieurs, auront plus spécialement à souffrir de ces mêmes altérations.

1° *Augmentation.*—Lorsque cette augmentation existe seule, ce qui n'est pas ordinaire, elle constitue plutôt une indisposition qu'une véritable maladie ; les mouvemens volontaires offrent une exagération de force qui diminue dans la même proportion leur souplesse et leur précision. Les exercices musculaires habituels, les professions qui exigent de grands efforts, l'usage modéré des alimens succulens, des boissons alcoholiques etc. sont les causes les plus ordinaires de cette modification ; les sujets ainsi affectés ont beaucoup moins d'adresse que de force réelle.

2° *Diminution.* — Naturellement déterminée par la vieillesse, accidentellement par la débauche, la masturbation, l'habitation d'un lieu mal aéré, l'usage habituel de mauvais alimens, les maladies chroniques, l'abus des saignées, les abstinences prolongées, le repos absolu etc., cette altération produit dans les contractions volontaires un affaiblissement qui rend la station pénible, mal assurée, les mouvemens partiels et généraux insuffisans aux relations ordinaires ; c'est à ce genre de lésion que l'on accorde le titre *d'atonie musculaire*; et quelquefois très-improprement celui de *paralysie incomplète.*

3° *Perversion.* — Cette altération est toujours accompagnée de désordre et d'anomalie dans les mouvemens volontaires qui ne présentent plus ce caractère qu'avec des imperfections plus ou moins nombreuses; quelquefois même on les voit s'effectuer contre les intentions de la volonté. A cette même altération viennent se rattacher les convulsions, le tétanos, les spasmes, le tic avec ou sans douleur, la catalepsie, la danse de St-With etc.

4° *Suspension*.-On l'observe rarement dans tout l'appareil musculaire en même tems, mais on la rencontre assez fréquemment d'une manière partielle. Ordinairement déterminée par la compression, la contusion, le froid, le défaut de circulation etc. soit dans les muscles, soit même dans les nerfs qui s'y distribuent, elle produit momentanément l'impossibilité du mouvement dans les parties affectées.

5° *Extinction*. — Elle entraîne directement l'abolition de la contractilité, la destruction irrévocable des mouvemens volontaires dans les muscles affectés. Elle porte rarement sur tout le système musculaire, mais elle attaque assez fréquemment toute une moitié de l'individu, et prend alors le nom d'*hémiplégie*. On la désigne, dans tous les cas, par le terme générique de *paralysie du mouvement*. Ses causes les plus ordinaires peuvent agir sur l'un ou l'autre de ces trois points : 1° sur l'encéphale; 2° sur les nerfs qui en émanent; 3° sur les muscles volontaires; circonstance qui doit faire établir trois ordres de paralysies relativement aux tissus essentiellent lésés. Cette même distinction également applicable à la *suspension* est alors bien utile pour le traitement.

ALTÉRATIONS DE LA SENSIBILITÉ PERCEVANTE GÉNÉRALE.

Cette propriété complètement étrangère aux végétaux n'est pas absolument indispensable à l'entretien de la vie; dès-lors ces altérations qui rentrent dans celles que nous venons d'énumérer compromettront plutôt les fonctions de relation que la conservation individuelle. Toutefois, nous parlons ici d'altérations *partielles*; il est bien rare de les observer dans toute l'économie; presque toujours alors elles produiraient la mort.

1º *Augmentation.* — Plus souvent locale, on la voit alors se manifester sous l'influence des irritans physiques, chimiques ou vitaux ; elle présente pour effet ordinaire de convertir les sensations naturellement très-faibles en sensations très-fortes, et les impressions plus ou moins vives en douleurs souvent intolérables. C'est un fait que nous pouvons observer chaque jour, dans la peau, les muqueuses, les nerfs, les muscles etc. affectés d'inflammation.

Quelquefois générale, cette même altération est le plus souvent développée sous l'influence des chagrins profonds, des passions violentes, des travaux de l'esprit soutenus avec ardeur etc. le sujet ainsi affecté sent avec excès et toute son existence devient une suite de commotions morales et physiques.

2º *Diminution.* — Elle peut-être également locale ou constitutionnelle. Dans le premier cas, elle est ordinairement produite par la compression, la contusion, le refroidissement. Dans le second elle reconnait pour causes les plus ordinaires, l'oisiveté, l'insouciance, l'abus des liqueurs alcoholiques etc. l'excès de toutes les jouissances ; la sensibilité s'émousse graduellement chez les sujets ainsi affectés, les impressions ordinaires semblent glisser sans aucun résultat. Cette altération amène bien souvent l'abaissement des facultés intellectuelles, presque toujours le dégoût de l'existence et trop fréquemment le suicide ; il est pénible, il est difficile de vivre alors que l'on n'est plus capable de sentir.

3º *Perversion.* — Elle peut-être déterminée par un grand nombre de causes quelquefois assez difficiles à bien apprécier, et par des maladies particulières ; dans toutes les circonstances, elle produit des aberrations soit générales, soit locales dans les différentes sensations qui s'effectuent par la mise en jeu de cette propriété. Ainsi dans le rhumatisme, le malade éprouve souvent l'impression d'un fluide glacial qui semble parcourir toutes les parties altérées ; le déchirement de la peau naturellement si douloureux, fait souvent éprouver un sentiment agréable dans le siége d'une dartre prurigineuse etc.

4° *Suspension* —· Lorsquelle se manifeste localement elle est presque toujours déterminée par le froid, la commotion, la contusion d'un nerf principal, une inflammation profonde etc. il faut surtout bien éviter de la confondre avec la *paralysie.*

Lorsquelle est générale ordinairement, produite par l'asphysxie, l'apoplexie, la syncope, sa durée ne peut-être prolongée sans le plus grand danger pour la vie.

5° *Extinction*— Lorsquelle est constitutionnelle, on ne doit plus espérer la conservation de l'individu, puisque cette même altération marque le premier phénomène de la mort. Lorsquelle affecte isolément un organe, on la nomme *paralysie du sentiment. Les propriétés nutritives* conservant leur indépendance, la nutrition continue dans la partie lésée, l'insensibilité n'enraye pas entièrement la vie, mais elle diminue son activité, favorise l'atrophie locale.

ALTÉRATIONS DE LA SENSIBILITÉ PERCEVANTE SPÉCIALE.

Exclusivement destinée aux fonctions de relation , cette propriété peut être altérée, soit dans un organe isolé, soit en même tems dans tous ceux qui la présentent, sans aucun danger pour la vie, pour la santé générale, souvent même pour celle de la partie spécialement affectée, abstraction faite de cette même altération.

Chacune des modifications anormales de cette même

propriété devient le principe de maladies essentiellement différentes par leurs effets, suivant qu'on l'examine dans tel ou tel organe. Les exemples qui vont suivre mettront cette vérité dans toute son évidence.

1° *Augmentation.* — Elle peut être déterminée par des causes très-nombreuses, quelquefois opposées; ainsi pour tous les organes des sens, le repos absolu prolongé pendant quelque tems, une excitation forte et soutenue. Ainsi le séjour dans un lieu très-obscur ne permet plus à la rétine de soutenir l'action d'une lumière même assez douce; l'irritation produite par un foyer lumineux très-brillant rend l'œil douloureux sous l'influence d'un corps même assez faiblement éclairé. Sans doute l'état de la pupille dans le premier cas peut exercer une action assez positive, mais dans le second les dispositions sont différentes; bien évidemment dans les deux circonstances, la *sensibilité percevante spéciale* est augmentée. Examinons les résultats que produit cette altération dans chacun des organes sensitifs.

Pour l'œil, faculté de voir seulement pendant la nuit, la lumière du jour trop abondante offusquant la rétine : *nyctalopie.*

Pour l'oreille, perception des sons légers seulement, les sons forts et surtout aigus produisant sur le nerf acoustique des impressions pénibles et confuses : *para-cousie.*

Pour la langue, difficulté de percevoir les saveurs ordinaires, les plus faibles déterminant une véritable irritation.

Pour le nez, excitation pénible de la pituitaire, même par les odeurs les moins pénétrantes.

Pour la main, impression désagréable ou même douloureuse déterminée par les excitans physiques ou chimiques soumis à la pulpe digitale.

2° *Diminution.* — Ordinairement produite par les causes débilitantes locales et générales, surtout par l'usage abusif des organes sensitifs, elle détermine les effets suivans :

Pour l'œil, faculté de voir pendant le jour seulement, la rétine ayant besoin d'un grand nombre de rayons lumineux pour être suffisamment excitée : *éméralopie.*

Pour l'oreille, difficulté d'entendre les sons faibles qui n'agissent point assez pour ébranler convenablement la pulpe auditive : *dysécie.*

Pour le nez, impossibilité de percevoir les odeurs fugitives.

Pour la langue, toutes les saveurs, excepté les plus piquantes, semblent fades et n'excitent point l'appétit : *anorexie.*

Pour la main, impossibilité de reconnaître les propriétés tactiles des corps lorsqu'elles offrent une certaine délicatesse.

3° *Perversion.* — Il est presque toujours impossible d'en bien apprécier les causes. Elle produit :

Pour l'œil, vision imparfaite ou confuse des objets mis en rapport avec la rétine : *dyplopie*, lorsque ces objets paraissent doubles ; apparitions fantastiques des corps qui réellement n'existent point à la portée de l'organe visuel : *berlue, imaginations.*

Pour l'oreille, perception irrégulière ou fausse des sons actuellement produits par les vibrations portées au nerf acoustique ; audition de sons plus ou moins bizarres qui n'ont aucune réalité : *tintouin.*

Pour le nez, sensation fautive des odeurs portées sur la pituitaire, les plus agréables devenant quelquefois repoussantes, et *vice versá*; odoration plus ou moins variée sans la présence d'aucun corps pour la déterminer.

Pour la langue, sensations gustatives diverses lors-qu'il n'existe aucune excitation portée sur la muqueuse linguale; dépravation du goût, saveur amère sous l'in-fluence des molécules sapides les plus douces; impres-sion agréable déterminée par les corps qui devraient exciter la répugnance.

Pour la main, impressions illusoires qui nous font trouver chauds des corps naturellement froids, et très-pénibles à toucher ceux dont la surface est lisse et polie.

4° *Suspension.* — On l'observe après divers acci-dens ou pendant le cours de certaines maladies; elle en-traîne l'abolition temporaire de la fonction avec des caractères particuliers dans chacun des appareils sensitifs :

Pour l'œil, perte momentanée de la vision, après la commotion, la contusion, la compression de la rétine du nerf optique ou de la partie de l'encéphale qui lui donne naissance.

Pour l'oreille, nullité passagère de l'audition par des influences analogues sur le nerf auditif ou son origine.

Pour le nez, suspension de l'olfaction, pendant et même après le corrysa etc.

Pour la langue, destruction apparente du goût, pendant la glossite, l'angine, et même quelques gastrites.

Pour la main, absence du toucher par l'action, du froid, par la présence ou les suites de certaines mala-dies cutanées étendues à la pulpe digitale.

5° *Extinction.* — Elle entraine constamment la des-truction irrévocable des sensations spéciales, ainsi :

Pour l'œil, paralysie de la rétine ou du nerf opti-que : *amaurose* ; si elle existe des deux côtés : *cécité*.

Pour l'oreille, paralysie du nerf acoustique ; des deux en même-tems : *surdité*.

Pour le nez, paralysie des nerfs olfactifs ; perte de l'odorat.

Pour la langue, paralysie des nerfs gustatifs ; perte du goût. Nous ferons observer que cette altération est beaucoup plus rare dans ces deux sens que dans les précédens ; nous en trouvons la raison dans leur plus grande utilité pour les fonctions nutritives dont l'exercice est essentiel à la vie.

Pour la main, paralysie des nerfs qui viennent s'épanouir dans la pulpe digitale ; impossibilité absolue de reconnaître les propriétés physiques des corps au moyen du toucher.

Dans tous ces cas, il existe paralysie du sentiment *spécial* ; nous avons vu l'extinction de *la sensibilité percevante générale* déterminer la paralysie du sentiment *commun*, celle de *la contractilité involontaire sensible*, et *de la contractilité volontaire* produire la paralysie du *mouvement* relatif à chacune de ces modifications ; tandis que l'extinction de *la sensibilité latente* et de la *contractilité involontaire insensible*, détermine *la gangrène* qu'il ne faut pas dès-lors confondre avec *la paralysie* ; dans l'une et l'autre, il existe la même altération, *extinction* ; avec cette différence que dans la *paralysie*, cette altération porte sur des facultés sans lesquelles on peut concevoir la vie même pour un tissu qui les offrait dans l'état normal ; tandis que dans la *gangrène*, elle affecte des propriétés sans lesquelles il est absolument impossible de supposer l'existence active.

Telles sont les différentes altérations que peuvent offrir les forces vitales soit isolément, soit simultanément dans les organes qui réunissent les diverses modifications de ces propriétés. De même que dans l'état de santé les forces vitales sont indépendantes, de même dans les maladies nous les voyons présenter un isolement parfait ; l'une peut-être altérée, les autres conservant leur intégrité ; celle-ci peut-être augmentée, les autres éprouvant un affaiblissement notable, *et vice versâ*.

Si l'on considère maintenant la diversité des fonctions auxquelles président les propriétés de la vie, à combien d'altération ces mêmes propriétés sont exposées, à quel nombre de maladies ces altérations fondamentales peuvent donner naissance, on concevra bientôt la nécessité de ne jamais perdre de vue ces notions élémentaires sur les principes des affections morbides, et ces axiômes généraux qui deviennent en quelque sorte le *fil d'Ariane*, pour guider les médecins qui veulent suivre le sentier de la nature et de la vérité dans les innombrables circuits de ce dédale souvent aussi compliqué que ténébreux.

Celui qui marche dans cette voie de la raison est le médecin physiologiste appréciant la nature des altérations morbifiques, prévoyant les effets des moyens qu'il emploie.

Celui qui suit une route opposée, est l'empirique aveugle combattant les symptômes sans remonter à leur cause, prodiguant des agens thérapeutiques dont il ignore l'influence, et dont il ne peut jamais bien calculer tous les résultats.

Le premier attaque la maladie par ses racines, et la frappe ordinairement d'une entière destruction ; le second ne fait qu'en élaguer les sommités en augmentant bien souvent encore le développement du tronc principal.

CHAPITRE DIXIÈME.

PHÉNOMÈNES ET FONCTIONS DES CORPS.

Les phénomènes, de φαίνομαι je parais, *sont des actions simples, apparentes effectuées par les corps sous l'influence des propriétés qui les régissent.*

Nous avons distingué les *forces en physiques et vitales*, nous établissons naturellement la même division pour *les phénomènes*.

Un corps grave tombe vers le centre de la terre sous l'influence de *la pesanteur*; un muscle se raccourcit par la mise en jeu de la *contractilité volontaire*, nous observons ici deux phénomènes, le premier *physique*, le second *vital*.

Les fonctions, de *functio* lui-même dérivé de *fungi*, *fungor*, s'acquitter d'un emploi, d'une obligation reglée d'avance par l'ordre naturel des choses, sont *des actions composées de plusieurs phénomènes réunis dans un but commun*.

Par une conséquence nécessaire de tout ce qui précède, les fonctions se partagent naturellement, comme les *propriétés*, comme les *phénomènes*, en deux ordres principaux, *physiques* et *vitales*.

Le soleil parait chaque jour sur notre horizon avec une régularité de mouvement qui permet de calculer mathématiquement son retour; il exerce une influence vivifiante sur toute l'hémisphère qu'il vient en même tems éclairer etc.; voilà une grande action composée appartenant à l'économie universelle, *une fonction physique*.

Les alimens introduits dans la bouche soumis à la gustation, à la mastication, à l'insalivation, arrivent dans l'estomac, sont convertis en chyme, passent dans le duodénum ou s'effectue le départ du chyle et des matières excrémentitielles, par le concours des sécrétions biliaire et pancréatique; le chyle est absorbé dans le duodénum porté dans le torrent circulatoire, les excrémens expulsés au dehors par le gros intestin aidé des muscles accessoires; voilà une action très compliquée de l'économie vivante, *une fonction essentiellement vitale*.

Toutes les actions simples et composées qui s'éloignent

de ces dispositions normales , ne sont plus, pour nous, des *phénomènes* et *des fonctions ;* nous les désignons par le terme *d'accident.*

Ainsi les mers, sous l'influence de l'attraction lunaire se soulèvent et s'abaissent alternativement , d'où résultent les flux et reflux dont la succession est tellement régulière que l'on peut la prévoir et la calculer. Cette action complexe mais réglée est encore une *fonction de l'économie physique.*

Les entrailles d'une montagne s'échauffent sourdement , ses flancs s'ouvrent, vomissent des torrens de matières enflammées , un volcan fait irruption en répandant au loin la dévastation et la terreur; voilà des actions anormales , qui loin d'offrir aucune liaison avec le système régulier du monde physique en dérangent au contraire l'harmonie; voilà *des accidens.*

Le sang arrive dans les reins, ces glandes y puisent les élémens de leur nutrition et ceux d'une sécrétion particulière; l'urine ainsi formée passe dans son réservoir par les artères, se trouve ensuite expulsée par l'urètre; voilà une action normale de l'économie vivante , *une fonction.*

Une inflammation se développe dans le tissu cellulaire, celui-ci puise dans le sang dont il est abondamment pénétré, les élémens d'une sécrétion morbifique; du pus est élaboré; la peau se ramollit, s'amincit et s'ulcère; le pus est extérieurement évacué par cette voie factice . Une action de cette nature est absolument en dehors de l'harmonie des fonctions vitales; c'est une action morbide , *un véritable accident.*

Les phénomènes physiques les plus simples, ceux qui forment, en quelque sorte les premiers élémens des différentes fonctions dont se compose *l'économie générale*, sont les mouvemens moléculaires des corps, leurs déplacemens en masse, leurs combinaisons et décompositions, leurs changemens de température, d'état etc.

Les phénomènes vitaux également élémentaires des fonctions dont l'ensemble constitue *l'économie vivante*, sont les impressions localisées, les perceptions générales et spéciales, les mouvemens moléculaires de sécrétion et de nutrition, les mouvemens organiques sensibles involontaires et volontaires.

Ainsi toutes les fonctions, quelque soit leur nature, sont composées de phénomènes plus ou moins nombreux, et tous les phénomènes, en dernière analyse, deviennent les résultats de la mise en jeu d'une ou plusieurs forces. La nature de ces forces détermine dès-lors toujours celle des phénomènes et des fonctions. C'est prouver jusqu'à l'évidence combien il serait actuellement erroné de confondre les fonctions physiques et les fonctions vitales, d'expliquer les phénomènes des corps inertes par les propriétés de la vie, ceux des corps organisés vivans par les lois de la matière.

Si nous jettons actuellement un coup d'œil sur le système du monde, nous voyons tous les corps dont il est formé concourir par leurs phénomènes à l'accomplissement des grandes fonctions qui changent ou modifient les dispositions générales de l'univers. Nous voyons une partie de ces corps, dont les actions propres composent une économie spéciale dans l'économie générale, et comme nous l'avons déjà fait observer, dans le monde universel, un petit monde particulier se gouvernant à sa manière, conservant au milieu des révolutions physiques, son indépendance et ses lois vitales.

Nous avons signalé des oppositions fondamentales entre les corps inorganiques et les corps organisés, entre les forces physiques et les forces de la vie, nous en trouverons d'aussi remarquables entre les *fonctions vitales* et *les fonctions physiques*.

CHAPITRE ONZIÈME.

DIFFÉRENCES PRINCIPALES QUI DISTINGUENT LES FONCTIONS PHYSIQUES ET LES FONCTIONS VITALES.

Si nous opposons les fonctions vitales aux fonctions physiques, nous trouvons entre les unes et les autres des différences fondamentales et qui deviennent la conséquence nécessaire de celles que nous avons observées entre les lois de la matière et les lois de la vie.

1° UNIVERSALITÉ.

Les fonctions physiques embrassent toute la nature; il n'est pas un seul corps qui leur soit étranger. Ainsi *le végétal, l'animal, l'homme* lui-même aussi bien que le *minéral*, sont enchaînés au sol qu'ils habitent par la force de gravitation; ils tombent à la manière des corps inertes, avec une rapidité qui s'accroît en raison du carré de la distance. Ici les puissances vitales neutralisées ne peuvent soustraire le corps organisé à l'empire exclusif des puissances physiques, et l'existence active ne défend plus *l'économie vivante* contre les influences destructives des lois de *l'économie générale*, comme il est trop souvent aisé de s'en convaincre par ces chutes graves et souvent mortelles que font l'homme et les animaux, à l'exception des oiseaux garantis de ces funestes accidens par le bienfait d'une organisation qui leur est propre.

Ici les corps inorganiques et les corps organisés concourent également à l'accomplissement des phénomènes *physiques*, et de l'ensemble de ces actions multipliées, de l'harmonie qui les unit, de l'ordre qui les gouverne, résulte *l'économie universelle.*

Les fonctions vitales, offrent au contraire l'attribut particulier, l'apanage exclusif des corps organisés actuellement doués de la vie; jamais on n'observera dans les corps norganiques et même dans les corps organisés à l'état de cadavre le plus simple phénomène vital, *sensation, contraction*; ces fonctions sont inhérentes à la vie, non point aux corps; leur concours, l'enchaînement qui les unit et les centralise, constituent *l'économie vivante.*

2° UNITÉ D'ACTION.

Les fonctions physiques sont toujours semblables dans les différentes parties d'un même corps. Ainsi les diverses molécules d'un bloc de marbre exposées dans les mêmes circonstances à l'action des mêmes réactifs donneront constamment naissance à des résultats, à des produits identiques; ces molécules à volume égal, dans les mêmes conditions, tomberont avec une même vitesse.

Les fonctions vitales diffèrent au contraire essentiellement dans les diverses parties d'un même sujet. Ainsi chez l'homme par exemple, nous voyons le cerveau élaborer en quelque sorte les élémens de la pensée, devenir le centre de l'intelligence; l'estomac digérer les alimens; les poumons combiner l'oxygène au sang noir; le cœur distribuer le sang rouge aux divers organes; le larynx effectuer la production des sons vocaux etc., enfin chaque appareil, chaque organe exercer des actions qui lui sont propres et qui n'ont de commun avec les autres que l'objet principal de toutes ces actions physiologiques des corps vivans, la conservation de l'individu, la propagation de l'espèce.

3° RÉGULARITÉ.

Les fonctions physiques sont invariables dans l'état naturel, et leurs résultats peuvent être soumis aux lois rigoureuses du calcul. Ainsi nous pouvons, avant le mélange de deux corps, annoncer positivement les combinaisons qui vont s'effectuer sous l'influence de *l'affinité*. Nous divisons le tems en intervalles parfaitement égaux, au moyen de certaines machines chronométriques dont *l'attraction centripète*, *l'élasticité* etc. deviennent les premiers moteurs. Le sablier des anciens, les horloges, les pendules, les montres etc. des modernes en offrent autant d'exemples. Un corps grave, obliquement lancé dans l'atmosphère et soumis à l'action combinée de la force d'impulsion et de la pesanteur, parcourt toujours une parabole tellement régulière, qu'il serait possible de la tracer d'avance au moyen du compas. Depuis l'origine du monde, et sous l'influence de l'attraction, le soleil paraît chaque jour sur notre horizon à des heures déterminées; les planètes offrent une si grande précision dans leurs mouvemens que la prédiction des éclipses, toujours si merveilleuse pour le vulgaire, se trouve aisément effectuée par le plus simple calcul. C'est d'après la stabilité de ces fonctions, que l'ensemble des notions qu'elles fournissent prend le titre de *sciences exactes*.

Les fonctions vitales offrent au contraire l'instabilité pour caractère essentiel. Ainsi chez le même sujet, la digestion ne s'opère jamais, à des époques différentes, avec la même promptitude et la même perfection; la circulation du sang varie dans la succession des instans; de là toutes ces modifications fugitives du pouls relativement à la force, à la vitesse, à l'égalité de ses mouvemens. La nutrition, les sécrétions etc. sont également variables, comme il est aisé de s'en convaincre en comparant la nature et la quantité de leurs produits à des intervalles souvent même assez rapprochés. Une égale versatilité s'observe encore, même dans les fonctions volontaires; ainsi la précision et la facilité que nous apportons à l'exécution de certains exercices ne sont jamais absolument semblables dans les différens instans. On exprime vulgairement assez bien cette vérité physiologique, en disant que nous sommes *journaliers* pour l'exécution musicale, pour les jeux d'adresse, pour la danse, la chasse, l'escrime etc.

Cette instabilité soustrait entièrement les fonctions de l'économie vivante aux règles d'un calcul rigoureux, et ne permet d'établir qu'approximativement toutes les prédictions qui leur sont relatives.

Mieux instruits de ces vérités fondamentales, des physiologistes, d'ailleurs célèbres, ne seraient pas tombés dans l'erreur palpable, et souvent dangereuse d'appliquer la précision mathématique aux phénomènes de la vie, de soumettre à des évaluations positives, dans un tems donné, la quantité de salive, d'urine, de bile etc. sécrétées; la proportion du sang qui traverse un vaisseau; le nombre des inspirations; des pulsations artérielles etc.

4° CONTINUITÉ D'ACTION.

Les fonctions physiques, régies par des forces qui jouissent du précieux avantage de n'éprouver aucun épuisement, aucun besoin de réparation, peuvent se perpétuer sans affaiblissement et sans intermittence. Depuis l'origine des siècles, nous voyons le mouvement des astres s'effectuer avec la même vitesse et la même précision; libre dans son influence, l'aimant pourra soutenir éter-

nellement le fer que l'attraction magnétique en a rapproché etc.

Que deviendrait l'univers si les grandes fonctions qui
forment sa base principale étaient quelque tems suspendues ? Que deviendrait notre hémisphère, si l'astre bien-
faisant qui l'échauffe, l'éclaire et le vivifie suspendait son
cours et s'arrêtait sur l'hémisphère opposée ? La nature
physique ne doit point offrir de sommeil ; le repos de
ses phénomènes essentiels deviendrait pour elle un véritable néant.

Les fonctions vitales au contraire, gouvernées par des
forces que le repos et la réparation peuvent seuls garantir d'un épuisement complet, offrent nécessairement
des intermittences plus ou moins prolongées, s'affaiblissent avec le tems et cessent enfin de s'exercer par une
véritable usure de ces mêmes puissances; le repos de ces
forces, de ces phénomènes, de ces fonctions est *le sommeil;* leur destruction est *la mort.*

Cette destruction, ce repos sont partiels ou généraux ;
la mort et le sommeil peuvent envahir toute l'économie
ou n'embrasser qu'une force, qu'un phénomène, qu'une
fonction. Ainsi la digestion, la respiration, les fonctions
de l'intelligence, les mouvemens volontaires etc. cffrent
toujours des alternatives d'action et de repos, avec des
modifications remarquables chez l'enfant, chez l'adulte
et chez le vieillard.

Quelques actions physiologiques vitales semblent d'a-
bord affranchies de cette loi générale ; mais il suffit de
les examiner pour s'apercevoir que cette exception est
illusoire. Ainsi les fonctions du cœur dans la circulation
paraissent continues au premier aspect ; mais en observant avec plus d'attention le jeu de cet organe, on voit
des alternatives de contraction, c'est le tems de l'exercice ;
des alternatives de relachement, c'est le moment du re-

pos; si dans cette fonction le sommeil organique est très-
court, la durée de l'action ne se prolonge pas davantage ;
ici la succession de ces deux états opposés est fréquente
et rapide, mais le tems du calme égale à-peu-près celui du
mouvement ; la réparation des forces vitales devient des-
lors suffisante et même aussi complète que dans les fonctions où les intervalles de repos et d'action sont beau-
plus prolongés. Le même principe est applicable à toutes
les fonctions analogues.

5° DURÉE ABSOLUE.

Les fonctions physiques, déjà sans limites sous le
rapport de leur étendue, puisqu'elles embrassent tous les
corps, le sont également sous le rapport de leur durée,
puisqu'elles s'exercent depuis l'origine du monde et n'auront d'autre terme que la fin des siècles ; supposer un
instant leur destruction, serait en effet ramener incessamment le cahos universel.

Les fonctions vitales ont toujours une existence limitée, elles sont temporaires comme l'économie qu'elles
animent ; leur durée, toujours un point dans l'éternité,
présente encore des variétés nombreuses et dans les espèces et chez les individus.

6° DURÉE RELATIVE AUX CORPS.

Les fonctions physiques s'exercent pendant toute la
durée des corps auxquels on les trouve départies ; de
telle sorte qu'il est impossible d'isoler jamais l'existence
matérielle de ces corps, et l'activité de ces fonctions.
Comment en effet concevoir au milieu de l'atmosphère
un corps grave sans appui n'obéissant pas aux lois de la
pesanteur ? L'aimant en présence du fer, du cobalt, du
nikel, sans exercer aucune attraction sur ces métaux ?

Les fonctions vitales au contraire, ne mesurent jamais leur durée sur celle des corps qu'elles animent ; l'existence matérielle de ces mêmes corps survit toujours en effet à la destruction de leur existence active, parceque les phénomènes vitaux ne sont point inhérens aux propriétés physiques, mais seulement aux forces de la vie. Aussi voyons-nous le cadavre du végétal, de l'animal, de l'homme lui-même, conserver encore pendant quelque tems les premières, alors qu'il a déjà complètement perdu les secondes.

7° BUT ESSENTIEL.

Les fonctions physiques sont essentiellement relatives à *l'économie* générale, et dès-lors soumises à l'ordre, à l'harmonie qui règnent dans cet imposant ensemble ; aussi les voyons-nous embrasser tous les corps sans aucune exception depuis le plus simple minéral jusqu'à l'homme. La conservation de l'univers, tel est le but principal des ces fonctions, tel est l'objet essentiel de leur établissement.

Les fonctions vitales offrent au contraire l'apanage exclusif de l'économie vivante, et se trouvent dès-lors sous l'influence des lois qui gouvernent ce petit monde particulier ; aussi comprennent elles seulement tous les corps organisés actuellement doués de la vie, depuis le plus simple végétal jusqu'à l'homme. La conservation de cette économie vivante, tel est leur but essentiel.

8° COMPLICATION.

Les fonctions physiques sont ordinairement très-simples dans leur mécanisme et dans leur application à tous les corps. Des lois peu nombreuses les régissent, des actions peu diversifiées les constituent, aussi les distinguons-nous plus souvent par le terme de *phénomènes* que par celui *de fonctions*. Qu'elle uniformité, qu'elle harmonie, quelle simplicité, quelle précision caractérisent le balancement des mers, et le mouvement de ces mondes qui roulent incessamment dans l'immensité !

Les fonctions vitales, surtout chez les animaux, plus spécialement encore chez l'homme, nous offrent toujours au contraire une assez grande complication ; d'abord très-multipliées et très différentes les unes des autres, elles sont presque toutes composées de phénomènes divers et nombreux ; il suffit pour s'en convaincre d'énumérer ceux de la respiration, de la circulation, de la digestion etc.

9° INFLUENCE SUR L'EXISTENCE MATÉRIELLE DES CORPS.

Les fonctions physiques n'ont aucune influence positive sur l'existence matérielle des corps ; lors même quelles cesseraient entièrement de s'éffectuer, ces mêmes corps n'en conserveraient pas moins leurs propriétés essentielles. Ainsi les astres arrêtés dans leur marche, les fleuves dans leurs cours, les mers dans le mouvement du flux et reflux, né cesseraient pas d'exister ; ces fonctions ne veillent point à la conservation des corps qui sont chargés de les effectuer.

Les fonctions vitales sont au contraire indispensables à l'existence des corps organisés ; c'est par elles seulement qu'ils peuvent résister à l'action destructive de toutes les influences nuisibles dont ils sont environnés. Suspendez la vie dans ces corps, vous anéantissez en même tems le principe conservateur de leur existence passive ; leurs molécules obéissent aux affinités chimiques, jusqu'ici contrebalancées par les forces vitales, et sont dissociées pour former de nouvelles combinaisons; ces mêmes corps, dont l'existence matérielle reposait tout entière sur les fonctions vitales, se trouvent irrévocablement détruits.

10° RAPPORTS ENTRE LES FONCTIONS ET LES CORPS.

Les fonctions physiques offrent toujours dans leur développement et leur énergie, des proportions relatives au volume des corps qui les remplissent; ainsi le flux et reflux est en général plus considérable dans les mers très-vastes que dans celles qui se trouvent plus étroitement limitées; si l'on pouvait diminuer de moitié les dimentions du soleil, il donnerait moitié moins de chaleur et de lumière etc.

Les forces vitales au contraire ne sont point assujetties aux mêmes rapports. Nous voyons à chaque instant des corps organisés d'un grand volume dont les fonctions sont obscures, languisantes, et la vie peu développée; tandis que d'autres d'une extrême ténuité nous étonnent par l'énergie de leurs actions physiologiques. On pourrait même établir en principe *que l'activité des fonctions vitales est en raison inverse du volume des individus;* il suffit de comparer le saule au baobab, la puce à l'éléphant etc pour sentir toute la réalité de cet axiome général.

CHAPITRE DOUZIÈME.

ALTÉRATIONS DES FONCTIONS.

Les altérations des phénomènes physiques sont toujours bien peu nombreuses, par cela même que les forces qui déterminent ces phénomènes sont à-peu-près inaltérables. En effet quelques unes seulement sont exposées à s'affaiblir par le tems et l'exercice, l'élasticité de certains corps par exemple; dès-lors toutes les modifications anormales se bornent ici à la diminution dans le développement et la précision des phénomènes; comme on l'observe dans nos machines à ressort, telles que les montres, les pendules etc. la nature de cette altération étant bien connue, il devient ordinairement très-facile d'y remédier, et le mécanicien habile est toujours certain, en rétablissant *l'élasticité* du moteur dans son état primitif, de ramener les phénomènes qu'elle produit à leur état d'intégrité parfaite.

Si nous embrassons actuellement d'un coup d'œil toutes les grandes fonctions sur lesquelles repose l'économie générale, nous les trouvons affranchies de perversions notables. Si quelquefois, en effet, nous observons des désordres physiques, c'est toujours dans les phénomènes d'un rang secondaire, et sans aucun danger pour l'harmonie universelle. Que l'ordre des saisons paraisse interverti dans une contrée; que les orages, les inondations en ravagent une autre; ces altérations partielles n'influenceront jamais profondément le système du monde. D'un autre côté nous ne voyons point les mouvemens des astres frappés d'anomalies; leurs distances respectives, leurs influences mutuelles n'éprouvent aucune variation imprévue; si nous suivons les progrès de celui qui nous intéresse davantage, le trouvons-nous jamais se rapprochant ou s'éloignant de notre globe, retardant ou précipitant son cours au-delà des bornes marquées par l'Éternel, dès le premier instant de la création?

L'économie universelle reposant sur des fonctions inaltérables par leur nature, est donc invariable comme elles dans ses bases fondamentales, et ne présente aucune chance de destruction par le cours des tems et par l'influence des siècles.

Si nous considérons actuellement les phénomènes vitaux, à combien d'anomalies ne les trouvons-nous pas exposés? quelle inconstance , quelle versatilité dans toutes les parties de l'ensemble qu'ils constituent? Si nous cherchons la raison de ces désordres, nous la rencontrons dans l'instabilité des forces de la vie.

Sans doute on ne viendra pas nous reprocher d'avoir placé le principe d'altération des phénomènes dans l'altération des propriétés ; en voulant borner toutes les maladies aux modifications déterminées sur les organes, par l'action des agens morbifiques.

Cette manière de voir ne présenterait aucun fondement. En effet, lorsqu'un excitant physique agit sur les tissus vivans, lorsqu'il survient ensuite exaltation de la sensibilité, afflux plus considérable des humeurs circulatoires , inflammation , désorganisation etc. , quelle est ici l'altération qui nous paraît le principe de toutes les autres, n'est-ce pas très-positivement celle des propriétés vitales? si la cause première est morale exclusivement, cette vérité ne devient-elle pas évidente?

Dans toutes les maladies il faut donner la priorité soit à l'altération des propriétés qui animent l'organe , soit à l'altération de l'organe qui ne peut jamais entrer en action sans l'influence de ces propriétés ; la première hypothèse n'est-elle pas bien plus admissible que la seconde? Disons plus, n'est-il pas également évident que dans tous ces cas, les modifications pathologiques de l'organe sont toujours consécutives à la maladie, et que celle-ci est-elle même la conséquence d'une altération des propriétés vitales.

Nous ne prétendons pas sans doute , isoler ces anomalies de propriétés des anomalies organiques , nous pensons au contraire quelles se lient d'une manière tellement étroite, que les unes supposent nécessairement les autres; mais nous ajoutons, que l'établissement du principe morbifique est bien plus naturel dans la puissance motrice que dans l'organe mis en mouvement par cette même puissance.

Les maladies, en d'autres termes les altérations des fonctions, peuvent, comme les anomalies des propriétés, se rattacher à cinq modifications principales. : 1° *Augmentation*, 2° *diminution*, 3° *perversion*, 4° *suspension*, 5° *extinction partielle*. Il est aisé de voir que nous ne comprenons point, dans cette classification, les différentes lésions des propriétés physiques.

Ces altérations des forces vitales, forment, comme nous le verrons dans l'histoire particulière des fonctions, autant de maladies spéciales. Celles qui portent *sur l'augmentation* et *la diminution* des propriétés, sont assez faciles à combattre, leur traitement est méthodique et raisonné; celles qui sont relatives à la *perversion*, inconnues dans leur véritable nature, presque toujours attaquées par des méthodes empiriques, se montrent dès-lors, bien souvent incurables sous l'influence illusoire de nos moyens artificiels.

En suivant cet ordre physiologique dans l'investigation des maladies, on ne confondra plus la cause avec les effets, l'altération avec le symptôme; on simplifiera le diagnostic et l'on établira le traitement sur des bases naturelles.

D'après ces considérations, il est aisé de voir que dans l'économie vivante les phénomènes les plus simples, de même que les fonctions les plus compliquées, se trouvent naturellement susceptibles des modifications anormales; que cette économie souvent menacée, quelquefois compromise dans sa conservation, doit éprouver les ravages du tems et se détruire sous l'influence de ses propres lois, après un terme variable mais toujours circonscrit par des limites étroites comparativement à celles qui bornent la durée de l'économie générale.

Nous avons étudié, jusqu'ici, *des corps, des propriétes, des phénomènes, des fonctions;* c'est avec ces élémens que nous allons actuellement former les économies en les considérant sous le rapport de leur nature, de leurs dispositions communes et de leurs caractères particuliers.

CHAPITRE TREIZIÈME.

DES ÉCONOMIES.

Si nous jettons un coup d'œil rétrograde sur la carrière que nous avons déjà parcourue, nous voyons les élémens unis pour former des corps plus ou moins composés ; les propriétés générales et particulières identifiées à ces corps pour leur communiquer un principe d'action ; les phénomènes et les fonctions , dernier résultat de la mise en jeu de ces mêmes propriétés. Ajoutons actuellement un ordre et des lois pour enchaîner toutes ces parties, pour les maintenir dans une dépendance mutuelle indispensable à l'harmonie générale, et nous aurons une idée positive de ce vaste ensemble, dont nous allons étudier sous le nom *d'économie,* les caractères communs et les modifications spéciales.

Economie, οἰκονομία des grecs, de οἰκία famille et νόμος loi, pris dans son acception littérale, signifie *lois de la famille,* les élémens, les corps, les propriétés, les fonctions, tels sont les individus membres de cette même famille.

Dans cette société générale des êtres, des facultés et des phénomènes, existe une société particulière ; nous désignerons la première par le terme *d'économie universelle*, et la seconde par celui *d'économie vivante.*

SECTION PREMIÈRE.

ÉCONOMIE UNIVERSELLE.

L'ensemble de tous les corps, le balancement, l'harmonie, l'ordre admirable de leurs phénomènes, les lois qui régissent toutes leurs actions sous l'influence des propriétés physiques, telle est cette succession, cette réciprocité de causes et d'effets tendant vers un centre commun et que nous désignons par le terme *d'univers*, *d'économie universelle.*

Aucun corps, aucun être même ne peut rester étranger à ce vaste ensemble; il embrasse dans ses limites infinies l'homme, les animaux, les végétaux, comme les corps inorganiques.; Dieu de même que l'homme; *l'esprit* aussi bien que *la matière*; mais cependant avec cette différence que les corps inorganiques trouvent dans cette économie toutes les lois de leur existence individuelle et de leurs divers rapports, tandis que les végétaux, les animaux et l'homme n'y rencontrent pas celles de leur vitalité, de leur manière d'être spéciale, et des relations multipliées qu'ils entretiennent avec tout ce qui les environne; tandis que Dieu créateur et moteur de cet univers y jouit d'une existence qui ne peut offrir ni commencement ni fin, et dont notre faible raison doit respecter le secret sans jamais chercher à l'approfondir.

Il suffit de contempler un instant le spectacle de la nature, pour sentir que les phénomènes dont elle devient le théâtre ne sont point abandonnés aux caprices d'une aveugle fatalité; que tous les corps, depuis le grain de sable qui gravite vers le centre de la terre, jusqu'à ces globes lumineux qui roulent incessamment dans l'im

TOME Ier.   12

mensité, se trouvent au contraire soumis à l'influence des lois harmoniques, présidées par une cause première, par une suprême intelligence, par Dieu lui-même.

Appuyée sur les fondemens ruineux établis dans les vaines théories des anciens philosophes, l'existence de l'univers devient impossible. Que le grand ressort qui donne le mouvement à tous les rouages de cette machine indéfinie suspende son action, tout reste frappé de stupeur et d'immobilité ; que ce principe unique, cette intelligence suprême lâche un instant les rênes de ce vaste gouvernement, l'anarchie se déclare de toutes parts, la confusion est aussitôt générale ; aux lois de l'harmonie qui naguère excitait notre admiration, succèdent le bouleversement et les désordres du plus affreux cahos.

Tels sont les grands caractères de l'économie universelle ; nous devions les indiquer dans cet ensemble, mais il n'appartient point à notre sujet de les étudier dans leurs particularités.

SECTION SECONDE.

ÉCONOMIE VIVANTE.

L'ensemble des corps organisés doués de la vie, de leurs propriétés spéciales, de leurs fonctions particulières, de leurs sympathies et de leurs antipathies, des lois qui les régissent, l'ordre et l'harmonie qui règnent dans cet ensemble constituent *l'économie vivante*.

Cette famille à part dans la famille générale, ce petit monde particulier dans le monde universel, présente ses caractères propres et se régit à sa manière.

Les lois de l'économie universelle ne suffisent point à son existence, elles servent seulement à la modifier et peuvent même quelquefois apporter des obstacles au libre exercice des phénomènes qui servent de fondement à cette existence. Ajoutons que les lois de l'économie physique deviennent destructives des corps organisés, lorsque les lois vitales n'offrent plus assez d'empire ; la matière de ces corps n'appartenant que temporairement à *l'économie vivante*, et tendant incessamment à rentrer dans le domaine exclusif *de l'économie universelle.*

Sous le rapport de son développement, l'économie vivante s'élève par gradations insensibles, de la plante la plus obscure jusqu'à l'homme, en nous offrant trois modifications principales.

1° *L'économie végétale*, — dans laquelle nous rencontrons des élémens, des tissus, des organes, des appareils peu nombreux, des propriétés latentes et peu variées, des phénomènes bornés à la nutrition de l'individu, à la propagation de l'espèce, des sympathies obscures et des lois de la plus grande simplicité.

2° *L'économie animale*, — où nous voyons se multiplier ces élémens, ces tissus, ces organes et ces appareils ; où les propriétés vitales se développent et se diversifient ; où les fonctions s'étendent progressivement à la sphère des relations extérieures ; où l'instinct et même l'intelligence viennent se manifester dans le cercle des besoins naturels ; où les sympathies acquièrent plus d'empire, les lois plus de complication et d'activité.

3° *L'économie humaine*, — qui joint au perfectionnement de toutes ces parties, un tel agrandissement des phénomènes de relation, que leur domaine paraît alors sans limites ; qui présente un si beau développement dans l'intelligence, une si grande élévation dans le principe immatériel dont elle est animée, que le but essentiel de ces dispositions est évidemment de compléter la série des êtres en rattachant l'homme à la divinité.

L'économie vivante, quelque soit son degré de simplicité, s'entretient par la réaction des forces vitales sur les forces physiques. Sa durée se trouve soumise à la

prédominence des premières sur les secondes, et sa destruction devient un résultat naturel de la prédominence
des secondes sur les premières.

Pour mieux apprécier encore les caractères particuliers des économies *universelle* et *vivante*, établissons
les principales différences qui servent à les distinguer.

CHAPITRE QUATORZIÈME.

DIFFÉRENCES PRINCIPALES QUI DISTINGUENT LES ÉCONOMIES.

De même que nous avons trouvé plusieurs différences
fondamentales entre les corps, les propriétés, les phénomènes et les fonctions, de même nous en rencontrerons
d'essentielles entre les économie ; pour les faire mieux
sentir nous les étudierons : 1° entre *l'économie physique
et l'économie vivante* ; 2° entre *l'économie végétale et
l'économie animale* ; 3° entre *l'économie animale et l'é-
conomie humaine.*

PREMIÈRE SECTION.

DIFFÉRENCES PRINCIPALES QUI DISTINGUENT L'ÉCONOMIE PHYSIQUE ET L'ÉCONOMIE VIVANTE.

Nous avons démontré qu'il n'existe aucune intermédiaire, aucune transition graduée entre les corps inorganiques et les corps organisés, entre la mort et la vie ;
par une conséquence nécessaire nous observerons des
différences fondamentales, une opposition formelle entre
l'ordre, les lois qui régissent le monde physique et le
monde vital, entre l'économie universelle et l'économie
vivante.

1° ÉTENDUE.

L'économie physique embrasse l'univers, elle n'a d'autres bornes que celles qui circonscrivent l'ensemble des corps, ou plutôt ses limites sont indéfinies puisqu'aucun être ne peut lui rester étranger; aussi la qualifions-nous encore, sous ce dernier point de vue, du titre *d'économie universelle*.

Au premier aspect, les animaux les plus parfaits et l'homme plus spécialement encore, s'emblent affranchis de l'empire des lois physiques; mais en les examinant avec attention, nous sentons bientôt que cette exception n'est qu'apparente, et qu'elle n'existe réellement pour aucun d'eux. En effet, l'homme lui-même, cet être supérieur qui par les merveilleux élans de son génie, peut s'élever jusqu'à son créateur, aux plus hautes régions des sphères célestes, se trouve sous le rapport de son organisme, comme le minéral, attaché à la terre par les lois de la gravitation.

L'économie vivante au contraire, n'admet que les corps organisés actuellement doués de l'existence active. Entièrement étrangère à la substance inorganique ou même organique inanimée, elle donne à la matière vivante la faculté de se gouverner à son gré, de modifier plus ou moins profondément les lois de l'économie physique. Elle régit un petit monde particulier dans le monde universel, et sur l'intégrité des lois qui lui sont essentielles, repose la conservation et l'entretien de la vie.

2° SIMPLICITÉ.

L'économie physique nous offre partout la plus grande et la plus belle simplicité, soit relativement à ses principaux mobiles, soit sous le rapport des résultats généraux qui deviennent à leur tour les principes féconds des ré-rultats particuliers.

Quels sont les moteurs de ces masses énormes, de ces mondes qui se balançant dans l'espace tiennent, sans dévier un seul instant, la route qui leur fut tracée dès la création? Quelles sont les causes puissantes qui maintenant cette belle harmonie veillent à la conservation de l'univers? *L'attraction*!

Quelles sont les forces qui dirigent les actions réciproques et moléculaires des corps; les mouvemens intestins qu'ils offrent pendant les fermentations diverses; les combinaisons, les décompositions qu'ils peuvent éprouver? *L'affinité*!

Quels sont les liens essentiels et durables qui, sans jamais se relâcher d'eux-mêmes, assurent l'intégrité de ces corps, en prévenant la dissociation de leurs molécules ? *La cohésion!*

Ainsi, trois forces, modifications d'une même puissance, de *l'attraction*, suffisent à l'entretien de toutes les actions physiques.

La simplicité que nous rencontrons ici dans les causes premières se trouve également dans les effets généraux; ainsi des attractions, des répulsions entre les masses; des combinaisons, des décompositions entre les molécules; tels sont les phénomènes principaux de l'économie universelle.

L'économie vivante n'offre pas une aussi grande simplicité dans ses principes moteurs et dans les conséquences de leurs actions modifiées par les forces physiques; ses phénomènes sont effectués sous l'influences des forces vitales et de leurs différentes modifications. Aux actions de l'économie universelle, dont ils ne sont point entièrement affranchis, les corps organisés unissent les fonctions de la vie, déjà si nombreuses même chez les

végétaux. Des lois physiques plus ou moins contrebalancées par les lois vitales, des phénomènes vitaux dans
leur intégrité, des phénomènes physiques modifiés,
donnent à l'économie vivante ce caractère de complication qui présente une opposition remarquable avec la
simplicité de l'économie universelle.

3° RÉGULARITÉ.

Dans l'économie physique, les phénomènes essentiels
à la conservation de l'univers offrent une précision, une
régularité parfaite ; si nous exceptons en effet quelques
phénomènes accessoires susceptibles de présenter des
anomalies sans inconvénient pour l'intégrité du monde
général, tous les autres peuvent être soumis aux règles
du calcul ; que deviendrait le monde physique au milieu
de toutes les aberrations fonctionnelles que peut offrir le
monde organisé ?

Dans l'économie vivante au contraire, toutes les
fonctions, sans en excepter celles qui servent de fondement à la vie, présentent l'instabilité pour caractère
essentiel. Un calcul rigoureux n'est plus applicable à
cette économie ; si nous cherchons, par anticipation
quelques données sur les résultats des fonctions qui la
composent, elles ne sont jamais qu'approximatives.

Nous pouvons prévoir, très-exactement le retour
d'une comète, les phases de la lune, les mouvemens du
soleil, la conjonction de deux astres pour former une
éclipse etc.; mais il nous est absolument impossible de
connaître d'une manière précise, quelques heures, ou
même quelques momens d'avance, le nombre des pulsations du cœur, des mouvemens de la respiration, la
quantité de bile, d'urine, de salive etc. sécrétées dans
un tems donné etc.; ces phénomènes sont tellement va-

riables qu'ils ne se manifestent jamais dans le moment actuel, comme ils vont s'effectuer dans l'instant qui doit suivre.

4° DURÉE.

La durée de *l'économie physique* est indéterminée pour nous, Dieu seul peut la connaître. Affranchie des ravages du tems, établie sur des fondemens impérissables, cette économie deviendrait éternelle si des motifs que notre intelligence ne doit point approfondir, n'engageaient le créateur à détruire lui-même son ouvrage.

L'économie vivante ne peut au contraire jamais offrir qu'une durée temporaire, dont les bornes variables pour les individus, sont à peu près fixées pour chaque espèce. Abrégée par des causes très-nombreuses, la durée de cette économie ne peut jamais dépasser beaucoup les limites imposées par la nature. Entretenues par des forces altérables et susceptibles d'épuisement, les fonctions dont elle se compose doivent nécessairement croître, demeurer stationnaires, décroître et s'anéantir.

5° BUT.

L'économie physique a pour objet la conservation de l'univers et celle de tous les corps qui s'y rencontrent; sa perversion entraînerait en effet non seulement la cessation des rapports que nous présentent les corps inorganiques, mais encore l'abolition des corps organisés et de l'économie particulière qui les régit. Il était dès-lors bien important que ses lois fussent immuables, son harmonie parfaite, sa destruction ou sa conservation dépendantes exclusivement du génie supérieur qui régle son ensemble.

L'économie vivante n'offre plus un but en même tems unique et général ; en quelque sorte isolée dans les êtres organisés, elle présente pour chacun d'eux, comme objet essentiel, l'entretien de l'individu, la propagation de son espèce. Aussi l'anéantissement de cette économie partielle n'amène-t-il que la destruction d'un seul corps organisé, sans inconvénient pour ceux qui lui sont étrangers; aussi la nature a-t-elle négligé les précautions nécessaires pour assurer d'une manière très-positive, l'ordre et l'inaltérabilité de cette économie. Détruite dans un corps, elle renait aussitôt dans un autre ; de telle sorte que si l'on doit considérer comme périssable chacune de ces économies partielles, on peut dire aussi que leur ensemble offrira comme l'économie générale une éternelle durée, si le créateur par sa volonté puissante n'en vient interrompre la propagation.

6ᵉ ALTÉRABILITÉ.

L'économie physique, régie par des puissances inaltérables, se composant de phènomènes invariables et constans, ne peut offrir aucune lésion profonde et susceptible de menacer son existence. Nous voyons des orages, des inondations, des tempêtes, des bouleversemens partiels qui nous semblent au premier aspect devoir plonger l'univers dans un nouveau cahos, et qui cependant ne portent jamais aucune atteinte à la conservation de l'économie générale. Nous en trouvons la raison naturelle, en considérant que ces altérations affectent les phénomènes accessoires et respectent constamment les phénomènes essentiels; que le théâtre de ces désordres, si vaste à nos yeux, n'est qu'un point dans l'immensité.

L'économie vivante au contraire, soumise à des forces très-variables dans leur nature et leur degré d'activité, composée de fonctions versatiles, altérables, se trouve nécessairement exposée à des anomalies fréquentes, profondes et susceptibles d'entraîner sa destruction, puisqu'elles atteignent également les phénomènes les moins importans et ceux qui forment sa base principale ; nous en trouvons chaque jour des exemples dans les nombreuses maladies qui viennent assiéger l'homme, les animaux et les végétaux eux-mêmes.

Telles sont les différences fondamentales que nous rencontrons entre les économies *physique* et *vivante* ; celles que vont nous offrir les économies *végétale*, *animale*, *humaine* sont moins profondes, mais cependant encore assez positives pour mériter notre attention.

DEUXIÈME SECTION.

DIFFÉRENCES PNINCIPALES QUI DISTINGUENT L'ÉCONOMIE VÉGÉTALE ET L'ÉCONOMIE ANIMALE.

Pour mieux apprécier les différences que nous étudions, examinons les économies *animale* et *végétale* chez les individus placés au plus haut degré dans la série des êtres qui les constituent.

1° SIMPLICITÉ.

L'économie végétale nous offre par tout la plus grande simplicité dans les élémens, les tissus, les organes et les appareils des individus qui la composent ; dans les puissances qui l'animent ; dans les phénomènes qui s'y développent ; dans les lois qui règlent son équilibre et son harmonie.

Ainsi trois principes simples, oxygène, hydrogène, carbone, tels sont les élémens constituans de l'organisme végétal.

Des tissus fibreux, celluleux, médullaire, épidermoïde etc. tels sont les principaux systêmes de cet organisme.

Des racines absorbantes, une enveloppe cutanée, des

glandes peu nombreuses, des vaisseaux très-simples, des instrumens de reproduction etc. tels sont les organes essentiels de cette économie.

Des appareils absorbant, exhalant, sécréteur, circulatoire et génital constituent les rouages principaux de cette machine vivante.

La sensibilité nutritive, la contractilité involontaire insensible, telles sont les forces qui déterminent ses mouvemens.

L'absorption, l'exhalation, la nutrition, la sécrétion, la circulation, la génération, telles sont les fonctions qui servent de base à l'économie végétale.

Des sympathies et des antipathies obscures, des habitudes peu nombreuses, des réactions simples et constantes des forces vitales sur les forces physiques, telles sont les lois naturelles de cette économie dont le but essentiel est la conservation de l'individu, la propagation de l'espèce.

L'économie animale, toujours plus compliquée surtout chez les individus supérieurs unit aux dispositions que nous venons de signaler dans l'économie végétale :

Pour les élémens, un quatrième principe simple, l'azote, qui vient s'ajouter aux trois premiers et former en quelque sorte la base principale de cet organisme.

Pour les tissus, les systêmes nerveux, musculaire, osseux, cutané, muqueux, artériel, veineux, cartilagineux, fibro-cartilagineux, synovial, séreux, pileux et corné.

Pour les organes, le cerveau, le cœur, les poumons, l'estomac, les intestins, la rate, le foie, le pancréas, les reins, les yeux, les oreilles, la langue, le larynx etc.

Pour les appareils, ceux de la digestion, de la respiration centrale, des sensations générales, des sensations spéciales, de la locomotion volontaire, de la voix etc.

Pour les forces vitales, la sensibilité percevante générale et spéciale, la contractilité involontaire sensible et la contractilité volontaire.

Pour les fonctions, la digestion, la respiration dans un appareil isolé, les sensations générales et particulières, la locomotion réglée par la volonté, la voix, pour quelques sujets, même la parole; des phénomènes instinctifs, intellectuels renfermés dans le cercle des besoins physiques, des relations indispensables à la conservation de l'individu, à la propagation de l'espèce; aussi dans les différentes classes d'animaux, voyons-nous ces actes extérieurs prendre un accroissement proportionné au nombre des milieux dans lesquels peut vivre leur économie.

Pour l'ordre et les lois, des sympathies et des antipathies bien caractérisées, qui rendant solidaires de leurs sensations et de leurs actions toutes les parties de l'organisme, se manifestent positivement pour les objets extérieurs; des habitudes plus variées et plus profondes; un cercle de relations moins limitées, des réactions plus multipliées et plus énergiques entre les forces physiques et les forces vitales.

2° CENTRE DE VITALITÉ.

Dans l'économie végétale, chaque partie présente la raison de son existence, et la vie n'offre jamais de foyer central d'où puissent partir ses irradiations pour s'étendre aux confins de l'organisme. Une branche détachée de l'arbre qui la portait, placée dans les circonstances les plus favorables à son accroissement, peut exister indépendamment du tronc principal et devenir un arbre semblable à celui dont elle faisait partie; les plantations par boutures nous en fournissent chaque jour des exemples.

Cet isolement de la faculté vitale nous fait concevoir comment dans les végétaux, une partie plus au moins con-

sidérable peut être frappée de mortification, sans entraîner la destruction du sujet.

Dans l'économie animale, au contraire nous trouvons
non seulement un centre de vitalité auquel se rattache
nécessairement l'existence de toutes les parties, mais encore pour les sujets supérieurs, un être immatériel que
nous désignerons sous le nom *d'instinct*, qui veille à la
conservation de l'animal en dirigeant convenablement ses
relations avec tout ce qui l'environne.

Dans l'économie végétale, nous ne trouvons aucune
détermination, aucune faculté de rechercher ou d'éviter
des rapports ; les sujets qui la composent restent pour
ainsi dire passifs dans toutes leurs communications, ou
du moins ne donnent aucun signe de perception dans les
impressions qu'ils reçoivent.

Dans l'économie animale au contraire, nous voyons
des sensations perçues, une volonté d'agir, une faculté
d'apprécier les objets avantageux ou nuisibles, une intention de saisir les uns et d'éviter les autres ; nous trouvons cette économie constamment active dans toutes ses
relations.

3° ALTÉRABILITÉ.

L'économie végétale, plus simple dans ses instrumens,
dans ses propriétés, dans ses fonctions et dans ses lois,
d'une vitalité beaucoup plus obscure dans toutes ses parties, se trouve par une conséquence nécessaire beaucoup
moins exposée aux différentes altérations de l'organisme
vivant ; ces dernières étant presque toujours en proportion du nombre et de la diversité des appareils, du développement et des modifications de la faculté sensitive et
de la puissance motrice. Aussi des exhalations morbifiques,
des étiolemens, des hypertrophies, des tumeurs anomales, des fongus, des cancers des gangrènes partiel-

les etc. telles sont à peu près toutes les maladies chez les végétaux.

L'économie animale, au contraire beaucoup plus compliquée sous tous les rapports que nous venons d'indiquer, plus riche et plus variée dans ses facultés vitales, nous offre dès-lors un nombre infini d'altérations. Aux principales anomalies que nous avons énumérées, et qui portent sur la sensibilité nutritive et la contractilité involontaire insensible, viennent s'unir toutes celles de la sensibilité percevante générale et spéciale, de la contractilité involontaire sensible et de la contractilité volontaire, en formant un ensemble de maladies dont le calcul ne peut être qu'approximatif.

SECTION TROISIÈME.

DIFFÉRENCES PRINCIPALES QUI DISTINGUENT L'ÉCONOMIE ANIMALE ET L'ÉCONOMIE HUMAINE.

Plus nous avançons dans l'examen de ces différences, plus nous voyons leur nombre diminuer; mais celles que nous avons à présenter encore n'en sont pas moins essentielles et moins profondes. Elles placent dans toute son évidence l'erreur de ceux qui considèrent l'homme seulement comme le premier des animaux, et l'économie humaine comme l'économie animale dans son plus grand développement et sa dernière complication.

1º PRINCIPE IMMATÉRIEL.

L'économie animale, en la considérant toujours dans les rangs supérieurs, unit aux propriétés vitales qui se rencontrent seules dans les végétaux, un principe immatériel que l'on désigne communément sous le nom *d'instinct.*

Lorsque nous voyons les animaux penser, raisonner, juger, pourrions-nous, avec quelques philosophes rêveurs, les considérer comme des automates purement physiques? Ne serait-ce pas tomber dans un matérialisme absurde, en accordant au *corps* la faculté de produire une *idée*?

Toutefois en admettant la réalité de cet *instinct*, de cette *âme des animaux*, n'allons pas le confondre, l'identifier avec *l'âme* de l'homme. Il existe évidemment dans la nature essentielle, dans les facultés et les actions de ces deux principes, des différences positives et fondamentales.

Sans doute, les animaux supérieurs pensent, raisonnent et jugent; quelques-uns même se montrent susceptibles d'une véritable éducation . Mais analysons avec soin ces perceptions, ces raisonnemens, ces jugemens, ces actes même reglés par la volonté, nous les trouverons toujours essentiellement relatifs à la conservation de l'individu, à la propagation de l'espèce, à des jouissances, à des douleurs purement physiques. Quelle récompense d'un autre ordre pouvons-nous offrir, quel châtiment d'une autre nature pouvons - nous infliger aux animaux? Tout ce qui rentre dans l'ordre contraire ne leur est-il pas complètement étranger? Dépourvus de conscience, incapables d'apprécier la *moralité* d'une action, ils ne sont pas comptables des fautes qu'ils peuvent commettre; et si nous voyons ceux que nous avons en quelque sorte formés à nos habitudes sociales, distinguer dans la circonscription de leurs facultés, un acte répréhensible d'un acte méritoire, ce n'est point en appréciant la nature même de ces faits, mais en liant par le souvenir du passé, au premier, l'idée d'un châtiment; au second, celle d'une récompense.

L'économie humaine, réunit aux fonctions essentiellement relatives à la conservation de l'individu, à la propagation de l'espèce, des phénomènes entièrement étrangers, souvent même directement nuisibles à ce double résultat. Le principe immatériel qui préside à ces phénomènes et que l'on désigne sous le nom *d'âme*, bien différent de l'instinct des animaux, donne à l'homme l'idée de sa propre existence, du vice, de la vertu; lui inspire l'amour de la gloire, l'effroi du déshonneur etc.; ce principe, au moyen des organes qui deviennent ses instrumens, peut enfanter des productions intellectuelles dont ne seront jamais susceptibles les animaux même les plus parfaits. Ainsi les chef-d'œuvres de poësie, d'éloquence, de peinture, de musique etc. sont des résultats fonctionnels d'un ordre particulier, appartenant au domaine exclusif de l'économie humaine.

Nous glissons rapidement sur cet objet devant l'approfondir en faisant l'histoire de l'homme moral.

2° ALTÉRABILITÉ.

L'économie animale offre déjà des exemples d'altérations aussi nombreuses que diversifiées; mais régie par des propriétés vitales essentiellement affectées à sa conservation, par un principe immatériel dont la sphère d'activité se trouve bornée à la satisfaction des besoins physiques, elle n'est presque jamais entraînée au-delà du cercle des rapports qui lui sont avantageux.

N'ayant d'autre but essentiel que sa propre existence et la transmission de son espèce, à peu près étranger aux relations sociales, aux abus de la civilisation, l'animal se trouve bien rarement exposé à ces écarts de régime, à ces intempérances diverses qui deviennent les causes les plus ordinaires des maladies destructives de l'organisme vivant.

L'économie humaine, soumise à des froissemens plus fréquens et plus variés, sans cesse agitée par le principe

immatériel qui domine toutes ses actions , sans cesse em-
portée loin de son objet essentiel par des facultés morales
souvent nuisibles à l'intégrité des fonctions de la vie -
doit nécessairement éprouver des lésions multipliées et
d'autant plus graves que le sujet en possède la conscience
et peut d'avance en calculer approximativement tous les
dangers. Les raffinemens d'une civilisation excessive, le
désordre des passions, l'abus des facultés intellectuelles ,
deviennent en effet, dans cette économie, la cause la
plus ordinaire des altérations morbifiques , et développent
un nombre infini de maladies absolument ignorées dans
l'économie des animaux.

CHAPITRE QUINZIÈME.

ALTÉRATIONS DES ÉCONOMIES.

Tous les désordres que peuvent offrir les corps, les
propriétés et les fonctions, se retrouvent nécessairement
dans les économies avec les mêmes caractères et les
mêmes résultats.

Partiels et bornés dans l'économie universelle dont
les instrumens, les forces, les phénomènes et les lois
sont remarquables par leur équilibre et leur simplicité,
ces désordres deviennent généraux et sans limites relativement à l'économie vivante dont les lois , les phénomènes, les forces et les instrumens se font distinguer
par leur complication et leur variété.

L'économie universelle n'offre que des lésions superficielles et locales , toujours incapables d'entraîner la
ruine de l'ensemble.

L'économie vivante présente des altérations constitutionnelles, susceptibles de la frapper en même tems dans

toutes ses parties et d'enrayer tous ses mouvemens conservateurs. Aussi devons-nous renfermer exclusivement dans cette économie, les considérations particulières aux affections morbifiques.

Ces affections qui frappent l'organisme tout entier peuvent se rattacher aux cinq modes principaux que nous rencontrerons dans toutes les classes des désordres fonctionnels.

1° *Augmentation.* — Elle consiste particulièrement dans la réaction extra-normale et constitutionnelle des systèmes nerveux et circulatoire, soit isolément, soit plus souvent encore simultanément. On observe alors une insurrection générale de tout l'organisme, un état plus ou moins prolongé d'exaltation dans la vitalité de tous les appareils, une imminence de collapsus plus ou moins profond, lorsque cette exaltation est rapide ou soutenue au-delà des forces de l'économie, au-delà des réparations de la puissance vitale. C'est ainsi que nous voyons des sujets frappés d'épuisement et même de mort instantanée, sous l'influence d'une réaction fébrile, d'une douleur violente, d'une convulsion, d'un spasme etc. développés avec ces fâcheux caractères.

2° *Diminution.* — Elle peut s'effectuer avec rapidité ou lenteur ; celle qui suit les grandes exaltations nous offre le premier mode sous le titre de *collapsus* ; celle qu'amènent les maladies chroniques, les influences hygiéniques défavorables etc. présente le second sous la dénomination *d'épuisement.* Il est bien essentiel d'établir dans tous les cas une distinction positive entre ces deux modes, puisque le premier indique seulement le besoin de remonter par le calme, les facultés vitales affaiblies ; tandis que le second désigne la nécessité de réparer matériellement la constitution profondément altérée dans tous ses élémens.

3° *Perversion.* — Elle consiste dans une altération essentielle et générale portant sur la nature et la composition matérielle des solides et des humeurs ; sur la régularité des propriétés, des phénomènes et des lois de l'économie vivante. Nous citerons, pour exemples principaux, les constitutions scrophuleuse, dartreuse, cancéreuse, scorbutique etc. les aberrations fonctionnelles qui jettent le trouble et la confusion dans tout l'organisme.

4° *Suspension.* — Elle est caractérisée par la cessation révocable de tous les phénomènes vitaux apparens, et peut offrir d'assez nombreux intermédiaires, depuis une légère syncope jusqu'à l'asphyxie la plus complète ; nous en trouvons encore des nuances variées dans l'apoplexie encéphalique, le narcotisme, la catalepsie etc.

5° *Extinction.* — Ce dernier terme de toutes les altérations de l'économie vivante nous présente la mort irrévocable, et nécessairement suivie de la décomposition matérielle de l'organisme.

Après avoir étudié les corps, les propriétés, les phénomènes les fonctions et les économies, nous devons actuellement faire connaître les liens susceptibles de rapprocher, de coordonner de maintenir en harmonie des élémens aussi disparates, aussi nombreux.

Ces élémens, depuis la propriété la plus simple, la plus occulte, jusqu'à l'économie la plus évidente et la plus compliquée, se trouvent enchaînés par un ordre admirable et sur lequel repose la conservation de l'univers.

Dans le monde *physique* et dans le monde *vital*, tout *s'attire* ou *se repousse*. De ces *attractions* et de ces *répulsions* naissent les rapports *des corps*, *des propriétés*, *des forces*, *des phénomènes*, *des fonctions* et *des économies*. Nous allons examiner, avec détail, les caractères de ces deux modifications principales sous les titres de *sympathies* et *d'anthipathies*.

CHAPITRE SEIZIÈME.

SYMPATHIES, ANTIPATHIES.

Les expressions qui, dans tous les idiomes, équivalent aux termes *sympathie, antipathie*, indiquent, avec le premier, une convenance, un rapport ; avec le second, une opposition, une répugnance entre deux objets.

Chez les Grecs, συμπάθεια dérivé du verbe σύμπασχω, lui-même composé de σὺν avec et de πάσχω je sens ; ἀντιπάθεια dérivé de ἀντὶ opposé, πάσχω je sens.

Chez les Latins, *consensus* dérivé de *consensio*, dont les racines se trouvent encore, *cum* avec, *sentio* je sens ; *aversio*, de *avertere*, composé de *vertere*, à détourner de ; etc.

Nous définirons dès-lors *la sympathie et l'antipathie* considérées dans leur plus grande généralité :

La première : *rapport appréciable par ses effets établissant entre deux objets, soit tendance au rapprochement, soit réciprocité de sensation ou d'action.*

La seconde : *opposition sensible dans ses conséquences portant à l'éloignement les deux êtres qui la présentent l'un pour l'autre.*

Tels sont, en dernière analyse, les principaux mobiles des phénomènes que nous observons dans l'économie générale et dans l'économie vivante ; sans l'action desquels toute la nature n'offrirait bientôt plus que la triste image du cahos et de la mort.

Quelques auteurs ont abusé de *la sympathie* et *de l'antipathie*, dans leurs explications physiologiques ; d'autres, en rejetant complètement l'existence de ces modifications, sont tombés dans un extrême opposé. Nous pen-

sons que ces opinions exclusives sont également erronées ;
il ne faut pas tout rapporter à ces deux moteurs, mais
nous les croyons indispensables au plus grand nombre des
fonctions, à l'entretien de l'ordre et de l'harmonie qui
règnent dans le monde vivant et dans le monde physique. Leur étude approfondie nous semble dès-lors très-
utile non seulement au médecin physiologiste qui veut
abandonner le sentier de l'ignorance et de la routine,
pour se frayer une voie nouvelle dans le chemin de la
vérité ; mais encore au physicien habile, au savant philosophe qui cherchent à s'élever au-dessus des stériles
préjugés du vulgaire.

Nous devons dès-lors examiner *la sympathie* et *l'antipathie*, 1° dans le monde universel, 2° dans le monde
vivant, et les envisager, pour chacune de ces économies,
sous toutes les modifications qu'elles peuvent offrir.

SECTION PREMIÈRE.

SYMPATHIES, ANTIPATHIES CONSIDÉRÉES DANS L'ÉCONOMIE UNIVERSELLE.

Si nous embrassons tout l'univers sous un même aspect, nous voyons les élémens des corps et les corps eux-
mêmes combinés ou décomposés, éloignés ou rapprochés par l'action de ces deux puissances rivales, par *la
sympathie* et *l'antipathie*.

Dans le monde physique, c'est *la sympathie* qui sous
les noms : 1° *d'affinité*, produit des combinaisons chimiques ; 2° *de cohésion*, tient en contact les molécules similaires ; 3° *d'attraction*, tend à rapprocher les grands corps
célestes qui roulent et se balancent dans l'immensité ; 4° *de
pesanteur*, entraîne les corps graves au centre de la terre ;
5° *d'électricité opposée*, rapproche l'un vers l'autre deux
corps qui se trouvent, sous ce rapport, à deux états dif-

férens ; 6° enfin de *magnetisme*, attire le fer à l'aimant etc.

C'est *l'antipathie* qui détermine cet antagonisme indispensable et sans lequel ne pourraient jamais exister la succession des mouvemens, l'ordre et l'harmonie de l'univers.

La réunion de ces deux agens essentiels et mystérieux est évidemment le *vis insita*, le *mens agitans molem* des anciens , l'*âme* de l'économie générale.

Observez les phénomènes les plus simples, les plus naturels de la physique et de la chimie, vous verrez partout des applications fécondes et nombreuses de ces lois universelles.

Chargez deux fragmens de cuivre, l'un d'électricité positive , l'autre d'électricité négative , ils s'attirent mutuellement, *ils sympathisent*. Etablissez au contraire l'un et l'autre dans un état d'électricité semblable, soit positive, soit négative, ils se repoussent, ils offrent une *antipathie* réciproque.

Approchez une pierre d'aimant d'un fragment de nikel, de cobalt, de fer, de chrome , elle attire ces quatre métaux. Etablissez les mêmes rapports avec l'étain, le cuivre, l'or, l'argent etc., vous n'observez plus aucun effet ; il existe *sympathie* dans le premier cas, et pour le moins, indifférence dans le second.

Plusieurs corps, tels que la *potassium*, le *sodium* etc., jusqu'à lors indécomposés , sont devenus susceptibles d'analyse en les soumettant à l'influence du galvanisme qui fait naître l'antipathie des molécules hétérogènes, à l'action des sympathies extérieures qui les entraînent vers d'autres combinaisons.

Si nous voulons obtenir l'union des molécules de l'huile à celles de l'eau, nous éprouvons toute la résistance d'une *antipathie* bien positive, et ces molécules rapprochées ,

en apparence, tendent constamment à s'abandonner.
On n'attribura pas entièrement ce phénomène à la différence des pesanteurs spécifiques, si l'on considère que
l'acide sulfurique et l'eau, très-éloignés sous ce rapport,
s'unissent avec la force d'une *sympathie* bien caractérisée.

Nous pourrions multiplier ici les exemples, et démontrer que l'auteur de l'univers, en formant les corps, donna
des *sympathies* et des *antipathies* à leurs molécules,
comme les mobiles essentiels qui devaient incessamment
provoquer leur action et leur mouvement.

Lorsque les influences de ces deux principes rudimentaires se trouvent balancées dans une juste mesure, il en
résulte *équilibre*, *harmonie* dans le monde général ; au
contraire lorque cette proportion normale se trouve assez
gravement altérée, on observe alors ces grandes catas-
trophes, ces dangereux bouleversemens de la nature
physique. Cette loi fondamentale et commune devient
l'hypomoclion sur lequel roule tout l'univers.

Ces considérations peuvent offrir des inductions très-
utiles à l'histoire de la physique et de la chimie. Physiologiste, nous pouvons les indiqner, mais nous ne devons
pas les approfondir.

Notre objet essentiel est de renfermer actuellement
l'examen de *la sympathie* et *de l'antipathie* dans le domaine exclusif de *l'économie vivante*, seul point de vue
sous lequel nous allons désormais les considérer.

SECTION SECONDE.

SYMPATHIES, ANTIPATHIES CONSIDÉRÉES DANS L'ÉCONOMIE VIVANTE.

Etudiées dans l'économie vivante, *la sympathie et
l'antipathie* nous offrent des modifications infinies et

sous le rapport de leurs caractères et sous celui des effets qu'elles déterminent.

Pour éviter la confusion si naturellement liée à leur
histoire, nous devons les exposer avec toute la méthode
qu'un tel sujet est susceptible de comporter.

Nous les envisagerons dès-lors : 1° entre les tissus,
les organes, les appareils, les propriétés, les phénomènes
et les fonctions d'une même économie vivante; 2° entre
une économie vivante et tous les objets de ses rapports extérieurs.

ARTICLE PREMIER.

SYMPATHIES, ANTIPATHIES CONSIDÉRÉES ENTRE LES TISSUS, LES ORGANES, LES APPAREILS, LES PROPRIÉTÉS, LES PHÉNOMÈNES ET LES FONCTIONS D'UNE MÊME ÉCONOMIE VIVANTE.

Toutes les parties qui concourent, par leur ensemble,
à former l'économie vivante, depuis l'élément organique
le plus simple, jusqu'à la fonction la plus compliquée,
sont liées mutuellement par la *sympathie* qui les entraîne
vers un centre commun, ou réciproquement éloignées
par *l'antipathie* qui détermine vers la circonférence des
mouvemens absolument opposés.

Ce consensus général devient la base fondamentale
de l'existence active, le principe de l'ordre et de l'harmonie qui règlent toutes les fonctions. C'est par son influence merveilleuse que le tout veille à la conservation
de la partie, la partie à la conservation du tout, et que
le flambeau de la vie s'entretient au milieu même des
causes nuisibles qui tendent continuellement à son
extinction.

En conséquence de la sympathie générale qui rapproche toutes les parties de l'économie vivante, aucun
sentiment de peine ou de plaisir ne s'y trouve positivement localisé, nous voyons presque toujours au con-

traire les effets qu'il détermine, retentir plus ou moins loin dans les diverses régions de l'organisme.

Ainsi les sensations agréables éprouvées par l'un de nos organes sont bientôt ressenties par les autres avec des modifications et des nuances différentes.

Ainsi, toutes les fois que ce même organe présente au contraire le siége d'une altération morbifique, les autres y prennent une part plus ou moins active. D'abord circonscrite par les limites d'un tissu, la maladie devient bientôt constitutionnelle; chacun des appareils, dans cette insurrection qui s'étend de proche en proche et paraît bientôt générale, vient concourir suivant ses moyens à la réaction physiologique, à cette lutte engagée entre la cause d'altération et toutes les puissances de l'organisme vivant; ils sont alors comme autant de membres d'une même famille, partageant diversement, suivant leur degré de parenté, d'après leur manière de sentir, la douleur qui pèse plus spécialement sur l'un d'entre eux.

Il existe donc une sympathie universelle, un moyen de concentration pour toutes les impressions que reçoit l'économie vivante. L'isolement des organes dans le monde physiologique est aussi loin de la nature, que l'isolement des individus au milieu du monde général. Les êtres sont faits pour la société, pour entretenir des rapports mutuels avec ceux qui les environnent; tous sont entraînés vers un centre commun, par le magique pouvoir de la sympathie.

Une épine est enfoncée dans les tissus cutané, musculaire, nerveux, cellulaire etc. L'irritation locale devient le premier symptôme de cet accident; la sympathie commune éveille bientôt l'attention de tout l'organisme; le cœur précipite ses mouvemens, la fièvre traumatique se développe, et signale bientôt une insurrection dans toute l'économie vivante; l'extraction du corps étranger, la guérison de l'inflammation locale, peuvent seules mettre un terme à cette réaction universelle. Ici nous trouvons un exemple de la *sympathie générale, et naturellement réciproque,* la conservation de l'organisme exigeant une mutuelle solidarité relativement aux appareils dont il est composé.

Au milieu de cette harmonie constitutionnelle, une sympathie plus spéciale réunit les organes en groupes dirigés par un intérêt plus individuel, vers un objet plus particulier. De même que nous voyons chez un peuple, dans un pays, dans une ville, tous les habitans former des sociétés isolées, en apparence, au milieu de la société générale; ainsi dans l'économie vivante, les sujets organiques se forment en comités plus intimes au milieu de la réunion universelle.

Une poudre excitante se trouve portée sur la pituitaire, le diaphragme seul, au milieu de tous les muscles, se contracte brusquement, et l'éternuement est produit. Ici nous trouvons un exemple de *sympathie spéciale,* dont la réciprocité n'existe bien positivement qu'entre les organes destinés aux mêmes fonctions.

Ainsi l'utérus et les glandes mammaires, liés dans l'économie vivante par un but commun, *la conservation de l'espèce,* nous offrent cette *sympathie mutuelle.* Excitez les mamelons par des attouchemens répétés, ou même par la succion, comme on l'observe dans l'allaitement naturel, un sentiment voluptueux se fait éprouver dans les organes génitaux, il s'y développe une érection sympathique; agacez les organes génitaux, comme on le voit pendant le coït, vous déterminez, sous l'influence de la sympathie réciproque, une augmentation notable dans le volume et la fermeté des mamelons et des seins.

Vers la puberté, l'utérus présente le développement

d'une fonction nouvelle, et prend un accroissement notable dans sa vitalité ; les glandes mammaires offrent, simultanément, dans leur nutrition et leur sensibilité, une augmentation semblable quelquefois portée jusqu'à la douleur.

A l'âge de retour, l'utérus éprouve des irritations fréquentes sous l'influence des anomalies de la menstruation ; les mamelles partagent ces mêmes symptômes ; cette correspondance vitale de tous les instans nous explique la fréquence du squirrhe et du cancer dans ces organes, à l'époque orageuse que nous venons d'indiquer.

Si nous étudions actuellement la sympathie entre des organes dont les fonctions sont essentiellement différentes, nous ne rencontrons plus cette mutualité d'action.

Ainsi nous trouvons une sympathie bien positive du rectum au diaphragme, et nous ne voyons aucun rapport semblable du diaphragme au rectum. En effet, excité par la présence des matières excrémentitielles, cet intestin vient-il à réagir, le diaphragme aussitôt lui prête un secours avantageux pour opérer la défécation ; mais lorsque ce dernier présente le siége d'une irritation, lorsqu'il se contracte avec force pour vaincre les résistances qui lui sont directement opposées, nous ne voyons point le rectum se contracter ou s'irriter conjointement avec lui.

Si l'on cherche la cause de ce défaut apparent d'harmonie, on la trouve dans l'ordre naturel des choses. L'action du diaphragme étant positivement utile à l'expulsion des matières fécales, il devait exister sympathie du rectum au diaphragme ; mais l'action de cet intestin devenant complétement étrangère aux phénomènes de la respiration, une sympathie spéciale du diaprhragme au rectum eût été pour le moins inutile.

Nous pourrions appliquer ces diverses considérations

aux rapports de ce muscle avec l'utérus, la vessie urinaire, et même à toutes les sympathies particulières du même genre.

Si des organes vivans, nous portons nos regards sur les propriétés, les phénomènes et les fonctions, nous trouvons encore, par une conséquence naturelle, des sympathies et des antipathies analogues.

Ainsi dans l'économie physiologique, nous voyons une antipathie constante manifestant ses effets entre les propriétés vitales et les propriétés physiques; tandis que la sympathie réunit partout, les modifications appropriées de la *sensibilité et de la contractilité.*

Nous rencontrons également des fonctions *antipathiques et sympathiques.* Parmi les premières, nous signalerons particulièrement l'impossibilité de l'émission simultanée du sperme et de l'urine ; bien que le canal excréteur soit commun ; la difficulté d'articuler distinctement des sons pendant l'exercice des mouvemens réglés, comme on l'observe dans le jeu d'un instrument à cordes ; il suffit pour s'en convaincre d'essayer à parler en même tems que l'on exécute sur la basse, le violon etc., si les efforts d'une longue habitude n'ont pas détruit cette antipathie fonctionnelle. Il serait difficile d'en trouver une plus positive que celle dont les fonctions de l'estomac et de l'encéphale nous fournissent l'exemple. L'estomac se trouve-t-il rempli d'une grande quantité d'alimens, devient-il le centre d'une fluxion plus abondante, le siége d'un travail plus actif? le cerveau tombe dans un état de paresse et d'engourdissement, les conceptions restent sans développement et sans énergie. L'encéphale au contraire se trouve-t-il soumis à des travaux intellectuels soutenus et difficiles? aussitôt les digestions deviennent languissantes, l'estomac est enrayé dans ses opérations. Delà, ce principe physiologique dont la vérité nous paraît incontestable : *l'homme qui digère beaucoup d'alimens digère peu d'idées ; l'homme qui digère beaucoup d'idées, digère peu d'alimens.*

Les fonctions sympathiques sont très-nombreuses dans l'économie vivante ; nous citerons seulement pour exemples, l'action simultanée du rectum, de la vessie, de la matrice, du diaphragme et des muscles abdominaux dans l'expulsion des matières fécales, de l'urine et du fœtus ; l'action du foie pour élaborer et verser la bile dans le duodénum, celle du pancréas pour y déposer le produit de son travail sécréteur, celle de l'intestin lui-même pendant la chylification etc.

Lorsque les fonctions qui appartiennent à cette catégorie doivent s'effectuer dans le même instant, avec une grande précision dans leur concours, la sympathie qui les unit prend le nom de *synergie.* Ainsi les muscles d'un œil agissent en même tems que les muscles congénères de l'œil opposé, ainsi les deux élévateurs, les deux abaisseurs, l'adducteur de l'un, l'abducteur de l'autre etc. ; toutes les fois que cette harmonie cesse d'exister, il en résulte une difformité connue sous le nom *de strabisme.*

Les membres sont naturellement entraînés dans la même direction et dans l'accomplissement des mouvemens analogues. Pour vaincre la résistance de cette synergie, les plus grands efforts de l'attention et surtout de l'habitude sont quelquefois indispensables. Il est difficile d'abord de frapper d'une main et de frotter de l'autre ; il est beaucoup plus difficile encore d'exercer avec les bras des mouvemens de circum-duction en sens opposé, nous avons trouvé peu de sujets dont la volonté fut assez forte pour vaincre cette même synergie.

Après ces considérations générales sur la sympathie et l'antipathie dans l'économie vivante, nous devons rechercher le mode naturel qui les établit entre les diverses parties qu'elles rapprochent ou qu'elles éloignent ; nous donnons à ce mode naturel de communication le titre de *lien sympathique.*

Ce lien n'est pas toujours appréciable, et cependant nous croyons son existence indispensable dans toutes les circonstances ; d'un autre côté, lorsqu'il est facile à saisir on ne le trouve pas le même partout; sous ce point de vue nous distinguerons deux variétés de la sympathie. 1° *Sans lien organique sensible,* 2° *par lien organique sensible.*

§ Ier. SYMPATHIE SANS LIEN ORGANIQUE SENSIBLE.

Dans cet ordre de sympathies, nous ne rencontrons point de communication matérielle entre les organes ; d'un autre côté, les résultats constans et palpables que nous observons dans l'économie vivante, établissent d'une manière assez positive la réalité de ces mêmes rapports. De ce qu'il nous est impossible, dans l'état actuel de nos connaissances anatomiques, de saisir l'enchaînement organique de ces différentes sympathies, serait-il bien exact d'en rejetter complétement l'existence? Combien de rapports analogues, dont le lien organique est aujourd'hui bien apprécié, se trouvaient dans cette première catégorie avant les travaux de notre immortel Bichat? Nous pensons aucontraire que l'existence du lien sympathique devient constante, mais qu'il n'est pas toujours possible d'en prouver anatomiquement la réalité.

Nous pourrions donner encore à ce premier genre de rapports le nom *de sympathies par réaction cérébrale.* En effet, dans le plus grand nombre des circonstances de ce genre, l'impression reçue par l'organe directement excité se porte au cerveau, celui-ci réagit plus spécialement sur l'organe qui présente une corrélation plus positive de sensation ou de mouvement avec le premier.

Telles sont les sympathies des muqueuses bronchique, nasale, gastrique, intestinale, vésicale etc. avec le diaphragme etc.

Les sympathies saus lien organique sensible, se trouvent en assez grand nombre dans l'économie vivante ; elles comprennent beaucoup de synergies et sont quelquefois assez puissantes pour dominer complettement la volonté. Quelques exemples, soit dans l'état physiologique, soit dans l'état pathologique, serviront à placer ces vérités dans tout leur jour.

Les phlegmasies chroniques de l'estomac et des intestins font naître le plus souvent des lassitudes musculaires, un sentiment de contusion dans les articulations, quelquefois même des inflammations dans les synoviales, des éruptions cutanées etc.

Les phlogoses de la peau sont presque toujours compliquées d'irritations sympathiques vers la muqueuse gastro-intestinale.

Une injection d'eau pratiquée dans les veines, sollicite aussitôt des mouvemens rapides et continuels de déglutition.

Le développement des organes génitaux chez l'homme, sous l'influence de la puberté, s'accompagne d'un accroissement considérable dans l'étendue de la glotte, et la virilité se trouve simultanément exprimée par le son grave de la voix et par l'établissement de la faculté génératrice.

L'aspect d'un tableau érotique provoque l'érection de tout l'appareil génital.

La vue d'un méts très-agréable et très-sapide, excite la sécrétion salivaire, souvent même l'expulsion de la salive par un jet rapide.

L'ingestion de la belladone et de plusieurs autres poisons, dans l'estomac, provoque souvent un rire immodéré.

Les titillations de la luette, même après la section totale de l'œsophage, déterminent le vomissement.

Dans les plaies du diaphragme, on observe ordinairement un *sourire amer*, effet sympathique dont la remarque n'avait point échappé au premier poëte de l'antiquité.

Si l'estomac est depuis quelque tems à l'état de vacuité, un sentiment de faiblesse et d'inanition se fait bientôt éprouver dans tout l'organisme. On pensera peut-être d'abord que cette débilité générale tient au défaut de réparation matérielle ; c'est une erreur, puisqu'il est possible de la faire disparaître momentanément, en lestant en quelque sorte l'estomac par des corps solides qui n'offrent absolument rien de nutritif ; c'est ainsi que le sauvage du désert privé d'alimens, soutient pendant quelque tems ses forces épuisées, en avalant des cailloux ; ici l'abattement et le retour des forces nous présentent les effets à peu près exclusifs de la sympathie.

Les alternatives de la lumière et de l'obscurité sur l'un des yeux exclusivement, produisent également, dans la pupille de l'œil opposé, des alternatives de resserrement et de dilatation.

L'un des membres suit sympathiquement les mouvemens du membre congénère ; delà ces difficultés souvent très-considérables que fait éprouver d'abord l'exécution, sur des instrumens qui emploient diversement les deux mains, tels que la harpe, le clavecin etc.

Une excitation vive se trouve-t-elle portée sur la pituitaire, la muqueuse bronchique, le rectum, la vessie, l'utérus pendant le travail de parturition ? le diaphragme et les muscles abdominaux se contractent violemment et sans la participation de la volonté dont ils méconnaissent l'empire naturel, pour effectuer l'éternuement, la toux, l'excrétion des matières fécales, de l'urine, ou l'expulsion du fœtus.

§ II. SYMPATHIES PAR LIEN ORGANIQUE SENSIBLE.

Dans toutes les sympathies où l'on peut saisir la communication matérielle entre les organes sympathisans, l'explication des phénomènes présente la plus grande simplicité, puisqu'ils sont produits en dernière analyse, par le transport des impressions, directement d'un organe vers un autre, au moyen d'un troisième qui devient leur intermédiaire.

Dans cet ordre de sympathies, nous distinguons trois modes principaux de communication. 1° *Par les vaisseaux*, 2° *par les nerfs*, 3° *par continuité de tissu.*

1° SYMPATHIES PAR COMMUNICATION VASCULAIRE.

Il est aisé de concevoir que tous les vaisseaux et tous les canaux excréteurs doivent établir des sympathies plus ou moins développées entre les organes auxquels ils servent de moyen terme; c'est plus spécialement aux vaisseaux blancs que nous attribuons ce genre de communication, quelques auteurs l'ont désignée sous le titre *de sympathie par atmosphère celluleuse.*

Partout continu à lui-même, le tissu cellulaire présente en effet une enveloppe commune aux divers élémens de l'organisme en formant une sorte *d'atmosphère* autour de chacun d'eux. Frappés de l'infinité des rapports qu'il paraît établir entre les différens organes de l'économie vivante, plusieurs physiologistes l'ont envisagé comme le lien sympathique le plus universel, d'autres au contraire n'ont vu, dans cette interposition du tissu celluleux, qu'un moyen d'isolement entre ces mêmes organes.

TOME 1ᵉʳ   14

Il est bien facile de concilier ces deux opinions en apparence diamétralement opposées. En effet le tissu cellulaire, ou plutôt les vaisseaux lymphatiques dont il est presque entièrement composé, peuvent suivant leur disposition relativement aux autres systèmes, tantôt leur présenter un moyen d'isolement, tantôt leur offrir un lien sympathique. On observera le premier de ces effets pour tous les organes placés sur le trajet des vaisseaux blancs, sans présenter leur point d'origine ou leur terminaison. On rencontrera le second entre les parties, même très-éloignées, lorsqu'elles offriront les deux extrêmes de ces vaisseaux. Ainsi nous voyons sous l'influence d'un panaris et même d'une simple excoriation aux doigts, aux orteils, des engorgemens, des abcès se manifester aux aisselles, aux aines ; la transmission sympathique de l'inflammation devient évidente, puisque l'on trouve les vaisseaux lymphatiques étendus entre les deux points, représentant des cordons rouges, douloureux et phlogosés.

D'un autre côté, nous voyons les membranes muqueuse et musculeuse des intestins, le péritoine et les muscles abdominaux, la plévre et les intercostaux etc. n'offrant d'autre intermédiaire qu'une lame très-mince de tissu celluleux, et cependant ne présentant point de sympathie notable.

En appliquant ces principes généraux à toute l'économie vivante, nous sentirons évidemment que le tissu cellulaire présente en effet, et par les raisons que nous avons indiquées, tantôt un lien sympathique bien positif, tantôt une atmosphère susceptible d'opérer l'isolement plus ou moins complet. Nous expliquerons dès-lors naturellement, comment il arrive dans certaines circonstances, que des organes restent long-tems enflammés sans aucune communication sympathique de la phlegmasie aux organes les plus voisins ; tandis que l'irritation d'une partie se transmet quelquefois, sous cette influence, très-promptement aux parties les plus éloignées. Nous concevrons également très-bien la raison et le mécanisme de ces délitescences, de ces métastases dans lesquelles on voit un foyer purulent déjà tout formé, disparaître et s'établir au même instant sur un autre point de l'organisme.

L'art sait utiliser la sympathie par communication celluleuse dans le traitement d'un grand nombre d'altérations morbifiques, pour effectuer ces dérivations et ces crises favorables du centre à la circonférence, d'un organe important vers une partie moins essentielle. C'est ainsi qu'agissent les vésicatoires, les moxas, les sétons etc. aussi devons-nous toujours préférer, parmi ces exutoires, ceux dont l'influence est directe sur le tissu cellulaire, à ceux qui entretiennent l'inflammation dans l'épaisseur même de la peau ; les premiers ne déterminant pas une douleur aussi vive, n'exposant point à des réactions aussi contraires, et faisant plus spécialement agir la sympathie que nous venons d'étudier.

2° SYMPATHIES PAR COMMUNICATION NERVEUSE.

Les sympathies de cet ordre présentent constamment un ou plusieurs filets nerveux pour moyen de communication entre les organes sympathisans. Ces nerfs peuvent appartenir soit au système encéphalique, soit au système ganglionaire. Dans la première circonstance, le sujet perçoit les impressions sympathiques ; dans la seconde, elles s'effectuent le plus ordinairement, sans qu'il en soit averti. Nous citerons plusieurs exemples relatifs à chacune de ces variétés.

1° *Sympathies nerveuses avec conscience de l'impres-*

sion. — Si l'on irrite l'encéphale par un agent mécanique, aussitôt les muscles en communication, par des cordons nerveux, avec la partie qui devient le siége de cette influence directe, se contractent brusquement et sans participation de la volonté.

Si l'on déchire la peau, les muscles, ou tout autre système recevant des nerfs encéphaliques, l'impression est sympathiquement transmise au cerveau qui devient le siége d'une perception très-pénible nommée *douleur.*

En provoquant à la surface cutanée cette excitation particulière appelée chatouillement, on détermine aussitôt les contractions du diaphragme, le rire immodéré, les mouvemens tumultueux et quelquefois même les convulsions des muscles volontaires; toutes ces actions sont tellement étrangères au consentement du sujet, qu'il se précipiterait aveuglément dans un abîme pour éviter les tourmens insupportables de cette impression généralisée par la sympathie nerveuse.

C'est encore sous la même influence, que les douleurs éveillées, pour une seule dent, par l'action directe d'un corps étranger sur les nerfs mis à nud, se transmettent soit à la dent correspondante, soit même à toute la série etc.

2° *Sympathies nerveuses sans conscience de l'impression.* — Dans les inflammations chroniques de l'estomac, on observe ordinairement une toux sèche désignée par le terme de *toux gastrique.* On explique aisément la transmission de cette irritation sympathique, en se rappelant toutes les communications établies entre cet organe et les poumons, non seulement par le nerf pneumo-gastrique, mais encore par les nombreux filets des nerfs ganglionaires.

Pendant les phlegmasies rénales, on observe souvent des vomissemens sympathiques, en raison des connexions établies par le système nerveux involontaire entre l'estomac et les organes sécréteurs de l'urine.

Si l'estomac devient le siége d'un vive excitation, il peut se manifester une syncope, les mouvemens du cœur étant sympathiquement suspendus. Ici le lien particulier se trouve encore établi entre ces organes par les nerfs des ganglions etc.

Telles sont les sympathies par communication nerveuse, tantôt s'effectuant avec conscience, tantôt sans perception du mouvement sympathique et seulement avec manifestation des résultats fonctionnels, suivant que les nerfs qui leur servent de conducteurs sont fournis par l'encéphale ou par les ganglions.

Si nous cherchons actuellement l'explication des phénomènes pathologiques sous l'influence desquels nous voyons les organes qui dans l'état normal sont incapables de faire naître une perception, et qui dans l'état morbifique deviennent le siége des plus vives douleurs, comme on l'observe pour les os, les cartilages, les ligamens affectés d'inflammation durable, nous la trouvons également dans la sympathie qui s'établit, pendant cette exaltation de la sensibilité latente, entre ces tissus et le cerveau, par l'intermédiaire des nerfs ganglionaires et des nerfs encéphaliques anastomosés avec ces derniers.

3° SYMPATHIES PAR CONTINUITÉ DE TISSU.

Dans cet ordre, le lien sympathique est représenté par une membrane commune aux organes sympathisans, étendue de l'un à l'autre, et pouvant ainsi les faire communiquer à des distances quelquefois assez considérables, soit dans l'état de santé, soit dans l'état de maladie.

L'action d'une lumière vive sur la conjonctive produit quelquefois l'éternuement ; l'irritation de cette membrane est alors sympathiquement transmise à la pituitaire par les voies lacrymales dont la tunique interne présente son origine dans la première et sa terminaison dans la seconde en les unissant directement.

L'irritation du conduit auditif externe provoque dans le pharynx un chatouillement incommode et quelquefois suffisant pour exciter la toux. On trouve ici le point de communication dans la muqueuse de l'oreille moyenne et de la trompe d'Eustache ; ce fait nous démontre également que la membrane de cette cavité n'est pas aussi complétement étrangère à celle de l'oreille externe qu'on semble généralement le penser.

La titillation que produisent les vers dans le tube digestif, détermine souvent un prurit assez marqué vers les fosses nazales ; il suffit pour l'expliquer de faire observer que la pituitaire et la muqueuse intestinale offrent une parfaite continuité.

En plaçant dans la bouche un corps sapide, même en y roulant des cailloux ou tout autre agent mécanique, on détermine abondamment la sécrétion salivaire ; l'excitation chimique dans le premier cas, physique dans le second, est communiquée de la muqueuse buccale, aux glandes salivaires par la membrane qui revêt intérieurement le canal excréteur. La même explication convient à toutes les sécrétions augmentées sous une influence analogue.

On n'objectera pas sans doute, que dans ces différentes circonstances il n'existe point transmission sympathique, mais seulement extension progressive de l'irritation, puisque d'autres faits vont nous présenter cette même irritation dans les organes, l'un directement, l'autre sympathiquement affectés, sans aucun phénomène semblable dans tous les points intermédiaires.

Ainsi la présence d'un calcul dans la vessie produit

ordinairement des douleurs très-aigues vers l'extrémité du canal de l'urètre, à la fosse naviculaire, sans déterminer aucun sentiment pénible dans toutes les autres parties de ce conduit, et même quelquefois dans le réservoir; la muqueuse vésicale peu sensible ne donnant pas la conscience de cette irritation *directe*, alors que le méat urinaire beaucoup plus excitable accuse vivement l'irritation *sympathique*.

Si l'estomac devient le siége d'une violente inflammation, la langue se resserre, paraît étroite, acérée ; ses papilles s'érigent, s'injectent; elle rougit à sa pointe, à ses bords ; elle est sèche, aride, quelquefois douloureuse et rude au toucher.

Se trouve-t-il au contraire dans un état d'atonie, surchargé de matières glaireuses; la langue est large, molle, pâle, recouverte d'un enduit muqueux grisâtre, avec diminution ou perversion du goût.

Enfin cet organe reçoit-il une certaine quantité de bile par les contractions anti-péristaltiques de l'intestin duodénum, la langue devient jaune ou verdâtre avec amertume de la bouche. Dans tous ces cas, on n'observe ordinairement rien de semblable pour la membrane interne de l'œsophage et du pharynx qui servent d'intermédiaire aux muqueuses linguale et gastrique. Il est aisé de concevoir tout l'avantage que le diagnostic des maladies intestinales peut tirer de cette sympathie, en *lisant* en quelque sorte sur la langue, *miroir* de l'appareil digestif, le siége précis, la nature et le degré d'intensité de ces altérations. Sous l'influence d'une sympathie moins positive, mais cependant assez bien caractérisée, l'inspection de cet organe peut encore servir à l'investigation des affections morbifiques développées dans les organes essentiels de la respiration.

La réplétion ou l'irritation de l'estomac produisent

encore, dans les sinus frontaux, une douleur sympathique plus ou moins aigue, désignée par le terme insignifiant de *migraine*, souvent confondue soit avec l'irritation également sympathique du cerveau, soit même avec l'encéphalite.

L'agacement trop prolongé du canal de l'urètre par une sonde maintenue dans la vessie, peut déterminer, sous la même influence, l'engorgement et même l'inflammation des testicules etc.

Les différentes sympathies que nous venons d'étudier unissent donc évidemment, dans l'économie vivante, les élémens, les tissus, les organes, les appareils, les propriétés, les phénomènes et les fonctions.

Dans l'état normal, convenablement équilibrées par les antipathies, elles veillent à l'entretien de l'ordre et de l'harmonie qui forment les véritables fondemens de la vitalité.

Dans l'état pathologique, on les voit solliciter l'éveil et l'insurrection de tout l'organisme, en mettant les principales fonctions en mesure d'unir leurs efforts à ceux de la fonction plus directement compromise, pour lutter victorieusement contre l'action des causes destructives qui menacent l'existence.

L'économie vivante ne pouvait offrir un aussi grand avantage sans quelques inconvéniens. Aussi, *le consensus général* que nous venons d'examiner s'oppose-t-il, presque toujours, à la circonscription, à la localisation des maladies, en provoquant cette innombrable série de complications qui rendent le diagnostic et le traitement difficiles même pour le médecin physiologiste, absolument impossibles pour l'ignorant empirique.

Ces rapports mutuels ne permettent jamais qu'un appareil souffre seul; toujours au contraire ils font participer à ce pénible état, d'abord tous ceux qui sympathisent plus directement avec cet appareil, quelquefois même consécutivement l'organisme dans sa plus grande universalité. Ainsi de la maladie principale naissent une multitude d'altérations secondaires que le médecin devra toujours bien distinguer en les appréciant à leur juste valeur, s'il ne veut pas confondre l'effet avec la cause, le symptôme avec l'altération essentielle, et mettre en usage des moyens inutiles, souvent même très-dangereux.

Tels sont les principes fondamentaux de la véritable médecine physiologique envisagée dans ses généralités; nous en ferons ultérieurement des applications spéciales dans l'histoire particulière des fonctions.

ARTICLE SECOND.

SYMPATHIES, ANTIPATHIES CONSIDÉRÉES ENTRE UNE ÉCONOMIE VIVANTE ET LES OBJETS DE SES RAPPORTS.

Jusqu'ici nous avons étudié les sympathies et les antipathies entre les élémens d'une même économie, d'un même sujet; nous allons actuellement les considérer entre le corps vivant et les objets dont il est environné.

Les corps organisés ont été naturellement partagés en trois ordres : *Les végétaux, les animaux et l'homme*; nous suivrons la même division dans l'histoire de leurs sympathies, de leurs antipathies.

§ Ier. SYMPATHIES, ANTIPATHIES CONSIDÉRÉES ENTRE LES VÉGÉTAUX ET LES OBJETS DE LEURS RAPPORTS.

Etroitement fixés au sol qui doit les nourrir, en apparence peu sensibles aux influences qui les entourent, les végétaux n'en présentent pas moins des sympathies et des antipathies *soit avec les corps inorganiques, soit avec les sujets de leur espèce*. Nous devons les envisager sous ce double rapport.

1° SYMPATHIES, ANTIPATHIES CONSIDÉRÉES ENTRE LES VÉGÉTAUX ET LES CORPS INORGANIQUES.

Il suffit d'observer un instant lés habitudes, les mœurs et les besoins des végétaux, pour se convaincre de toute la réalité de leurs sympathies et de leurs antipathies avec les corps inorganiques placés dans l'air qu'ils respirent ou dans le sol qui leur fournit des élémens nutritifs. Ainsi nous les voyons altérer, décomposer l'acide carbonique pour identifier le carbone à leur propre substance ; repousser au contraire l'azote et les autres gaz qui peuvent se trouver accidentellement au milieu de l'atmosphère.

Quant aux principes constituans du sol, nous observons que le même terrain ne convient pas à toutes les espèces végétales. Que le pin, les bruyères, le magnolia, etc. sympathisent plus particulièrement avec un sable noir et léger ; le chêne, l'ormeau, l'hièble etc. avec une argile grasse et calcaire ; le platane, le jonc, le roseau, avec un sol aquatique et vaseux etc. les jardiniers habiles savent très-bien que les mêmes *compos* ne sont pas appropriés à tous les arbres, à toutes les plantes ; et que dans cette culture, dont l'art fait les principaux frais, le point essentiel est d'accorder à chaque famille l'air et le terreau qui se trouvent le plus en harmonie avec ses dispositions naturelles.

2° SYMPATHIES, ANTIPATHIES CONSIDÉRÉES ENTRE LES VÉGÉTAUX EUX-MÊMES.

Les espèces végétales déjà bien distinctes par leurs caractères organiques, le sont encore davantage par les sympathies qui les rapprochent, et les antipathies qui les éloignent.

Nous voyons en effet, d'un côte, la sympathie des
sexes, pendant l'époque de la fécondation, inclinant l'an-
thère sur le stygmate, faisant remonter à la surface des
eaux *la vallisneria* et plusieurs autres plantes qui vivent
naturellement immergées dans ce milieu etc. ; la sympathie des espèces favorisant l'identification de tel arbre, de tel arbuste avec tel autre, au moyen de la greffe
et de l'écusson. C'est ainsi que l'on peut marier le prunier au cerisier, le pêcher à l'abricotier, le rosier à l'é-
glantier, le poirier au pommier etc. etc.

D'un autre côté nous observons l'antipathie entre les
espèces opposées, mettant un obstacle insurmontable à
la fécondation des unes par les autres, à leur union sous
l'influence des moyens que nous venons d'indiquer.
C'est ainsi que l'on ne parvient point à greffer, à écus-
sonner le poirier sur le prunier, le pommier sur l'abricotier, le pêcher sur le marronnier etc.

Les sympathies et les antipathies végétales pourraient
fournir l'objet d'un travail important ; nous les indiquons pour donner une idée d'ensemble, nous devons
dès-lors nous borner à ces généralités.

§ II. SYMPATHIES, ANTIPATHIES CONSIDÉRÉES ENTRE LES ANIMAUX
ET LES OBJETS DE LEURS RAPPORTS.

Si nous embrassons d'un coup-d'œil toute la série des
animaux, nous voyons ceux qui forment les derniers
rangs tellement rapprochés des végétaux, que leurs sympathies et leurs antipathies se trouvent bornées dans la
sphère des besoins indispensables à la conservation de
l'individu, à la propagation de l'espèce. Mais si nous éle-
vons nos regards vers les animaux d'un ordre supérieur,
le cercle des rapports s'agrandit, l'influence de ces
deux agens s'accroît et se modifie par degrés.

Si les végétaux nous offrent des attractions et des répugnances vitales, si la sensitive recule sous le doigt qui
la touche, si le tournesol incline sa tête vers l'astre bien-
faisant du jour, si les animaux du dernier ordre nous
montrent également des sympathies et des antipathies,
combien n'en présenteront pas dès-lors, ceux qui unissent l'intelligence à la sensibilité.

Les relations habituelles de ces derniers peuvent s'effectuer, 1° *avec les corps inorganiques ; 2° avec les végétaux ; 3° avec l'homme ; 4° avec les sujets de leur
espèce.* Nous devons, par une conséquence naturelle envisager leurs sympathies et leurs antipathies dans ces
diverses modifications.

1° SYMPATHIES, ANTIPATHIES CONSIDÉRÉES ENTRE LES ANIMAUX ET LES CORPS INORGANIQUES.

Le seul aspect d'un corps rouge suffit pour éveiller
chez quelque ruminans les plus violens accès de fureur.

Au son du cor, le cerf comme enchaîné par un pouvoir magique s'arrête pour écouter, et devient souvent
ainsi la proie du chasseur.

Les vibrations de la flûte, agréables pour le plus
grand nombre des animaux, déterminent quelquefois sur
le chien des impressions très-pénibles, il s'agite et se
plaint comme s'il était soumis aux influences les plus
douloureuses. Dans la saison du printems et des amours,
il est aisé d'attirer les oiseaux d'un sexe en imitant, au
moyen de certains instrumens, la voix du sexe opposé.

Nous pourrions multiplier ces exemples en démontrant partout que les rapports des animaux avec les
corps inorganiques se trouvent dirigés par les sympathies et les antipathies.

2° SYMPATHIES, ANTIPATHIES ENTRE LES ANIMAUX ET LES
VÉGÉTAUX.

Tous les animaux, sans aucune exception, trouvent dans les végétaux des objets de sympathie ou d'antipathie; la plante qui sert d'aliment à telle espèce devient pour telle autre un poison mortel. Nous savons que les abeilles évitent certains végétaux aromatiques, et que cette antipathie devient un moyen employé pour faire monter à la ruche les essaims fugitifs. Nous voyons les animaux offrir un goût naturel pour des substances nutritives, et présenter une aversion instinctive pour quelques autres ; ce caractère devient même, le type fondamental des espèces que nous désignons par les termes de *carnivores*, *herbivores*, *granivores*, *frugivores etc.*

Placez dans une prairie des animaux de familles différentes vous les verrez aussitôt suivre naturellement l'impulsion de leurs sympathies et de leurs antipathies végétales; ainsi la chèvre ira brouter les jeunes pousses des arbustes, le lapin les sommuités du thym, du serpolet, le cheval paîtra le trèfle et le gramen, l'âne ses chardons etc.

3° SYMPATHIES, ANTIPATHIES CONSIDÉRÉES ENTRE LES ANIMAUX
ET L'HOMME.

Ici les rapports semblent moins exclusivement liés aux besoins matériels, ils touchent plus spécialement les affections et prennent tous les caractères de la haine ou de l'amitié ; aussi les observerons-nous seulement chez les animaux dont l'instinct présente un certain développement.

Combien ne trouvons-nous pas d'intermédiaires sous le rapport des sympathies et des antipathies , entre le chien, le cheval, qui semblent, comme on l'a dit, les amis naturels de l'homme, et le tigre, le serpent à sonnettes, qui sont évidemment ses ennemis les plus irréconciliables et les plus dangereux?

On peut avancer, d'une manière générale, que les premières sont en raison de la douceur et de l'éducabilité de ces animaux, et les secondes en proportion de leur férocité, de leur perfidie instinctive, de leur éloignement pour toute espèce de sociabilité. Ainsi le chien, le cheval, le chameau, le bœuf, la brebis etc. sont aisément devenus des animaux domestiques; le serpent à sonnettes, le tigre, le lion, la panthère, l'hyène, le chacal etc. seront à jamais des animaux sauvages. Les premiers voient l'homme comme un bienfaiteur ou comme un souverain puissant; les seconds ne trouvent en lui qu'un ennemi toujours implacable; les premiers dociles à sa voix, se conforment à sa volonté par une obéissance passive; les seconds lui opposent avec énergie la plus inflexible opiniâtreté. C'est avec effroi que nous avons tout récemment observé le propriétaire d'une ménagerie ambulante, recevant les caresses d'une forte hyène, et confiant son bras à la gueule dangereuse de ce féroce animal, après l'avoir provoqué par des manœuvres qui pouvaient offrir les conséquences les plus funestes pour celui qui ne craignait pas de s'exposer aux effets d'une aussi profonde antipathie vaincue par le merveilleux pouvoir de l'habitude.

4° SYMPATHIES, ANTIPATHIES CONSIDÉRÉES ENTRE LES ANIMAUX EUX-MÊMES.

Sous ce point de vue, nous devons considérer la sympathie et l'antipathie. 1° Entre les animaux de la même espèce. 2° Entre les animaux d'espèce différente.

1° ENTRE LES ANIMAUX DE LA MÊME ESPÈCE.

Les rapports de ce genre diffèrent essentiellement suivant qu'on les observe entre les sujets du même sexe ou d'un sexe opposé.

1° *Entre les sujets du même sexe.* — Le naturaliste qui fixera son attention sur les habitudes et les mœurs des animaux, s'apercevra bientôt qu'il existe entre eux des sympathies et des antipathies indépendantes du sexe, de l'âge, de la parenté; que les unes et les autres sont les principaux mobiles de leurs liaisons ou de leurs inimitiés. Ne voyons-nous pas en effet, des chiens, des bœufs, des chevaux etc. sympathiser, vivre en bonne intelligence, partager, sans humeur et sans jalousie, les mêmes alimens et les mêmes soins, donner même quelquefois l'exemple touchant d'une amitié que l'homme pourrait souvent prendre pour modèle. D'autres au contraire ne jamais se rencontrer sans une sorte de frémissement antipathique, sans se livrer, les uns envers les autres, à des actes de violence dont les résultats sont ordinairement des blessures graves et parfois mortelles , en offrant le tableau d'une haine aveugle et farouche dont notre espèce n'est malheureusement pas toujours affranchie.

Le but essentiel de cette sympathie , est l'harmonie des relations que doivent entretenir mutuellement les animaux de la même espèce, aussi la trouvons-nous plus spécialement chez ceux qui sont naturellement les plus disposés à la sociabilité.

2° *Entre les sujets de sexes différens.* — Cette espèce de sympathie , vers le printems, saison des fleurs et des amours , préside aux mariages nombreux que les habitans des bois et des bocages contractent chaque année; elle devient ainsi la principale garantie de ces rapports indispensables à la conservation des espèces ; elle inspire des sentimens si directement liés au besoin de la propagation, que les mâles sont alors attentifs, affectueux et passionnés pour leurs compagnes; tandis qu'après cette époque, naturellement destinée à la fécondation, ils deviennent indifférens, quelquefois même cruels.

Chez les animaux où règne la polygamie, nous voyons ces mâles, sultans véritables d'un harem plus ou moins nombreux, suivre les impulsions de la sympathie dans le choix qu'ils font de plusieurs de leurs compagnes, tandis qu'ils négligent les autres, et cédant aux mouvemens de l'antipathie, leur font éprouver toutes les rigueurs du plus injuste despotisme.

Ici, la sympathie nous offre pour but un objet du plus haut intérêt, la conservation et la propagation des espèces.

2° ENTRE LES ANIMAUX D'ESPÈCE DIFFÉRENTE.

Nous trouvons encore ici des modifications essentielles suivant que les rapports, s'effectuent entre des sujets du même sexe ou d'un sexe différent.

1° *Entre les sujets du même sexe*, — les sympathies sont moins ordinaires que les antipathies. Nous observons cependant encore quelquefois les premiers entre des sujets naturellement opposés dans leur caractère, leurs habitudes et leurs mœurs. Ainsi nous voyons sympathiser le cheval, le chien, le bœuf et le mouton ; ce qui doit paraître plus étonnant encore, le chien et le chat constamment représentés comme deux animaux éloignés par une mutuelle aversion.

On observait encore il y a quelques années, à Paris, dans la ménagerie du jardin des plantes, un lion, de haute stature, vivant en parfaite intelligence, dans la même cage, avec un très-petit chien. Le premier imposant, grave et terrible, descendait amicalement au niveau de son jeune et faible compagnon, partageait ses jeux, le caressait, le soignait affectueusement lorsqu'il était malade. Cet objet de la plus tendre sollicitude périt; le lion devient triste, silencieux, refuse d'abord les alimens qu'on lui présente, succombe quelque tems après avec tous les signes de la plus profonde affliction.

Les antipathies sont ici beaucoup plus remarquables encore. Ainsi le chien de race, en liberté dans la campagne, poursuit avec ardeur, le lièvre, le lapin, le chevreuil etc., et lorsqu'il peut les atteindre, se désaltère de leur sang et se repaît avidement de leurs chairs palpitantes. Le loup exerce les mêmes cruautés sur la brebis, le renard sur les gallinacées, enfin le chat applique tellement ses moyens à la destruction des rats et des souris, qu'il semble créé tout exprès pour en faire disparaître l'espèce.

2° *Entre les sujets de sexe différent.* — L'opposition des sexes ne devient plus ici vers aucune époque, dans aucune saison, l'occasion d'une sympathie, d'un motif de rapprochement. Les lois et l'ordre de la nature ne sont point un jeu du hazard ; elles reposent sur des fondemens à jamais inébranlables. « *Les espèces ne se confondront point*, a dit l'auteur de l'univers ; *le type de chacune d'elles, susceptible de quelques variétés superficielles, sera toujours essentiellement inaltérable.*» Avec qu'elle admirable prévoyance n'a-t-il pas trouvé les moyens d'assurer l'accomplissement de ses vastes desseins ?

Les mâles d'une espèce n'éprouvent aucune sympathie pour les femelles d'une autre espèce, *et vice versâ* ; souvent même, une véritable antipathie les éloigne réciproquement. Si quelquefois on observe ces assemblages monstrueux, c'est entre des familles très-rapprochées ; encore le fruit de ces accouplemens désavoués par la nature, n'est autre chose qu'un être dégradé, constamment incapable de reproduire sa race batarde, et de transgresser ainsi les lois immuables du créateur, en devenant le principe artificiel d'une espèce nouvelle. Dans toute l'économie vivante, les *mulets* nous offrent d'une part cette origine, de l'autre cette abjection et cette nullité génératrice.

Ces aberrations de la sympathie ne s'observent point entre les familles opposées. Ainsi le porc ne s'unit jamais à la brebis, le chien à la chatte, le loup à la biche etc Nous considérons dès-lors comme absurdes, ces contes relatifs à des sujets formés par deux moitiés d'animaux essentiellement différens ; nous les plaçons, par leur véracité, dans la classe de ceux qui nous représentent les Sirènes imaginaires et les fabuleux Centaures.

§ III. SYMPATHIES, ANTIPATHIES CONSIDÉRÉES ENTRE L'HOMME ET LES OBJETS DE SES RAPPORTS.

En parcourant le sentier de la vie, l'homme rencontre à chaque pas un enchaînement d'objets qui lui font éprouver des impressions soit agréables soit pénibles.

Constamment guidé par le soin de sa conservation et de son bonheur, il cherche instinctivement, dans la sphère de ses relations habituelles, tout ce qui peut concourir au maintien, à l'embellissement de son existence; il fuit naturellement tous les agens susceptibles de le modifier d'une manière opposée.

C'est en conséquence de ces résultats avantageux ou nuisibles qu'il éprouve, pour les objets de ses rapports, *la sympathie* ou *l'antipathie* que l'on désigne par des expressions différentes, suivant le caractère et la nature des modificateurs qui les inspirent. Ainsi pour les actions, on les nomme *attrait, répugnance* ; pour les alimens, *appétit, dégoût* ; pour les végétaux, *florimanie, indifférence*; pour les animaux, *affection, aversion* ; pour l'homme, *amitié, haine.*

Si nous trouvions toujours dans les appétits et les répugnances de l'homme cet enchaînement naturel entre la cause et les effets, les sympathies et les antipathies présenteraient seulement la conséquence nécessaire des influences qui viendraient les exciter ; chacune d'elles offrirait son motif et sa raison ; mais lorsqu'il n'existe aucun rapport appréciable entre la valeur de l'objet et l'étendue de la sympathie qu'il détermine ; entre ses caractères défavorables et l'antipathie qu'il produit ; lors surtout que nous voyons l'homme rechercher des objets inutiles et même dangereux , en repousser d'autres qui lui présenteraient des agrémens et des avantages, nous apercevons, dans tout son être, l'influence d'un pouvoir inexplicable, d'une magique puissance fascinant ses yeux, subjuguant sa raison et maîtrisant jusqu'à sa volonté ; ce pouvoir, cette puissance, ne sont autre chose que *la sympathie et l'antipathie* dans leur véritable acception.

Tels sont les faits dans leurs plus grande simplicité. Mais l'esprit humain ne se borne jamais à l'observation des résultats ; son imagination ardente l'entraîne constamment vers la recherche des causes premières avec un attrait d'autant plus impérieux qu'elles semblent davantage se dérober à sa pénétration. Faut-il s'étonner dèslors, si le principe des sympathies et des antipathies est devenu l'objet de l'investigation la plus minutieuse, et des opinions les plus divergentes ?

Les physiologistes et les philosophes de l'antiquité, croyant saisir la cause essentielle de ces modificateurs, l'ont successivement attribuée : « *au sens interne* ; *à*

« *l'idiosyncrasie de la constitution morale et physique ;*
« *aux causes occultes, au mouvement des atômes, à la*
« *circulation d'un esprit particulier dans l'économie de*
« *l'homme ; à l'influence analogue ou bien opposée de*
« *certains fermens animaux ; à des vibrations harmo-*
« *niques ou discordantes, s'effectuant dans les nerfs com-*
« *parés aux cordes d'un clavecin* » enfin à mille rêveries
analogues.

Aujourd'hui que la saine raison prend, avec tant d'a-
vantage, la place du merveilleux, et que les faits positifs doivent seuls présenter la base des théories physiologiques, c'est la voix de l'expérience qu'il faut écouter,
et non point celle de l'imagination.

Si nous interrogeons les faits relativement au problême
à résoudre, ils nous répondent : *que les causes des sympathies et des antipathies se trouvent ordinairement dans
l'une ou l'autre de ces quatre dispositions:* 1° *modifications organiques spéciales ;* 2° *analogie de constitution
physique et morale entre les individus ;* 3° *états pathologiques divers,* 4° *reminiscences plus ou moins éloignées.* Jetons un coup d'œil rapide sur ces différentes
particularités.

1° *Dispositions organiques spéciales.* — Chez le sujet
qui présente une grande perfection physiologique dans
l'un de ses appareils, on rencontre ordinairement *des
sympathies* relatives aux fonctions de cette partie de
l'organisme. Au contraire, celui dont le même appareil
offre un vice de conformation, éprouve très-souvent
des *antipathies* en rapport avec les phénomènes qui lui
sont confiés. Ainsi l'homme dont l'audition est parfaite,
se trouve sympathiquement entraîné vers la musique ;
celui dont l'oreille est fausse, ressent au contraire de
l'indifférence, quelquefois même une aversion réelle
pour cet art délicieux. Le sujet qui présente un riche

développement de l'appareil musculaire, à l'exclusion de celui du système nerveux encéphalique, se livre, par sympathie, aux exercices gymnastiques, fuit avec antipathie les travaux de cabinet; celui dont le développement encéphalique a neutralisé l'accroissement de l'appareil moteur, présente au contraire une véritable sympathie pour les travaux intellectuels, une antipathie souvent invincible pour les exercices physiques. Les mêmes applications peuvent être faites aux appareils de la vision, du goût, de l'olfaction, du toucher, de la génération etc.

2° *Analogies de constitution physique et morale entre les individus.* — Il suffit d'observer les hommes dans l'état de liberté pour s'apercevoir aussitôt que le plus grand nombre de leurs liaisons sympathiques ont été le résultat d'une conformité de goûts, d'habitudes, d'opinions et de mœurs ; les uns et les autres dérivés de leur constitution morale et physique. Ainsi les sujets du même tempérament, du même caractère, entraînés vers les mêmes objets, ramenés vers un centre commun par les mêmes impulsions instinctives, ou par les mêmes efforts de la raison, se trouvent nécessairement rapprochés et comme identifiés par des modifications communes.

Les individus opposés dans tous ces points, suivent au contraire des sentiers divergens et se trouvent naturellement éloignés par *l'antipathie.* Des préventions défavorables émanées de la diversité des opinions et des goûts, une discordance habituelle, des contradictions que chaque instant fait naître etc. , deviennent ici les motifs principaux de cette répugnance et de cette aversion mutuelles.

3° *Etats pathologiques divers.* — Nous voyons certaines dispositions morbifiques éveiller des sympathies et des antipathies plus ou moins bizarres. Ainsi nous rencontrons souvent des femmes hystériques qui respirent avec sensualité, l'odeur de l'assa-fétida, de l'ammoniaque, de la corne brûlée etc., tandis que le parfum de la rose, du chevrefeuil ou du jasmin leur fait éprouver des spasmes et des convulsions.

Les sujets hypocondriaques, affectés de gastrites, d'entérites chroniques etc., recherchent avec empressement, saisissent avec prédilection tout ce qui peut alimenter leur tristesse et leur mélancolie; les réunions brillantes et nombreuses, les fêtes qu'animent le plaisir et la gaîté, les fatiguent péniblement et leur inspirent un véritable dégoût.

4° *Réminiscences plus ou moins éloignées.* — Les premières impressions que les objets extérieurs font éprouver aux êtres intelligens sont toujours les plus fortes et les plus durables; profondément gravées dans le souvenir, elles exercent, bien souvent, pendant toute la vie, sur les penchans et les goûts, un empire étonnant par ses effets.

La mémoire de ces impressions, lorsqu'elles furent agréables, devient une occasion de *sympathie* pour les modificateurs susceptibles de reproduire des sensations analogues; et lorsqu'elles furent pénibles, un motif *d'antipathie* pour tous les agens capables d'en réveiller de semblables. Il serait difficile de concevoir la préférence que Descartes accordait aux yeux louches, si nous ignorions que les premiers sentimens d'amour lui furent inspirés par une jeune personne affectée de cette irrégularité dans les organes visuels.

Avec quelle émotion et quel plaisir ne revoyons-nous pas les compagnons chéris de notre enfance; quelle aversion secrète n'éprouvons-nous pas à l'aspect de ceux qui vinrent obscurcir la sérénité de nos premières années par les chagrins et la douleur?

Ce n'est pas sans doute, avec les mêmes sentimens que le voyageur, éloigné depuis long-tems des lieux de sa naissances, considère à son retour l'azile malheureux, où courbé sous le poids de l'infortune, il eut à gémir de l'injustice des hommes ; et le paisible séjour où l'amour maternel, par la plus tendre sollicitude, par les soins les plus affectueux , lui servit d'égide contre la souffrance et lui fit ignorer jusqu'au nom du malheur !

Telles sont les principales causes qu'il est raisonnablement permis d'assigner à ces deux puissans mobiles. Nous devons actuellement examiner les particularités qu'ils offrent dans notre économie.

Les rapports de l'homme n'ont d'autres bornes que celles de l'univers; il entretient un commerce plus ou moins intime avec tous les objets de la nature. Nous aurons dès-lors à considérer les *sympathies* et les *antipathies* qui lui sont propres dans ses relations : 1° *Avec les corps inorganiques*, 2° *avec les végétaux*, 3° *avec les animaux*, 4° *avec les sujets de son espèce.*

1° SYMPATHIES, ANTIPATHIES CONSIDÉRÉES ENTRE L'HOMME ET LES CORPS INORGANIQUES.

Les rapports que l'homme entretient avec les corps inorganiques et les corps organisés privés de la vie , nous offrent le premier degré de ses relations avec l'univers, l'état rudimentaire des *sympathies et des antipathies* que ces mêmes relations offriront bien souvent pour mobile.

Ainsi nous avons observé plusieurs fois des personnes douées d'un telle antipathie pour les métaux, qu'elles ne pouvaient, sans éprouver une anxiété générale , toucher le fer, l'acier, le cuivre, l'argent etc.

Paterson la portait bien loin pour le mercure, puisqu'en appliquant la main sur ce métal, il ressentait en même tems une tristesse profonde, avec rougeur de la peau, desquamation de l'épiderme sur tous les points du contact.

Le bruit que fait une lame de métal promenée par ses bords tranchans à la surface polie du marbre, détermine, chez plusieurs sujets, un état d'agacement douloureux pour les nerfs dentaires.

Zimmermann rapporte l'observation d'une jeune demoiselle qui ne pouvait entendre couper, déchirer ni même froisser le taffetas, sans éprouver des spasmes et des convulsions.

On lit dans les éphémérides des curieux de la nature, que Pechmann, savant théologien, ressentait, sous l'influence du bruit que l'on fait en balayant, une impression tellement insupportable, qu'il ne pouvait soutenir ce bruit dans quelqu'endroit qu'on le fit entendre ; sur les places publiques, dans les rues, il fuyait et courait comme un fou ; dans son appartement, occupé d'un travail sérieux, en chaire, pendant le débit d'un sermon, il s'agitait avec violence pour se précipiter à l'ouverture la plus voisine, et respirer l'air qui semblait lui manquer ; la suffocation devenait imminente si le bruit continuait ; lorsqu'il cessait entièrement, des sueurs générales, une pâleur effrayante marquaient la fin de ce violent accès.

Méad nous apprend que le chancelier Bacon tombait dans une sorte de léthargie lorsque la lune s'élevait au-dessus de notre horison, et qu'il ne revenait à son état normal qn'à l'instant où cette planète commençait l'autre moitié de sa révolution diurne.

Hippocrate nous dit qu'un certain Nicanor éprouvait une anxiété générale, et rendait même, par le vomissement, les alimens qu'il avait pris, lorsque les sons de la flûte venaient frapper son oreille pendant la durée d'un festin.

Une femme nommée Cristine Rœselin, tombait immédiatement en syncope au seul aspect d'un corps rouge.

Giraudi rapporte, Journal de Médecine, qu'un jeune étudiant éprouvait à passer sur les objets dont la teinte contrastait fortement avec celle du sol, presque autant de répugnance qu'à se précipiter dans un abîme ; il rendit sous l'influence des vermifuges un grand nombre d'ascarides, et fut aussitôt délivré de cette fâcheuse antipathie.

La couleur verte plaît généralement sans doute, parce qu'elle est amie de l'œil ; chaque peuple, chaque individu présente au contraire une préférence marquée pour l'une ou l'autre des couleurs différentes.

Il nous serait facile de citer encore beaucoup d'exemples analogues, mais leur surabondance n'ajouterait absolument rien à la réalité des faits que nous venons d'exposer.

2° SYMPATHIES, ANTIPATHIES CONSIDÉRÉES ENTRE L'HOMME ET LES VÉGÉTAUX.

Déjà plus rapprochés de l'homme, puisqu'ils présentent comme lui les caractères essentiels de l'organisation, les végétaux nous offrent des motifs plus variés et plus nombreux de *sympathies et d'antipathies*. Sous ce double rapport, nous devons les envisager à deux états bien différens : 1° *à l'état de cadavre* ; 2° *à l'état vivant*.

1° *A l'état de cadavre.* — Sous le premier point de vue, les végétaux, soit à l'état naturel, soit modifiés par les arts, servent à nos premiers besoins, et sous les rapports nombreux qu'ils offrent alors, peuvent exciter chez l'homme des sympathies et des antipathies bien caractérisées, et plus spécialement relatives à leurs usages comme vêtemens, alimens, médicamens etc.

Anne d'Autriche avait le tact si délicat que tout son linge était en batiste ; les toiles de chanvre, même les plus douces, lui froissaient la peau d'une manière douloureuse.

Une religieuse du couvent de St-Jean offrait le singulier avantage d'obtenir une purgation abondante par les seules émanations de l'aloès, du jalap, de la rhubarbe etc. Nous connaissons une dame âgée de quarante-six ans d'un tempérament nerveux, qui se trouve soumise aux mêmes résultats, après avoir séjourné quelques instans dans une officine de pharmacie.

Brugérinus rapporte que Quercet secrétaire de François Ier, avait pour l'odeur des pommes une antipathie si prononcée qu'il fuyait précipitamment lorsque l'on en servait à la fin d'un repas ; toutes les fois qu'il cherchait à surmonter cette répugnance, une épistaxis ne tardait pas à se manifester.

Scaliger connaissait une famille entière chez laquelle on ne pouvait pas, sans danger, employer la casse à dose purgative. Un médecin imprudent attribue cette antipathie à l'imagination, donne le médicament sous un autre nom ; plusieurs membres de cette même famille meurent empoisonnés.

Alexandre Béned cite l'observation d'un malade qui présentait la même antipathie ; son médecin n'y fait aucune attention, administre ce purgatif convenablement déguisé ; mais à peine les parois de l'estomac sont touchés par le funeste breuvage, que le malade s'écrie : « *je suis mort, vous m'avez donné de la casse.* » Il expire en effet quelques heures après, dans les plus terribles convulsions.

Haller parle d'une femme qui ne pouvait toucher la

surface veloutée d'une pêche, sans éprouver une anxiété générale très-pénible.

Julius Alexandrinus connaissait particulièrement un homme qui présentait pour l'ail et pour le pain l'aversion la plus prononcée.

Grandélius rapporte l'histoire d'un ministre du Roi constamment affecté d'erysipèle assez grave toutes les fois qu'il mangeait des fraises ; il cite l'observation d'une femme chez laquelle on voyait se développer, sous la même influence, des plaques rouges et saillantes sur la peau du visage.

Boërrhaave a remarqué des hommes d'une bonne santé, qui ne pouvaient manger des cerises et des gro-seilles, sans éprouver une bouffissure générale.

Panarole cite l'histoire d'une religieuse qui se trou-vait affectée d'éruptions analogues à celle de la rougeole, toutes les fois qu'elle mangeait du gruau d'avoine; le riz, l'orge et les autres farineux étaient facilement digérés sans produire aucun résultat semblable.

M. R*** auquel nous donnons des soins, aime le l'ait frais et le digère bien ; cependant il n'en fait jamais usage sans présenter aussitôt des sueurs très-abondantes à la face, à la partie supérieure du col. Cet aliment cuit ne produit plus les mêmes résultats.

2° *A l'état vivant.* — Plus rapprochés encore de l'homme puisqu'ils partagent avec lui la prérogative de cette existence particulière, les végétaux inspirent alors non seulement du goût ou de la répugnance, mais encore une sorte *d'amour* ou *d'aversion.* Nous voyons en effet des personnes tellement passionnées pour les fleurs que cette prédilection dégénère en véritable monomanie, quelquefois susceptible de leur faire oublier les objets de leurs plus chères affections, ou négliger les soins d'une profession sur laquelle reposent leur fortune et la considération qu'ils peuvent acquérir ; d'autres au contraire qui s'éloignent de certains végétaux avec une sorte d'horreur.

Le cardinal Olivérius Caraffa, dont le mérite et l'esprit sont également incontestables, avait une antipathie si forte pour l'odeur des roses qu'il se renfermait pendant le printems, et donnait des ordres sévères pour qu'on ne l'approchât point avec ces fleurs.

Amatus Lusitanus rapporte qu'un moine vénitien éprouvait, sous la même influence, des syncopes si graves, qu'il était obligé de se condamner à la réclusion dans sa cellule pendant la plus grande partie de l'année.

Frey, pharmacien à Bâle, présentait pendant toute la saison des roses, un corryza, une céphalalgie et des éternuemens habituels.

Nous connaissons un jeune homme qui ne supporte point sans des vomissemens assez violens et souvent très-prolongés, les odorantes émanations de la tubéreuse.

L'odeur du lys, du jasmin, du seringat etc. déterminent chez un grand nombre de sujets, des douleurs vers l'encéphale, et chez quelques-uns, des lipothymies complètes.

3° SYMPATHIES. ANTIPATHIES CONSIDÉRÉES ENTRE L'HOMME ET LES ANIMAUX,

L'homme qui naturellement doit vivre au milieu d'un grand nombre d'animaux, recherche, affectionne particulièrement les espèces qui peuvent le servir dans ses besoins ou dans ses plaisirs ; il éprouve au contraire instinctivement une aversion sécrète, pour ceux dont-il doit craindre l'agression et les funestes atteintes ; il les poursuit avec le désir de la destruction. Ici s'agrandit encore la sphère de ses rapports ; ici vont dès-lors se multiplier et se diversifier les *sympathies et les antipathies*. Nous devons aussi les étudier sous les deux principales disposi-tions que peuvent offrir les animaux : 1° *A l'état de ca-davre* ; 2° *à l'état vivant.*

1° *A l'état de cadavre.* — Naturelles ou modifiées par différens moyens, les substances animales servent à nos besoins principaux, et peuvent, sous divers rapports, éveiller des sympathies et des antipathies. Les unes tien-nent à l'imagination, les autres sont réelles. On parvient sans inconvénient à tromper les premières, les secondes ne sont jamais contrariées sans danger.

Sous le premier rapport, il existe des répugnances et des goûts nationaux. Dans presque toutes les con-trées d'Europe, on mange avec plaisir la chair d'un grand nombre d'animaux, tels que le bœuf, le veau, le mouton, le porc, le poulet, le lapin, le lièvre, la per-drix, le merle, la bécasse etc., et l'on éprouve une ré-pugnance presqu'invincible pour le cheval, le chien, le chat, le geai, la pie, le corbeau etc., bien que ces animaux convenablement préparés offrent des alimens préférables à beaucoup d'autres que la sensualité fait rechercher. Nous trouvons sous le même rapport des préjugés plus particuliers encore ; ainsi l'on rejette comme aliment, avec une sorte d'aversion, l'esturgeon chez les Perses, l'écrevisse chez les Russes, l'anguille chez les Islandais, la grenouille chez les Allemands, l'es-cargot chez les Français, le chien chez la plupart des peuples, alors que les sauvages du Canada, plusieurs habitans des îles de la mer pacifique, le préfèrent aux autres viandes.

Ces antipathies ont pour fondement des préventions imaginaires accréditées par l'ignorance et propagées de générations en générations ; aussi peuvent-elles être vaincues par la nécessité, comme on l'observe trop sou-vent dans les naufrages, dans les siéges prolongés etc., ou facilement trompées en déguisant avec soin les substances alimentaires dont elles semblent repousser l'emploi.

Le fait suivant dont nous garantissons l'authenticité devient une preuve nouvelle de ce principe, et de la puissance de l'imagination sur les phénomènes digestifs.

Un jeune domestique s'était plusieurs fois expliqué sur l'antipathie qu'il éprouvait pour les viandes inusitées ; son maître lui fait manger d'un chat servi pour un lapin. Il trouve ce mets délicieux, et n'accuse pas la plus faible répugnance. Trois heures après cette épreuve qui démontrait le défaut de réalité d'une pareille antipathie, le véritable nom du prétendu lapin est décliné ; les vomissemens et la diarrhée se manifestent subitement, se prolongent pendant la nuit, et ne s'arrêtent qu'après l'entière expulsion de cet aliment. Ici l'antipathie se trouvait absolument imaginaire, aussi l'avait-on facilement trompée ; lorsqu'elle est positive, on ne parvient plus au même résultat.

Marcellus Donatus rapporte qu'un certain Étienne, natif de Tolède, éprouvait pour toute espèce de poisson une antipathie qu'il n'avait jamais pu vaincre. Un de ses amis voulant connaître le degré de vérité d'une telle répugnance fait incorporer dans une grande quantité d'œufs une petite proportion de l'aliment qui en était l'objet. A peine l'espagnol a-t-il goûté ce mets insidieux, qu'il est pris de convulsions et de vomissemens opiniâtres.

Tarragone, dernière fille du roi Frédéric de Naples, avait une si grande aversion pour la viande, qu'elle ne pouvait même en goûter sans éprouver des syncopes effrayantes.

Bayle cite l'histoire d'une dame qui présentait, pour le miel, une antipathie bien positive. Son médecin cherchant à l'éprouver, mêle cette substance à l'onguent dont il se sert pour le pansement d'un ulcère à la jambe; cet essai produit localement et même sur toute la constitution des résultats assez fàcheux.

Marcellus Donatus nous apprend encore qu'un personnage illustre, d'une santé régulière, ne pouvait user des œufs comme aliment sans éprouver un gonflement considérable des lèvres, avec abondante sécrétion d'une salive épaisse, écumeuse, et sans présenter à la peau des taches noires ou pourprées.

Le maréchal d'Albert s'évanouissait au seul aspect de la hure d'un marcassin.

Zimmermann rapporte comme témoin oculaire, qu'un consul de Groningue ne pouvait soutenir la vue d'une tête de porc sans tomber en syncope; si l'on coupait les oreilles, cette antipathie n'existait plus, et le consul mangeait sans dégoût du mets qui d'abord avait excité profondément son aversion.

Pierre Dapono, médecin qui mourut dans les prisons du Saint-Office, était incapable, comme l'affirme Scoockius, de voir du lait ou du fromage sans éprouver une lipothymie complète.

Une jeune dame ne pouvait supporter l'odeur du musc; récemment accouchée, se trouvant dans les meilleures dispositions, elle reçoit une amie, dont les vêtemens autrefois imprégnés de ce parfum, en conservent encore quelques traces légères; à l'instant même la malade éprouve des coliques violentes, des convulsions, et meurt le lendemain.

Nous voyons quelquefois, des modifications profondes survenues dans l'économie vivante, changer les antipathies en sympathies *et vice versâ*; ainsi, une dame romaine, dit Jonn Fabert, avait une si grande aversion pour le fromage, qu'elle tombait en syncope lorsqu'on lui servait du pain coupé avec un couteau seulement approché du premier de ces alimens ; après deux grossesses, elle en fit, sans aucun inconvénient, son mets de prédilection.

Nous rencontrons fréquemment des femmes qui pendant la gestation, recherchent avec avidité, les substances les plus dégoûtantes comme alimens, et qui n'éprouvent après l'accouchement, pour ces mêmes substances, qu'une répugnance alors invincible.

2° *A l'état vivant.* — Sans parler ici des sympathies et des antipathies nationales enfantées par les préjugés, l'ignorance ou la superstition, qui faisaient révérer le hibou dans Athènes, l'oie dans Rome etc., nous trouvons ces deux modificateurs bien plus remarquables encore lorsqu'ils sont inspirés par des animaux doués d'intelligence et de sensibilité; alors en effet, ils ne se bornent plus au goût, à la répugnance, ils éveillent l'amour ou la haine.

Nous éprouvons naturellement un mouvement de surprise ou même d'horreur à l'aspect imprévu d'un rat, d'une souris, d'un serpent dangereux, ou même d'un reptile dont nous connaissons l'innocuité; la première idée qu'ils font naître est celle du meurtre, et le premier mouvemnt qu'ils occasionnent tend à leur donner la mort; ils s'offrent toujours à nos regards comme des animaux nuisibles, ou pour le moins inutiles, et que nous sommes intéressés à faire disparaître entièrement.

D'autres antipathies plus spéciales font éprouver même aux sujets capables d'affronter les dangers, un frémissement universel et des convulsions à l'aspect d'un insecte.

Zimmermann dit avoir observé plusieurs fois Guillaume Matew, fils d'un gouverneur des Barbades, jeune homme plein de force et de courage, manifestant une

terreur générale et devenant furieux par la seule rencontre d'une araignée.

L'empereur Germanicus ne pouvait supporter ni la
vue, ni le chant d'un coq.

D'autres animaux, en apparence mieux dotés par la
nature, se montrent à nos yeux sous un aspect bien différent. De même que chacun a *sa bête d'aversion*, de
même aussi, chacun a *son espèce privilégiée*, qui devient alors souvent l'objet de nos plus tendres affections; disons plutôt de nos faiblesses, puisque dans cette
folle manie, quelquefois nous accordons à la brute les
sentimens et les soins que nous refusons à l'homme.

Ne voyons-nous pas chaque jour, des personnes rai-
sonnables d'ailleurs, idolâtrer des chevaux, des chiens,
des chats ou des oiseaux; les environner des attentions
les plus minutieuses, leur accorder le superflu en se
privant soi-même du nécessaire etc.

Jetons un voile sur ces faiblesses du cœur; observons
actuellement les hommes dans les relations mutuelles
qu'ils entretiennent; suivons les attentivement dans tous
ces rapports naturels et sociaux.

4° SYMPATHIES, ANTIPATHIES CONSIDÉRÉES ENTRE LES HOMMES EUX-MÊMES.

La sympathie et l'antipathie considérées sous ce dernier point de vue, doivent être définies : la première,
affection, la seconde, *aversion particulière et non raisonnée que ressentent l'un pour l'autre deux individus
avant de se connaître, et par conséquent avant d'avoir
pu motiver l'impression qu'ils éprouvent.*

Le philosophe, qui considère les hommes dans l'état
de civilisation et même dans l'état sauvage, reconnait
bientôt l'influence des *sympathies* et *des antipathies*
entre les nations, les sociétés, les familles et les individus.

1° *Entre les nations.* — Elles sont bien souvent un résultat des intérêts et des rivalités ; c'est ainsi qu'il faut considérer celles des divers cabinets politiques; mais pour la masse des peuples rarement susceptibles de bien apprécier leurs avantages et ceux des pays voisins, elles deviennent presque toujours instinctives. La conformité des opinions, des mœurs, des religions, des habitudes, des constitutions morale et physique, font naître *la sympathie générale* qui assure l'alliance des empires, en la cimentant chaque jour par un mutuel échange d'urbanité, de sentimens affectueux et de services importans. Les dispositions contraires déterminent, entretiennent *ces antipathies nationales* que le tems et le besoin d'un accord parfait ne détruiront jamais complétement. Appréciez toutes les rélations des Grecs et des Turcs, des Chinois et des Tartares, des Français et des Anglais etc., vous sentirez combien ce principe général est vrai dans ses applications particulières.

2° *Entre les sociétés.* — Tout ce que nous venons d'observer pour les différens peuples, se rencontre également entre les divisions de chacun d'eux ; ici les mêmes causes produisent absolument les mêmes résultats. Tels sont les motifs secrets de cet éloignement que l'on trouve entre les *patriciens et les plébéiens* de tous les pays, entre les castes privilégiées et celles qui n'ont d'autre appui que celui de leur mérite et de leurs talens.

D'un autre côté, l'esprit nationnal, véritable sympathie qui rapproche les hommes d'une même contrée, devient l'âme de cette harmonie qui constitue leur force et garantit leur bonheur.

Mais à mesure que la civilisation fait des progrès, les besoins se multiplient, les intérêts s'isolent davantage, *l'égoïsme* détruit les principaux liens de ce *consensus* général qui devrait former la base inébranlable de la sociabilité ; l'intérêt particulier prend insensiblement la place de l'intérêt commun ; les sentimens nobles et généreux, si fréquens dans les républiques naissantes, chez les hordes sauvages, qui pourraient alors servir de modèle aux nations policées, disparaissent entièrement chez les peuples usés par le luxe, la mollesse et le despotisme.

Ne cherchons point ailleurs la cause principale de cette destruction vers laquelle sont entrainés les empires, qui parcourent incessamment, dans leur marche commune, le cercle tracé, dès l'origine des siècles, entre ces deux points opposés : *l'état barbare*, *l'état d'une civilisation excessive*. S'il nous était permis de retracer les grands événemens de l'histoire, nous y verrions toutes les nations dans l'impossibilité de conserver un état parfaitement stationnaire, tantôt s'élever du premier vers le second, tantôt se précipiter du second vers le premier, tantôt enfin, perdre entièrement leur existence politique et s'abîmer dans l'oubli des tems !

3° *Entre les familles*. — Chaque famille devient naturellement un petit peuple particulier dans la nation commune ; les mœurs, les habitudes, les opinions, les croyances, les intérêts, le caractère et le tempérament y sont pour le moins analogues, s'il n'offrent pas une identité parfaite ; cette société plus spéciale, dont les individus sont unis par les liens du sang, éprouve des sympathies qui la rapprochent, des antipathies qui l'éloignent, dans ses rapports avec les autres sociétés du même ordre. Dans l'état de civilisation, le conflit des intérêts, le partage des richesses etc. viennent, souvent au mépris de ces droits les plus sacrés, éveiller des haines implacables entre ces élémens du corps social dont les sentimens affectueux devraient seuls présenter les mobiles essentiels.

4° *Entre les individus*. — Si nous considérons d'un

œil scrutateur l'ensemble des relations *naturelles et factices* que l'homme entretient avec ses semblables ; si nous cherchons, sans prévention, les causes de leur établissement, de leurs modifications et de leurs vicissitudes, nous voyons aussitôt que les premières sont à peu près exclusivement dirigées par la sympathie et l'antipathie, les secondes par les raffinemens de l'intérêt et du calcul.

Les premières seules doivent nous occuper ; seules en effet elles rentrent dans le domaine de la physiologie. Que nous présenteraient d'ailleurs les *secondes*, véritables *ulcères moraux* qui viennent empoisonner la vie du corps social, en se montrant d'autant plus incurables que leur cause est indestructible ! Ici nous voyons se grouper, dans un monstrueux ensemble, toutes ces vaines protestations d'estime, de soumission et de respect dictées par la crainte ou par l'espérance ; toutes ces haines, ces jalousies secrètes enfantées par les rivalités des sentimens, des fortunes, des honneurs ou des professions ; et par une conséquence déplorable, toutes ces injustices, tous ces procédés coupables , toutes ces diffamations criminelles qui viendraient souiller les sciences et les arts jusque dans leur sanctuaire, si de telles passions n'appartenaient exclusivement à l'inquiète médiocrité !

Couvrons, s'il se peut, d'un voile impénétrable, ce tableau repoussant et vrai des abus de la civilisation ; arrêtons-nous aux rapports instinctifs et naturels des hommes ; laissons à d'autres le soin de prouver combien ils auraient à perdre en les considérant sous un autre aspect.

Pour bien concevoir les différentes modifications des sympathies et des antipathies envisagées entre les hommes eux-mêmes, nous devons les étudier : 1° *dans le commerce général, sans distinction des sexes* ; 2° *dans les relations particulières des individus appartenant à la même famille ; 3° entre les sexes différens.*

1° DANS LE COMMERCE GÉNÉRAL SANS DISTINCTION DE SEXES.

Il est aisé d'apprécier le motif des liaisons qui rapprochent les hommes, et celui des divisions qui les éloignent, lorsqu'il existe entre eux, soit un intérêt commun, une identité parfaite, soit des rivalités et des oppositions essentielles. Mais lorsqu'aucun de ces mobiles ne vient se placer dans la balance de leurs affections, lorsqu'ils se rencontrent pour la première fois, ces impulsions diverses rentrent dans le domaine exclusif de la sympathie et de l'antipathie instinctives ; un seul instant fait naître des sentimens d'aversion ou d'amitié que bien souvent les siècles eux-mêmes ne sauraient effacer. Le sage éprouve un sentiment pénible en considérant la promptitude et l'inexpérience avec lesquelles s'abandonne le commun des hommes, à ces déterminations irréfléchies qui deviennent la base ordinaire de leurs intimités, la source inévitable de leurs mécomptes et de leurs chagrins. De là cette réserve, cette grande circonspection, cet isolement apparent du vrai philosophe qui soumet toutes les impulsions instructives au creuset de la raison , et qui craint de s'abandonner sans frein au tourbillon du monde, avec des guides aussi peu certains que la sympathie et l'antipathie. Le plus simple examen de nos relations habituelles suffit pour démontrer la sagesse d'une telle conduite, et la réalité des principes qui lui servent de fondement.

Témoin d'une lutte, d'un combat, d'une discussion, entre deux adversaires que vous ne connaissez pas, ne vous est-il jamais arrivé de concevoir pour l'un de ces antagonistes une aversion sans motif et de souhaiter sa défaite ?

Combien de fois n'avez-vous pas rencontré, dans le commerce de la vie, des hommes qui vous déplurent au premier instant, et vous fatiguèrent par leur présence ; lorsque des relations plus intimes vous firent ensuite apprécier leur mérite et leurs vertus, combien de tems, combien d'efforts ne devinrent pas nécessaires pour vous ramener à d'autres sentimens et détruire encore, d'une manière assez incomplète, un éloignement dont vous reconnaissiez toute l'injustice ? Nous trouvons dans ces faits, et dans tous ceux du même genre que nous pourrions citer, *la raison* soumise au pouvoir de *l'antipathie*.

Spectateur d'une partie interessée entre plusieurs joueurs que vous rencontrez pour la première fois, n'accordez-vous pas à l'un d'eux une bienveillance particulière ; n'éprouvez-vous pas une peine secrète s'il vient à perdre, une satisfaction intérieure si la fortune le seconde?

Le monde nous offre bien souvent des sujets qui dès la première entrevue, savent nous inspirer un intérêt, une affection difficiles à bien définir, plus difficiles encore à surmonter dans leur entraînement, lors même qu'un examen plus scrupuleux et plus réfléchi nous fait connaître les désagrémens d'une liaison inconvenante, et les dangers d'une amitié déplacée; dans ces faits et dans tous leurs analogues, nous voyons *la raison* courbée sous le joug de la *sympathie*.

2º DANS LES RELATIONS PARTICULIÈRES DES INDIVIDUS APPARTENANT
A LA MÊME FAMILLE.

L'antipathie se rencontre malheureusement quelquefois entre les membres d'une même famille; c'est une monstruosité dans l'ordre social, c'est une perversion, un renversement des loix de la nature. L'aversion prend ordinairement alors tous les caractères d'une haine envenimée, dont les ressentimens sont implacables, et dont les effets peuvent devenir terribles. Combien de fois dans leurs funestes égaremens, dans leurs sombres fureurs, des frères n'ont-ils pas imité l'affreux exemple d'Etéocle et de Polinice, en reproduisant dans nos tems modernes le plus effrayant tableau des tems antiques! Abandonnons ces affligeantes considérations et revenons à la sympathie qui seule devrait exister entre des sujets naturellement unis par les liens les plus indissolubles et les plus sacrés.

Admirable présent du ciel, c'est ta divine influence qui métamorphose en plaisirs délicieux les inquiétudes, les fatigues, les privations et même les dégoûts attachés aux fonctions maternelles; c'est par ta vigilance, par tes soins assidus que l'homme peut traverser sans naufrage tous les écueils de la vie!

Jeté, dès en naissant, sur une terre ennemie où tout semble concourir à sa destruction; faible, languissant, incapable de connaître et de repousser les périls qui l'assiégent, l'infortuné va commencer et finir en même tems sa carrière!... Mais non, tu prendras soin de sa conservation, tu placeras à ses côtés un être animé des plus tendres sentimens, qui trouvera le véritable bonheur à protéger sa frêle existence, à sécher ses innocentes larmes, à rassembler d'agréables fleurs autour de son berceau; il n'aura plus rien à craindre puisque tu lui donneras le cœur d'une mère pour refuge et pour appui!

Arrivé au terme de sa course, péniblement courbé sous le poids des années et des infirmités, lors qu'inutile à tout ce qui l'environne, il semble menacé d'un abandon général, c'est encore toi qui viendras lui prodiguer tes bienfaits, en alimentant le feu divin de la piété filiale dont les tendres soins lui feront supporter avec moins d'amertume le spectacle affreux de la tombe qui s'entrouvre déjà pour saisir sa victime; dont les affectueuses caresses, dont les paroles consolantes rétabliront le calme dans son âme effrayée à l'aspect du terrible passage!

3° ENTRE LES SEXES DIFFÉRENS.

Si nous étudions actuellement les effets de la sympathie considérée sous ce dernier rapport, nous voyons ce précieux mobile entrer dans les desseins du créateur comme un moyen puissant dont il fait usage pour assurer l'entretien et la propagation de notre espèce. Nous ne parlerons plus ici de l'antipathie, elle ne peut en effet exister dans un ordre de choses où tout doit tendre au rapprochement, où les causes de répugnance deviendraient des oppositions formelles aux lois de la nature. Nous verrons au contraire partout un attrait mutuel entre deux êtres éprouvant l'un pour l'autre, dès le printems de la vie, une attraction instinctive, comme les affinités chimiques, d'autant plus forte que les sujets dont elle effectue l'entraînement réciproque, se trouvent plus essentiellement différens et par leur caractères moraux, et par leurs propriétés physiques. C'est alors que l'homme place dans l'espérance un bonheur que détruit beaucoup trop souvent la réalité; déchirer le voile du prestige et des illusions, c'est en effet, presque toujours abolir le sanctuaire de la divinité qui préside aux plaisirs des sens, au charme de l'imagination!

Deux êtres entièrement opposés par leurs caractères physiques et moraux, doivent concourir à l'accomplissement de ces desseins éternels.

L'un doué de la force et du courage affronte les périls avec intrépidité, renverse les obstacles par la vigueur de son bras, confie souvent à la violence l'exécution de ses volontés.

L'autre, faible, timide, réunissant tout ce que la nature peut offrir de plus aimable et de plus gracieux, obtient par ses charmes, des victoires toujours assurées, et n'ambitionne d'autre conquête que celle des sentimens affectueux qu'il est si capable d'inspirer.

Une puissance invisible rapproche, dès l'aurore de la vie, ces deux êtres si différens, et les enchaîne l'un à l'autre par une véritable affinité morale. Un seul coup d'œil devient bientôt l'étincelle rapide qui doit allumer le feu sacré dans ces âmes pures, où le calme, l'indifférence et la paix, vont faire place aux douces rêveries, aux tendres agitations de ce charme délicieux, qui, comme une flamme céleste, embrâse tout l'individu, augmente le développement et l'énergie de ses facultés, agrandit la sphère de ses fonctions, et lui donne le sentiment intérieur d'une existence qu'il semblait ignorer jusqu'alors.

Admirable sympathie ! combien d'heureux ne ferais-tu pas, si les hommes, toujours abusés dans la recherche du véritable bonheur, ne consultaient exclusivement les dignités et la fortune comme les seuls arbitres des destinées humaines, et n'étouffaient, bien souvent au mépris des lois naturelles, ce penchant réciproque de deux cœurs vertueux faits pour s'entendre et se procurer mutuellement, par un fidèle échange de tendresse et d'amour, toutes les douceurs d'une félicité sans nuage ?

Telles sont les considérations générales que nous devions présenter sur les sympathies et les antipathies, en étudiant leur influence dans tous les corps, depuis l'élément inorganique le plus simple jusqu'à l'homme.

Nous savons actuellement que ces puissans modificateurs constituent l'âme de l'univers, entretiennent l'ordre et l'harmonie de l'organisme vivant, influencent, chez l'homme plus particulièrement, les affections, les goûts, les déterminations, maîtrisent même quelquefois la raison et la volonté ; que la sympathie garantit la conservation des espèces, l'union et la bonne intelligence des individus; que l'antipathie conspire à la destruction des unes et des autres, en frappant les rapports sociaux dans leurs bases naturelles. On sent dès lors combien il devient indispensable à tous les hommes d'en approfondir les principes, d'en méditer les effets.

Quels avantages cette connaissance n'offre-t-elle pas au médecin physiologiste qui ne craint pas d'abandonner le chemin trop facile de la routine et de l'empirisme ignorant, pour se frayer, par le flambeau de l'expérience et de la raison, un sentier plus laborieux, mais en même tems plus positif, en établissant avec empire, sur de véritables succès, la base inébranlable de sa gloire et de sa réputation.

Le philosophe y trouve des principes féconds en résultats qui lui font mieux apprécier le cœur de l'homme, et surtout mieux connaître les principales causes des modifications nombreuses que l'on observe si fréquemment dans la nature des idées et des passions.

Toutes les conditions, tous les âges y puisent des leçons importantes pour le commerce habituel de la vie. Les parens se garantissent des impulsions déterminées par ces influences de l'instinct, et n'établissent plus entre leurs enfans, des préférences bien souvent injustes et toujours funestes.

La jeunesse, dès son entrée dans la sphère des relations sociales, a déjà l'expérience indispensable pour éviter le plus dangereux des écueils.

L'homme s'attache davantage encore à l'objet aimable que le créateur sembla lui donner pour essuyer ses larmes, partager ses chagrins, adoucir ses ennuis, et jeter les plus agréables fleurs sur le pénible sentier de la vie.

Après avoir considéré les liens naturels, par lesquels se trouvent enchaînés les corps, les propriétés, les phénomènes et les fonctions, étudions, sous le nom *d'habitudes*, les merveilleux effets d'une influence commune à toutes les parties de ce vaste ensemble.

CHAPITRE DIX-SEPTIÈME.

DE L'HABITUDE.

L'habitude, des Grecs ἔθος, κατάζασις, manière d'être, éducation ; des Latins, *habitudo*, *mos*, *usus*, *consuetudo*, mode, usage, coutume, envisagée sous le rapport de sa plus grande généralité, doit être définie : *disposition acquise dans les facultés, les organes, les appareils, les économies, et déterminée par la répétition des phénomènes dont l'exécution leur est confiée.*

« *La nature*, a dit Pascal, *n'est peut-être qu'une première habitude.* » Cette pensée d'un grand homme est inexacte, mais elle nous laisse entrevoir toute l'importance du modificateur que nous allons étudier.

Nous considérons *la nature* comme l'état primordial des facultés, des organes, des appareils, des économies, et *l'habitude*, comme l'état secondaire, acquis par l'éducation de ces économies, de ces appareils, de ces organes et de ces facultés. *L'habitude est une seconde nature.*

Ces deux puissances rivales se disputent constamment l'empire de l'univers. Nous les voyons modifier tous les corps, depuis l'élément le plus simple jusqu'à l'homme, qui semble, par sa merveilleuse organisation, et plus spécialement encore par ses qualités morales, devoir servir à marquer le passage des êtres mortels à la divinité.

La nature présente un grand avantage, elle se conserve par sa propre énergie, tend même incessamment à reconquérir les droits qu'elle a perdus, lorsque *l'habi-*

tude ne défend plus les siens avec assez d'empire. *Naturam expellas furcâ, tamen usque recurret.* Chassez le naturel, il revient aussitôt.

Les dispositions primitives plus essentielles et plus profondes, se rapprochent dans leurs effets de la *force d'inertie*, dont l'influence est permanente et sans aucun affaiblissement ; *les dispositions acquises* plus superficielles et plus accessoires, peuvent être comparées *à la puissance active* dont l'énergie temporaire est susceptible d'usure et n'entretient ses résultats qu'avec des efforts constans.

Ce principe est applicable à tous les corps. Ainsi l'arbre modifié si favorablement par la greffe, donnant alors des fruits exquis, produira d'autres arbres qui resteront à l'état sauvage, si la même opération ne vient pas également les soustraire à ces dispositions natives.

La fleur double de nos jardins reprend son état primitif de simplicité, lorsqu'elle n'est plus soumise à l'influence de la même culture.

Nos animaux domestiques, améliorés d'une manière si remarquable par le croisement des races, perdent ce précieux avantage dès la troisième ou quatrième génération, si des rapprochemens nouveaux entre les espèces différentes ne sont pas convenablement sollicités.

Enfin l'homme né sans énergie, avec des inclinations vicieuses qu'il a maîtrisées par l'éducation et les bons exemples, se laisse entraîner par ses funestes penchans, si l'habitude n'agit pas constamment avec effort, pour affermir et consolider son ouvrage.

Étudions cet antagonisme de la *nature* et de *l'habitude*, pour mieux concevoir toutes les modifications qu'il peut offrir, 1° dans l'économie universelle, 2° dans l'économie vivante.

SECTION PREMIÈRE.

DE L'HABITUDE CONSIDÉRÉE DANS L'ÉCONOMIE UNIVERSELLE.

Au premier aspect, l'économie universelle paraît affranchie du pouvoir de l'habitude, et les phénomènes physiques dont elle se compose, absolument étrangers à l'influence de ce puissant modificateur.

Admise par le plus grand nombre des auteurs, cette opinion n'est pas conforme à la vérité ; l'expérience nous la présente comme le résultat illusoire d'une observation trop superficielle.

Sans doute, les actions physiques n'offrent pas sous cette influence des modifications aussi variées, aussi profondes, que les phénomènes vitaux, mais elles s'y trouvent assez positivement soumises pour devenir ici l'objet de plusieurs considérations générales d'autant plus utiles, qu'elles serviront encore à marquer la transition des corps inertes aux corps animés, de l'économie universelle à l'économie vivante.

Les ressorts de nos différentes machines, soumis à la répétition des efforts qu'ils doivent supporter, sont toujours préférables à ceux qui n'ont point encore éprouvé cette influence; ils offrent des réactions plus uniformes, plus précises, et sont plus difficiles à briser. Par une conséquence naturelle, nos horloges, nos pendules, nos montres sont imparfaites, inexactes dans les premiers tems; elles acquièrent par le mouvement, toute la précision et la régularité dont leur mécanisme est susceptible.

Nos instrumens de musique, et notamment le violon, que l'on doit considérer comme le plus remarquable, deviennent par l'habitude, plus justes et plus harmonieux; leurs vibrations d'abord sans élasticité, leur timbre sans agrément, acquièrent par la répétition des trémoussemens fibrillaires, l'avantage de rendre des sons plus moëlleux, plus doux et plus variés; ce genre de perfectionnement dépend même tellement de l'influence dont nous parlons, que l'art ne peut jamais remplacer ici les effets de l'exercice et du temps.

Lorsque nous voulons chauffer très-fortement un corps fragile, un vase en porcelaine, en verre par exemple, c'est graduellement que nous éffectuons l'introduction du calorique; nous observons la même précaution dans le refroidissement; en négligeant de ménager les transitions on opère la fracture de ce corps, par la dissociation instantanée de ses molécules dans un ou plusieurs points. En le familiarisant en quelque sorte avec les modifications opposées, on obtient bientôt sans rupture, l'écartement et le rapprochement alternatifs des particules matérielles. Si le corps a plusieurs fois été soumis aux deux extrêmes de ces variations relatives à la température, il est comme on le dit *éprouvé;* sa propre substance disposée convenablement par l'action du modificateur que nous étudions, offre une manière d'être qui le rend moins susceptible d'altération sous les mêmes influences destructives.

On n'objectera pas sans doute, qu'en plongeant instantanément ce même corps dans l'eau bouillante, la fracture n'a point lieu si l'immersion est générale; en effet alors toutes les molécules écartées dans la même proportion ne se trouvent plus exposées à l'abandon partiel, et n'ont plus besoin de l'habitude pour garantir l'intégrité du corps soumis à l'expérience.

Ainsi dans les phénomènes physiques de l'économie universelle, nous voyons partout des modifications essentiellement déterminées par l'habitude.

Nous pourrions multiplier les exemples, mais devant seulement considérer cet objet d'une manière générale, notre tâche est suffisamment remplie.

SECTION SECONDE.

DE L'HABITUDE CONSIDÉRÉE DANS L'ÉCONOMIE VIVANTE.

Si nous envisageons actuellement les influences de ce puissant modificateur sur l'économie vivante, nous les trouvons d'autant plus réelles, plus profondes et plus variées que nous étudions cette même économie dans un point plus riche en facultés vitales, en phénomènes de relation.

Rudimentaires chez les végétaux, ces influences deviennent beaucoup plus marquées chez les animaux, elles présentent chez l'homme tous les developpemens et toutes les modifications qui leur sont propres. Dès-lors nous devons les envisager sous ces trois points de vue, pour en mieux concevoir et la nature et les effets.

ARTICLE PREMIER.

DE L'HABITUDE CONSIDÉRÉE CHEZ LES VÉGÉTAUX.

Les végétaux éprouvant à leur manière l'action des excitans dont ils sont environnés, ont besoin de s'accoutumer par degrés à ces influences, lors surtout qu'elles sont fortes et n'offrent pas une harmonie parfaite avec les besoins du sujet, un rapport naturel avec sa constitution. Ce principe est invariable, et sur lui repose la conservation des plantes, des arbustes et des arbres soumis à ces différentes modifications.

Ainsi transplantez sans précaution dans la zône glaciale, des arbustes nés dans le zône torride, ou sous la ligne équatoriale, des plantes qui croissent naturellement dans les régions hyperboréennes, vous leur donnerez inévitablement la mort.

Graduez au contraire, dans ces périlleuses migrations, les impressions inaccoutumées du sol, de l'air, de la température etc., ces végétaux auront beaucoup moins à souffrir, vous parviendrez à les acclimater en leur conservant la vie sous un ciel étranger, essentiellement différent de celui qui les vit naître.

C'est d'après ces lois générales, que sont modifiés nos terrains préparés, que sont disposées nos serres chaudes, tempérées et froides ; c'est encore sur l'application de ces grands principes, que se trouve basée l'intégrité des végétaux, des animaux et de l'homme lui-même, au milieu des nombreuses vicissitudes auxquelles tous les êtres vivans peuvent se trouver soumis ; enfin c'est par une conséquence nécessaire de ces principes et de ces lois, que les transitions brusques de la température et des autres dispositions atmosphériques produisent quelquefois une grande mortalité, lorsque les mêmes révolutions auraient pu s'effectuer d'une manière lente et progressive sans entraîner d'aussi funestes résultats.

Les végétaux d'un ordre supérieur, d'une organisation plus délicate, d'une irritabilité plus développée, nous offrent des modifications plus spéciales encore sous l'influence que nous étudions.

Ainsi la sensitive, par un mouvement concentrique, ferme son feuillage pendant la nuit, et par un mouvement opposé, l'ouvre de nouveau sous l'impression bienfaisante des premiers rayons du jour. L'habitude peut intervertir ces dispositions natives. Environnez cette plante d'une obscurité profonde pendant le jour, d'une lumière très-vive pendant la nuit, vous la verrez, après quelques résistances de la nature, s'accommoder à ce nouvel ordre de choses, et bientôt à l'exemple de l'homme lui-même, veiller lorsque tout repose autour d'elle, et reposer à son tour lorsque tous les êtres qui l'environnent se trouvent plongés dans un profond sommeil.

Soumettez cette même plante à des secousses habituelles, au mouvement d'une voiture par exemple, cette excitation insolite dérangera d'abord sa manière d'être naturelle, mais elle y reviendra bientôt par l'habitude, comme dans le calme le plus parfait.

Ces exemples qui n'ont point échappé à l'observation des botanistes, et beaucoup d'autres que nous pourrions citer, prouvent évidemment toute l'influence des modificateurs que nous étudions, sur cette première division de l'économie vivante.

ARTICLE SECOND.

DE L'HABITUDE CONSIDÉRÉE CHEZ LES ANIMAUX.

Les relations extérieures deviennent chez les animaux, plus étendues et plus multipliées ; par une conséquence nécessaire, les effets de l'habitude sont chez eux plus variés et plus sensibles.

Les considérations que nous avons exposées pour les végétaux, relativement aux modifications du sol, de l'atmosphère et du climat, s'appliquent également aux animaux, avec cette différence, que plus près de nous, ces derniers peuvent être soustraits avec plus d'avantage aux influences nuisibles qui les entourent, par le bienfait de nos moyens artificiels ; mais encore, quels soins, quelles précautions ne deviennent pas indispensables pour les acclimater et les conserver sous des latitudes étrangères ?

L'éducation est déjà susceptible, chez les animaux, de produire des résultats aussi remarquables que variés.

Ainsi lorsque nous voyons le chien, le singe, le cheval etc., dressés dans une rare perfection, exécuter avec précision et méthode, les mouvemens les plus difficiles et les plus compliqués, nous sommes naturellement portés à leur accorder, comme à l'homme, une intelligence dont les facultés s'élèvent au-dessus des besoins physiques. Lorsque nous entendons certains oiseaux, le perroquet plus spécialement, articuler des sons, former des mots, des phrases et même d'assez longues périodes, ils nous semblent au premier instant exprimer leurs propres idées ; mais lorsque nous observons avec plus d'attention, nous reconnaissons bientôt que toutes ces actions qui nous en imposent et nous frappent d'étonnement, ne sont autre chose qu'un résultat de la répétition des mêmes phénomènes sous l'influence de l'habitude et de l'imitation.

Les diverses classes d'animaux, et les différens sujets dans la même espèce, ne sont pas également susceptibles d'éducation, ou si l'on veut, d'être aussi profondément influencés par le modificateur que nous étudions ; il suffit pour s'en convaincre, de comparer sous le premier rapport, le porc au chien, l'âne au cheval, le canard au perroquet ; et sous le second, les chiens, les singes, les chevaux entre eux ; en thèse générale, on peut avancer que les animaux sont d'autant plus susceptibles d'habitude, que leurs fonctions de relation offrent plus d'étendue, plus de variété, que leur constitution est plus molle et plus flexible.

Outre ces dispositions générales, nous rencontrons encore dans les différentes espèces, des aptitudes particulières. Ainsi le perroquet se trouve naturellement organisé pour le langage articulé ; le rossignol pour les modulations du chant ; le singe pour les tours d'adresse, le chien pour l'exercice de la chasse, le cheval pour le tumulte des camps et le mouvement des combats ; mais ces vocations natives ne sont que des rudimens sans culture ; l'habitude et l'éducation en font seules des phénomènes remarquables.

ARTICLE TROISIÈME.

DE L'HABITUDE CONSIDÉRÉE CHEZ L'HOMME.

Dans notre espèce, la sphère des rapports extérieurs acquiert son plus grand développement, et l'habitude produit toutes les modifications qu'elle est susceptible d'effectuer.

Dans l'état sauvage, nous trouvons déjà les dispositions natives de l'homme assez positivement éloignées de leurs caractères primitifs ; mais si nous l'examinons dans l'état social, nous le voyons tellement différent de soi-même, qu'à peine offre-t-il quelques vestiges de ses traits primordiaux. Chez le premier, la nature est modifiée superficiellement par l'éducation ; chez le second, l'éducation a presque entièrement fait disparaître la nature ; chez le premier, la nature plus mâle et plus énergique a triomphé des efforts impuissans de l'habitude ; chez le second, les caractères des dispositions acquises ont en quelque sorte effacé le cachet des dispositions primitives.

Quelque soit la condition de notre espèce, plus ou moins soumis à l'empire des lois générales que nous venons de signaler, jamais nous ne pourrons supporter sans modification positive les migrations lointaines ; arriver sans habitude et sans gradation à braver impunément toutes les influences d'un ciel étranger. En changeant de patrie, l'homme doit non seulement arroser de ses pleurs les derniers confins de la terre natale, mais encore payer un tribut souvent très-dangereux au nouveau climat qu'il se propose d'habiter.

Disons le cependant, il est moins étroitement que les

végétaux et les animaux, attaché au sol qui le vit naître ; il sait avec avantage s'approprier tous les alimens, toutes les coutumes, toutes les influences des latitudes opposées ; les bornes de son pays, deviennent ainsi les bornes du monde.

On admet assez généralement ce principe : *tous les goûts sont dans la nature*; nous établissons comme vérité mieux démontrée : *qu'ils sont plus souvent un résultat de l'habitude et de l'éducation.* Dans l'hypothèse contraire, verrions-nous se généraliser nos modes et nos coutumes les plus bizarres ? Cependant telle action, tel objet, tel costume qui nous semblaient d'abord le comble du ridicule et de la folie, nous paraissent bientôt plus supportables, nous séduisent, nous entraînent à les adopter, et même à trouver surrannés et grotesques tous ceux qui n'ont pas éprouvé ces modifications exigées par le caprice de l'usage.

L'habitude est d'onc évidemment après la nature, notre maître le plus impérieux, puisque souvent elle obtient le suprême pouvoir et devient un tyran qui nous domine à son gré. Profondément établies, ces dispositions artificielles règlent nos goûts et nos penchans avec autant d'empire que les dispositions natives. Ainsi l'habitant de la campagne, accoutumé depuis long-tems aux travaux rustiques, aux alimens les plus grossiers, aux variations de l'atmosphère, aux intempéries des saisons dont il est à peine garanti par les vêtemens et le toit de l'indigence, n'abandonnerait pas une aussi triste position sans peine et sans danger, pour le repos efféminé, les mets délicats, les riches habits, les palais commodes et somptueux de nos magnifiques cités. On n'a pas oublié l'histoire de ce malheureux prisonnier, qui remis en liberté après vingt années de réclusion dans le cachot le plus infect, ne put supporter la vivacité de la lumière et la pureté de l'air extérieur, demanda comme une grâce, et comme le seul moyen de vivre, les alimens et le lieu de sa triste captivité.

Le modificateur que nous étudions exerce une influence également remarquable sur la constitution physique et morale de l'homme. Nous voyons en effet des sujets, même d'un esprit ordinaire, acquérir par l'éducation gymnastique, la grâce du maintien, et la perfection dans les exercices du corps ; des individus même d'un génie supérieur, soumis à des modifications opposées, ne plus offrir cet applomb dans les attitudes, et cette précision dans les mouvemens.

Considérez ce jeune merveilleux si plein de soi-même, toujours si complétement satisfait de sa chétive personne, exclusivement occupé à dispenser tous ces petits soins, ces petits complimens d'usage, ces jolies manières, cette politesse factice, élémens indispensables du *bon ton, de la galanterie* ; vous le voyez acquérir insensiblement une forme séduisante qui dérobe aux regards superficiels toute la nullité du fond ; obtenir une préférence injuste sur le modeste savant, qui dans la retraite et la méditation, négligeant toutes ces ridicules afféteries, paraît souvent emprunté dans le grand monde, et quelquefois même assez gauche pour exciter les sottes railleries de son mince et vain antagoniste.

Le genre de vie, l'exercice des professions impriment également un cachet particulier sur le physique et le moral de l'homme. Chacune de ces dispositions offre un type qui la caractérise, donne une physionomie spéciale aux individus soumis à son influence. Ainsi *le pédagogue* est important et sentencieux ; *l'avocat*, diffus, argumentateur ; *le médecin*, attentif et discret ; *le guerrier*, franc, loyal, impérieux ; *le courtisan*, flatteur, bas et perfide ; *le juge*, grave et solennel ; *le comédien*, gesticula-

teur et grimacier ; *le peintre*, silencieux, observateur ;
le musicien, bruyant, léger, inconstant; *le danseur*, étudié dans tous ses mouvemens; *l'opulent*, hautin, orgueil-
leux, tranchant ; *le pauvre*, modeste, craintif etc.

Les opinions politiques et religieuses ne sont beaucoup trop souvent, pour l'homme qui les adopte sans
les approfondir, qu'un simple résultat de l'éducation.
Tel sujet est Calviniste ou Luthérien, partisan de la ligue ou
du roi, suivant que l'une ou l'autre de ces croyances,
de ces opinions est admise dans son pays, dans sa famille, et que dès ses premières années il en a contracté
l'habitude; aussi de tels néophites sont-ils presque toujours mal affermis dans leurs principes; disposés à la
trahison, à l'apostasie lorsqu'ils se trouvent, par des motifs puissans, placés entre les intérêts de leur fortune et
ceux de leur conscience.

L'habitude nous offre encore des influences bien remarquables dans les différentes maladies. Ainsi l'homme
se familiarise avec la souffrance, la vie s'accoutume par
dégrés au désordre des fonctions; elle s'entretient souvent au milieu des lésions les plus graves lorsque la progression des symptômes s'est effectuée d'une manière
insensible; tandis qu'elle est ordinairement compromise
par le développement instantané d'affections morbides
beaucoup plus légères. Ainsi dans l'hydrocéphale chronique, un litre de sérosité peut s'accumuler graduellement sans occasionner la mort; deux cuillerées suffisent
quelquefois, dans l'hydrocéphale aiguë, pour entraîner
ce funeste résultat.

Une maladie passée dispose au développement d'une
altération semblable; les mêmes organes s'habituent à la
contracter avec plus de facilité. Ce principe, en opposition avec les idées vulgaires, présente un intérêt majeur
dans ses applications au traitement des convalescences ,

et nous fait sentir que l'attention doit alors tout particulièrement se diriger vers l'appareil ou l'organe plus
spécialement affectés, pour les soustraire aux influences
capables de ramener la maladie qu'ils viennent d'éprouver.

C'est encore d'après la même loi, que les sujets valétu-
dinaires, habitués aux influences pathologiques, présentent fréquemment des indispositions, rarement des
maladies graves; la nature paraissant chez eux fléchir
sans effort sous une modification accoutumée; tandis
que les individus robustes sont moins souvent, mais presque toujours plus dangereusement affectés, l'organisme
réagissant avec d'autant plus de violence, que ces modifications lui sont plus étrangères. Le premier de ces
états nous offre l'image du faible roseau pliant sous l'impulsion des vents; le second, celui du chêne inflexible
qui se brise en résistant au souffle impétueux des aquilons.

Ainsi depuis la naissance jusqu'à la mort, dans l'état
de santé, comme dans l'état de maladie, nous rencontrons partout l'empire de l'habitude. Pour mieux comprendre encore les modifications importantes qu'elle
détermine, considérons son influence dans chacune des
fonctions de notre économie.

Il serait erroné de penser, avec Bichat et plusieurs
autres physiologistes, que cette influence porte exclusivement sur les phénomènes de relation; aucune partie
de l'organisme, aucune action de l'économie vivante ne
peut s'affranchir d'une puissance qui régit l'Univers.

Toutefois ces actions physiologiques ne sont pas modifiées par elle d'une manière identique; les dispositions
qu'elle produit, à peine sensibles chez les unes, deviennent
quelquefois chez les autres, plus apparentes que les
modifications natives. Elevons-nous par gradation, des
effets les plus simples, aux résultats les plus compliqués.

INFLUENCES DE L'HABITUDE SUR LES FONCTIONS NUTRITIVES.

Considérées d'une manière superficielle , toutes les fonctions nutritives semblent, au premier aspect, absolument étrangères aux modifications de l'habitude. Ainsi la digestion , la nutrition , les sécrétions n'offrent pas moins de perfection apparente chez l'enfant qui vient de naître, que chez l'adulte arrivé au complément de son organisation. Mais en étudiant ces phénomènes avec une attention plus scrupuleuse, on y découvre bientôt les influences de cet agent universel. Un grand nombre de faits positifs servent de fondement au principe que nous venons d'établir.

Le lait, ce premier aliment de l'enfance , est le seul approprié à l'état actuel des organes digestifs; c'est par degrés, c'est par le secours d'une véritable habitude, qu'ils parviendront insensiblement à l'élaboration de substances plus réfractaires.

Le citadin efféminé, qui toujours a fait usage des mets les plus suaves et les plus délicats , pourrait-il actuellement digérer sans accident, les alimens grossiers au moyen desquels s'entretiennent la force et la santé du robuste agriculteur? Celui-ci n'éprouverait-il à son tour aucun inconvénient du régime dégoûtant des Cosaques et des Baskirs, que nous avons observés mangeant avec sensualité des viandes et des poissons putréfiés, cuits dans la graisse rance, dans le vieux suif ou dans l'huile destinée à l'éclairage? Nous ne le pensons pas, et cependant en ménageant les transitions, en donnant à l'habitude le tems de s'établir, on parviendrait à ces résultats, on ferait sous ce rapport, sans danger, d'un citadin un Baskir, et d'un Baskir un citadin. Les faits consignés dans les relations des villes assiégées , des navigations malheureuses, ne peuvent laisser à cet égard aucune incertitude.

L'absorption est également susceptible, sous la même influence, de modifications bien remarquables, et surtout bien rassurantes pour le médecin. Ainsi l'homme, soumis depuis long-tems à l'action des émanations miasmatiques, parvient à la supporter avec beaucoup moins d'inconvénient.

En 1814, époque désastreuse pour la France, l'hôpital de la Salpêtrière, où nous faisions alors le service d'élève interne, encombré de malades et de blessés, offrait un foyer d'infection et d'épidémie meurtrière. La plupart des jeunes élèves de Paris, que leur zèle conduisit dans ce triste asyle de la souffrance et de la mort, inaccoutumés à ces influences nuisibles, payèrent de leur vie ce généreux dévouement; tandis qu'habitués depuis long-tems à ces dangereuses modifications, nos collégues et nous ne fûmes atteints que vers la terminaison de cette épidémie, nos forces épuisées devant succomber enfin, sous le poids du travail et de la fatigue.

La nutrition offre d'abord des altérations plus ou moins profondes, relativement à sa nature, à son activité, par les changemens de saison, de climat d'alimens etc.; mais au moyen de l'habitude elle rentre par degrés dans ses dispositions primitives.

Enfin, les *sécrétions* éprouvent incessamment les effets de la même influence; leur travail devient plus ou moins actif, suivant les habitudes au milieu desquelles se trouvent les appareils chargés d'exécuter ces fonctions. Ainsi la glande lacrymale chez les sujets très-sensibles, les salivaires chez le gourmand, le foie chez le gastronome, les mamelles chez la nourrice, les testicules chez le masturbateur, les reins chez l'habitant des contrées humides etc., offrent une élaboration sécrétoire beaucoup plus abondante que celle des mêmes organes chez les sujets environnés des circonstances opposées.

INFLUENCES DE L'HABITUDE SUR LES FONCTIONS VITALES.

Il suffit encore d'observer avec un peu d'attention la circulation, la réspiration et l'innervation, pour sentir qu'elles se trouvent également assujetties au pouvoir de l'habitude.

La circulation est beaucoup plus énergique et plus parfaite chez les sujets qui se livrent ordinairement à des exercices capables d'activer les mouvemens du cœur. Le sang poussé avec plus de force pénètre les vaisseaux capillaires jusque dans leurs dernières ramifications. De là ces différences notables que l'on rencontre sous le rapport de la vitalité, de la coloration des muqueuses, de la peau etc., entre les hommes qui vivent dans une activité continuelle, et ceux qui languissent dans la mollesse et l'oisiveté. Les agriculteurs habituellement exposés à l'action des rayons solaires, tous les ouvriers soumis à l'influence d'une chaleur très-vive, comme on l'observe dans les fonderies, les verreries etc., éprouvan t une excitation à peu près continuelle dans les capillaires cutanés, offrent encore par cette raison, les dispositions que nous venons de signaler. On prétend même qu'au moyen d'une étude prolongée, quelques individus sont parvenus à placer l'action du cœur sous l'influence de la volonté; ainsi d'après un écrivain qui paraît digne de foi, le colonel Touwsend pouvait accélérer, diminuer ou même suspendre à son gré les mouvemens de cet organe.

La respiration est plus accélérée chez les individus qui s'accoutument à n'introduire qu'une petite proportion d'air à chaque inspiration, les poumons se trouvant habituellement comprimés par des vêtemens trop étroits; elle est plus rare et plus ample chez ceux qui fréquemment retardent la succession de ses mouvemens, la soutiennent par le chant, la déclamation etc.. Il suffit d'avoir fréquenté les laboratoires de chimie, pour savoir que par degrés, on familiarise l'appareil respiratoire avec des gaz dont l'action deviendrait essentiellement dangereuse pour ceux qui n'en auraient pas ainsi contracté l'habitude.

L'innervation augmente sensiblement d'énergie sous l'influence de ce modificateur ; ainsi la répétition fréquente de l'impulsion nerveuse dans une partie déterminée du système musculaire, donne à cette même partie plus de force et plus d'agilité proportionnelle qu'à toutes les autres. La plupart des névralgies doivent leur développement aux excitations habituellement entretenues vers les organes qui en deviennent le siége etc..

INFLUENCES DE L'HABITUDE SUR LES FONCTIONS GÉNITALES.

Si nous considérons les fonctions génératrices dans leur but essentiel, nous les voyons s'exercer avec la même perfection chez l'adolescent et l'homme fait; elles nous paraissent dès-lors soustraites à l'influence de l'habitude ; mais si nous en étudions les phénomènes d'une manière plus spéciale, nous sentons aussitôt qu'ils ne font point exception à cette loi commune. En effet, la fréquence de la copulation rend chez l'homme la sécrétion du sperme plus abondante, les désirs du coït plus rapprochés, sa répétition plus facile; elle excite chez la femme des besoins toujours renaissans, fait de l'utérus un centre de fluxion permanente, et détermine bien souvent l'érotisme et la nymphomanie. Le défaut d'exercice de cette fonction, la continence rigoureusement observée, amènent au contraire insensiblement l'oubli du coït; la chasteté devient alors d'autant plus facile et moins pénible, que les désirs vénériens ont été plus scrupuleusement et plus long-tems maîtrisés. L'avortement lui-même peut offrir une conséquence de ces principes ; l'utérus ayant plusieurs fois expulsé le produit de la conception vers le deuxième, troisième ou quatrième mois, par exemple, sous l'influence de l'habitude, ne manquera pas de faire à cette époque, les mêmes efforts pour se débarrasser du fœtus. Combien de faits analogues ne pourrions-nous pas également énumérer, si la vérité de ces assertions n'était suffisamment démontrée.

INFLUENCES DE L'HABITUDE SUR LES FONCTIONS DE RELATION.

Si l'habitude peut modifier toute l'économie vivante, changer même quelquefois ses dispositions primordiales, c'est plus spécialement encore sur les phénomènes de relation que cet agent merveilleux exercera son empire.

Nos rapports avec l'Univers s'effectuent par trois ordres de fonctions : 1° l'Impression que font sur nous tous les objets extérieurs; *sensations*. 2° Les idées, les raisonnemens et les jugemens que cette impression occasionne; *actions de combinaison intellectuelle*. 3° Enfin les mouvemens divers par lesquels nos idées et nos passions sont naturellement signifiées; *actions d'expression*. Les effets de l'habitude se trouvant diversifiés dans chacun de ces groupes, nous devons présenter isolément les considérations importantes que fait naître leur étude.

1° SUR LES SENSATIONS.

« *L'habitude émousse le sentiment et perfectionne le jugement.* — Cette opinion d'un grand physiologiste, vraie sous quelques rapports, devient essentiellement fausse en la considérant d'une manière absolue.

Elle présente un caractère de vérité lorsque les agens d'excitation ne dépassent point , dans leur influence, la mesure naturelle de la sensibilité des organes qui s'y trouvent soumis ; elle devient une erreur palpable , toutes les fois que cette influence est exagérée. Quelques exemples rendront ces principes incontestables.

En graduant les caractères irritans des boissons , on parvient à supporter les plus fortes, et le sens du goût s'émousse dans la même proportion, mais sans perdre sa rectitude ; c'est ainsi que les grands buveurs sont en général bons gourmets. Le pharmacien Buquet mort à Paris vers le commencement du siècle, après avoir successivement usé du cidre , du vin , de l'eau-de-vie, de l'alcohol , parvint à boire chaque jour un litre d'éther.

Mithridate , soupçonneux dans l'adversité , s'habitua tellement à l'influence des poisons les plus violens, qu'il n'en rencontra plus d'assez actifs pour se débarrasser d'une existence qu'il ne voulait pas laisser à la merci de ses ennemis.

Au contraire , si dès le début, on ingère dans l'estomac une liqueur spiritueuse très-forte , la répétition de cette influence disproportionnée au développement de la sensibilité , produit l'irritation ou même l'inflammation de ce viscère, le sentiment augmente , la douleur s'éveille , tandis que la faculté de juger l'impression est constamment altérée.

Partant de ce premier principe , dont l'erreur nous paraît assez démontrée , Bichat en infère des conséquences qui nous semblent aussi contraires aux intérêts de la vérité qu'à ceux de la morale, en faisant « *de la* « *constance une rêverie des poëtes, une véritable chimère* « *de l'imagination* ».

En effet si l'homme abandonné aux caprices de ses passions habitué dès long - tems , à placer toutes ses jouissances dans les excitations très-vives, a besoin de les varier pour éviter les pénibles effets de l'uniformité, en est-il de même pour celui dont la raison dirige les goûts et borne les désirs? Attaché à ses coutumes, au charme de la propriété, à ses travaux, à ses paisibles délassemens, ne goûtera-t-il pas toujours au contraire un bonheur inaltérable dans sa manière uniforme de sentir.

Si nous appliquons ces lois plus particulièrement aux différentes sensations, nous les verrons offrir partout la même réalité ; partout dans les mêmes circonstances, les influences de l'habitude seront à peu près identiques.

Sur les sensations générales. — Les excitations graduées avec beaucoup de ménagement ne produisent point d'irritation morbifique ; la sensibilité se modifie, par l'habitude, semble diminuer en proportion de l'accroissement d'activité du modificateur, de manière à se trouver dans une juste mesure pour la sensation ; elle paraît même quelquefois s'anéantir ; ou dans certaines circonstances prendre un caractère essentiellement opposé à celui qu'elle offrait dans l'état normal ; de telle sorte que l'excitation, qui d'abord produisait une véritable douleur, éveille alors une sensation agréable.

Ainsi dans nos climats où les transitions s'effectuent d'une manière lente et graduée, des tièdes haleines du printems aux chaleurs excessives de l'été, de l'atmosphère tempérée de l'automne aux froids les plus rigoureux de l'hiver, nous supportons beaucoup mieux dans le premier cas, l'excès du calorique, dans le second celui du froid, que nous ne pourrions le faire au milieu de ces changemens instantanément effectués ; nous sommes beaucoup plus sensibles au premier abaissement du thermomètre à zéro, qu'à celui de huit ou dix degrés vers la fin des saisons glacées.

La première introduction d'une algalie dans le canal

de l'urètre produit ordinairement une douleur assez vive;
cette opération réitérée plusieurs fois devient moins pénible, ensuite à peine sensible, enfin quelquefois même
agréable.

Nous avons observé à la Salpêtrière, deux femmes
que l'on sondait chaque jour plusieurs fois, depuis
quinze ans, pour une paralysie de la vessie ; le cathé-
térisme produisait alors ce dernier résultat.

Chopart, dans son traité sur les maladies des voies
urinaires, cite l'histoire bien remarquable d'un jeune
pâtre, qui parvint insensiblement, au moyen d'un mauvais couteau, à se diviser la verge depuis le méat urinaire jusqu'au col de la vessie, excitant chaque fois dans
cette opération, cruelle pour tout autre sujet, des sensations voluptueuses que la masturbation ne pouvait plus
développer dans ses organes affaiblis par cette funeste
habitude.

Lors au contraire qu'une excitation très-vive s'effectue
sans gradation, elle produit alors ou l'inflammation ou
la gangrène suivant la mesure de sensibilité des parties
affectées, suivant le défaut ou l'excès des réactions morbifiques sollicitées par cette influence.

Sur les sensations spéciales. — En observant avec attention, on reconnaît bientôt que les mêmes principes
leur sont applicables. Ainsi par des gradations ménagées
nos sens peuvent acquérir, sous l'influence de l'habitude,
la faculté d'apprécier les plus faibles, comme les plus
fortes impressions. Leur susceptibilité s'affaiblit si la
transition s'effectue des excitans les plus légers aux
plus forts ; elle se développe aucontraire dans la transition opposée. L'œil s'habitue par degrés à distinguer les
objets dans l'atmosphère ténébreuse d'un antre profond,
et sous le foyer d'une lumière éclatante ; les sons très-
intenses rendant l'oreille paresseuse ; les salaisons, les

épices, toutes les inventions de l'art culinaire, pour exciter l'appétit, usent ordinairement le goût ; les odeurs pénétrantes affaiblissent l'olfaction. Hallé dans ses cours rapportait l'histoire de deux amans Sybarites qui s'étaient complétement privés de l'usage de ce dernier sens, en faisant un si grand abus des parfums qu'ils en plaçaient jusque dans le soufflet dont ils se servaient pour alimenter la combustion de leur foyer.

Le seul moyen de rappeler, autant que possible, toute la sensibilité naturelle dans ces organes ainsi fatigués par l'abus des excitans, consiste à les soumettre d'une manière progressive à des modifications opposées, en graduant les impressions, des plus fortes vers les plus faibles.

Au contraire si l'on porte subitement une excitation très-vive sur les organes sensitifs, on détermine encore ou l'inflammation ou la paralysie. Combien d'ophtalmies ou d'amauroses, de surdités ou d'otites etc. ne se rattachent pas directement à l'action d'une lumière très-brillante sur la rétine, ou d'un son trop éclatant sur les nerfs acoustiques.

2° SUR LES ACTIONS DE COMBINAISON.

Les lois que nous avons établies relativement aux sensations doivent s'appliquer également aux actions de combinaison.

Pour mieux comprendre les influences de l'habitude relativement à ce nouvel ordre de fonctions, nous devons bien distinguer ici les impressions agréables ou pénibles que reçoit l'âme à l'occasion des sensations ; les idées, les raisonnemens, les jugemens et les passions dont ces mêmes impressions deviennent les élémens essentiels.

Les impressions, lorsqu'elles sont en mesure de la sen-

sibilité s'affaiblissent par degrés. Tel objet qui d'abord
nous affectait avec beaucoup de vivacité perd insensiblement de son action, nous devient même quelquefois
indifférent. Nos peines et nos plaisirs, sujets aux mêmes
lois, éprouvent cette influence de l'habitude qui vient
nous expliquer la réalité de ces axiomes : « *il n'est point
d'éternelles douleurs.* » « *La nouveauté plaît toujours.* »
« *Les jouissances de la réalité sont moins vives, moins
pures et moins durables que celles de l'espérance.* »

D'un autre côté, les idées, les raisonnemens, les jugemens et les passions, que ces impressions font naître, se
perfectionnent sous la même influence. Nous concevons
mieux une sensation que nous avons éprouvée plusieurs
fois ; nous raisonnons avec plus de profondeur sur les
différentes parties de l'objet qui la produit ; nous jugeons
plus exactement son ensemble ; nous réglons avec plus
d'avantage et d'empire, les Passions qui deviennent le
résultat de ces modifications morales. Un seul exemple
suffira pour démontrer toute la vérité de ces principes.

La première vue d'une campagne agréable, dans un
site riant et varié, l'ensemble des objets qui s'offrent à
nos regards, ces prairies, ces ruisseaux, ces villages, ces
forêts, ces monts sourcilleux qui terminent au loin le
paysage, tout porte dans l'âme un calme religieux et paisible, tout fait éprouver une impression délicieuse qu'il
est beaucoup plus facile de sentir que d'exprimer. Si plus
tard nous cherchons à nous rappeler tous les détails de
cette perspective, à peine les plus importans viennent-ils
se retracer à notre souvenir ; c'est alors qu'ils nous est
démontré que dans ce premier examen, absorbés par la
vivacité des impressions, nous avons entièrement négligé l'analyse des objets qui les ont fait naître.

Lorsque nous avons occasion de revoir plusieurs fois
ces mêmes lieux, moins entraînés par l'excitation des

sens, nous raisonnons les détails, nous jugeons l'ensemble; toutes les particularités viennent se graver dans notre souvenir, et nous pouvons les retracer à des tems souvent très-éloignés, comme s'ils étaient présens à nos yeux.

L'auteur du Jeune Anacharsis avait bien senti ces vérités lorsqu'il s'exprimait ainsi : « En attendant le jour « du départ, j'allais, je venais, je ne pouvais me rassa- « sier de revoir la citadelle, l'arsenal, le port, les vais- « seaux........ Je sortais de la ville, et mes yeux restaient « fixés sur des vergers couverts de fruits, sur des cam- « pagnes enrichies de moissons; mes sensations étaient « vives, tout ce qui me frappait, je courais le dire à « Timagène comme une découverte pour lui ainsi que « pour moi; je lui demandais si le lac Méotide n'était « pas la plus grande des mers, si Panticapée n'était pas « la plus belle ville de l'Univers.

« Dans le cours de mes voyages, et surtout au com- « mencement, j'éprouvais de pareilles émotions toutes « les fois que la nature ou l'industrie m'offraient des ob- « jets nouveaux, et lorsqu'ils étaient faits pour élever « l'âme, mon admiration avait besoin de se soulager par « des larmes que je ne pouvais retenir, ou par des ex- « cès de joie que Timagène ne pouvait modérer. Dans « la suite, *ma surprise en s'affaiblissant*, a fait évanouir « les plaisirs dont elle était la source, et j'ai vu, avec « peine, *que nous perdons du côté des sensations ce que* « *nous gagnons du côté de l'expérience.* »

Lorsque les impressions dépassent la mesure naturelle de nos facultés affectives, elles exaltent la sensibilité morale et donnent à l'âme une manière d'être vicieuse qui ne lui permet plus de rien éprouver sans exagération. C'est alors que l'homme ressent un besoin continuel d'excitations insolites et fortes; ce besoin est même quelquefois tellement impérieux, qu'il fait rechercher des sensations pénibles alors que les sensations agréables deviennent insuffisantes. Ne voyons-nous pas en effet, des sujets mélancoliques, après avoir inconsidérément épuisé la coupe du plaisir, s'abîmer dans les idées les plus sombres, savourer avec sensualité l'amertume des plus violens chagrins, ou chercher un aliment à leur sensibilité dépravée dans ces spectacles sanguinaires qui ne devraient inspirer que l'horreur et l'effroi ! Quel tableau hideux que celui d'une exécution publique ! Quel tableau plus hideux encore que celui d'une femme arrêtant ses regards avides sur les membres palpitans de la victime sacrifiée par le glaive des lois !... C'est alors surtout que vient s'offrir dans toute son évidence, la grande vérité si bien rendue par un poëte célèbre , « *l'ennui naquit un jour de l'uniformité.* » Arrivé à ce terme fatal de la satiété morale, à ce dégoût de la vie, conséquence nécessaire des jouissances abusives, l'homme pourra-t-il exister alors qu'il n'est plus capable de sentir ? Fatigué du poids qui l'opprime incessamment , ne portera-t-il pas sur lui-même une main homicide et forcénée, dans la triste supposition ou le frein de la conscience ne viendra pas l'arrêter au bord du précipice affreux entrouvert sous ses pas !

Des principes que nous venons d'établir, découlent naturellement les conséquences les plus utiles au bonheur de l'homme. En abusant des impressions, il émousse leurs attraits; son âme compare les charmes du passé à l'indifférence du présent, et le résultat de ce rapprochement est la mélancolie, cette langueur morale plus pénible que toutes les souffrances physiques.

En ménageant au contraire les sensations qui constituent le fond de l'existence, en les soumettant au pouvoir de la raison, en se reposant des unes par les autres,

en les *rajeunissant*, en quelque sorte, par cette continuelle diversité qui les soustrait à l'empire de l'habitude,
il échappe à ce dégout de la vie que la satiété fait naître,
et parvient au vrai bonheur dont le secret reste inconnu
à ceux qui ne savent pas le chercher.

3º SUR LES ACTIONS D'EXPRESSION.

C'est plus spécialement encore dans cette classe de
fonctions que l'habitude nous étonne par ses merveilleux
effets. Entièrement destinés aux relations extérieures, ces
actes physiologiques, rudimentaires à la naissance, doivent acquérir par l'éducation, tous les perfectionnemens
dont ils sont naturellement susceptibles. Sans doute cette
éducation, même bien dirigée, ne peut remplacer les
dispositions natives; de même qu'elle ne fait point d'un
idiot un génie, de même on ne la verra point transformer en musicien habile, en danseur gracieux, un enfant
dont l'oreille est fausse et dont les membres sont défor-
més par le rachitis; mais en cultivant ces mêmes dispositions, elle offrira des résultats que ne promettrait aucun
autre modificateur.

Il suffit pour se pénétrer de la vérité de ces principes,
d'envisager toute la force des impressions que nos
grands acteurs tragiques parviennent à nous communiquer, lorsqu'ils nous font trembler par l'appareil d'un crime, lorsqu'ils nous arrachent des larmes par
leurs chagrins fictifs, lorsqu'ils font passer dans nos
âmes des passions qui sont à la réalité, ce que la peinture
est aux objets qu'elle représente. Attendris par des mal-
heurs supposés, alors que souvent nous fussions restés
impassibles s'ils eussent été vrais, nous sentons que l'art
parle toujours à l'imagination beaucoup plus que la nature elle-même.

Toutefois dans ces fonctions, comme dans les autres,

l'influence de l'habitude, pour offrir des résultats favorables, doit s'exercer avec mesure ; lorsqu'elle devient excessive, on la voit constamment les énerver et les pervertir; nous en donnerons la preuve en considérant ses effets, sur *la voix*, *la parole*, *la prosopose* et *les gestes*

1° *Sur la voix*. — Le larynx ou l'oreille sont-ils vicieusement constitués, c'est en vain que l'on chercherait, par l'exercice, à donner de la justesse à la voix. L'enfant qui chante faux dans les premières octaves qu'on lui fait parcourir, doit renoncer à la musique; cet art n'est point fait pour lui; ajoutons même qu'il ne sentira jamais le charme de l'harmonie, si la défectuosité que nous venons de signaler tient plus spécialement aux organes de l'audition.

Chez les sujets favorablement disposés , l'éducation normale fortifie la voix, développe son étendue, la rend plus flexible aux différentes modulations , donne à son timbre quelque chose de plus touchant et de plus persuasif, comme il est aisé de s'en convaincre en écoutant deux individus égaux par les moyens naturels , l'un sans culture , l'autre façonné par l'art.

Si la voix est au contraire exercée sans méthode , et surtout avec excès , toutes ses dispositions originelles disparaissent et font place à des altérations acquises; nous en trouvons chaque jour la preuve dans le timbre glapissant et rauque des *troubadours ambulans* et des crieurs publics.

2° *Sur la parole*. — Quelle différence n'existe pas , sous le rapport de la facilité d'élocution, entre l'écrivain exclusivement livré aux travaux silencieux du cabinet , et l'orateur qui s'est formé depuis long-tems aux discussions où l'éloquence peut déployer tous ses moyens? Que l'un et l'autre, en les supposant égaux par le mérite , viennent traiter publiquement un même sujet , le premier peut compter sur tous les suffrages. Tel homme qui d'abord ne semblait pas, sous ce rapport, devoir parcourir une brillante carrière, a su vaincre la nature par le travail et l'habitude, en obtenant dans la chaire des éloges aussi mérités qu'universels. En faut-il d'autre preuve que l'exemple de Démosthènes ?

La manière d'articuler les mots, le ton, les modulations des périodes, constitue ce que nous désignons par le terme d'*accent*. Ce mode varié de la prononciation, de l'expression vocale, est entièrement le résultat de l'habitude ; l'enfant dont l'oreille est frappée dès la naissance, par ces modifications du langage, les redit sous l'influence de l'imitation, et bientôt identifie sa manière de parler avec celle des personnes qu'il fréquente le plus ordinairement. Ainsi le gascon élevé dans la Normandie, exclusivement environné par les habitans de ce pays, ne présentera jamais l'élocution cadencée des riverains de la Garonne ; et le normand transporté dès sa première enfance dans les campagnes de Toulouse, n'offrira point cet accent lent et pénible de l'habitant de l'Orne ou du Calvados.

On sentira dès-lors tous les inconvéniens de confier l'éducation du premier âge à des personnes dont les manières sont communes, et l'élocution peu soignée.

3° *Sur la prosopose.* — L'expression faciale prend un caractère particulier sous l'influence des mouvemens les plus habituels aux traits de la physionomie. Voyez cet homme dont l'existence coule uniformément dans l'innocence et la paix ; étranger aux sombres nuages de l'envie, aux convulsions de la fureur, son front calme et tranquille devient en quelque sorte le miroir qui réfléchit la candeur et l'aménité de son âme.

Considérez au contraire celui dont la vie n'est qu'un enchaînement de commotions morales et de passions violentes, vous trouverez une expression faciale dure, énergique et variée.

Quels merveilleux effets l'habitude ne produit-elle pas encore dans tous les développemens de l'art mimique, depuis ce comédien dont les facéties provoquent le rire, jusqu'à cet acteur tragique dont la seule prosopose nous fait passer de la crainte à l'espérance, de la haine à l'amour, nous attendrit jusqu'aux larmes, nous glace d'épouvante et d'effroi ? mettez pour un instant à leur place l'homme le mieux organisé, le plus intelligent, mais sans aucune connaissance de l'art dramatique, vous sentirez aussitôt que dans cette circonstance, comme dans beaucoup d'autres, l'imagination, l'esprit et même le génie sont absolument incapables de remplacer entièrement l'habitude et l'éducation.

4° Sur les gestes et les autres mouvemens. — C'est plus particulièrement encore dans cet ordre de fonctions que nous retrouvons les profondes modifications de l'habitude. Chez le rustique villageois, exclusivement façonné par la nature, quelle gaucherie dans les attitudes, dans la marche, dans les gestes ; quel défaut d'harmonie entre ces derniers et les passions qu'ils expriment ; chez le danseur habile, au contraire, quelle élégance dans les formes, quelle grâce dans les positions, quelle force, quelle légèreté, quelle précision, quelle rapidité dans les mouvemens ; chez le funambule, quel aplomb, quel équilibre ; chez le jongleur, quelle habileté, quelle prestesse dans les mouvemens des doigts, quelle facilité à tromper les yeux qui se croient fascinés par un charme dont tout le pouvoir magique se trouve dans l'adresse manuelle de l'opérateur ; chez cet orateur célèbre, quelle noblesse dans les gestes, quels rapports constans avec les passions dont ils deviennent les fidèles interprètes, en donnant de l'élévation et de la force à l'expression de la pensée !

Nous voyons des malheureux sans mains et sans bras, y suppléer par les pieds, pour boire, manger, écrire, dessiner etc.; d'autres plus disgraciés encore, absolument privés des membres, les remplacer dans un assez grand nombre d'actions délicates, par les dents, la langue, les lèvres etc. , souvent avec une si grande perfection , que l'habitude paraît s'empresser chez eux à réparer les torts de la nature.

Telles sont les nombreuses modifications que l'habitude peut imprimer à notre espèce ; les hommes, depuis la naissance jusqu'à la mort, en éprouvent constamment l'influence , mais tous n'en sont pas également susceptibles; il existe sous ce dernier rapport des différences relatives *à l'âge, au sexe, au tempérament, au climat, aux institutions politiques et religieuses.*

Relativement à l'âge. — L'homme se trouve d'autant mieux disposé à recevoir les impressions de l'habitude, qu'il n'a point encore été soumis à son empire, que ses organes sont plus inexpérimentés et plus dociles ; aussi plus nous avançons dans le sentier de la vie, moins nous cédons à l'influence des modificateurs qui nous environnent.

Le vieillard esclave de ses préjugés, de ses coutumes antiques , ne consentirait point à les abandonner pour des usages plus avantageux. Tout objet nouveau lui semble imparfait ; les révolutions et leurs modes successives ont changé la face de l'Univers ; lui seul invariable conserve ses premières habitudes , et devient un objet de contraste avec tout ce qui existe autour de lui.

L'enfant au contraire, naturellement disposé à l'imitation, reçoit comme la cire molle et flexible toutes les empreintes que l'on cherche à lui communiquer. Ajoutons que ces formes primitives ne s'effacent presque jamais, et nous comprendrons les soins que l'on doit apporter à la première éducation. Montaigne avait bien senti cette importante vérité : « *Nos plus grands vices*, dit-il, *prennent leur pli dès la plus tendre enfance, et notre principal gouvernement est entre les mains des nourrices.* »

Relativement au sexe. — La femme d'une constitution plus délicate et plus souple, d'un moral plus doux et plus facile, se conformant plus naturellement aux influences de tout ce qui l'environne, cède sans effort et s'abandonne sans résistance, aux impulsions qui lui sont communiquées. L'homme au contraire, plus opiniâtre dans l'exécution de ses projets, plus impérieux dans l'expression de ses volontés, repousse avec énergie, tous les empiétemens de l'habitude ; se croyant fait pour commander aux élémens et pour gouverner l'univers, il ne supporte volontiers d'autres lois que celles qui lui sont dictées par le sentiment de son indépendence.

Relativement au tempérament. — *Le bilieux* sec et rigide n'éprouve que difficilement les modifications de l'habitude ; sa constitution morale et physique ne se moule pas aisément sous l'influence des objets de ses rapports ; il résiste avec énergie, tend à conserver l'attitude qu'il a prise.

Le sanguin et le nerveux, essentiellement mobiles, véritables protées qu'il est impossible de soumettre à des lois régulières, échappent à cette influence par leur instabilité.

Le lymphatique, à la manière d'une pâte molle que l'on peut façonner à son gré, reçoit facilement les impulsions que l'on cherche à lui communiquer. Ennemi de toute résistance, par cela même qu'elle exige un effort, il s'accommode aux hommes, aux choses, aux événemens ; il adopte la manière d'être qu'on lui présente ; et pour éviter l'embarras du changement, la conserve autant qu'une influence nouvelle ne vient point le modifier encore.

Relativement au climat.—Les régions tempérées offrant des variations atmosphériques très-fréquentes, ne permettent point à leurs habitans des coutumes affermies et durables ; elles ne deviendront jamais le domaine des préjugés et de l'aveugle superstition.

Les pays glacés ou brûlans, constamment soumis à des modifications uniformes, n'inspirent point au contraire le goût de la variété ; leur sol monotone permet aux habitudes les plus bizarres d'y jeter de profondes racines; le Chinois est aussi ferme, aussi constant dans ses mœurs, son genre de vie, ses usages, que le Français est léger, versatile dans ses modes et ses opinions.

Relativement aux institutions.—Chez les peuples dont la politique est libre et la religion éclairée, les habitudes n'exercent point un empire absolu ; pour s'établir et se perpétuer, leur existence doit être garantie par des avantages réels.

Chez les nations superstitieuses, courbées sous le joug de l'ignorance et du despotisme, les coutumes sont au contraire facilement adoptées et scrupuleusement observées dans tous leurs détails, bien souvent sans autre motif que l'impulsion d'une obéissance passive. Comparons sous le rapport des mœurs, des usages, des progrès de l'esprit humain, l'Angleterre à la Chine, l'Italie à l'Espagne, la France à la Turquie, ces vérités paraîtront dans tout leur jour.

Nous avons sommairement exposé les modifications, incessamment déterminées par l'habitude sur l'économie universelle et sur l'économie vivante; nous les étudierons en particulier dans l'histoire des fonctions.

Telles sont les considérations générales que nous devions établir dans ces prolégomènes physiologiques, en embrassant l'Univers sous un même aspect, afin de mieux déterminer la place occupée, dans ce vaste ensemble, par l'économie vivante, et dans cette économie par l'homme objet spécial de notre étude et de nos méditations.

Déjà nous avons envisagé d'une manière comparative les élémens, les tissus, les organes, les appareils, les corps, les propriétés, les phénomènes, les fonctions, l'ordre, les lois, les sympathies, les antipathies, les habitudes, en démontrant partout que les lois, l'ordre, les propriétés de la vie, sont constamment en opposition avec l'ordre, les lois et les propriétés de la matière.

Nous devons actuellement abandonner toutes ces considérations relatives à *l'économie de l'Univers* ; limiter notre sujet à l'histoire particulière des phénomènes et des fonctions qui rentrent dans le domaine exclusif de *l'économie vivante.*

FIN DE LA 1re PARTIE.

DEUXIÈME PARTIE.

ÉTUDE GÉNÉRALE

DES

FONCTIONS DE L'ÉCONOMIE VIVANTE.

Nous entrons actuellement dans le domaine exclusif de la physiologie; nous y verrons partout les lois vitales contrebalancer avantageusement les lois de la matière.

En considérant les corps organisés relativement à leur composition, nous avons rencontré 1° *des élémens*, 2° *des tissus*, 3° *des organes*, 4° *des appareils*, 5° *un organisme*. En les étudiant sous le rapport des actions qui leur sont propres, nous trouvons des attributs particuliers pour chacune de ces divisions.

1° *Aux élémens*, répondent *les propriétés physiques*, cohésion, affinité, pesanteur, impénétrabilité etc. etc.

2° *Aux tissus*, *les propriétés de ce nom*, extensibilité, retractilité, racornissement, putrescibilité; *les propriétés vitales*, sensibilité, contractilité.

3° *Aux organes*, *les phénomènes vitaux*, gustation, insalivation, mastication, déglutition, chymification, chylification etc. etc.

4° *Aux appareils*, *les fonctions de la vie*, digestion, circulation, respiration, innervation, génération. etc. etc.

5° *A l'organisme*, l'économie vivante.

Nous connaissons déjà les propriétés dans toutes leurs modifications, les phénomènes et les fonctions d'une manière générale; il nous reste à faire l'histoire particulière de ces actions physiologiques.

Les auteurs ont beaucoup varié dans les définitions qu'ils ont données des phénomènes et des fonctions.

Ainsi les Grecs les désignaient par le terme δύναμις, *force*, *puissance*; Galien, *actio*; Celse *functio*; *operatio naturæ*; Boërrhaave, *facultas* etc.

Il est aisé de voir que toutes ces dénominations ne donnent aucune idée positive, que plusieurs même sont vicieuses, puisqu'elles indiquent la faculté au lieu de la mise en jeu de cette dernière.

Nous définissons les phénomènes vitaux : *actions physiologiques plus ou moins simples des organes; sous l'influence des propriétés de la vie*; et les fonctions du même ordre, qui sont la réunion et le concours de plusieurs phénomènes : *actions physiologiques successives ou simultanées d'une série d'organes concourant au même but essentiel.*

Il ne faut pas dès-lors, avec quelques auteurs, confondre *le phénomène* et *la fonction*; ainsi *la digestion* est une fonction, *la préhension des alimens*, *la gustation*, *l'insalivation*, *la mastication*, *la déglutition*, *la chymification* etc. sont des *phénomènes* qui constituent cette même fonction par leur ensemble.

Les actions physiologiques sont tellement nombreuses dans les organismes supérieurs, qu'il devient absolument indispensable de les étudier avec ordre et méthode pour éviter la confusion que présenterait leur histoire.

CLASSIFICATION DES FONCTIONS.

La nature se montre tellement indocile à nos classifications arbitraires, que les plus exactes ne sont, à proprement parler que les moins défectueuses. Cette vérité depuis long-tems démontrée, pour les sciences physiques, devient plus évidente encore, lorsque nous l'appliquons à la physiologie.

Hippocrate avait bien senti cette même vérité lorsqu'il faisait observer que les fonctions de la vie forment un cercle dont tous les points s'enchaînent de telle manière qu'il n'existe aucune raison de commencer leur examen plutôt par les uns que par les autres : *in circulum abeunt.*

Il faudrait dès-lors, pouvoir embrasser d'un même coup-d'œil toutes les parties de ce vaste ensemble, mais le développement de l'esprit humain ne comporte point un pareil effort ; et nous sommes obligés, pour soulager sa faiblesse, de diviser dans leur exposition des objets naturellement inséparables.

Ne cherchons point ailleurs les causes principales de la divergence d'opinion des auteurs, non seulement sous le rapport du nombre des fonctions, mais encore sous celui de la classification la plus simple, et la plus favorable à leur étude.

1° *Sous le rapport du nombre.* — *Vicq-d'Azyr* admet neuf fonctions principales : 1° *Sensibilité*, 2° *digestion*, 3° *respiration*, 4° *circulation*, 5° *nutrition*, 6° *sécrétion*, 7° *génération*, 8° *irritabilité*; 9° *ossification*. Il est évident que *la sensibilité* et *l'irritabilité* sont des facultés et non pas des fonctions ; que *l'ossification* est une variété de la nutrition particulière au système osseux, enfin que cette énumération est loin de comprendre toutes les fonctions des organismes supérieurs.

M. Cuvier borne également à neuf le nombre des fonctions : 1° *Sensation*, 2° *mouvemens*, 3° *digestion*, 4° *respiration*, 5° *circulation*, 6° *génération*, 7° *absorption*, 8° *sécrétion*, 9° *transpiration*. Nous trouvons encore ici l'oubli de plusieurs fonctions essentielles, et la distinction de plusieurs phénomènes appartenant à la même fonction ; ainsi *la transpiration* est évidemment une sécrétion perspiratoire.

M. Magendie partage l'erreur de Vicq-d'Azyr, en

consi lérant comme fonctions *la perceptibilité, la contractilité volontaire.*

M. Richerand ajoute aux fonctions précédentes, la voix et la parole, sans compléter entièrement le nombre de ces actions physiologiques.

M. Chaussier reconnaît onze fonctions, 1° *circulation,* 2° *respiration,* 3° *digestion,* 4° *absorption,* 5° *sécrétions,* 6° *nutrition,* 7° *génération,* 8° *actions d'impression,* 9° *actions de perception,* 10° *actions d'expression,* 11° *innervation.*

M. Adelon admet également onze fonctions, 1° *sensations,* 2° *locomotion,* 3° *expressions,* 4° *digestion,* 5° *absorption,* 6° *respiration,* 7° *circulation,* 8° *nutrition,* 9° *calorification,* 10° *sécrétions,* 11° *génération.* Nous ne trouvons point dans cet ensemble, l'innervation et les actions de combinaison intellectuelle ; nous y voyons les expressions séparées de la locomotion et des mouvemens volontaires, la calorification de la nutrition dont elle est bien évidemment un résultat.

Bichat porte jusqu'à treize le nombre des fonctions : 1° *digestion,* 2° *absorption,* 3° *respiration,* 4° *circulation,* 5° *nutrition,* 6° *sécrétions,* 7° *sens externes,* 8° *sens internes,* 9° *mouvemens,* 10° *voix et parole,* 11° *génération,* 12 *exhalation,* 13 *calorification.* Cette longue énumération ne comprend point toutes les fonctions importantes, elle sépare la voix et la parole des mouvemens, l'exhalation des sécrétions, la calorification de la nutrition.

Toutes les actions physiologiques nous semblent assez exactement indiquées par les onze dénominations suivantes : 1° *innervation,* 2° *circulation,* 3° *respiration,* 4° *digestion,* 5° *absorption,* 6° *nutrition,* 7° *sécrétions,* 8° *sensations,* 9° *combinaisons intellectuelles,* 10° *expressions,* 11° *génération.*

2ᵉ *Sous le rapport de la classification.*—Les anciens reconnaissaient des fonctions : 1° *vitales*, 2° *naturelles*, 3° *animales*. Il serait oiseux de prouver l'insuffisance et même l'imperfection essentielle d'une pareille classification. *Fourcroy* n'a pas été plus heureux lorsqu'il a divisé les actions physiologiques en *vitales, naturelles, animales et sexuelles. Chaussier* s'est également écarté de la vérité en reconnaissant des fonctions : *vitales, nutritives, sensoriales et sexuelles. M. Cuvier* en réduisant toutes les fonctions à deux ordres principaux : 1° *vitales*, 2° *animales ; Vicq-d'Azyr* en les réunissant en trois séries, 1° *sensations*, 2° *mouvemens*, 3° *élaborations nutritives et sécrétoires*, ne les ont point coordonnées avantageusement, puisqu'ils ont rapproché les plus opposées, laissé en dehors de ces classifications des actions physiologiques du plus haut intérêt.

Aristote admet deux groupes de fonctions : 1° *intérieures*, 2° *extérieures*. Dans le premier se trouvent compris tous les phénomènes qui concourent directement à l'entretien du sujet ; le second renferme ceux qui servent à l'établissement des rapports de l'individu avec les objets dont il est environné.

Cette idée fondamentale s'est ultérieurement trouvée reproduite sous différentes formes. *Buffon* la développe sans y rien ajouter de bien important.

Grimaud ne se borne point à reconnaître ces deux classes de fonctions; il admet deux vies dans le même sujet, l'une *intérieure*, l'autre *extérieure*.

Bichat saisit en maître les opinions de ses prédécesseurs, établit trois séries d'actions physiologiques : 1° *organiques*, 2° *animales*, 3° *génitales* ; il adopte les deux vies de *Grimaud*, en changeant leurs dénominations pour en substituer d'autres plus vicieuses ; il désigne la première par le terme de *vie organique*, et la seconde par celui de *vie animale.* Tout le génie de Bichat devient in-suffisant pour faire disparaître le vice radical de ces divisions et celui des expressions qui les indiquent. En effet pourquoi cette classe de fonctions organiques ? Tous les phénomènes de l'économie vivante sont accomplis par des organes. Pourquoi ces fonctions *animales* ? Tous les animaux ne jouissent pas de la faculté d'entretenir des relations avec conscience et volonté. Pourquoi cette distinction *des deux vies* dans le même sujet ? La vie est indivisible, elle est un résultat de l'ensemble de tous les phénomènes physiologiques.

Buisson, en conservant les idées de Bichat, modifie ses expressions sans aucun avantage ; il admet aussi *les deux vies*, en les désignant sous des termes différens : 1° *vie active ;* 2° *vie nutritive.* Il place dans la première, *le tact*, *la vue*, *l'ouïe* ; dans la seconde, *le goût et l'odorat*, en isolant ainsi complétement des sensations spéciales que leurs caractères généraux et communs rapprochent si naturellement. Il ne parle point de la génération, de l'innervation, et laisse partout sa classification au moins incomplète.

M. Richerand adopte la classification de Bichat avec quelques changemens. Il distingue deux grandes classes de fonctions : 1° *conservatrices de l'individu*, 2° *conservatrices de l'espèce.* La première de ces divisions renferme des actions physiologiques essentiellement différentes, et dont plusieurs n'offrent chez l'homme aucun rapport essentiel avec la conservation de l'organisme.

M. Adelon admet également la classification de Bichat, mais avec plusieurs modifications. Il distingue trois grandes divisions : 1° *fonctions de relation*, 2° *fonctions de la nutrition*, 3° *fonctions de la reproduction*, et place *l'innervation* dans un appendice isolé. Les mêmes inconvéniens se reproduisent ici, et *l'innervation*, fonction

indispensable à la vie, n'entre point dans cette coordination des actes physiologiques.

Galien reconnaissait deux classes de fonctions : 1° *vitales*, circulation, respiration ; 2° *nutritives*, digestion,
absorption, nutrition, sécrétions. On sent aisément tout
ce qu'une pareille division offre d'incomplet, mais on y
trouve en même tems une base physiologique susceptible de former le point de départ d'une meilleure classification.

Dumas ne nous semble pas avoir bien senti l'importance de cette observation ; il établit quatre séries de
fonctions : 1° *de constitution*, 2° *d'agrégation*, 3° *de relation générale*, 4° *de relation spéciale*. Cette coordination est en même tems incomplète et vicieuse dans ses
principales divisions.

Chaussier admet quatre grandes classes de fonctions :
1° *vitales*, 2° *nutritives*, 3° *sensoriales*, 4° *génitales*.
C'est aussi la division que nous adopterons en lui faisant
éprouver quelques modifications, surtout dans les genres
et dans les espèces.

Pour trouver la meilleure classification des phénomènes
physiologiques, suivons la marche la plus naturelle et la
plus simple ; exposons les fonctions dans l'ordre de leur
liaison la plus intime avec l'existence active dans tous
les organismes, depuis le végétal rudimentaire jusqu'à
l'homme.

Si nous examinons l'économie vivante avec attention
dans tous les corps organisés, nous voyons d'abord une
classe de fonctions dont l'exercice devient indispensable
au développement de ces corps, à leur entretien, à leur
vie de tous les instans ; cette première classe mérite dès-
lors particulièrement, le nom de *fonctions vitales*.

Une seconde classe a pour but essentiel d'introduire
dans l'organisme des matériaux d'accroissement et de

réparation, de les assimiler aux tissus, d'expulser au dehors les élémens devenus hétérogènes et nuisibles; elle prend naturellement le titre de *fonctions nutritives*.

Une troisième se trouve destinée à multiplier les rapports de l'être vivant avec tout ce qui l'environne, et dès-lors bien exprimée par le terme de *fonctions de relation*.

Enfin une quatrième renferme les actions physiologiques indispensables à la propagation des espèces. Nous devons la désigner par la dénomination de *fonctions génitales*.

Ainsi nous admettons quatre principales classes de fonctions : 1° *vitales*, 2° *nutritives*, 3° *de relation*, 4° *génitales*. Elles appartiennent à tous les corps vivans, sans aucune exception, mais avec des modifications nombreuses, des additions et des perfectionnemens essentiels, depuis les organismes rudimentaires jusqu'aux organismes les plus compliqués; depuis le plus obscur des végétaux jusqu'à l'homme. Chacune de ces classes présente des caractères fondamentaux et tellement distincts, qu'il sera toujours impossible de les confondre.

1° *Fonctions vitales.*—Nous en reconnaissons trois : 1° *innervation*, 2° *circulation*, 3° *respiration*. Elles forment la base fondamentale de la vie, tant leur exercice continuel se trouve directement lié à l'entretien de cette existence active. Aussi Bordeu les a-t-il désignées par l'expression triviale, mais heureuse, de *trépied vital*. La dénomination que nous adoptons n'indique donc pas, comme l'ont objecté ceux qui l'avaient mal interprétée, que ces fonctions soient les seules relatives à la vie, mais bien qu'elles en constituent les trois colonnes essentiellles. 1° Toutes ne s'exercent pas avant la naissance; ainsi dans les organismes supérieurs, la respiration est absolument inactive pendant toute la durée de la vie fœtale. 2° Toutes sont rudimentaires, sans foyer central chez les végétaux et même chez les animaux des ordres inférieurs. 3° Elles ne peuvent être suspendues sans le plus grand danger pour la vie ; aussi leurs intermittences d'action se trouvent tellement rapprochées , qu'au premier aspect on les croirait véritablement continues.

2° *Fonctions nutritives.* — Il en existe quatre : 1° *digestion*, 2° *absorption*, 3° *nutrition*, 4° *sécrétions*. Essentiellement liées à la réparation des pertes , à l'accroissement, à la conservation des organes. 1° La plupart s'exercent depuis l'animation du germe jusqu'à la mort. 2° Elles présentent, sans danger pour la vie , d'assez longs intervalles de repos. 3° Leurs différences ne sont pas aussi prononcées dans la série des êtres organisés ; seulement dans les végétaux , elles commencent à l'absorption ; la digestion n'existe pas.

3° *Fonctions de relation.* — Elles comprennent, dans les organismes supérieurs : 1° *Les sensations*, 2° *les combinaisons intellectuelles*, 3° *les actions d'expression.* Elles ont pour but essentiel les rapports que le corps organisé vivant doit entretenir avec les objets extérieurs. Bornées chez le végétal aux phénomènes directement liés à la nutrition , plus étendues chez les animaux, et cependant circonscrites dans la sphère des nécessités physiques , elles offrent, dans l'espèce humaine , leurs plus grands développemens ; s'élèvent au-dessus des besoins organiques ; deviennent les ministres de l'intelligence, de la volonté, des passions ; se placent entre l'âme et le corps, entre l'esprit et la matière ; étendent les rapports de l'homme à tous les êtres, son domaine à tout l'Univers. Dans les organismes supérieurs : 1° Elles ne s'exercent jamais bien positivement avant la naissance. 2° Elles offrent pour centre commun le cerveau, ou les masses médullaires qui le remplacent chez les animaux acéphales. 3° Elles établissent des relations extérieures, agrandissent le cercle de l'existence et des idées. 4° Elles ont besoin d'une véritable éducation pour acquérir leur entier perfectionnement. 5° Elles sont profondément influencées et modifiées par l'habitude. 6° Elles peuvent être suspendues long-tems sans danger pour la vie.

4° *Fonctions génitales.* — Elles se composent d'une série de phénomènes réunis sous le titre unique de *génération.* Étrangères à la conservation de l'individu, elles sont entièrement relatives à la propagation de l'espèce. Communes à tous les êtres vivans, elles offrent des modifications profondes chez les végétaux, chez les animaux et chez l'homme. 1° Elles ne s'exercent qu'après l'accomplissement de cette révolution constitutionnelle désignée par le terme de *puberté ;* la nature prévoyante ne permettant pas à l'organisme d'effectuer l'œuvre important de la propagation de l'espèce, avant d'avoir convenablement perfectionné l'accroissement individuel. 2° Chez l'homme, et chez quelques animaux supérieurs, chez la femme plus spécialement, elles cessent après *l'âge de retour ;* la nature ne devant point confier le soin de la génération à des économies vivantes actuellement affaiblies par le tems, et pouvant à peine fournir aux frais de leur conservation particulière. 3° Elles exigent, dans le plus grand nombre des êtres vivans, le concours de deux sujets, ou pour le moins de deux appareils différens, l'un mâle, l'autre femelle. 4° Leurs phénomènes sont à peu près entièrement opposés dans les deux sexes. 5° Elles ont pour but la formation d'un nouvel être, offrant en *miniature* l'image de ceux qui l'ont produit.

L'ensemble de toutes ces fonctions, l'ordre et les lois qui les régissent, l'harmonie qui règle cet ensemble, forment *l'économie vivante ;* leur exercice régulier produit ce résultat complexe que nous désignons par le terme de *vie*, enfin leur étude méthodique et raisonnée constitue *la physiologie proprement dite*.

En regard de ces mêmes fonctions, la nature a placé, pour chacune d'elles, un sentiment instinctif plus ou moins impérieux, dont nous devons étudier les caractères généraux et les modifications spéciales.

RÉGULATEURS INSTINCTIFS DES FONCTIONS.

Si nous étudions avec attention les phénomènes de l'économie vivante, depuis le plus simple jusqu'au plus compliqué, depuis le moins important jusqu'au plus indispensable, nous les voyons tendre vers un but positivement déterminé, remplir une intention calculée, suivre un ordre qui ne tient absolument rien de l'incertitude et du hazard.

D'un autre côté, nous trouvons les animaux et l'homme naturellement portés à l'inaction, à la paresse, même dans le cercle des phénomènes les plus directement liés à leur conservation, à leur bonheur. Il devenait dès-lors indispensable de les arracher incessamment à cette apathie physique et morale, à cette funeste indifférence pour tout ce qui exige un effort, et d'assurer l'exercice des fonctions par l'influence d'un moteur assez puissant.

La nature a complétement rempli cette indication essentielle, en établissant près de chaque phénomène vital, un sentiment instinctif qui provoque l'action des organes, *une sentinelle vigilante* qui sollicite l'accomplissement des fonctions.

Ce sentiment est d'autant plus impérieux, cette sentinelle d'autant plus rigoureuse dans l'exécution de sa consigne, que l'organe est plus important, que la fonction est plus étroitement liée à la conservation individuelle.

Cette précieuse disposition offre le double avantage d'avertir les appareils du besoin de leur activité, de les préparer convenablement à l'exercice des fonctions qu'ils doivent remplir.

Lorsque le besoin de cet exercice est naturel, lorsqu'il sollicite un rapport nécessaire, le point de départ du sentiment qui le fait naître se trouve dans l'organe principal de la fonction provoquée , avec réaction consécutive sur le centre ancéphalique. Ainsi le besoin réel des alimens solides se fait éprouver d'abord à l'estomac sous le nom de *faim*, celui des alimens liquides ou boissons dans l'arrière-bouche, au pharynx, sous le nom de *soif* etc. Lors au contraire que ce besoin est factice , l'origine du sentiment qui l'accompagne est au cerveau; il se propage sympathiquement aux organes intéressés , comme on le voit dans la *faim*, dans la *soif*, dans *l'appétit vénérien* sollicités par l'imagination. Dans le premier cas, le modificateur de l'impression agit d'abord sur l'organe ensuite sur le cerveau, l'instinct subjugue presque toujours la raison; dans le second, ce modificateur influence primitivement le cerveau, réagit consécutivement sur l'organe; la raison est ordinairement en mesure de maîtriser l'instinct. Les animaux n'offrent que le premier de ces états, et se trouvent dès-lors habituellement dans l'ordre de la nature; l'homme peut les présenter l'un et l'autre, et par conséquent appartenir tantôt au domaine de la nature, tantôt à celui de l'art.

Un sentiment de bien-être accompagne l'exercice régulier des fonctions ; une anxiété pénible se manifeste lorsqu'elles se trouvent contrariées dans leur accomplissement. Le premier devient un attrait puissant qui détermine, la seconde un stimulant impérieux qui force au développement de ces mêmes fonctions. Ainsi le plaisir que fait naître la dégustation des mets agréables, la douleur que produit la faim lorsqu'elle n'est pas satisfaite, sont deux mobiles essentiellement différens par leur nature, qui provoquent également l'usage des alimens solides et la mise en activité de l'appareil digestif.

Généralement considéré, le sentiment instinctif que nous étudions doit être désigné par le terme *d'appétit.* Nous le définissons : *un désir plus ou moins impérieux d'établir des rapports, en exerçant les fonctions de l'économie vivante.*

Les appétits naturels ont leur point de départ dans l'organe dont ils sollicitent l'action, leur siége principal dans le système nerveux ganglionaire ; c'est pour cette raison que, soustraits à l'empire de la volonté, souvent ils la maîtrisent d'une manière subversive des convenances et des principes de civilisation.

Relativement aux fonctions indirectement liées à la conservation individuelle, à la propagation de l'espèce, *l'appétit* ne se prononce pas avec une très-grande énergie ; il invite, mais n'ordonne point en maître ; ainsi les sujets naturellement paresseux languissent dans la mollesse, dans l'oisiveté sans inconvénient majeur, et par une conséquence du principe que nous venons d'établir, sans être vivement sollicités aux mouvemens de locomotion générale.

Au contraire sous le rapport des phénomènes indispensables à la satisfaction de ces deux obligations importantes, *l'appétit* commande assez despotiquement pour communiquer au désir tous les caractère d'une véritable phrénésie lorsqu'il n'est pas satisfait. Ainsi les sujets les plus apathiques et les plus indolens ne pourront jamais échapper à l'impérieuse nécessité d'exercer la digestion, la circulation, la respiration etc.

Un mobile puissant devenait indispensable pour assurer l'accomplissement des fonctions organiques ; la nature a bien rempli cette indication en créant *un appétit spé-cial* pour chacune de ces fonctions; d'un autre côté, ce mobile pouvait entraîner l'économie vivante dans un épuisement complet, si cette nature prévoyante n'avait en même tems imposé le frein le plus salutaire à l'exercice extra-normal des phénomènes vitaux. Ce régulateur, ce frein indispensable des fonctions est la *satiété*, qui d'abord fait taire les impulsions de *l'appétit*, ensuite provoque une véritable répugnance pour le phénomène qui vient de s'accomplir, comme nous l'observons chaque jour après la satisfaction de la *faim, de la soif, de l'appétit vénérien* etc.

Ainsi toutes les actions physiologiques sont exécutées entre deux sentimens opposés : *l'appétit* qui prévient leur oubli, sollicite leur exercice ; *la satiété* qui règle leur développement et borne la sphère de leur activité. Ce balancement naturel des deux premières lois de l'organisme vivant, se rencontre toujours dans le domaine de l'instinct et dans celui de la santé parfaite ; les aberrations de l'imagination et de la volonté, les maladies fonctionnelles, peuvent seules détourner l'économie de cette route favorable qui conduit au bien-être physique, au bonheur moral, en consacrant cette belle maxime du sage : « *Pour être heureux, user de tout, n'abuser de rien.* »

APPAREILS ORGANIQUES DES FONCTIONS.

Chez tous les êtres organisés, sans aucune exception, les élémens s'unissent pour former des tissus, les tissus pour constituer des organes, les organes dans un but commun et déterminé pour donner naissance à des appareils.

Ces appareils ou groupes d'organes concourant à la même fonction, sont d'autant plus nombreux, d'autant plus compliqués, que l'être organisé vivant est lui-même plus élevé dans la série, qu'il peut vivre sous l'influence de milieux plus variés, entretenir avec l'Univers des relations plus étendues et plus multipliées.

Chez les végétaux, *la partie matérielle* se trouve bornée aux appareils de l'absorption, de la nutrition, des sécrétions, de la circulation vasculaire de la respiration périphérique et de la génération; *la partie immatérielle* est entièrement représentée par *la sensibilité, la contractilité latentes*.

Chez les animaux les plus rapprochés de l'homme, *la partie matérielle* se compose, outre les organes relatifs aux végétaux, des appareils de la digestion, de la circulation cardiaque, de la respiration centrale, soit par des poumons, pour les animaux aériens, soit par des branchies, pour ceux qui vivent au milieu des eaux , de la locomotion générale, de la voix, de l'innervation centrale etc.; *la partie immatérielle* comprend les propriétés vitales dans toutes leurs modifications, et cette âme renfermée, sous le nom *d'instinct*, dans la sphère des besoins physiques.

Chez l'homme, nous rencontrons, *pour la partie matérielle*, tous ces appareils avec les dispositions appropriées à sa nature; *pour la partie immatérielle*, outre les propriétés vitales dans toute leur perfection, *l'âme* qui non seulement préside instinctivement à l'accomplissement des besoins organiques, mais encore, par la raison, élève l'homme dans une région intellectuelle absolument inaccessible aux animaux les plus parfaits.

Si nous embrassons d'un même coup d'œil toute l'économie de l'homme physique, nous la voyons divisée, relativement à la disposition que présentent naturellement ses principaux appareils, en trois grandes cavités nommées splanchniques, servant de réceptacle aux organes essentiellement employés pour la conservation du sujet et la propagation de l'espèce.

En les énumérant de bas en haut, et d'après leur capacité, ces cavités sont : 1° l'abdomen, 2° la poitrine, 3° le crâne. Aux parois des deux premières se trouvent annexées des appendices ou membres spécialement utilisés dans les fonctions de relation. Autour de la troisième sont creusées des cavités secondaires particulièrement destinées aux appareils sensitifs.

1° *Abdomen.* — Cette première cavité la plus spacieuse doit être considérée comme le domaine particulier des fonctions génitales et nutritives. Elle renferme en effet les principaux organes de la génération surtout chez la femme; ceux de la digestion et des sécrétions qui s'y rapportent dans les deux sexes. Ces organes peuvent être lésés sans occasionner immédiatement la mort. Le plus grand nombre, par leur disposition et par la nature de leurs fonctions, se trouvant soumis à des alternatives d'ampliation et de resserrement très-variables, il devenait par conséquent essentiel de sacrifier la solidité à l'extensibilité dans les parois de cette cavité splanchnique; aussi trouvons-nous ces mêmes parois exclusivement formées de parties molles extensibles et contractiles, à l'exception de la colonne vertébrale et du bassin qui devaient leur présenter un appui.

2° *Poitrine.* — Cette seconde cavité moins vaste que la première, devient le centre des fonctions vitales, puisqu'elle renferme le cœur et les poumons. Les profondes lésions de ces organes entraînent presque toujours inévitablement la mort; d'un autre côté, leurs fonctions exigent des développemens et des resserremens actifs dans les parois de cette même cavité; aussi les voyons-nous formés par des os et par des tissus contractiles, en proportions à peu près égales.

3° *Crâne.* — Cette troisième cavité splanchnique placée au-dessus des deux autres, dominant tout l'édifice organique, d'une capacité bien inférieure, offre le point central des fonctions de relation et le foyer principal de l'intelligence ; elle contient en effet l'encéphale où convergent toutes les perceptions, et duquel toutes les volitions divergent. Les atteintes graves portées à cet organe détermineraient immédiatement la mort; ses fonctions ne l'obligent point à des alternatives prononcées d'accroissement et de diminution; aussi la nature a-t-elle complétement sacrifié la mobilité à la solidité dans la disposition des parois crâniennes. L'encéphale est non-seulement enveloppé d'une triple membrane déjà très-résistante, mais encore entièrement protégé par une boîte osseuse dont les pièces différentes se trouvent unies d'une manière immédiate et solide. Quels beaux rapprochemens à faire chez l'homme, entre la délicatesse, l'importance, la noblesse des appareils organiques, et l'élévation, la capacité, la puissance de protection des cavités qui les renferment tous !

Membres. — Aux parois de la cavité abdominale, se trouvent annexés deux appendices connus sous le nom de *membres pelviens* servant spécialement à la station, à la locomotion générale.

Aux parois de la poitrine, s'attachent naturellement deux autres appendices désignés par le terme de *membres thoraciques,* employés surtout à la locomotion partielle, et comme accessoires d'un grand nombres d'appareils. Leur extrémité libre, *la main,* présente en même tems l'organe essentiel du toucher.

Appareils sensitifs. — Autour de la cavité crânienne, se trouvent creusées plusieurs cavités secondaires qui deviennent les réceptacles des principaux organes relatifs aux sensations spéciales; telles sont les cavités *auricu-*

laires, pour l'audition ; *orbitaires*, pour la vision ; *nazales*, pour l'olfaction ; *buccale*, pour la gustation. C'est avec des sentinelles aussi vigilantes , aussi convenablement placées, que le cerveau prend connaissance des objets qui l'environnent, détermine les rapports que doit établir l'organisme pour éviter ces objets lorsqu'ils sont nuisibles, pour se les approprier lorsqu'ils peuvent devenir avantageux.

Telles sont les considérations générales que nous devions exposer sur l'ensemble des fonctions de l'économie vivante ; étudions-les actuellement dans leurs spécialités, en les rattachant aux différens groupes dont elles font partie.

Pour établir un ordre bien déterminé dans l'histoire de chacune des fonctions physiologiques, nous suivrons une marche uniforme ; nous les envisagerons sous huit aspects principaux, qui nous semblent comprendre leur exposition la plus complète.

1° Etymologie, définition , caractères et but de la fonction.

2° Description physiologique de l'appareil , particularités qu'il peut offrir dans les différentes classes d'êtres organisés.

3° *Modificateur* de la fonction, corps approprié qui sollicite le développement de cette même fonction, en même tems qu'il se trouve soumis aux changemens qu'elle doit lui faire éprouver. Ainsi *les alimens* pour la digestion, *l'air* pour la respiration , *le sang*, *la lymphe* pour la circulation etc. etc.

4° *Appétit*, sentiment naturel, instinctif qui fait naître le besoin de la fonction et provoque son exercice avec plus ou moins d'empire.

5° Etude particulière de la fonction.

6° Influences de l'habitude sur la fonction.

7° Sympathies spéciales de la fonction.

8° Altérations de la fonction, d'après les cinq modifications principales, 1° *augmentation*, 2° *diminution*, 3° *perversion*, 4° *suspension*, 5° *extinction partielle*.

ÉTUDE PARTICULIÈRE.

DES

FONCTIONS DE L'ÉCONOMIE VIVANTE.

Nous commençons l'histoire des actions physiologiques envisagées dans leurs plus grands détails, et dans les applications spéciales qu'elles peuvent offrir à *la pathologie*, à *la médecine légale*, à *l'hygiène*, à *la philosophie*.

D'après la marche que nous avons adoptée, nous les exposerons sous les titres de fonctions : 1° *vitales*, 2° *nutritives*, 3° *de relation*, 4° *génitales ;* en trouvant dans cet ordre naturel et méthodique, l'avantage de préciser les gradations de leur importance et de leur nécessité relativement à l'existence active, d'établir positivement la mesure de leur généralisation dans les êtres organisés vivans.

PREMIÈRE CLASSE.

FONCTIONS VITALES.

Nous comprenons sous ce titre les actions physiologiques dont le but essentiel est d'entretenir immédiatement l'existence active dans tous les corps organisés.

Ces fonctions qui constituent 1° *l'innervation*, 2° *la circulation*, 3° *la respiration*, forment en effet les trois colonnes principales sur lesquelles repose la vie; que l'une d'elles vienne à manquer, aussitôt l'on voit crouler tout l'édifice organique dont les élémens rentrent dans le domaine exclusif de l'économie universelle.

Les fonctions vitales présentent six caractères propres et distinctifs.

1° Elles n'offrent d'organes centraux que chez l'homme et chez les animaux supérieurs. Dans tout le reste de la série des êtres organisés, on les voit en quelque sorte rudimentaires et vaguement disséminées ; telles sont la circulation capillaire, la respiration générale, l'innervation douteuse des végétaux et des animaux inférieurs.

2° Elles ne s'exercent jamais à la naissance avec toutes les modifications qu'elles offriront ensuite. Ainsi la circulation est incomplète, l'innervation bornée, la respiration en projet pendant tout le tems de l'existence fœtale.

3° Elles n'ont besoin après la naissance d'aucune éducation artificielle pour acquérir leur perfectionnement.

4° Elles établissent positivement le lien physiologique entre les fonctions nutritives et les fonctions de relation.

5° Elles n'offrent que des intermittences de repos instantanées, ordinairement égales au tems de leur action; ce qui les avait au premier aspect fait considérer comme essentiellement continues, tandis que par le fait, elles offrent à peu près autant de suspension que d'activité.

6° Enfin il est impossible de les interrompre pendant un certain tems, sans danger imminent pour la vie.

CHAPITRE PREMIER.

INNERVATION.

§ Ier. ÉTYMOLOGIE, DÉFINITION, CARACTÈRES, BUT DE L'INNERVATION.

L'innervation des Grecs ἐν, dans, et νευρὸν, nerf ; des Latins *innervatio*, lui-même dérivé de *innervare; vis nervea, actio nervorum, functio systematis nervosi in universum;* peut-être définie : *action vitale de l'appareil nerveux sur tous les tissus auxquels il distribue ses ramifications, pour leur communiquer le principe du sentiment et du mouvement.*

Essentiellement vitale, cette fonction à laquelle se rattachent directement toutes les autres, s'exerce nécessairement dès l'animation du germe. Alors rudimentaire, comme l'économie dont son appareil constitue le premier élément, elle se développe consécutivement dans la proportion du nombre des fonctions, et de la multiplication des organes de cette même économie ; son extinction partielle détermine l'atrophie, la paralysie, lorsqu'elle est incomplète ; la gangrène, dans *l'hypothèse* contraire ; son activité générale n'a d'autre terme que la mort.

L'innervation communique, à tous les systèmes, à tous les organes, à tous les appareils de l'économie vivante, l'impulsion qui les anime en sollicitant l'exercice des propriétés spéciales qui leur sont départies. Que par la pensée, nous détruisions un instant cette même fonction, l'économie dont elle entretenait l'existence active, rentre aussitôt dans l'économie générale, et se trouve exclusivement régie par les lois physiques.

Dès-lors nous ne craignons pas d'avancer en principe, *que l'innervation est la première de toutes les actions physiologiques, et la proportion de son développement, la mesure positive de la vie.*

C'est d'après ces lois fondamentales, que l'influence nerveuse est moins active, moins évidente chez les végétaux que chez les animaux, chez la plupart de ces derniers que chez l'homme ; pour tous les êtres vivans, pendant le sommeil que pendant la veille ; pour les animaux qui jouissent de la motilité générale pendant le repos que pendant l'exercice ; enfin pour l'homme, pendant le

calme des passions violentes, que pendant leur exaltation. Si nous ajoutons qu'une somme de vitalité se trouve
départie aux différens individus, que la dépense de ce
précieux dépôt s'effectue par l'innervation, on concevra
dès-lors, que la durée de la vie normale se trouve en
quelque sorte fixée par le degré d'activité de cette
fonction.

Chez l'homme et chez les animaux supérieurs, l'innervation présente un organe central ; chez les animaux
inférieurs et chez les végétaux, elle n'offre plus aucun
foyer distinct ; étudions sommairement ces deux caractères en nous élevant du plus simple au plus compliqué.

§ II. Appareil de l'innervation.

Si nous considérons le système nerveux d'une manière
générale, chez l'homme, nous le voyons présenter deux
principales divisions. L'une, sous le nom *de système nerveux encéphalique*, préside immédiatement à l'exécution
de tous les phénomènes volontaires, appartient d'une
manière spéciale aux fonctions de relation ; l'autre, sous
la dénomination *de système nerveux ganglionaire*, agit
directement sur les appareils destinés aux fonctions involontaires. Le premier existe seulement chez l'homme
et chez les animaux doués de la perception et du mouvement raisonné ; le second se rencontre chez tous les êtres
organisés vivans.

Chez les végétaux. —Le système nerveux ne présente
aucun foyer central où les impressions puissent être con-
verties en perceptions ; d'où les volitions soient irradiées
sur toutes les parties de l'organisme. En considérant,
avec quelques auteurs, la moelle des plantes comme leur
appareil d'innervation, il serait encore impossible de
l'assimiler au système nerveux encéphalique ; mais on

devrait y voir l'analogue du système nerveux ganglionaire.

De là cette espèce de *diffusion* de la vie chez les végétaux, cette indépendance remarquable des diverses parties qui les constituent , cette réduction des actions physiologiques aux fonctions involontaires et directement liées à la conservation de l'individu, à la propagation de l'espèce.

Chez les animaux inférieurs. — L'appareil d'innervation se trouve, comme chez les végétaux, borné au système ganglionaire ; quelquefois même son existence pourrait être contestée, en supposant que la vie ne reposât pas directement sur le développement de son activité; c'est précisément ce que l'on observe chez les polypes, les étoiles, les holothuries , et même chez un assez grand nombre de vers.

En s'élevant un peu dans la série , outre le système ganglionaire, on trouve par intervalles , des masses médullaires qui semblent destinées à remplacer l'encéphale, ou mieux à marquer le passage des animaux qui ne présentent que l'appareil nerveux involontaire à ceux qui unissent au dernier le système nerveux encéphalique. Ainsi dans les gastéropodes, ces masses médullaires sont placées sur l'œsophage; dans les mollusques acéphales, dans les huîtres etc. autour de la bouche; chez les insectes, un double lobe existe au-dessus du pharynx. Mais jusqu'ici l'appareil d'innervation est beaucoup plus analogue au système ganglionaire qu'au système encéphalique, de telle sorte qu'il devient assez difficile d'assurer positivement que chez ces différens animaux les fonctions de relation s'exécutent sous l'influence d'une volonté bien déterminée.

Chez les poissons, — et chez tous les animaux qui vont suivre, le système nerveux encéphalique ne peut plus être contesté ; il offre même, chez les premiers , plusieurs tubercules que l'on ne rencontre pas chez l'homme. Toutefois les deux hémisphères cérébraux sont très-petits ; le cervelet est proportionnellement plus volumineux ; il ne présente point cette disposition de la substance médullaire connue sous le nom *d'arbre de vie ;* toutes les divisions de cet encéphale sont placées à la suite les unes des autres comme les perles d'un chapelet.

Chez les reptiles. — Il est formé de six masses : deux hémisphères cérébraux, deux couches optiques, un cervelet peu volumineux, une moelle rachidienne.

Chez les oiseaux. — La protubérance annulaire et le corps calleux n'existent pas ; le troisième ventricule est creusé dans les couches optiques ; le cervelet ne présente qu'un seul lobe, et le cerveau n'offre point de circonvolutions bien positives.

Chez les mammifères. — L'encéphale présente les diverses parties que nous allons signaler dans notre espèce, toutefois avec des modifications de volume et de forme. Ajoutons seulement que les dimensions de l'encéphale , et du cerveau plus spécialement , se trouvent proportionnellement aux dimensions du sujet , toujours bien plus considérables chez l'homme, en nous offrant la raison matérielle du développement supérieur de son intelligence. Ajoutons également que chez celui-ci les circonvolutions cérébrales sont beaucoup plus profondes que chez les animaux.

Parmi ces derniers, les plus vites à la course et particulièrement ceux qui se trouvent exposés, par leur genre de vie, à s'élancer des lieux très-élevés, présentent la faux du cerveau complétement osseuse, comme on l'observe pour le chat. Dans tous les quadrupèdes à station parfaitement horizontale, on ne rencontre point la tente du cervelet, ce qui nous indique assez positivement

son usage dans l'homme, dont la station et la progression sont naturellement verticales.

Chez l'homme. — Nous trouvons l'appareil d'inner--
vation dans son plus grand développement, et les deux
systèmes nerveux avec leurs caractères les plus distinctifs ; aussi le choisissons-nous comme un prototype de
l'appareil sensitif des végétaux et des animaux qui n'en
présentent que les imitations plus ou moins imparfaites.

1° *Système nerveux ganglionaire.* — Nous àccor-
dons ce titre à la partie la plus générale de l'appareil
innervateur, spécialement composée, chez l'homme,
d'une série de ganglions et d'un nombre indéterminé
de filets nerveux qui dans l'état normal, sont constamment étrangers à la sensibilité *percevante* générale et
spéciale.

Les auteurs ne sont point unanimes sur la manière
d'envisager le système nerveux ganglionaire.

Les anciens considéraient la succession des ganglions
comme formant un même nerf renflé dans ces différens
points; le professeur Lobstein, auquel nous sommes re-
devables d'un très-bon article sur cet objet, partage à
peu près la même opinion; aussi les premiers ont-ils
décrit cet appareil sous le nom de *nerf grand sympathique*, et le second sous celui de *trisplanchnique*.

Il nous paraît impossible d'adopter exclusivement cette
manière de voir. En effet ce nerf prétendu n'offrirait pas
toujours une continuité parfaite chez les différens animaux et même dans l'espèce humaine. Ainsi chez les oiseaux, le dernier ganglion cervical ne présente aucune
communication avec le premier thoracique. Haller a vu
cette interruption chez l'homme entre les sixième et
septième dorsaux. Bichat a constaté le même fait dans
plusieurs points et sur divers sujets. D'un autre côté,
quelle serait dans cette hypothèse l'origine du trisplanch-

nique? Ne retomberait-on pas dans le système de Gall qui fait naître les filets nerveux des organes dans lesquels se trouve bien évidemment leur terminaison.

Bichat voit au contraire dans les ganglions comme autant de petits cerveaux offrant une sphère d'activité particulière et présentant, en miniature, les principaux phénomènes de l'encéphale. En considérant d'une part les anastomoses nombreuses qui lient tous les ganglions; de l'autre les complications qu'apporterait une disposition semblable dans les fonctions de cet appareil nerveux, il est impossible 'd'admettre cette opinion d'une manière absolue; ici la vérité se trouve, comme il arrive toujours, entre les extrêmes.

Nous considérons les ganglions comme autant de petits centres nerveux, non point isolés dans leur action, mais communiquant librement au moyen des filets anastomotiques, et rapportant leurs impressions latentes au plexus solaire, comme au foyer principal de ce genre d'innervation ; et les perceptions dont ces impressions peuvent quelquefois devenir l'occasion , à l'encéphale , comme au centre général du système nerveux tout entier.

Pour bien comprendre l'ensemble et les dispositions spéciales du système nerveux ganglionaire, nous devons étudier successivement : 1° *Les ganglions*, 2° *les nerfs qu'ils reçoivent*, 3° *les nerfs qu'ils donnent*, 4° *les plexus qu'ils servent à former.*

1° *Ganglions.* — Nous désignons par ce terme une série de petits corps d'un blanc grisâtre , arrondis ou fusiformes, variant pour le volume, de celui d'un grain de chenevis à celui d'une forte amande; placés , pour le plus grand nombre, sur les côtés du rachis depuis la base du crâne jusqu'à l'extrémité supérieure du coccyx. Formés, d'après Scarpa , d'un tissu floconneux abreuvé de mucilage ; aqueux chez les sujets hydropiques, huileux chez les individus affectés de polysarcie, n'offrant toutefois, aucune identité positive avec la couche corticale du cerveau, présentant beaucoup plus de consistance que la pulpe médullaire de l'encéphale, ce qu'ils doivent surtout à la grande quantité de filets nerveux qui s'y réunissent ; de telle sorte que plusieurs anatomistes les ont considérés comme une suite de petits plexus d'autant moins serrés qu'on les examine plus inférieurement.

Pour bien comprendre la disposition et l'ensemble des ganglions, il faut les étudier *à la tête,* — *sur les côtés du rachis,* — *hors la série, dans l'abdomen.*

A la tête, — il existe cinq ganglions : *l'ophtalmique, le sphéno-palatin,* — *le caverneux,* — *le nazo - palatin,* — *le sous-maxillaire.* Le lieu que chacun de ces ganglions occupe est assez indiqué par leur dénomination.

Sur les côtés du rachis, — nous rencontrons, *dans la région cervicale,* trois et quelquefois seulement deux ganglions ; *dans la région dorsale,* douze ordinairement, onze chez quelques sujets ; *dans la région lombaire,* cinq, quatre ou même trois ; *dans la région sacrée,* presque toujours trois.

Hors la série, dans l'abdomen. — Au niveau du corps des vertèbres lombaires, sur les piliers du diaphragme, dans le trajet de la ligne médiane, se rencontre le plus volumineux de tous les ganglions, et que sa forme a fait nommer *sémi-lunaire.* Plusieurs autres évidemment accessoires se trouvent liés à celui-ci par des filets anastomotiques.

2° *Nerfs que reçoivent les ganglions.* — Les nerfs qui se rendent aux ganglions appartiennent soit à l'encéphale, soit au système ganglionaire lui-même.

Nerfs encéphaliques. — Des anastomoses très-multipliées se trouvent établies par ces nerfs entre les deux systêmes; il en existe un nombre variable pour les ganglions de la tête, au moins trente pour ceux du rachis; c'est à la réunion de ces derniers que Lobstein attribue l'origine de la série des ganglions, ou plutôt d'après lui, *du nerf trisplanchnique*, opinion qu'il nous est impossible de partager d'après les différences essentielles que l'auteur admet lui-même entre les nerfs ganglionaires et les nerfs encéphaliques, entre les ganglions et l'encéphale. Mais, de tous les nerfs que les premiers reçoivent du second, aucun n'est aussi remarquable dans sa distribution que le nerf *vague* ou *pneumo-gastrique*. Évidemment destiné à former, non-seulement le principal moyen de communication entre les deux appareils nerveux, mais encore le lien organique essentiel entre les fonctions vitales, nutritives et de relation, né de la moelle allongée, ce nerf sort du crâne par le trou déchiré postérieur, fournit *au col* des rameaux pharyngiens, laryngés, thyroïdiens, œsophagiens, trachéens; *à la poitrine*, des filets cardiaques, bronchiques, pulmonaires; *à l'abdomen*, des branches gastriques, offrant la terminaison de ce même nerf. Dans tout ce trajet il donne des rameaux aux ganglions et concourt, avec leurs filets propres, à constituer les principaux plexus de cet appareil innervateur.

Nerfs ganglionaires. — Chacun des ganglions reçoit plusieurs branches anastomotiques de ses voisins, de telle sorte qu'à l'état normal toute la série de ces petites masses médullaires forme un ensemble parfaitement lié dans ses diverses parties; disposition à laquelle on a voulu rattacher l'idée d'un nerf particulier sous le nom de *sympathique*, de *trisplanchnique etc.*

3° *Nerfs que donnent les ganglions.* — Les branches formées par les ganglions, assez nombreuses, peuvent se rattacher à cinq directions principales :

Supérieurement. — Branches anastomotiques pour le ganglion situé au-dessus, et dans le premier de tous, pour le nerf de la sixième paire encéphalique et pour les tuniques de la carotide interne.

Inférieurement. — Branches anastomotiques pour le ganglion qui se trouve au-dessous; et dans le dernier sacré, branches terminées vers le coccyx, au milieu des tissus voisins.

En dehors. — Branches anastomotiques pour les nerfs de l'encéphale.

En dedans. — Branches immédiatement distribuées aux organes, soit aux muscles volontaires, soit aux parois artérielles, soit enfin à des viscères particuliers. Ainsi pour le ganglion ophtalmique, les nerfs ciliaires, iridiens ; pour le sous-maxillaire, des filets destinés aux glandes salivaires etc. ; pour le sphéno-palatin, le caverneux et le nazo-palatin, des rameaux qui se distribuent dans les artères et dans les parties voisines; pour les cervicaux, des branches laryngées etc.; pour les thoraciques des, rameaux cardiaques, pulmonaires etc. ; pour les abdominaux, des filets gastriques, duodénaux, pancréatiques, intestinaux, rénaux etc; pour les sacrés, des branches vésicales, utérines etc..

Antérieurement.—Pour la plupart des ganglions, les branches qui partent dans cette direction se réunissent, constituent des nerfs plus volumineux, qui vont concourir à la formation des nombreux plexus de cet appareil. Ainsi pour les ganglions cervicaux, *les trois nerfs cardiaques*, supérieur, moyen, inférieur ; pour les ganglions thoraciques, depuis le cinquième jusqu'au huitième inclusivement, *le grand nerf splanchnique*; depuis le neuvième jusqu'au onzième, *le petit nerf splanchnique.*

4° *Plexus formés par les nerfs ganglionaires.* — Les

branches nerveuses fournies par les ganglions s'unissent, dans un grand nombre de points, à celles qui viennent de l'encéphale, pour former des enlacemens plus ou moins inextricables, auxquels on donne le nom de *plexus*. De ces derniers émanent beaucoup de rameaux qui se distribuent, les uns en proportion moins grande aux organes voisins ; les autres en proportion beaucoup plus considérable aux artères dont ils suivent les principales divisions, en formant des *plexus* secondaires auxquels on a donné le nom de ces vaisseaux.

Parmi ces plexus principaux nous devons spécialement noter *les plexus cardiaques* formés par les trois nerfs du même nom, dont nous venons d'indiquer l'origine; de ces plexus naissent les branches qui forment *les plexus coronaires*.

Les plexus pulmonaires formés par les filets du nerf vague et par les branches antérieures des premiers ganglions thoraciques.

Le plexus solaire, le plus considérable de tout le système, formé par les nerfs grand et petit splanchniques dont nous connaissons également l'origine, et par les nombreux rameaux que fournissent le ganglion semi-lunaire et ses accessoires.

De ce foyer central naissent des branches qui servent à constituer un grand nombre de plexus secondaires : ainsi les plexus *diaphragmatique*; *cœliaque*, d'où naissent : *le caronaire stomachique*, *l'hépatique*, *le splénique* ; les plexus *mésentérique supérieur*, *mésentérique inférieur*, *rénal*, d'où se forme le plexus *spermatique* etc.

Nous voyons, d'après ces considérations générales sur le système nerveux ganglionaire, que le centre de ce même système, sans être aussi rigoureusement déterminé que celui du système nerveux encéphalique, se trouve

encore établi d'une manière assez positive à la réunion
du ganglion sémi-lunaire et du vaste plexus que ses
branches concourent à former sous le nom de *solaire* ou
cœliaque. Aussi dans toutes les passions fortes les impressions les plus violentes se font-elles sentir plus particulièrement à l'épigastre où siége ce même plexus.

Que partout le premier système se trouve en communication directe avec le second, surtout au moyen
du nerf *pneumo-gastrique*, évidemment destiné à servir
de lien et d'intermédiaire aux fonctions affranchies de
l'empire de la volonté, à celles qui s'exécutent sous cette
influence dans l'état normal.

2₀ *Système nerveux encéphalique.* — Chez l'homme
et chez les animaux qui s'en rapprochent davantage par
leurs dispositions organiques, le système nerveux encéphalique offre deux parties essentielles : 1° le centre
d'innervation, désigné par le terme *d'encéphale*, 2° les
conducteurs du sentiment et du mouvement, décrits sous
le titre *de nerfs*.

1° *Encéphale.* — Nous désignons par cette dénomination la masse médullaire contenue dans le crâne et
dans son prolongement rachidien. Elle est formée de
quatre parties essentielles : 1° *le cerveau*, 2° *le cervelet*,
3° *la protubérance annulaire*, 4° *la moelle vértébrale*.

Le cerveau, *cerebrum* des Latins, présente, chez l'homme
surtout, la partie la plus considérable de l'encéphale, qu'il
domine par sa position, et dont il paraît destiné à gouverner l'ensemble. Un peu plus que semi-ovoïde, sa grosse
extrémité est en arrière, sa convexité supérieurement.
Il est divisé dans sa longueur en deux moitiés égales improprement nommées *hémisphères*, et subdivisées en
trois parties moins distinctes indiquées sous le nom de
lobes. Le sillon profond qui sépare les deux hémisphères
occupe toute l'étendue longitudinale, et se trouve borné

inférieurement par une sorte de pont médullaire qui, sous la dénomination *de corps calleux*, sert à réunir ces deux moitiés du cerveau.

Toute la périphérie de cet organe est recouverte de circonvolutions irrégulières assez analogues, pour l'aspect, à celles de l'intestin grêle ; offrant entre elles des enfoncemens de douze à quinze lignes, et résultant d'après l'observation de Gall, du plissement que doit présenter le cerveau, en raison de sa disposition membraneuse. La nécropsie de Voltaire et de plusieurs autres sujets très-remarquables par le développement de leurs facultés intellectuelles, a fait penser que, chez les hommes de génie, les interstices des circonvolutions offraient une plus grande profondeur ; cette observation nous paraît assez juste, puisque la disposition qu'elle indique doit résulter d'une étendue plus considérable dans la membrane médullaire.

En examinant la base du cerveau, d'avant en arrière, on voit sur la ligue médiane, la partie antérieure de la grande scissure, du corps calleux, les sillons des nerfs olfactifs, l'ouverture du ventricule moyen, l'entrecroisement des nerfs optiques, la tige et le corps pituitaires, les tubercules mamillaires. Sur les côtés les divisions des trois lobes.

En pénétrant dans la substance même du cerveau, de la voûte à la base, nous rencontrons sur la ligne médiane, le corps calleux, une claison transparente intermédiaire aux ventricules latéraux, nommée *sceptum lucidum*, formée de deux feuillets dont l'écartement constitue le quatrième ventricule, dans lequel Dessault a reconnu très-positivement la présence d'une certaine proportion de sérosité. La voûte à trois, et plus exactement à quatre piliers. En arrière, un petit corps improprement nommé *glande pinéale*, dans lequel Descartes avait placé le siége de l'âme ; quelques stries médullaires à l'ensemble desquelles on a donné le nom *de lyre* ; le ventricule moyen.

Sur les côtés, les deux ventricules latéraux, contenant différens objets dont les principaux sont *les corps canelés, les couches optiques, la bandelette demi-circulaire ou tenia semi-circularis, les plexus choroïdes, les cornes d'Ammon, les corps frangés* etc.

Le cervelet, cerebellum des Latins, petit cerveau, est après ce dernier la partie la plus volumineuse de l'encéphale chez l'homme. Il offre à peu près la forme du cerveau, derrière et sous lequel il est situé. Divisé comme lui, en deux moitiés sous le nom, également impropre, *d'émisphères*, il présente des circonvolutions beaucoup moins profondes, plus régulières et concentriques. Cet organe forme les parois d'une cavité moyenne désignée par le terme de *ventricule du cervelet*; il offre inférieurement et supérieurement une saillie oblongue sous le nom d'éminence vermiculaire, douze ou seize lobules fasciculés. Il tient à la moelle rachidienne par six prolongemens latéraux. En le coupant verticalement on voit la partie médullaire centrale offrant des ramifications sous le nom *d'arbre de vie.*

La protubérance annulaire, nodus cerebri, pont de varole, méso-céphale, présente la forme d'un cube arrondi ; son volume est bien inférieur à celui du cervelet dans l'espèce humaine ; placée entre celui-ci et le cerveau, elle envoie à l'un et à l'autre des prolongemens considérables sous le nom de *pédoncules* antérieurs ou cérébraux, postérieurs ou cérébelleux. Elle est creusée supérieurement d'un canal superficiel nommé *aqueduc de Sylvius,* et qui fait communiquer le ventricule cérébral moyen et celui du cervelet.

La moëlle vertébrale. On désigne sous ce titre le cylindre médullaire qui naît de la protubérance et se termine dans le canal rachidien, au niveau de la première vertèbre des lombes, formant avec les autres parties de l'encéphale ce que les modernes indiquent par le nom d'*axe cérébro-spinal*.

A son origine, appliquée sur la gouttière basilaire, elle porte la dénomination de *moelle allongée*, présente quatre éminences décrites sous le titre de *pyramidales* et *olivaires*. Dans son trajet, elle prend un volume, une forme analogues à la figure, à la capacité du canal rachidien dans ses régions cervicale, dorsale et lombaire; terminée à cette dernière par un tubercule final, elle se trouve remplacée dans le canal lombo-sacré, par l'ensemble des nerfs que donnent ses dernières portions, et que l'on a désigné, par analogie de forme et d'aspect, sous la triviale dénomination de *queue de cheval*.

La moelle rachidienne est creusée d'une cavité centrale que l'on peut nommer *sinus vertébral*, qui renferme habituellement comme *les sinus cérébraux* et *cérébelleux* une certaine quantité de sérosité que M. Magendie a considérée comme un fluide particulier sous le titre de *fluide encéphalo-rachidien*, en lui faisant jouer un rôle très-important relativement aux actions de combinaison cérébrale, et comme l'un des moyens protecteurs du centre encéphalique.

Organisation de l'encéphale. — Son examen a donné naissance à des opinions essentiellement opposées. Ainsi Gall regarde l'encéphale comme un centre médullaire formé par la réunion de tous les nerfs soumis à l'empire de la volonté, comme une dépendance de ces derniers, loin d'y trouver leur point commun d'origine. Cette manière de voir, entièrement contraire à toutes les idées reçues, nous paraît absolument paradoxale. Autant vaudrait dire que le cœur est formé par le concours des vaisseaux qu'il fournit. Le même anatomiste ne considère point le cerveau comme un organe unique, mais comme un assemblage d'organes particuliers qu'il désigne par le terme *de glanglions*, et qu'il envisage comme autant d'instrumens propres à chacune de nos principales facultés intellectuelles. Cette opinion, sous le rapport anatomique, n'est peut-être pas sans quelque réalité, mais sous le point de vue physiologique et psycologique, l'auteur a bien étrangement abusé de cette notion organique, en créant le plus faux et le plus gratuit de tous les systèmes; comme nous le démontrerons en étudiant la constitution morale de l'homme.

Le plus simple examen fait aussitôt reconnaître, dans l'encéphale, deux substances différentes, désignées par les noms de *corticale* et de *médullaire*.

Substance corticale. — Ainsi nommée d'après sa position extérieure dans presque toutes les parties de l'encéphale, cette substance forme une couche de deux ou trois lignes d'épaisseur, grisâtre et d'une consistance plus ferme que celle de la substance médullaire. *Malpighi* la croit glanduleuse et destinée à sécréter le fluide nerveux; *Ruisch*, *Leuwenhoëck*, vasculeuse; *Valisniéri*, analogue au réseau muqueux de la peau ; Gall pense qu'elle sert de *matrice* aux nerfs. Sans rejeter ces opinions, sans adopter exclusivement les unes ou les autres, nous ajouterons que la *couche corticale* essentiellement vasculeuse peut concourir à protéger la pulpe médullaire en divisant à l'infini les vaisseaux qui s'y rendent, et qu'elle n'est peut-être pas étrangère à la réparation de cette pulpe sensitive.

Substance médullaire. — Blanche, pulpeuse, d'une consistance molle, onctueuse, ordinairement placée à l'intérieur, formant, dans le cerveau, *le centre ovale de Vieussens*, dans le cervelet, *l'arbre de vie*, se prolongeant dans la moelle vertébrale et dans les nerfs, cette substance paraît essentiellement destinée à recevoir les impressions comme tissu éminemment sensible, et comme agent principal d'innervation.

Des artères fournies par les vertébrales et les carotides internes, dont les principales divisions occupent la base de l'encéphale ; des veines assez nombreuses placées à la circonférence, allant se terminer à des canaux osso-fibreux nommés sinus, qui se rendent eux-mêmes dans le golfe de la veine jugulaire ; des vaisseaux lymphatiques ; des origines nerveuses ; un tissu cellulaire, filamenteux pour lier toutes ces parties, complètent l'organisation du cerveau et de ses annexes.

Analyse. — On a donné à la substance médullaire commune à tout l'appareil d'innervation le nom de *neurine.* D'après *Vauquelin* elle est blanche et peut devenir jaune, grise et quelquefois noirâtre ; elle offre une saveur salée, une odeur spermatique, et présente à l'analyse : sur dix mille parties, — eau, 8,000 ; — albumine, 700 ; — matière grasse blanche, 453 ; — matière grasse rouge, 0,70 ; — osmazome, 112 ; — phosphore, 150 ; — soufre, 515 ; — phosphate acide de potasse, phosphate de chaux, de magnésie, hydrochlorate de soude, des traces. Le soufre se trouve dans cette production animale à l'état d'acide sulfurique en combinaison avec l'albumine.

Enveloppes de l'encéphale. — Si l'importance des organes doit être jugée d'après les précautions de la nature pour les soustraire à l'influence des lésions extérieures, l'encéphale se trouvera nécessairement placé au premier rang ; des os et des membranes constituent les parois de la cavité qui le renferment.

Parois osseuses. — Formées par des os assez nombreux, circonscrivant une cavité large supérieurement,

prolongée en véritable canal inférieurement ; elles constituent le *crâne* dans le premier point, et le *rachis* dans
le second.

Le crâne. — composé de huit os, sur la ligne médiane et d'avant en arrière, *le frontal*, *l'ethmoïde*, le
sphénoïde et l'*occipital*; sur les côtes, *les deux pariétaux*
et *les deux temporaux*. Cette cavité renferme le *cerveau*,
le *cervelet*, la *protubérance annulaire*, et l'origine de la
moelle vertébrale sous le nom de *moelle allongée*.

M. De Blainville cherchant à rattacher la disposition
de ces os à celles des vertèbres, en admet quatre dans
cette partie, sous le nom de *vertèbres crâniennes*.
« La première, formée par l'os basilaire, les occipitaux
« latéraux, et l'occipital supérieur; la seconde, par le
« sphénoïde postérieur, les grandes ailes du sphénoïde
« et les pariétaux ; la troisième, par le sphénoïde anté-
« rieur, les petites ailes du sphénoïde, et les os fron-
« taux ; la quatrième, par le vomer et les os propres du
« nez. » Ces rapprochemens, entre le crâne et le rachis,
nous semblent beaucoup plus ingénieux que fondés sur
des notions d'anatomie positive.

Le rachis.—Constitué par vingt-quatre os superposés,
connus sous le nom de vertèbres, distinguées en trois
séries : 1° *cervicales*, sept; 2° *dorsales*, douze; 3° *lombaires*, cinq. Terminé par deux os différens, le sacrum et le coccyx, il contient la *moelle* vertébrale et ses
derniers nerfs.

La première de ces cavités est solidement protégée
par la forme sphérique de ses parois, par les dispositions
articulaires des os qui concourent à la former ; la seconde, par l'épaisseur du corps des vertèbres, et par les
arcs-boutans que représentent leurs apophyses épineuses
articulaires et transverses.

Parois membraneuses. — Trois tuniques superposées

enveloppent et protégent l'encéphale ; ainsi de l'extérieur à l'intérieur : 1° *la dure-mère*, 2° *l'arachnoïde*, 3° *la pie-mère.*

Dure-mère, — de nature fibreuse, appliquée sur les os du crâne dont elle forme le périoste interne ; cette membrane offre plusieurs replis importans. L'un qui sépare les deux hémisphères cérébraux sous le nom de *faux du cerveau* ; un second placé entre les cérébelleux sous la dénomination de *faux du cervelet* ; un troisième obliquement étendu entre ces deux organes et décrit sous le titre *de tente du cervelet.* Ces diverses cloisons paraissent assez positivement destinées à maintenir les divisions principales de l'encéphale dans leurs situations respectives ; à prévenir les compressions des unes par les autres ; l'anatomie pathologique et l'anatomie comparée, nous semblent démontrer suffisamment cette opinion. Nous choisirons au milieu de faits assez nombreux, celui que rapporte le Dr James Coles, membre du collége de Londres, 1828 : une jeune fille meurt dans sa dix-septième année offrant à l'autopsie, l'absence de la dure-mère à la base du crâne, et le défaut, à peu près entier, de la tente du cervelet. Née très-faible, cette fille ne manifeste d'abord aucune idée instinctive, aucune sensibilité spéciale, si l'on excepte celle du goût, aucun mouvement volontaire ; un mois ou cinq semaines après la naissance, accès convulsifs que rien ne peut calmer ; plus tard, elle prend tout l'accroissement d'un sujet bien constitué, mais sans rien gagner du côté des sens et du mouvement. Un faible cri signale, chez cet être en quelque sorte passif, le besoin des alimens solides. Il nous paraît assez naturel d'attribuer ici la plupart des accidens au défaut de protection des nerfs à leur origine, et du cervelet soumis à toute la pression cérébrale. D'un autre côté, chez les animaux exposés par leur genre de vie, à s'élancer des lieux très-élevés, les replis de la dure-mère sont remplacés par des cloisons osseuses, comme on le voit chez le chat et plusieurs autres espèces.

Arachnoïde. — Cette membrane de nature séreuse, offrant par conséquent un sac sans ouverture, ainsi nommée d'après sa ténuité, ne s'engage point dans les sillons qui séparent les circonvolutions ; mais pénétrant à l'intérieur des ventricules dont elle concourt à former les parois, elle y dépose par exhalation, la sérosité qui s'y trouve constamment en proportions variables. Laissant une communication libre entre tous les ventricules cérébraux et cérébelleux, elle intercepte, par un repli assez résistant, celle du ventricule rachidien avec ces derniers.

Pie-mère. — *Pia mater*, immédiatement appliquée sur la pulpe encéphalique, cette membrane emprunte son nom de la protection essentielle dont elle favorise le centre d'innervation. En effet de nature cellulo-vasculaire, elle divise à l'infini toutes les colonnes de sang distribuées à cette substance délicate, et devient pour l'encéphale, ce qu'est l'arrosoir à pertuis multipliés, pour les plantes fragiles qui ne supporteraient pas sans accident, l'effort d'un jet plus volumineux.

D'une ténuité remarquable dans la plus grande partie de son étendue, *la pie-mère* couvre partout immédiatement la pulpe encéphalique, en pénétrant dans les plus petites anfractuosités. Dans les ventricules, elle concourt à former *la toile et les plexus choroïdiens.*

2° *Nerfs encéphaliques.* — Nous désignons par ce titre des cordons blancs, médullaires, étendus entre l'organe qui reçoit l'impression et l'encéphale qui la perçoit ; entre ce dernier qui commande la réaction, et le premier qui l'exécute sous l'influence de la volonté dans l'état normal ; ces nerfs deviennent ainsi les conducteurs communs du sentiment et du mouvement.

Ils se trouvent disposés par paires, de manière à présenter dans leur ensemble, deux moitiés analogues. Ces paires sont au nombre de quarante trois. Toutes les parties de l'encéphale ne donnent pas également des nerfs.

1° *Le cervelet* n'en fournit aucun d'une manière directe.

2° *Le cerveau* n'en donne que deux : 1° l'olfactif, 2° l'optique.

3° *La protubérance annulaire et ses pédoncules* n'en présentent que six, 1° le moteur occulaire commun, 2° le pathétique, 3° *le trijumeau*, 4° le moteur oculaire externe, 5° le facial, 6° l'auditif.

4° *La moelle vertébrale* en offre trente cinq. Ainsi la région *basilaire ou moelle allongée*, quatre; 1° le glosso-pharyngien, 2° le pneumo-gastrique, 3° le spinal, 4° l'hypoglosse. Les régions : *cervicale*, huit; *dorsale*, douze; *lombaire*, cinq ; *sacrée*, six.

Toutes ces paires fournissent des filets nombreux ; les uns se portent directement dans les organes auxquels ils sont destinés, et qui pour le plus grand nombre, appartiennent aux sens, aux muscles volontaires; d'autres établissent des anastomoses très-multipliées entre le système nerveux encéphalique et le système ganglionnaire ; d'autres enfin constituent des entrelacemens plus ou moins étendus nommés *plexus*, d'où partent des branches qui vont se distribuer d'après les mêmes intentions.

Plexus formés par les nerfs encéphaliques. Ces plexus sont au nombre de quatre : 1° *cervical*, 2° *brachial*, 3° *lombo-abdominal*, 4° *sacré*. Ils se trouvent comme les nerfs disposés par paires.

1° *Plexus cervical.* — Formé par les branches antérieures des quatre premiers nerfs cervicaux, il occupe les parties latérales du col, et donne naissance à quatre nerfs principaux qui se distribuent à la tête, au col, aux parties supérieures du thorax.

2° *Plexus brachial.* — Formé par les branches anté-rieures des quatre derniers nerfs cervicaux et du premier dorsal, en grande partie caché dans la cavité axillaire, il fournit huit nerfs principaux ; trois dont les divisions sont destinées à l'épaule, aux parois thoraciques ; cinq plus particulièrement distribuées au bras, à l'avant-bras, à la main, sous les noms de musculo-cutanés interne, externe ; de radial, médian et cubital ; ces deux derniers présentent les filets collatéraux des doigts.

3° *Plexus lombo-abdominal.* — Formé par les branches antérieures des cinq nerfs lombaires, placé derrière le muscle psoas, il donne six nerfs principaux, dont les cinq premiers se distribuent aux parois de la cavité pelvienne, au plus grand nombre des organes qu'elle renferme, et dont le dernier, sous le titre de nerf *lombo-sacré*, sert à lier les deux plexus dont il emprunte les noms.

4° *Plexus sacré.* — Formé par les branches antérieures des quatre premiers nerfs sacrés, il occupe les côtés de la face pelvienne du sacrum, fournit trois branches principales dont les deux premières sont encore destinées à la cavité, aux organes du bassin ; la troisième sous le nom de *nerf sciatique*, le plus volumineux et surtout le plus étendu de tous ceux de l'économie, se distribue aux membres pelviens et forme les filets collatéraux des orteils.

Organisation des nerfs dans les deux systèmes. — Chaque nerf présente la réunion de plusieurs branches, chaque branche de plusieurs filets ; toutefois il n'existe point ici, comme pour les vaisseaux, *identification* des filets pour former les branches, et des branches pour constituer les troncs ; mais seulement juxta-position maintenue par le tissu cellulaire ambiant. De telle sorte, que chaque filet nerveux marche sans interruption réelle depuis l'encéphale, son lieu d'origine, jusqu'à l'organe qui devient son point de terminaison. Ce principe est encore admissible dans la formation des plexus, à l'exception de quelques anses nerveuses produites par la rencontre de deux branches qui s'unissent par une véritable fusion.

Chaque filet médullaire offrant un volume indépendant de celui du nerf auquel il appartient, est composé de deux parties essentiellement distinctes.

L'une centrale, blanche, pulpeuse, absolument identique à la substance médullaire de l'encéphale, d'autant moins abondante que le nerf se rapproche davantage de sa terminaison. Offrant quelques différences de couleur, de consistance, et même de composition chimique, dans les branches particulières aux organes des sens ; différences encore vaguement déterminées, mais qui pourront un jour concourir à l'explication de la faculté remarquable que présentent ces derniers appareils d'éprouver, à l'exclusion de tous les autres, l'influence d'un agent spécial d'excitation. Cette première partie est évidemment celle qui reçoit les impressions, et qui les transmet au centre encéphalique.

L'autre extérieure, d'un blanc grisâtre, de nature fibro-celluleuse, beaucoup plus dense, plus épaisse, mais du reste assez analogue à la pie-mère, de telle sorte que plusieurs auteurs la considèrent comme une expansion de cette membrane, offrant sous le titre de *névrilème* une disposition fistuleuse, présente en même tems, beaucoup de résistance et peu d'élasticité. Ainsi chaque filet possède un *névrilème* particulier immédiatement appliqué sur la pulpe nerveuse; chaque branche, un *névrilème* commun aux filets; et chaque tronc, un *névrilème* commun aux différentes branches ; de telle sorte que dans les filets, il n'existe qu'une enveloppe, tandis que nous en trouvons deux pour les branches et trois pour les troncs; disposition qui nous semble assez positivement expliquer pourquoi, toutes choses égales d'ailleurs, la sensibilité des troncs est moins vive que celle des branches, et la douleur des branches moins aiguë que celle des filets; des artères, des vaisseaux lymphatiques et des veines complétent cette organisation.

En résumant ces considérations générales sur l'appareil innervateur, nous voyons se confondre dans cet ensemble deux systèmes nerveux différens; anastomosés dans leurs diverses parties, mais conservant encore leur manière d'être spéciale; de telle sorte qu'il n'est pas plus rationnel de faire naître le système des ganglions du système cérébral, que de présenter le premier comme l'origine du second; que l'on envisage ces deux systèmes sous tous les rapports qu'ils peuvent offrir, et l'on sentira bientôt l'évidence de cette observation.

Sous le point de vue de leur disposition; le système nerveux encéphalique présente un centre distinct, exactement renfermé dans une cavité osseuse; le système nerveux ganglionaire loin d'offrir un foyer central aussi rigoureusement circonscrit, est vaguement répandu, au milieu des autres organes, à la tête, au col, dans la poitrine et dans l'abdomen.

Sous le rapport de la structure; la substance de l'encéphale est grise ou blanche, molle et pulpeuse; celle des ganglions est rougeâtre et d'une assez grande ténuité.

Relativement à la nature de la sensibilité; la douleur produite par l'irritation des nerfs encéphaliques, très-vive et très-aiguë, porte au mouvement, à l'exaltation; celle que détermine la même influence dans les nerfs ganglionaires, non-seulement présente un caractère particulier, mais encore, plus profonde et plus dangereuse, elle tend à l'extinction de la vie, en produisant l'anéantissement des forces, la diminution ou

même la suspension de la motilité. Il suffit d'avoir
éprouvé ces douleurs dans l'estomac, les intestins, l'u-
térus, les testicules etc. pour né plus les confondre avec
celles de la peau des muscles volontaires etc.

Sous le rapport des phénomènes liés à l'innervation;
tous les organes qui reçoivent la plus grande partie de
leurs nerfs du système encéphalique, jouissent dans l'état
normal de la faculté de transmettre au cerveau des impressions dont nous avons la conscience, et lorsqu'ils
sont contractiles, d'agir sous l'influence de la volonté.
Tous les appareils qui puisent la majorité de leurs nerfs
dans le système ganglionaire, à l'état naturel, sont incapables de faire naître directement aucune perception,
et lors-même qu'ils jouissent de la contractilité, d'exécuter aucun mouvement volontaire.

§ III. MODIFICATEUR DE L'INNERVATION.

Nous désignons sous ce titre tous les agens d'excitation, physiques, chimiques ou vitaux, susceptibles de
provoquer la réaction du système nerveux, en devenant
ainsi l'aliment essentiel de la vie.

Les excitans physiques ou chimiques se trouvent naturellement dans le milieu qui nous environne, dans tous
les objets de nos rapports extérieurs.

Les excitans vitaux se rencontrent dans le mouvement
des fluides circulatoires, et plus spécialement encore,
dans la stimulation et l'ébranlement que le sang artériel
produit sur l'organisme en général, sur le centre nerveux
en particulier, par sa nature propre et par la force de
son impulsion. Aussi l'innervation paraît-elle toujours
d'autant plus active que la circulation à sang rouge est
plus libre et plus facile. De là sa diminution sous l'influence d'un régime trop nutritif et d'un état de pléthore

générale ; son augmentation par l'usage du thé, du café, des déplétions sanguines, et par conséquent l'action nuisible de ces moyens dans les convulsions, les spasmes essentiellement liés à l'excès d'innervation ; son entière suspension, par conséquent la syncope et consécutivement la mort, lorsque cette même circulation se trouve complétement arrêtée.

Ainsi, en dernière analyse, le modificateur de l'innervation est une excitation soit générale, soit spéciale ; générale et commune pour la plus grande partie de l'appareil ; exclusive et spéciale pour les nerfs de la vue, de l'ouïe, de l'odorat et du goût.

§ IV. appétit de l'innervation.

L'innervation s'appliquant à toutes les fonctions, et n'étant bornée par aucune autre circonscription que par celle de l'économie vivante, se trouve sollicitée par un sentiment impérieux et généralement répandu dans l'organisme. Ce sentiment est l'espèce de gêne, de malaise, d'anxiété, *d'inquiétude nerveuse*, que fait naître l'inaction forcée ; déjà très-remarquable pour l'innervation commune aux fonctions de relation, il devient bien plus énergique lorsqu'il indique le besoin de cette influence, relativement aux fonctions nutritives et vitales. Il suffit d'avoir été pendant quelque tems contraint au repos absolu dans l'état normal, pour comprendre toute la force de ce même sentiment, et la puissance qu'il déploie pendant cette pénible captivité, pour déterminer l'action de l'appareil innervateur. Il semble que ce repos anormal ait accumulé, dans tout l'organisme, et plus spécialement dans tout le système nerveux un excès de vie qui tend à s'épancher au dehors. Plus l'appareil d'innervation prédomine dans l'économie vivante, plus cette dépense naturelle devient indispensable au maintien de la santé. Ces considérations importantes nous expliquent physiologiquement la grande activité des sujets doués du tempérament nerveux ; le besoin de mouvemens et de sensations qu'ils éprouvent continuellement ; les avantages des distractions et de l'exercice dans le traitement des maladies qui les affectent ; l'influence positive de la langueur et du repos dans la production des altérations plus ou moins graves auxquelles ils sont déjà naturellement exposés.

§ V. ÉTUDE DE L'INNERVATION.

Il est peu de physiologistes qui n'aient pas fait un système pour expliquer l'innervation, ou le mode particulier d'influence du centre nerveux sur les organes, pour leur communiquer le principe du sentiment et du mouvement. Nous réduirons à trois principales toutes les hypothèses relatives à cette explication : 1° *l'atmosphère nerveuse;* 2° *la vibration des nerfs;* 3° *le mouvement du fluide nerveux.*

1° *Atmosphère nerveuse.* — *Reil*, auteur de cette supposition, admet autour des cordons nerveux ce qu'il nomme *leur sphère d'activité,* dans laquelle chacun d'eux exerce une influence particulière. Cette hypothèse qui n'explique nullement la nature de l'innervation, est essentiellement vicieuse, puisqu'elle repose complétement sur des faits erronés. L'influence nerveuse ne se manifeste jamais latéralement, suivant la circonférence du nerf, mais toujours de son origine à sa terminaison, pour les volitions et les mouvemens ; de sa terminaison à son origine, pour les impressions et les perceptions. Ainsi lorsque nous irritons l'un des doigts par exemple, l'impression est reçue par la pulpe digitale, perçue par le cerveau, sans qu'il existe aucun phénomène d'innervation entre ces deux points éloignés ; si nous voulons mouvoir la même partie , nous n'observons également aucune action latérale entre l'encéphale qui communique la faculté motrice et le muscle qui la reçoit.

2° *Vibration des nerfs.* — Les physiologistes mécaniciens ont prétendu que l'innervation était , en dernière analyse , un ébranlement communiqué aux organes par la vibration des nerfs , elle-même sollicitée sous l'influence d'une action spéciale du cerveau. Il nous paraît absolument impossible de concevoir comment l'encéphale peut exciter cette vibration des nerfs, et plus impossible encore d'expliquer le trémoussement de ces cordons médullaires.

En effet, quatre conditions principales sont indispensables aux vibrations d'une corde, quelle que soit sa nature : 1° *élasticité, densité suffisantes.* Or les nerfs sont des cordons pulpeux qui n'ont d'autre ténacité que celle de leur enveloppe névrilématique, et qui paraissent absolument sans élasticité ; 2° *insertion solide et fixe aux deux extrémités.* Or l'origine des nerfs s'effectue dans une masse presque diffluente, leur terminaison , dans un grand nombre d'organes assez mous ; 3° *isolement complet dans toute la longueur.* En effet , il suffit de toucher une corde en vibration pour faire cesser à l'instant même cette disposition. Or les nerfs sont partout en contact avec les organes voisins , partout enveloppés du tissu cellulaire, le plus propre à détruire les vibrations. 4° *une tension assez forte.* Or les nerfs sont dans un relâchement complet , ils offrent même de nombreuses flexuosités.

3° *Mouvement du fluide nerveux.* — Le plus grand nombre des physiologistes admet l'existence d'un fluide nerveux. Plusieurs le considèrent comme un fluide circulant dans les nerfs à la manière du sang , de la lymphe etc. dans leurs canaux particuliers. Mais lorsque nous voyons un instant presque indivisible suffire à l'impression du modificateur, à sa perception, à la transmission de la volonté, à l'exercice de l'expression, il nous devient absolument impossible de concevoir la rapidité de cette circulation dans ses deux mouvemens principaux ; le premier de l'organe excité, au cerveau qui perçoit l'excitation ; le second, du cerveau qui veut, à l'organe qui exécute le mouvement.

En admettant même que les nerfs sont des canaux circulatoires, que le fluide qui les remplit jouit d'une ténuité supérieure à celle de toutes les humeurs connues, suppositions purement gratuites, on n'obtiendrait pas davantage cette rapidité de mouvement qui caractérise tous les phénomènes d'innervation. D'un autre côté, quel serait l'agent de cette impulsion? Sans doute on ne cherchera pas à le placer dans l'encéphale qui n'offre aucune des conditions organiques essentielles au moteur central d'une circulation vasculaire.

Ainsi toute hypothèse qui tendrait à rapprocher le fluide nerveux des autres humeurs de l'économie, la circulation de ce même fluide pendant l'innervation, de celle du sang, de la lymphe etc. nous paraît absolument inadmissible.

En consultant les faits et l'expérience, nous présentons les explications qui vont suivre comme les plus physiologiques et les plus satisfaisantes dans l'état actuel; nous pensons que leurs principes sont établis sur la vérité, en supposant même dans leurs détails le besoin de quelques modifications.

Le fluide nerveux, dont l'existence nous paraît incontestable, ne peut entrer en comparaison avec aucune des humeurs de l'économie, et son mouvement avec aucune autre circulation vitale. Ce fluide est invisible, impalpable, insipide, inodore, incapable d'affecter aucun de nos sens, appréciable seulement par ses effets ; susceptible de se mouvoir avec la rapidité de l'éclair, de l'organe qui reçoit, au cerveau qui perçoit l'impression ; de l'encéphale qui forme la volition, au muscle qui l'exécute. Ce fluide est *le magnétisme animal*, objet d'un si grand nombre de spéculations et d'hypothèses ; conconsidéré par les uns comme un agent beaucoup trop merveilleux ; proscrit, par les autres, d'une manière également trop absolue, et sur lequel nous reviendrons en traitant du somnambulisme ; enfin, nous considérons ce même fluide, relativement à l'économie vivante, comme l'électricité sous le rapport de l'économie universelle ; nous pensons que les nerfs conducteurs de ce magnétisme particulier, sont à *l'électricité organique*, ce que les cordons de soie, les fils métalliques sont à *l'électricité générale*. Nous regardons l'excitation portée sur le système nerveux comme le mobile de *l'électricité vitale* irradiée des organes vers l'encéphale par l'influence des agens extérieurs, de l'encéphale vers les organes par la réaction du centre nerveux.

L'analogie de ces deux électricités, les rapprochemens nombreux que l'on peut établir entre elles, nous semblent donner à cette théorie de l'innervation toute la réalité que l'on doit désirer.

Ainsi, les sujets les plus nerveux, en d'autres termes, ceux qui, dans un tems donné, peuvent développer le plus *d'électricité vitale*, sont en même tems ceux qu'affecte le plus vivement *l'électricité physique ;* ceux qui ressentent le plus d'impatience, d'agitation et d'anxiété, lorsque l'atmosphère est saturée de ce fluide pendant les instans qui précèdent l'orage ; ceux qui trouvent un plus grand soulagement dans le rétablissement de l'équilibre par les premières détonations ; ceux enfin, dont le système nerveux est le plus fortement ébranlé par les étincelles ou les commotions électriques.

Après la mort générale, après la mort partielle d'un membre, d'un organe entièrement séparé de l'économie vivante, lorsque l'électricité animale n'exerce plus sur les nerfs aucune influence appréciable, on peut encore, au moyen du galvanisme ou de l'électricité physiques transmis à ces conducteurs, solliciter dans les muscles auxquels ils se distribuent, des contractions brusques et rapides absolument semblables à celles que l'on observe, pendant la vie, sous l'influence d'une irritation mécanique ou d'un autre agent susceptible de provoquer des spasmes et des convulsions.

Des expériences très-curieuses de MM. Breschet et Milne-Edwars relatives à l'innervation digestive, prouvent que l'on peut rétablir cette fonction suspendue par la section du nerf-pneumo-gastrique, en remplissant l'intervalle qui sépare les deux bouts divisés, au moyen d'un fil de fer tourné en spirale; et que l'on parvient même à compléter la chymification en substituant alors un simple courant galvanique à l'innervation naturelle.

Weinhold, après la décollation d'un chat, remplit la colonne rachidienne d'un amalgame de mercure, de zinc et d'argent; les battemens artériels et les mouvemens musculaires se rétablissent à peu près comme dans l'état normal. Sur un autre, il place dans le crâne et dans son prolongement vertébral un amalgame semblable; pendant vingt minutes, l'animal relève la tête, ouvre les yeux, se meut et semble essayer de marcher. Les mêmes expériences faites sur un chien produisent des résultats semblables.

Un grand nombre d'habiles expérimentateurs admettent positivement l'existence de ce *galvanisme vital*, et pensent que le système nerveux est naturellement susceptible de le développer; nous citerons particulièrement Béclard, Béraudi, Weinhold, Wilson, Edwards, Vavasseur, Aldini, Magendie, Krimmer etc.

Béclard l'un des premiers a fait observer que l'implantation des aiguilles au milieu d'un nerf, donnait à ces dernières la propriété magnétique.

Béraudi ayant piqué le nerf crural d'un lapin au moyen de deux aiguilles en fer, isolées par une lame de laque horizontalement placée sur leur extrémité libre, reconnut après quinze minutes, que ces aiguilles avaient acquis la faculté d'attirer assez fortement des petits fragmens de papier, d'où l'auteur conclut avec raison, que l'électricité se produit dans le système nerveux sous l'influence de la vie.

Weinhold assure qu'en rapprochant les deux bouts d'un nerf divisé, on obtient une étincelle ; qu'en les tenant à une ligne de distance et les soumettant au galvanisme, ils deviennent lumineux, mais sans transmission de l'étincelle ; observation qui renverse encore l'idée d'une atmosphère nerveuse ; que la ligature suspend l'innervation en détruisant momentanément la continuité de la pulpe médullaire, seule conductrice de *l'électricité* organique, le névrilème étant complétement étranger à cette propagation.

Enfin nous savons que plusieurs animaux, tels que l'anguille de Surinam, la torpille, le silure trembleur etc. jouissent de la faculté d'accumuler ce fluide nerveux dans certains réservoirs, et d'en effectuer d'assez fortes décharges pour tuer d'autres animaux, et représenter ainsi des batteries électriques.

Ces faits et tous ceux que nous pourrions citer encore, sont de nature à fixer l'attention des physiologistes sur cet objet important, et nous semblent établir la plus

parfaite analogie entre le *fluide nerveux*, *le galvanisme*
et *l'électricité physiques*.

Dans cette théorie, l'explication des actes physiologiques de l'innervation devient très-facile et très-satis-
faisante ; dans toutes les autres, elle est absolument impossible.

Un agent d'excitation est appliqué à l'un des organes
en communication avec l'encéphale par le moyen des
nerfs ; cet agent détermine le mouvement de *l'électricité
vitale* qui transmet l'impression au cerveau ; celui-ci la
convertit en perception par l'action spéciale qui s'effectue
sous l'influence du principe immatériel dont cet organe
est l'instrument ; le cerveau réagit, au moyen de cette
même électricité qu'il met en mouvement dans une direction opposée à la première, sur les organes d'expression
chargés d'exécuter les volontés de l'âme. Si nous considérons actuellement que le mouvement du fluide électrique s'effectue dans un instant indivisible, même à distance assez remarquable, la grande rapidité que les impressions et les volitions offrent dans leur transmission,
se trouvera naturellement expliquée.

C'est ainsi que nous concevons l'action de tous les organes sur l'encéphale, pour lui communiquer les élémens
des sensations, et de l'encéphale sur tous les organes pour
leur départir le principe du mouvement, avec des modifications relatives aux dispositions naturelles de chacun
d'eux ; ainsi : du mouvement volontaire, comme on l'observe pour les muscles locomoteurs ; du mouvement involontaire sensible, comme on le voit pour le cœur, la vessie, l'estomac, les intestins, l'utérus etc. ; du mouvement
involontaire insensible, comme il arrive dans tous les
autres appareils, où ces mouvemens inappréciables par
eux-mêmes deviennent évidens par la nutrition, la circulation capillaire, les sécrétions etc. qui les supposent

nécessairement. Toutefois nous ne pensons pas que l'in-nervation ait toujours besoin de l'action encéphalique pour communiquer le mouvement involontaire aux ap-pareils doués de la motilité, puisque le cœur subitement arraché de la cavité thoracique, entièrement isolé du reste de l'économie, se contracte et se dilate encore ; puisque l'un des membres séparé du tronc, est agité de mouvemens convulsifs pendant quelques instans.

Nous ne pensons pas davantage que les fonctions nu-tritives, et parmi les fonctions vitales, du moins à l'état de fœtus, la circulation, soient essentiellement dé-pendantes d'une innervation encéphalique régulière; puisque l'on a vu des sujets vivre, se bien développer jusqu'au terme de la gestation, sans offrir aucune trace de cerveau, de cervelet, de protubérance annulaire et même de moelle rachidienne. M. Lallemand en cite un exemple très-remarquable ; ainsi pendant la vie intra-utérine l'innervation ganglionaire paraît suffisante à l'entretien des fonctions nutritives et vitales, alors rudi-mentaires ; mais à l'état d'enfant, et surtout lorsque les principales fonctions de l'organisme sont constituées dans une mutuelle dépendance, l'innervation encéphalique devient indispensable, d'abord à l'exercice libre, facile et complet de toutes les fonctions, et consécutivement à la conservation individuelle dans son état normal.

Il est aisé de concevoir dans cette même théorie, que trois circonstances organiques sont indispensables à l'in-nervation. L'intégrité : 1° de l'organe qui reçoit ou l'im-pression sensitive, ou le principe du mouvement ; 2° du cerveau qui perçoit cette impression ou qui transmet ce principe moteur ; 3° enfin des nerfs qui servent de con-ducteurs communs à ces élémens de la sensation et de la locomotion. Détruisez l'une de ces conditions et vous déterminez la paralysie, l'impossibilité de sentir ou de se mouvoir ; modifiez d'une manière défectueuse l'une ou l'autre de ces dispositions normales, et vous pervertissez plus ou moins profondément l'une ou l'autre de ces deux facultés, et quelquefois l'une et l'autre en même tems. Cette observation sur laquelle nous reviendrons, présente un intérêt majeur dans ses applications aux maladies du sentiment et du mouvement.

Nous trouvons donc toujours en dernière analyse, dans l'innervation, importation des impressions et de l'excitation vitale de la circonférence au centre ; exportation du principe moteur, de la vitalité, du centre à la circonférence ; nous acquiérons par la première, nous dépensons par la seconde ; l'excès de l'une produit impatience, anxiété, surabondance vitale ; l'abus de l'autre détermine, affaiblissement, épuisement de la vie ; c'est ainsi que succombe le sujet exposé à l'excès du plaisir ou de la souffrance ; leur équilibre constitue l'état normal. L'exercice des fonctions entraîne la dépense du fluide nerveux de *l'électricité vitale* ; de même que le repos de l'organisme en favorise la réparation. Le flambeau qui se consume d'autant plus promptement que sa flamme est plus ardente et plus agitée, nous présente une image assez fidèle de l'innervation. En effet l'épuisement de cette source vitale est d'autant plus rapide que les sensations sont plus vives, plus habituelles, que les mouvemens se trouvent développés avec plus de force et de continuité dans tous les appareils.

§ VI. INFLUENCE DE L'HABITUDE SUR L'INNERVATION.

Servant essentiellement à lier chez l'homme et chez les animaux supérieurs, les fonctions de relation aux fonctions vitales et nutritives, l'innervation éprouve comme les premières, l'influence positive de l'habitude ; si nous étudions cette influence, nous pourrons apprécier aussitôt son empire, et le rôle important qu'elle joue dans les modifications de l'économie vivante.

La fréquente répétition des phénomènes d'innervation locale ou générale, développe sensiblement leur force, leur précision et leur étendue. Ainsi l'influence habituelle de l'encéphale sur les muscles volontaires donne aux mouvemens plus d'habileté, plus d'énergie; au sujet une vigueur factice en opposition avec sa faiblesse naturelle. Au contraire, le défaut d'exercice de cette même fonction produit une apathie, une mollesse artificielles formant contraste avec la force native.

L'innervation plus ordinairement dirigée sur tel ou tel appareil y devient la source d'une vitalité supérieure à celle de l'état normal, et produit pour dernier effet une prédominence plus ou moins fâcheuse de cet appareil sur tous les autres, en détruisant ainsi l'équilibre et l'harmonie qui doivent naturellement exister entre eux.

L'exercice habituel de l'innervation, surtout dans le domaine des actions d'impression et de combinaison intellectuelle, développe d'une manière plus particulière encore la masse et la sensibilité de l'appareil innervateur ; donne à la constitution ce caractère spécial exprimé par la dénomination de *tempérament nerveux*, même chez les sujets qui, d'après l'organisation primitive, semblaient le moins disposés à ce genre de modification.

Le défaut d'activité de cette fonction produit des résultats contraires, même chez les individus que leur constitution native paraissait directement conduire à ce tempérament.

§ VII. SYMPATHIES SPÉCIALES DE L'INNERVATION.

L'innervation présente nécessairement des rapports sympathiques avec toutes les autres fonctions, et ces rapports deviennent la principale colonne de la vie. En effet, si d'une part l'encéphale et les ganglions exercent une influence positive sur toutes les parties de l'économie vivante, d'un autre côté les organes par l'excitation qu'ils reçoivent des objets extérieurs et qu'ils transmettent naturellement aux centres nerveux, entretiennent dans ces derniers un éveil indispensable à leur action.

Au milieu de cette sympathie générale, de ce consensus universel, nous observons des sympathies spéciales, et l'innervation se trouve liée d'une manière plus directe, plus particulière avec la circulation et la respiration; de telle sorte que l'une de ces fonctions ne peut être activée, ralentie, modifiée défectueusement, sans que les deux autres éprouvent des altérations analogues. Ainsi dans les exaltations nerveuses, dans les agitations de la douleur ou des passions, la circulation et la respiration deviennent inégales et précipitées; lors au contraire que l'innervation diminue très-sensiblement, ces mêmes fonctions éprouvent un abaissement proportionné, comme il est aisé de s'en convaincre, en observant les mouvemens du cœur et des poumons dans l'engourdissement que déterminent l'opium, le sommeil et l'apoplexie.

Les modifications anormales de la circulation et de la respiration en produisent de semblables sur l'innervation. Ainsi toutes les circonstances qui rendent la circulation plus active, la respiration plus large et plus facile, développent, avec la même proportion, dans l'état naturel, tous les résultats de cette influence nerveuse, et plus spécialement la force des mouvemens volontaires, l'extension et l'énergie des combinaisons et des réactions intellectuelles. Au contraire, toutes les causes qui ralentissent ou suspendent ces mêmes fonctions, produisent la suspension ou le ralentissement de l'innervation. Ainsi l'inanition, le froid, le défaut d'oxygène, la soustraction d'une grande proportion de sang, etc. déterminent l'affaiblissement des mouvemens et l'engourdissement des facultés intellectuelles; la suspension des battemens du cœur produit la syncope ; et celle des actions pulmonaires l'asphyxie ; dans l'une et l'autre circonstance, le défaut à peu près complet d'innervation, en démontrant constamment les sympathies spéciales et l'intimité particulière de ces trois fonctions essentiellement vitales.

§ VIII. ALTÉRATIONS DE L'INNERVATION.

L'innervation confiée à l'appareil le plus sensible, le plus irritable de tous ceux qui constituent l'organisme vivant, doit nécessairement offrir l'une des fonctions les plus exposées aux différentes altérations morbifiques; nous y trouverons les cinq modifications principales.

1° *Augmentation.*—Elle peut être générale ou partielle. Dans le premier cas, produite sous l'influence d'une excitation extra-normale de tout le système nerveux, elle entraîne constamment une dépense de vitalité plus ou moins supérieure à la réparation; lorsque ce défaut d'équilibre s'établit subitement, il peut en résulter syncope, asphyxie, mort instantanée, par épuisement de la sensibilité, de la contractilité, ou dans un seul mot, de cette même vitalité. Ainsi pendant la douleur des grandes opérations, dans les terribles crises du tétanos etc., le malade qui périt, succombe à l'épuisement complet des propriétés vitales déterminé par l'innervation excessive que développent ces fâcheuses dispositions.

Cette augmentation, lorsqu'elle est partielle, n'offre pas ordinairement des résultats aussi dangereux; mais en développant une prédominence d'action dans l'organe ou l'appareil qu'elle affecte, cette altération détruit l'équilibre naturel des fonctions, et devient encore plus ou moins nuisible. Tel est positivement le caractère du plus grand nombre des maladies connues sous le titre de *névroses*, de *névralgies* etc. dont le *satyriasis*, la *nymphomanie*, la *boulimie* etc., nous fournissent des exemples.

Une observation très-curieuse de M. le Dr Desmoulins vient naturellement se placer ici. Dans le marasme le plus complet, l'encéphale, les ganglions et les nerfs conservent à peu près le volume et le poids qu'ils présentaient dans l'état normal. De là cette augmentation proportionnelle, cette prédominence du système nerveux chez les sujets très-maigres. Les mêmes parties deviennent plus denses, leur diminution qui s'élève au dix-huitième, au seizième dans les circonstances les plus remarquables, s'effectuant aux dépens des fluides qui leur sont propres ; de là cette irritabilité des individus, ces rêvasseries, ces convulsions, ces tremblemens dans l'espèce de desséchement organique dont se compliquent les dernières phases des maladies graves et prolongées. Cette observation nous explique l'influence des évacuations sanguines, de la diète rigoureuse etc., pour développer une augmentation relative du système nerveux, qu'il ne faut pas confondre avec son augmentation absolue; elle nous fait en même tems sentir que le véritable traitement de cette altération consiste beaucoup moins dans l'usage des calmans, des débilitans etc., que dans l'emploi des moyens susceptibles de rétablir l'équilibre de l'organisme, en ramenant à l'état normal tous les autres systèmes par une bonne alimentation, et plus spécialement l'appareil moteur par des exercices appropriés.

2° *Diminution.* — Elle est assez fréquemment la conséquence de l'exaltation. Le système nerveux après avoir été maintenu, pendant quelque tems, dans un état d'action extra-normale tombe le plus souvent au-dessous de la vitalité naturelle. Après les spasmes, les convulsions, le tétanos etc. on observe un collapsus musculaire, indice positif d'une innervation alors insuffisante; une faiblesse voisine de la paralysie dont elle est assez ordinairement un premier degré. Cette altération en la supposant générale, détermine l'apathie, l'inaction dans tout l'organisme, la langueur, l'insouciance dans toutes les fonctions qui semblent incessamment disposées à s'éteindre par défaut d'aliment. On voit des sujets, même dans l'âge de la force, présenter cette disposition d'autant plus fâcheuse qu'elle est presque toujours le symptôme précurseur d'un affaiblissement progressif et d'une fin prochaine.

Lorsque cette même altération est locale, elle constitue ces atonies partielles qui détruisent l'harmonie de la constitution physique, et deviennent d'autant plus graves qu'elles affectent des fonctions plus importantes à la vie.

3° *Perversion.* — Elle comprend les anomalies très-multipliées que peut offrir l'innervation, en compromettant la régularité du plus grand nombre des fonctions de l'économie vivante. Nous citerons parmi les principales et les plus remarquables, les mouvemens involontaires des muscles encéphaliques, *la danse de St-With, l'aboiement, le hoquet convulsif, la lycanthropie, le pica, la diplopie, la paracousie* etc. etc.

4° *Suspension.* — Lorsqu'elle est générale, sa durée ne peut jamais être considérable sans occasionner la mort, comme on l'observe par exemple dans les commotions et les compressions encéphaliques.

Lorsqu'elle se trouve localisée, sa présence n'exclut point la vie, si l'organe essentiellement affecté n'est pas indispensable à cette existence active. Ainsi la ligature d'un nerf produit l'engourdissement et l'insensibilité dans les parties qui reçoivent ses divisions; il existe paralysie complète du sentiment et du mouvement, sans mortification réelle et sans autre conséquence fâcheuse qu'une atrophie plus ou moins prononcée, comme on l'observe chaque jour dans l'hémiplégie. Si la fonction compromise est au contraire directement liée à la conservation individuelle, cette suspension de l'innervation, suffisamment prolongée, détermine la mort générale d'autant plus promptement que cette même fonction est plus immédiatement vitale.

5° *Extinction partielle.* — En portant exclusivement sur les facultés vitales indirectement liées aux mouvemens de composition organique, de même que la suspension, elle borne ses effets à la paralysie du sentiment et du mouvement, à l'atrophie ; mais lorsqu'elle frappe la sensibilité, la contractilité nutritives, elle produit inévitablement la gangrène.

CHAPITRE DEUXIÈME.

CIRCULATION.

La circulation des Latins, *circulatio*, de *circùm latum*, porté en cercle ; considérée d'une manière générale, peut être définie : *mouvement du sang et de la lymphe, des organes respiratoires vers tous les autres, et de ces derniers vers les poumons, sous l'influence du cœur, des artères, des veines, des vaisseaux capillaires et lymphatiques.*

Assez compliqué dans son ensemble, ce mouvement doit être réduit en dernière analyse à deux phénomènes, à deux objets principaux.

Passage des fluides circulatoires, des capillaires pulmonaires aux capillaires généraux, emploi de ces mêmes fluides comme élémens de la nutrition et des sécrétions, comme excitant universel destiné à maintenir une sorte de vibration dans tout l'organisme, tels sont le premier phénomène et le premier objet de la circulation générale.

Passage des fluides circulatoires, des capillaires généraux aux capillaires des poumons, rénovation de ces fluides par la respiration; tels sont le second phénomène et le second objet de cette même fonction.

Partout la circulation nous offre les solides agissant continuellement sur les fluides pour leur communiquer une impulsion et les diriger alternativement du centre à la circonférence, *mouvement centrifuge*; de la circonférence au centre, *mouvement centripète*. C'est pendant le premier de ces mouvemens que les fluides sont distribués aux divers tissus pour leurs usages communs et particuliers; c'est par le second que ces fluides, en quelque sorte usés par la soustraction de leurs principes nutritifs, sécrétoires, excitans etc., viennent se reconstituer au foyer central de la respiration. Incessamment agités dans ce flux et reflux continuels auxquels nous accordons la dénomination de *torrent circulatoire*, ils parcourent successivement tous les points d'un même cercle, de manière à se retrouver constamment au même endroit, après un tems plus ou moins rigoureusement déterminé.

Dès-lors, pour donner une idée bien précise de la circulation générale, nous prendrons les fluides en mouvement dans un point du cercle pour les ramener à ce même point. Nous choisirons de préférence les capillaires des poumons.

Alors très-propres à remplir tous les usages auxquels ils sont destinés, les fluides circulatoires passent des capillaires pulmonaires dans les veines du même nom, de ces veines dans l'oreillette et le ventricule gauches du cœur; cet organe les pousse avec force, dans l'aorte et

ses nombreuses divisions; ils arrivent aux capillaires généraux, traversent ainsi tous les systèmes organiques;
fournissent dans ce passage, les élémens de la nutrition
et des sécrétions; une partie assimilée reste dans les organes pour remplacer les matériaux de la décomposition;
une autre partie constituant les fluides sécrétés, circule
dans les canaux d'excrétion; ces fluides employés à diverses fonctions sont, dumoins pour quelques uns, tels
que la bile, l'urine, la sueur, le mucus etc. rejetés au-
dehors en grande proportion, et deviennent ainsi les
véritables émonctoires de l'économie vivante.

Dans cette première moitié du cercle circulatoire,
nous voyons les fluides se disperser dans tout l'organisme, dépenser leurs caractères nutritifs les plus importans, éprouver des pertes réelles sous le rapport de leur
masse; ils doivent désormais se rallier, acquérir des
matériaux dans la proportion de ceux qu'ils ont fournis,
se reconstituer dans leur premier état pour servir encore aux mêmes usages; telles sont aussi les modifications que nous les verrons présenter en achevant la
révolution qu'ils ont commencée.

Le cercle circulatoire se trouve directement continué
par les vaisseaux capillaires généraux qui vont se rendre
dans les veines; mais il n'arrive par ces mêmes vaisseaux
qu'une assez petite portion des fluides en mouvement,
seulement les parties qui n'ont point été employées à
la nutrition, aux sécrétions; toutes les autres sont rap-
portées aux veines, tous les élémens réparateurs sont
introduits dans le torrent circulatoire par un ordre de
vaisseaux particuliers, connus sous le nom d'absorbans,
et dont les origines libres, se trouvent en déhors du
cercle que nous décrivons. Ainsi les absorbans prennent
des fluides circulatoires : 1º *Dans la substance même des
tissus*, les molécules organiques éliminées par le mouve-

ment nutritif de décomposition ; 2° *sur les surfaces libres intérieures*, en totalité ou bien en partie, les humeurs de sécrétion qui s'y trouvent déposées; dans le tube digestif, dans l'intestin grêle d'une manière plus abondante, *le chyle* fluide essentiellement réparateur ; 3° *sur les surfaces libres extérieures*, tous les matériaux puisés dans le milieu ambiant. Ces divers fluides arrivent aux veines soit après un trajet très-court, ce qui a fait admettre une absorption veineuse, soit après avoir parcouru des vaisseaux blancs plus longs, plus considérables et dont le plus volumineux est *le canal thoracique*. Deux troncs principaux reçoivent tous ces élémens hétérogènes et les versent dans l'oreillette et le ventricule droits; ce viscère les chasse avec énergie dans l'artère pulmonaire et ses ramifications; ils arrivent aux capillaires des poumons. Tous ces fluides, alors impropres aux différens usages qu'ils devront bientôt remplir dans l'économie vivante, les uns par défaut d'animalisation suffisante, *le chyle*; les autres par excès, *les matériaux de décomposition*; d'autres enfin par altération dans leurs parties constituantes; *ceux qui viennent de fournir les élémens de la nutrition et des sécrétions*, parcourent ces vaisseaux capillaires, et sous l'influence de la respiration, se trouvent modifiés dans la mesure des besoins qu'ils vont satisfaire en passant de nouveau par les différens points du cercle que nous venons de compléter.

La planche N° I nous offre cette révolution des fluides circulatoires dans sa plus grande généralité chez l'homme; elle nous présente, réduite à sa plus simple expression, l'opposition du segment vasculaire à sang rouge et du segment vasculaire à sang noir; du système capillaire général et du système capillaire pulmonaire; des voies d'exportation et des voies d'importation, dont le défaut

Circulation Générale.

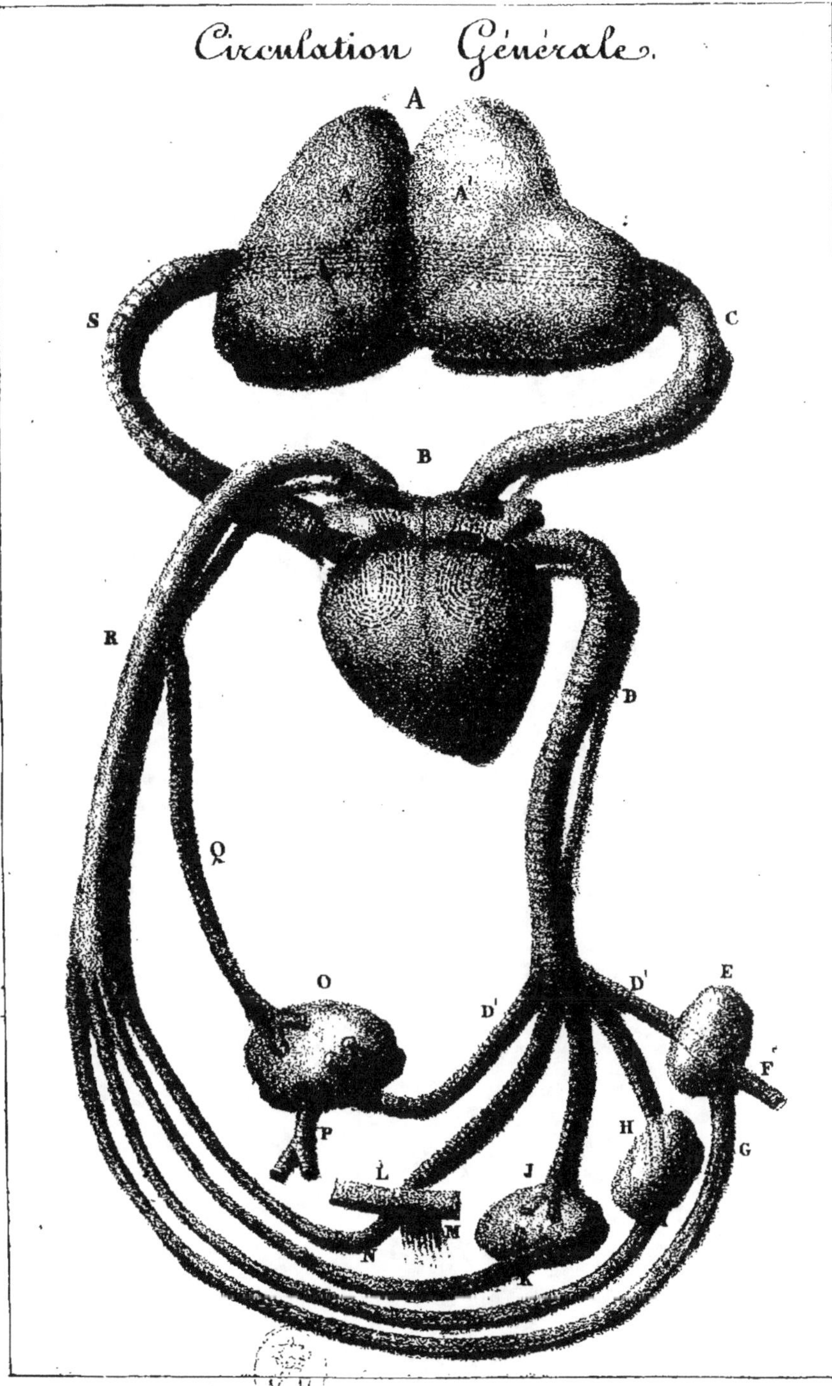

Lith. de Duperray, del.

d'harmonie produit ou l'atrophie et le marasme, ou la pléthore et l'hypertrophie.

A. Poumons. A'. Système capillaire pulmonaire marqué par des points.

B. Cœur. Sang rouge et noir marqués par des points.

C. Veines pulmonaires réduites à un seul vaisseau.

D. Artère aorte. D'. Système capillaire général.

E. Appareils glanduleux réduits à un seul organe.

F. Canal excréteur. *Première voie d'exportation.*

G. Veine rapportant le résidu sécrétoire.

H. Organisme sous le rapport de la nutrition réduit à un seul viscère.

I. Veine rapportant le résidu nutritif.

J. Surfaces libres, exhalantes, sans communication extérieure réduites à une seule.

K. Système absorbant lymphatique, réduit à un seul vaisseau.

L. Surfaces libres, exhalantes, avec communication extérieure réduites à une seule.

M. Produit exhalé en évaporation ; *seconde voie d'exportation.*

N. Absorbans chargés de rapporter ce qui échappe à l'évaporation, et de puiser des matériaux de composition dans le milieu ambiant. *Première voie d'importation.*

O. Appareil digestif réduit à une seule cavité.

P. Canal de transmission des alimens. *Seconde voie d'importation.*

Q. Système absorbant chyleux, réduit au canal thoracique.

R. Système veineux réduit à un seul vaisseau.

S. Artère pulmonaire.

La circulation générale, telle que nous venons de l'exposer, n'était point connue des anciens ; ils considéraient le sang comme un fluide stagnant entre les artères et les veines, se coagulant pour former les parenchymes; ils regardaient les veines comme les canaux particuliers à ce fluide, et les artères comme *les conducteurs du principe vital.* Il suffit de citer un seul passage d'Aristote, pour démontrer toute l'ignorance de son époque relativement au mouvement des fluides circulatoires. « *Le cœur est la source du sang, les veines en sortent,* « *le sang passe du cœur dans les veines et ne revient* « *d'aucun endroit au cœur.* »

C'est par une erreur bien évidente que plusieurs écrivains ont considéré successivement Platon, Hippocrate, Salomon, Riolan, Héister, Janson, Falconnet, Scarp etc. comme auteurs de cette précieuse découverte. En effet, si l'on veut trouver quelques idées positives sur la circulation, il devient indispensable de franchir tous les tems reculés pour arriver au seizième siècle.

Vesale s'aperçut l'un des premiers, qu'en liant une artère elle augmentait de volume, entre le cœur et la ligature, diminuait au contraire entre cette ligature et les divisions du vaisseau.

Plusieurs points de la circulation lymphatique entrevus par Erasistrate, Erophile, Galien, furent ensuite mieux exposés par Asellius, Eustache, Pecquet etc.

Servet reconnut incomplétement la circulation pulmonaire; Colombus la décrivit assez exactement.

Césalpin observa le cours du sang dans les poumons, son mouvement du cœur dans l'aorte, des veines caves au cœur. Mais il ne comprit point l'ensemble du cercle circulatoire et le réduisit à l'impulsion des fluides vers les parties inférieures, à leur retour vers les supérieures.

Harvey rassemblant tous ces matériaux épars, les coordonnant, les fécondant par son génie, mérita les honueurs d'une aussi belle découverte, et fit positivement connaître en 1628 le cercle parfait dans lequel roulent incessamment les fluides circulatoires de l'économie vivante. Voici la série des principaux faits qui le conduisirent à cet important résultat.

1° En liant une artère, on y suspend le cours du sang ; elle se gonfle entre le cœur et la ligature ; elle diminue de volume entre cette ligature et les vaisseaux capillaires. Le pouls devient plus large, plus dur, plus fort dans le premier point, il disparaît dans le second.

2° Lorsqu'une artère est coupée transversalement, le bout qui répond au cœur fournit du sang, par un jet saccadé ; le bout qui répond aux capillaires n'en donne pas ordinairement. La ligature du premier fait cesser l'hémorrhagie, celle du second n'offre point un moyen de l'arrêter.

3° Toutes les valvules du cœur et des artères sont dirigées de leur bord adhérent à leur bord libre, du centre circulatoire aux vaisseaux capillaires.

4° En liant une veine, on arrête le cours du sang dans ce vaisseau qui grossit entre le système capillaire et la ligature, s'affaisse entre cette ligature et le cœur.

5° Une veine divisée transversalement, verse le sang de son extrémité capillaire par un jet continu ; l'extrémité cordiaque n'en fournit pas dans l'état normal. Une ligature jetée sur la première supprime cet écoulement, sur la seconde elle ne produit aucun effet.

6° Les valvules des veines sont dirigées de leur bord adhérent à leur bord libre, des vaisseaux capillaires au cœur.

Une découverte basée sur des faits aussi positifs, semblait ne devoir éprouver aucune contradiction ; elle eût cependant à repousser des objections nombreuses, entre lesquelles nous citerons les plus spécieuses et les plus remarquables.

1° Le sang peut quelquefois s'échapper d'une artère ouverte, par l'extrémité qui répond aux capillaires lors même que l'ex trémité cardiaque est exactement liée.

2° Le gonflement de l'artère entre le cœur et la ligature, son affaissement entre cette ligature et les vaisseaux capillaires ne sont pas toujours bien prononcés. Ces faits sont positifs, mais ne détruisent point l'idée de la circulation. On les explique tout naturellement par l'existence des nombreuses communications anastomotiques.

3° Le sang rétrograde souvent des vaisseaux capillaires vers les troncs artériels, comme on l'observe sous l'influence du froid, d'une frayeur subite, pendant le frisson de la fièvre intermittente etc. mais ces aberrations extra-normales, ne peuvent devenir une objection lorsqu'il s'agit d'apprécier les dispositions naturelles , et Leuwenhoëck n'aurait pas dû les considérer comme infirmant la réalité du mouvement circulatoire.

4° En serrant fortement une partie au moyen de la ligature, le bras par exemple, en ouvrant alors une veine même entre cette ligature et les vaisseaux capillaires, le sang ne coule qu'un instant, s'arrête pour jaillir ensuite avec liberté si l'on diminue la force de cette compression. Mais il est évident que ce phénomène spécieux, loin de porter atteinte à la réalité du mouvement circulatoire, devient un nouvel argument susceptible de la rendre plus positive encore. En effet ce même phénomène dans l'hypothèse actuelle, tient à l'oblitération momentanée de l'artère brachiale qui cesse de fournir du sang à l'avant-bras, puisqu'en serrant assez pour comprimer les veines, mais trop faiblement pour intercepter la communication artérielle, on obtient un jet continu par l'ouverture veineuse. C'est un fait que l'on peut vérifier chaque jour dans l'opération de la phlébotomie.

Toutes ces objections pâlirent devant le flambeau d'une expérimentation aussi rigoureuse et vinrent se briser avec les fades plaisanteries de Guy-Patin contre une découvertes aussi féconde en résultats qu'inébranlable dans ses fondemens.

Après avoir considéré le mouvement des fluides circulatoires sous le rapport de sa plus grande généralité, nous devons l'étudier d'une manière partielle, afin d'arriver méthodiquement à des idées d'ensemble dans le jeu de tout l'appareil chargé de cette importante fonction.

Envisagée sous ce nouveau point de vue, la circulation nous offre deux principales divisions relativement à la disposition des canaux, à la nature du fluide qui les parcourt 1° *circulation lymphatique*, 2° *circulation sanguine*. La première plus simple dans son mécanisme, plus universellement répartie aux êtres organisés vivans fixera d'abord notre attention.

SECTION PREMIÈRE.

CIRCULATION LYMPHATIQUE.

§ Ier ÉTYMOLOGIE, DÉFINITION, CARACTÈRES ET BUT DE LA CIRCULATION LYMPHATIQUE.

La circulation lymphatique, *circuitus lymphæ*, mouvement de l'eau suivant un cercle, d'après l'analogie de ces deux fluides relativement à leur aspect, doit être définie: *mouvement de la lymphe dans les vaisseaux blancs, sous l'influence de leurs contractions péristaltiques.*

Cette partie de la circulation générale est commune à tous les êtres organisés vivans; elle ne présente aucun centre d'impulsion ; essentiellement liée aux phénomènes d'élaboration nutritive , son principal objet est l'importation dans le torrent circulatoire de tous les matériaux *d'assimilation*, pris aux surfaces libres, soit à l'intérieur, soit à l'extérieur, et de tous les produits *d'élimination* puisée dans la substance même des organes.

§ II. APPAREIL DE LA CIRCULATION LYMPHATIQUE.

Ignoré des anciens, comme les autres segmens du cercle circulatoire, cet appareil fut long-tems envisagé d'une manière incomplète et défectueuse. Signalé par Érasistrate qui, dans ses dissections sur des boucs, prit les vaisseaux blancs pour des artères vides; il fut mieux exposé en 1622 par Aselli; cet anatomiste décrivit l'appareil absorbant du mésentère sous le nom de *vaisseaux lactés*. Eustache, en 1649, démontra l'existence du canal thoracique, sous le titre de *vena alba thoracis*. Pecquet y fit observer le renflement qui porte son nom ; enfin l'ensemble du système lymphatique se trouva progressivement dévoilé par les travaux remarquables d'un grand nombre d'investigateurs habiles, au nombre desquels nous devons particulièrement citer Haller, Monro, Mascagni, Scarpa, Ribes, Alard, Fohmann, Lauth, Béclard, Lippi.

L'appareil de la circulation lymphatique se compose 1° des vaisseaux , 2° des ganglions.

1° VAISSEAUX LYMPHATIQUES. — Désignés également par les termes de *vaisseaux blancs, absorbans, lactés etc.*, ces canaux circulatoires, innombrables dans l'économie vivante, présentent chez l'homme et chez les animaux supérieurs leur point d'origine à toutes les surfaces libres, dans la substance même des organes, et leur terminaison dans le système veineux.

La naissance de ces vaisseaux est marquée par une petite bouche absorbante que l'on a comparée avec assez de raison à celle des canaux lacrymaux, à celle des sangsues, et qui paraît agir à la manière des ventouses.

Pendant leur trajet, dont l'étendue varie beaucoup, ces vaisseaux disposés en canaux flexueux marchent sur deux plans, l'un superficiel, l'autre profond; des anastomoses très-multipliées établissent partout les plus libres communications entre eux.

Le système veineux offre la terminaison commune des vaisseaux lymphatiques ; mais tous n'y parviennent pas de la même manière ; sous ce point de vue très-important à considérer, nous reconnaissons trois modifications principales : 1° les uns à peine capillaires vont après un court trajet s'ouvrir directement dans les veines voisines. Vieussens, Ribes, Alard, Fohmann, Lauth, Béclard, Lippi etc., ont démontré la réalité de cette même terminaison ; 2° les autres plus volumineux, plus apparens, traversent des ganglions plus ou moins nombreux, plus ou moins éloignés, et vont se rendre ensuite dans le système veineux ; 3° d'autres enfin, après une marche analogue, se terminent dans un ou deux vaisseaux plus considérables qui déposent eux-mêmes dans les veines le produit de leur circulation. Le plus important de ces troncs est le *canal thoracique* ; né dans l'abdomen par cinq ou six racines assez près de l'ouverture diaphragmatique, il présente inférieurement une dilatation sous le nom de réservoir de Pecquet, pénétre dans la poitrine, gagne la partie latérale gauche de la colonne dorsale, et vient ordinairement se terminer dans la veine sous-clavière de ce côté. L'autre moins étendu, moins volumineux, sous le titre de grand vaisseau lymphatique droit, se rend aux veines jugulaire ou sous-clavière correspondantes. Cette dernière disposition est celle du plus grand nombre des absorbans intestinaux. La plupart des auteurs l'avaient considérée comme propre à tout l'appareil lymphatique; de là ces théories de l'absorption veineuse dont la nécessité disparaît naturellement devant l'exposition entière du véritable système absorbant, comme nous le verrons d'une manière plus spéciale, en faisant l'histoire de cette importante fonction.

Organisation. — Les vaisseaux lymphatiques sont constitués par deux membranes, l'une extérieure celluleuse douée d'une assez grande ténacité, donnant au vaisseau la principale résistance qu'il présente, est considérée, par quelques auteurs, comme essentiellement contractile et musculeuse. Scheldon prétend avoir découvert des fibres motrices bien évidentes sur le canal thoracique du cheval; Schneider assure les avoir observées même chez l'homme.

En supposant que la réalité de ces démonstrations soit contestée, on ne pourra jamais refuser entièrement la contractilité aux parois de ces vaisseaux, puisque toute la circulation lymphatique repose absolument sur l'existence de cette même propriété.

L'autre tunique, intérieure, mince, facile à déchirer, diaphane, assez analogue à celle des veines, paraît cependant moins susceptible d'ossification; quelques auteurs ont même assuré qu'elle n'offrait jamais ce phénomène pathologique; opinion trop exclusive, puisque Mascagni l'a trouvée plusieurs fois encroûtée de phosphate calcaire; d'autres ont établi entre ces membranes une différence fondamentale, assurant que la tunique interne des vaisseaux lymphatiques offre *des concrétions plâtreuses* qui ne se rencontrent jamais dans celle des veines. Mais n'aurait-on point confondu les dépôts calcaires avec ces concrétions? Quoiqu'il en soit, cette membrane forme intérieurement des replis valvulaires disposés deux à deux et qui paraissent en plus grand nombre que dans les veines. Une de ces valvules existe à l'embouchure du canal thoracique; un tissu cellulaire, filamenteux, considéré par quelques auteurs comme troisième enveloppe, sert à l'union des vaisseaux lymphatiques avec les parties ambiantes.

2° GANGLIONS LYMPHATIQUES. — On nomme ainsi des petits corps blancs ou légèrement rougeâtres, de forme et de volume très-variables, placés partout sur le trajet des vaisseaux absorbans dont un assez grand nombre les traverse. On n'en trouve point dans la cavité crânienne; le thorax en présente beaucoup, surtout dans le parenchyme pulmonaire, où leur dégénération paraît constituer les tubercules de la phthisie; vers les premières divisions bronchiques, ils offrent une couleur noire que les chimistes ont attribuée au dépôt du carbone dans l'acte même de la respiration; opinion qui ne paraîtra nullement fondée si l'on considère la manière dont s'effectue la rénovation du sang veineux, et la composition de ces mêmes ganglions. L'abdomen renferme également un grand nombre de renflemens lymphatiques; on y remarque plus spécialement ceux qui se trouvent compris dans la duplicature des mésentères, que traversent les absorbans intestinaux sous le nom de *vaisseaux lactés*, et qui deviennent le siége d'engorgemens souvent très-considérables, décrits sous le titre de *carreau, de phthisie mésentérique* etc.; à l'extérieur, la tête, le col, le tronc, les membres en présentent d'assez nombreux, surtout dans le voisinage des articulations et dans le sens de la flexion. Les vaisseau qui se rendent à ces ganglions prennent le titre *d'afférens*; on nomme *efférens* ceux qui les ont parcourus.

Organisation. — D'après plusieurs anatomistes, et notamment Albinus, Haller etc., les ganglions ne seraient autre chose que des espèces de plexus formés par l'entrelacement des vaisseaux lymphatiques dont le nombre et les circonvolutions seraient proportionnés au volume de ces mêmes ganglions. Mais en examinant leur structure avec attention, on s'aperçoit aisément qu'ils offrent de plus un parenchyme particulier, qui semble de nature celluleuse, comme l'ont avancé Morgagni, Cruikshank et Malpighi; ce parenchyme est enveloppé d'une membrane plus dense; il reçoit les vaisseaux *afférens*, et livre passage aux *efférens*.

§ III. MODIFICATEUR DE LA CIRCULATION LYMPHATIQUE.

On lui donne les noms de lymphe, de sérosité, de sérum etc.; ce fluide incolore, diaphane, légèrement salé, inodore, plus pesant que l'eau distillée, neutre, albumineux, offre la plus parfaite analogie avec le sérum du sang; peut-être même ce dernier n'est-il autre chose que la lymphe déjà plus animalisée après avoir circulé dans l'appareil vasculaire sanguin.

D'après les analyses de MM. Chevreul et Collard de Martigni, le fluide lymphatique pris sur des animaux, après vingt-quatre heures d'abstinence, a présenté, sur 1,000 parties, albumine 57, fibrine 3, eau et sels 940, matière grasse des traces; caractères qui rapprochent un peu la lymphe du chyle et même du sang. En l'examinant long-tems après la chylification, on la trouve plus visqueuse, plus opaline et presque verdâtre; son odeur spermatique se prononce davantage.

Etudiée au microscope, elle offre des grumeaux sans forme déterminée, suspendus au milieu d'un fluide aqueux; plusieurs, en raison de leur sphéricité, ont été pris pour des globules dont l'existence n'est point démontrée. Ces corpuscules sont bien plutôt des parcelles d'albumine concrète, en quelque sorte rudimentaires de celles que l'on trouve souvent en si grande quantité dans ce même fluide, après la ponction ou la phlegmasie chronique des séreuses.

M. De Blainville attribue la saveur salée de la sérosité au chlorure de sodium dont nous faisons usage, p arce qu'elle n'existe pas chez les animaux qui n'ont point recours à ce même assaisonnement.

M. Brande, ayant soumis la lymphe à l'action d'une pile galvanique, a vu l'albumine se diriger vers le pôle négatif, alors qu'un acide particulier s'approchait du pôle positif.

La proportion de l'albumine augmente sensiblement dans l'état pathologique; cette augmentation peut varier de 1 à 7 ou 8 sur 100 parties, comme l'a fait observer Marcet.

L'eau de l'amnios, l'humeur aqueuse, le fluide *cérébro-spinal* de M. Magendie, présentent la plus grande analogie avec le fluide circulatoire que nous venons d'examiner.

§ IV. Appétit de la circulation lymphatique.

Vaguement répandu dans toutes les parties de l'organisme, ce sentiment d'ailleurs très-obscur, comme la fonction à l'exercice de laquelle il préside, se confond dans la généralité des impressions instinctives liées aux phénomènes conservateurs de l'individu, sans rien offrir de particulier.

§ V. Étude de la circulation lymphatique.

Pour bien comprendre le mouvement des fluides blancs, il faut les suivre depuis l'instant de leur absorption par les vaisseaux lymphatiques jusqu'à celui de leur dépôt dans le système veineux.

Sur toutes les surfaces libres et dans l'intérieur des organes se rencontrent des espèces de ventouses, de suçoirs, origine de chaque vaisseau absorbant; disposition que l'on avait gratuitement admise pour les veines, puisqu'elles sont évidemment la continuation des capillaires généraux, et forment avec le cœur droit l'artère pulmonaire et ses divisions, le système capillaire pulmonaire, les veines pulmonaires, le cœur gauche, l'aorte et ses nombreuses ramifications, la chaîne sans interruption du cercle circulatoire complet.

Ces bouches lymphatiques saisissent par une véritable succion les matériaux déposés sur les surfaces libres; et dans la structure même des tissus, les molécules détachées par la décomposition nutritive. Ces élémens hétérogènes forment une première colonne portée sous l'influence de cet effort au-dessus de la petite ventouse qui vient d'en effectuer l'aspiration. Un second mouvement de succion élève une seconde colonne, qui pousse la première et la chasse au-delà des deux valvules les plus voisines. Les parois du vaisseau reviennent sur elles-mêmes en vertu de leur élasticité, de leur tonicité, sans doute aussi de leur contractilité involontaire insensensible; elles pressent les fluides contenus dans leur capacité; les valvules qui s'étaient abaissées pour laisser un passage libre, se relèvent et préviennent le retour; d'ailleurs d'autres colonnes succèdent et soutiennent celles qui les ont devancées, en leur facilitant la transition au-delà des secondes valvules; toutes ces colonnes successives parcourent, en conséquence d'un mécanisme semblable, les nombreux vaisseaux lymphatiques des radicules vers les troncs; dans les uns, elles sont promptement et directement conduites au système veineux; dans les autres, elles traversent des ganglions où leur marche est plus embarrassée, leur engorgement plus ordinaire, pour se rendre à la même destination, après avoir éprouvé des modifications dans leurs nature, par l'action vitale de ces petits corps; dans les autres enfin, elles arrivent à des troncs centraux qui les déposent également dans les veines.

Il résulte de ces dispositions que la circulation lymphatique n'offrant aucun agent commun d'impulsion, ne présente point d'uniformité dans son cours ; qu'elle peut être activée dans un point, ralentie dans un autre, et, par une conséquence naturelle, que ses vaisseaux, même les plus apparens, ne font jamais sentir aucune pulsation. Les moteurs y sont aussi nombreux que les bouches absorbantes et que les divisions lymphatiques dont chacune porte en soi la raison du mouvement des fluides qui les parcourent. Ces caractères de la circulation dans les vaisseaux blancs y rendraient les engorgemens partiels beaucoup plus fréquens et plus dangereux, si la nature n'avait contrebalancé tous ces inconvéniens par l'établissement des nombreuses communications anastomotiques.

Les usages de la circulation lymphatique sont du plus haut intérêt ; c'est elle qui introduit dans l'économie, par l'intermédiaire du système veineux, tous les élémens de réparation et d'accroissement. Ainsi le chyle particulièrement destiné à combler les pertes que fait le sang dans la nutrition et les sécrétions, est importé par les vaisseaux absorbans. Tous les fluides aqueux, au moyen desquels ce même sang entretient sa liquidité naturelle, sont également puisés à l'extérieur, non seulement par les vaisseaux lymphatiques de la muqueuse intestinale, mais encore par ceux de l'enveloppe cutanée.

La réalité, les avantages de cette absorption extérieure, sous le rapport de l'hygiène et même de la thérapeutique, n'ont plus besoin d'une démonstration. On sait généralement qu'une atmosphère humide, qu'un bain etc. augmentent la fluidité du sang, et la quantité de l'urine ; que les applications endermiques de plusieurs médicamens produisent des résultats positifs. Au milieu des faits nombreux qui constatent la réalité de ces principes essentiels, nous citerons les suivans.

Cruikshank traitant un malade affecté d'oblitération de l'œsophage et tourmenté par une soif ardente, parvint dans le cours d'un mois tout entier, non seulement à calmer ce pénible sentiment, il excita même une abondante sécrétion urinaire, en faisant prendre chaque jour un bain tiède pendant une ou deux heures.

Appelé, en 1820, à Pont-Cher, près Tours, pour M. P***, jeune homme de 25 ans, affecté depuis 80 jours d'une entérite qui l'avait réduit au marasme le plus effrayant, menacé d'un troisième accès de fièvre tierce dont la violence paraissait devoir entraîner inévitablement la mort ; dans l'impossibilité d'administrer les fébrifuges à l'intérieur, nous les prescrivons en bain, à la dose de deux livres de quinquina chaque fois ; dès la seconde immersion, cette fièvre disparaît complétement et le malade recouvre la santé par le concours des moyens appropriés.

§ VI. INFLUENCE DE L'HABITUDE SUR LA CIRCULATION LYMPHATIQUE.

Cette influence n'est pas bien sensible pour tout ce qui est relatif au mouvement des fluides circulatoires dans les vaisseaux blancs ; elle porte plus particulièrement sur le degré d'activité des bouches absorbantes, qui perdent leur énergie par une longue inaction et peuvent acquérir une fâcheuse prédominence par l'exercice trop soutenu ; *l'étisie* nous offre une exemple du second de ces effets ; nous trouvons les caractères du premier dans *l'anasarque*, *la polisarcie*, comme nous le verrons plus particulièrement, en faisant l'histoire de l'absorption.

§ VII. SYMPATHIES DE LA CIRCULATION LYMPHATIQUE.

Elles sont nécessairement obscures comme la fonction qui les présente. Cependant il est encore facile d'en saisir les résultats.

L'appareil lymphatique partage le *consensus* général de l'organisme ; nous voyons en effet l'œdème, l'anasarque, les épanchemens des grandes cavités séreuses développés sympathiquement dans les, altérations graves et prolongées du plus grand nombre des organes et particulièrement de ceux qui concourent à l'accomplissement des fonctions importantes. Ainsi pendant le cours des gastrites, des entérites, des pneumonies, des hépatites chroniques etc. surtout avec lésion matérielle dans les tissus affectés, ces phénomènes accessoires marquent les dernières périodes et deviennent ordinairement les signes précurseurs de la mort.

D'un autre côté, les perversions de la circulation lymphatique offrent une influence marquée sur toute l'économie soit par le défaut, soit par l'excès des fluides blancs importés, soit par les aberrations de leur cours.

Quant aux sympathies spéciales, à peine est-il nécessaire de les indiquer entre les appareils lymphatique et veineux dont les rapports directs sont partout si multipliés, et dont les influences réciproques se manifestent constamment, soit dans l'état normal, soit dans l'état pathologique.

§ VIII. ALTÉRATIONS DE LA CIRCULATION LYMPHATIQUE.

Effectuée par un appareil dont la vitalité n'offre pas un grand développement, la circulation lymphatique ne présente que des lésions rares et latentes, mais dont les résultats peuvent entraîner d'assez graves accidens. Ces altérations se réduisent aux cinq modifications principales.

1° *Augmentation.*— Elle peut se développer d'une manière partielle ou générale. Dans le premier cas, elle devient le principal symptôme des inflammations séreuses, des hypertrophies lymphatiques locales etc. ; dans le second, elle caractérise les hypertrophies cellulaires constitutionnelles et ces leucophlegmasies assez fréquentes chez les enfans nouveaux-nés, chez les femmes récemment accouchées etc.

2° *Diminution.* — Elle n'est pas très-rare pour les sujets qui s'y trouvent prédisposés par le tempérament lymphatique, la viellesse, les maladies chroniques etc. ; elle devient un symptôme assez positif d'atonie locale ou générale. Dans le premier cas, on l'observe surtout aux membres pelviens, l'action des vaisseaux y trouvant un obstacle particulier dans la force de gravitation ; pour le second, dans toutes les parties où se rencontre l'appareil lymphatique, et plus spécialement dans les régions où sa prédominence est marquée. Ces deux états amènent l'œdème et l'anasarque passifs.

3° *Perversion.* — Elle est relative soit au défaut de régularité dans la distribution des fluides lymphatiques, soit aux dégénérations de ces fluides ou de leurs vaisseaux ; nous en trouvons des exemples nombreux dans les congestions de cette nature, dans la plupart des tumeurs anomales, des squirrhes etc. ; soit enfin au passage des fluides étrangers à cet appareil dans les canaux dont il est formé ; ainsi nous voyons, dans certaines phlegmasies, le sang parcourir ces routes insolites, ou bien encore des matériaux plus ou moins dangereux tels que les poisons, l'urine, l'ichor putride etc. arriver par cet intermédiaire au centre même de la circulation générale.

4° *Suspension.* — Elle peut-être déterminée par un

grand nombre de causes, notamment par l'atonie des lymphatiques, leur engouement, leur compression etc.; dans tous ces cas, il survient un engorgement plus ou moins étendu, suivant que l'influence morbifique agit avec plus de force et de continuité, sur des vaisseaux plus nombreux ou d'un plus grand calibre.

5° *Extinction partielle.*—Elle devient pour les tissus blancs une cause irrévocable de gangrène, et pour les autres le premier signal d'une désorganisation plus ou moins profonde.

SECTION DEUXIÈME.

CIRCULATION SANGUINE.

§ Iᵉʳ. ÉTYMOLOGIE, DÉFINITION, CARACTÈRES, BUT DE LA CIRCULATION SANGUINE.

La circulation sanguine, αἵματος περίοδος des Grecs, *sanguis circuitus* des Latins, doit être définie : *mouvement du sang par l'action successive des veines, du cœur, des artères et des vaisseaux capillaires.*

Beaucoup moins généralement répandu que le précédent, ce mode circulatoire ne se rencontre point chez les végétaux. Dans la série des animaux, il se trouve même exclusivement départi à ceux qui pour moteur central offrent un cœur ou des renflemens vasculaires.

L'objet essentiel de la circulation sanguine est l'entretien de la nutrition et des sécrétions dans tout l'organisme; son objet accessoire est, pour chaque tissu placé dans son domaine, l'excitation nécessaire au développement de la vitalité.

§ II. APPAREIL DE LA CIRCULATION SANGUINE.

Il se compose de trois ordres de vaisseaux : 1° *les veines*, 2° *les artères*, 3° *les vaisseaux capillaires* ; d'un organe central auquel on donne le nom de cœur. D'après ces dispositions de l'appareil circulatoire sanguin, d'après la nature et les usages du modificateur de cette grande fonction dans chacune de ces divisions, nous devons distinguer trois circulations particulières dans la circulation générale : 1° *circulation à sang noir ou veineuse* ; 2° *circulation à sang rouge ou artérielle* ; 3° *circulation mixte ou capillaire*. Nous examinerons seulement, dans ce paragraphe, les objets communs à ces trois circulations, toutes les considérations spéciales rentrant essentiellement dans leur histoire propre.

Les anciens physiologistes n'avaient aucune idée précise relativement aux dispositions et même à la nature des vaisseaux sanguins. Aristote, Hippocrate les désignaient par le terme commun de veines ; aussi la même dénomination consacrée par les poëtes et les écrivains de l'antiquité, se trouve-t-elle encore aujourd'hui la seule employée par les hommes étrangers à la science médicale. Plus tard, on donna le titre d'aorte à l'artère principale ; aux autres, celui *d'aortœ*, ensuite *arteriœ*, artères. Quelques auteurs admirent entre ces dernières et les veines, « *un tissu spongieux formé par le sang concrété, base* « *essentielle de tous les parenchymes organiques* ».Ruisch détruisit toutes ces hypothèses fautives en démontrant, au moyen des injections, la communication de ces vaisseaux.

Il est aisé de concevoir, d'après ces idées, que les anciens n'avaient aucune connaissance positive de la circulation du sang. Césalpin, Vesale préparèrent cette belle découverte, que Harvey s'appropria par son génie, en recevant, au lieu d'une couronne civique, pour gage de la reconnaissance de ses contemporains, des menaces, des persécutions ; comme si ce grand homme eût dû répondre des funestes résultats que produisirent les transfusions, inconsidérés, parce que le nouveau système de la circulation était devenu l'occasion et le mobile de ces dangereux essais.

Nous savons aujourd'hui que l'appareil circulatoire sanguin est représenté par deux arbres inégaux dont les troncs sont unis au cœur, et dont les rameaux se trouvent subdivisés à l'infini, pour le moins grand, dans le parenchyme des poumons, et, pour le plus considérable, dans la trame de tous les systèmes organiques. C'est à l'origine de ces deux arbres que se trouve placé l'organe central de la circulation dont nous devons étudier les principaux caractères physiologiques.

Le cœur, κέαρ, κὴρ, καρδία des Grecs, *cor* des Latins, étudié chez l'homme, est une organe musculeux à quadruple cavité, situé dans le thorax entre les deux médiastins; de forme conoïde; obliquement dirigé de droite à gauche, de haut en bas, d'arrière en avant; par sa base, reposant sur le corps des vertèbres dorsales, vers le milieu de cette région; par le sommet, répondant à la septième côte.

Les cavités du cœur, au nombre de quatre, sont disposées deux à deux, offrant pour chaque moitié un réceptacle supérieur nommé oreillette, un inférieur appelé ventricule. L'oreillette et le ventricule d'un côté se trouvent chez l'adulte complétement séparés de l'oreillette et du ventricule opposés, par une cloison moyenne; de telle sorte qu'il existe réellement deux cœurs où la première inspection semble n'en présenter qu'un seul. Le cœur droit, incliné de ce côté se trouve plus en avant et recouvre en partie le cœur gauche. Celui-ci placé en arrière est plus épais et plus arrondi. Le premier concourt à la circulation du sang noir, le second, à celle du sang rouge. Les fluides circulatoires viennent à cet organe de la circonférence au centre par les veines; ils en partent du centre à la circonférence par les artères.

Pour les deux cœurs, les oreillettes à parois beaucoup plus minces, plus extensibles, moins énergiques dans leurs contractions, reçoivent le sang par un ordre de vaisseaux nommés *veines*, et n'ont d'autre fonction que d'en effectuer la projection dans les ventricules. Ces derniers, à parois beaucoup plus épaisses, plus musculeuses, plus fortes, sont le point d'origine d'un autre ordre de vaisseaux nommés *artères*, et leurs contractions ont pour objet de chasser le sang dans ces mêmes vaisseaux.

La résistance que doivent surmonter les oreillettes est à peu près identique: leurs parois offrent, par une conséquence naturelle, à peu près la même force et la même épaisseur.

Pour les ventricules, il existe au contraire une différence bien positive; le gauche doit pousser le sang dans toutes les divisions de l'artère aorte, vaincre la résistance d'un grand nombre de tissus consistans et difficilement perméables; le droit porte seulement le même fluide aux extrémités de l'artère pulmonaire et n'a d'autre obstacle à surmonter que celui du parenchyme respiratoire naturellement lâche, celluleux et facile à traverser; aussi le premier de ces ventricules offre-t-il des parois beaucoup plus épaisses, plus fortes et plus musculeuses que celles du second.

Tel est cet organe central de la circulation envisagé d'une manière générale; étudions sommairement les diverses cavités qui le composent et les enveloppes dont il est environné.

1° *Cavités droites*. — Elles appartiennent à la circulation du sang noir; on les a considérées, pendant long-tems, comme offrant une capacité bien supérieure à celle des cavités gauches; disposition cadavérique entièrement spécieuse, et qui tient à l'accumulation du sang dans les premières pendant les derniers instans de la vie, tandis que dans les mêmes circonstances, les secondes à l'état de vacuité complète, éprouvent une diminution notable sous l'influence de la rétractilité dont elles jouissent au plus haut dégré.

Oreillette droite. — Elle offre en dedans un petit enfoncement sémi-lunaire nommé *fosse ovale*, placé sur la cloison commune et faisant partie, chez le fœtus, d'un conduit qui, sous le nom *de trou de Botal*, établit alors une communication directe et facile entre les deux oreillettes, entre les deux cœurs par conséquent; communication ordinairement détruite quelque tems après la naissance, persistant chez plusieurs sujets pendant toute la vie; produisant alors cette confusion du sang noir et du sang rouge, affection connue sous le titre vulgaire de *maladie bleue.*

En dehors, la cavité même de l'oreillette prolongée en sac à peu près conoïde.

En devant, l'orifice de la veine cave inférieure, garnie d'un assez long repli nommé *valvule d'Eustache.*

En arrière, l'ouverture de la veine cave supérieure, celles des veines cardiaques n'offrant aucun repli valvulaire.

En bas, l'orifice oriculo-ventriculaire.

Ventricule droit. — De forme à peu près triangulaire, il offre à sa base deux ouvertures, l'une à droite, conduit dans l'oreillette; l'autre à gauche, dans l'artère pulmonaire. Trois valvules, sous le nom de *tricuspides* circonscrivent intérieurement cette base. Disposées en triangle, elles ont un bord adhérent qui répond à l'oreillette, un sommet libre tourné du côté du ventricule; cette extrémité se trouve arrêtée dans certaines limites par des filets tendineux d'une résistance considérable, naissant des principales colonnes charnues, de telle sorte que le renversement de la valvule devient impossible dans tout autre sens que dans celui de la cavité ventriculaire. Deux de ces valvules sont destinées à l'ouverture de l'oreillette, la troisième à celle de l'artère pulmonaire.

2° *Cavités gauches.* — Elles sont relatives à la circulation du sang rouge; leur capacité paraît moins considérable sur le cadavre que celles des cavités droites.

Nous avons donné la raison de cette disposition illusoire; nous ne partageons point à cet égard l'opinion de Legalois qui prétend que cette prédominence existe réellement chez l'adulte, et que chez le fœtus on la rencontre d'une manière inverse, par conséquent à l'avantage des cavités gauches.

Pour expliquer la régularité de la circulation nonobstant cette inégalité des ventricules, on admet « *une condensation du sang dans les poumons, avant son retour dans les cavités gauches.* » C'est ainsi qu'une erreur conduit dans une erreur plus grande encore. Toutefois les parois de ces cavités, et notamment celles du ventricule, sont beaucoup plus fortes, plus épaisses, moins faciles à dilater que celles des cavités droites; c'est en conséquence de ces dispositions normales que l'anévrisme est plus fréquent dans le ventricule de ce côté, l'hypertrophie dans le ventricule gauche; prédisposition bien essentielle à noter sous le rapport de la pathologie.

Oreillette gauche. — Elle présente en dedans la fosse naviculaire, dont nous avons indiqué l'analogue dans l'oreillette droite, l'ouverture des deux veines pulmonaires de ce côté; en dehors, l'orifice des deux veines pulmonaires gauches, la cavité de l'oreillette également terminée sous forme de sac; en bas, l'ouverture oriculo-ventriculaire.

Ventricule gauche. — De forme conoïde, à parois très-épaisses, très-musculeuses, il offre à sa base deux ouvertures, l'une postérieure conduit dans l'oreillette, l'autre antérieure dans l'artère aorte. Deux valvules appelées *mitrales* circonscrivent intérieurement cette base. Leur extrémité libre dirigée vers la cavité ventriculaire, est encore fixée par des prolongemens fibreux très-résistans. L'une de ces valvules est destinée à l'orifice de l'oreillette, l'autre à celui de l'aorte.

Organisation. — La partie essentielle et fondamentale des parois cardiaques, est formée par le tissu musculaire involontaire, se rapprochant beaucoup dans cet organe, pour l'aspect et la couleur, du tissu des muscles soumis à l'influence de la volonté ; les fibres, surtout dans les ventricules, sont développées, offrent à l'intérieur des colonnes charnues très-saillantes ; dans toute l'épaisseur de l'organe, elles se trouvent dirigées en divers sens, et forment des entrelacemens inextricables. Lower prétend qu'elles parcourent, de la pointe à la base du cœur, une ligne à peu près droite, pour se réfléchir dans les ventricules ; Winslow, que les unes sont anguleuses, les autres en forme d'arc ; Sénac, qu'elles décrivent une spirale du sommet aux oreillettes, se trouvant assujetties par des prolongemens fibreux. D'après M. Gerdy, ces prolongemens sont disposés en forme de zônes autour des ouvertures, et les fibres charnues en anses concentriques. En les disséquant avec le plus grand soin, nous les voyons dirigées dans tous les sens, n'affectant aucun ordre, aucun arrangement régulier que l'on puisse rigoureusement décrire.

Toutes les cavités du cœur sont intérieurement revêtues par une membrane mince, identique pour le cœur droit à celle des veines à sang noir, et pour le cœur gauche à celle des artères à sang rouge ; circonstance qui nous explique la fréquence des ossifications dans les valvules mitrales que la membrane artérielle sert à former, le très-petit nombre d'exemples de cette altération dans les valvules tricuspides constituées par la membrane veineuse.

Les artères du cœur naissent directement de l'aorte, sous les valvules sigmoïdes qui circonscrivent l'origine de ce vaisseau principal.

Ses nerfs sont fournis par le plexus cardiaque appartenant spécialement au système nerveux ganglionaire, et plaçant l'organe central de la circulation en dehors des influences de la volonté.

Enveloppes du cœur. — Elles figurent un sac à peu près conoïde, offrant sa base inférieurement appliquée sur le diaphragme avec le centre aponévrotique duquel ses parois se trouvent identifiées.

Ce réceptacle, nommé péricarde, est formé par deux membranes, l'une intérieure séreuse, favorisant les glissemens de l'organe ; l'autre extérieure fibreuse adhérente au centre phrénique et servant à donner au cœur une position fixe et nécessaire à l'exercice régulier de ses fonctions.

Importance du cœur. — Plusieurs auteurs considèrent cet organe comme beaucoup moins essentiel à la vie que l'encéphale et les poumons ; quelques uns même le regardent comme entièrement accessoire dans la circulation. Ils ajoutent comme preuves, que cette fonction est seulement ralentie pendant la syncope où les mouvemens du cœur sont absolument insensibles ; que d'après les observations de Bacon, Bartholin etc., des animaux auxquels on vient d'arracher cet organe peuvent se mouvoir librement ; que des hommes soumis à cet affreux supplice ont encore offert assez de vie pour implorer la clémence divine, faire éclater leur fureur et manifester une indignation profonde ; enfin que plusieurs classes d'animaux, dont la circulation s'effectue régulièrement, n'offrent pas de cœur.

Il nous semble que dans une question de cette importance, des analogies presque toujours fautives, des observations incomplètes, des faits pour le moins très-douteux, ne sont pas des argumens susceptibles d'entraîner conviction ; et qu'il est difficile de ne pas accorder au cœur une importance réelle, comme organe central de la circulation, lorsque nous le voyons l'un des premiers développés, l'un des premiers en activité, presque toujours le dernier en mouvement. Il est toutefois le plus irritable de tous les muscles, ce que Haller attribuait à la position, au grand nombre des nerfs qu'il reçoit ; ce qui nous paraît tenir plus particulièrement encore à l'état continuel d'excitation commandée par la nature même de ses fonctions.

Anomalies du cœur. — Haller en cite plusieurs assez remarquables. Chez quelques sujets, on a vu la base de cet organe formée par le ventricule gauche, et le sommet par le ventricule droit ; le premier recevant le sang noir, et le second le sang rouge, sans aucune altération notable dans la santé.

Chez les uns, la base était placée inférieurement, la pointe supérieurement ; chez les autres, le cœur dépourvu le péricarde se trouvait flottant, libre dans la cavité pectorale. Bichat a vu cet organe placé du côté droit. Nous pourrions citer un grand nombre d'altérations analogues dont l'histoire se trouvera naturellement placée dans le chapitre des monstruosités.

Modifications du cœur dans les différentes classes d'animaux. — Il n'existe pas chez les zoophites et chez les insectes ; chez un grand nombre de vers, il est remplacé par un gros vaisseau renflé dans plusieurs points séparés par des étranglemens.

Chez les mollusques céphalopodes, il existe trois cœurs, un aortique, deux pulmonaires; tous formés par un ventricule sans oreillette.

Chez plusieurs autres mollusques, chez les reptiles *batraciens*, on trouve un seul cœur formé d'une oreillette et d'un ventricule. Chez les autres classes de reptiles, chez les *chéloniens, les sauriens et les ophidiens*, le cœur est également unique, mais il offre deux oreillettes ouvertes dans un même ventricule.

Chez les poissons, il est unique et toujours formé d'une oreillette et d'un ventricule.

Chez les oiseaux, il diffère assez peu de celui des mammifères, seulement les ventricules sont proportionnellement plus musculeux, et les oreillettes moins développées.

Chez les mammifères, il ne présente que des différences de forme et de proportion ; il est toujours double et constitué, par deux oreillettes et deux ventricules ; ces deux cœurs séparés, mais unis en même tems par une cloison commune chez les oiseaux, les mammifères et chez l'homme, se trouvent complétement isolés dans la sèche.

Il est très-curieux de faire observer que, chez les animaux, la force, le volume proportionnels du cœur sont presque toujours en rapport assez rigoureux avec le dé-développemunt de l'activité physique, du courage, de la force musculaire et de l'énergie morale. C'est un fait qu'il est aisé de constater en comparant le cœur du lion à celui du cerf, le cœur de l'aigle à celui du dinde etc.; en rapprochant ensuite les habitudes, le caractère et la puissance des uns, de la puissance, du caractère et des habitudes que présentent naturéllement les autres, en étudiant ces dispositions, en appliquant ce principe avec tout l'intérêt qu'ils doivent exciter, on parviendrait peut-être à démontrer que le grand développement normal du cœur devient une prédisposition aux grandes passions, comme celui de l'encéphale aux grandes facultés intellectuelles ; que l'un concourt au développement de l'héroïsme, comme l'autre à celui du génie. De là ces locutions expressives pour désigner le courage ou la pusillanimité : « *c'est un homme plein de cœur, un homme* «*sans cœur* » etc.

§ III. MODIFICATEUR DE LA CIRCULATION SANGUINE.

Ce modificateur nommé *sang*, αἷμα des Grecs, *sanguis, cruor* des Latins, est un fluide circulatoire en mouvement dans l'économie vivante sous l'influence des actions diverses du cœur, des artères, des capillaires et des veines ; gluant, plastique, d'une consistance moyenne, d'un rouge plus ou moins vif, d'une odeur nauséabonde et caractéristique, d'une saveur douceâtre et légèrement salée ; offrant une pesanteur spécifique dont la proportion est à celle de l'eau : : 10,527 : 10,000, une température de 40, centig. La quantité du sang chez un homme adulte se trouve bien diversement évaluée par les auteurs. Lobb et Lower la réduisent à dix livres ; Quesnay à 27 ; Hoffman à 28 ; d'autres à 30, dix pour le sang rouge, vingt pour le sang noir.

Deux élémens fondamentaux servent à le constituer : 1° une partie solide, rouge, opaque, nommée *caillot, coagulum, cruor* ; en grande proportion formée de filamens assez analogues à la fibre musculaire, et que Bordeu caractérisait par le terme expressif de *chair coulante;* présentant l'élément essentiellement réparateur de cette fibre motrice ; 2° une partie fluide, jaunâtre, sémi-transparente appelée *sérum*, et devenant le véhicule naturel de la partie solide.

Etudié au microscope, le sang est devenu l'objet d'un grand nombre d'opinions le plus souvent contradictoires. Les globules admis par la majorité des observateurs n'ont pas été vus sous un même aspect et d'une manière identique ; leur forme et leur nature ont été controversées.

Leuwenhoëck assure qu'ils sont exactement sphériques ; Platner filamenteux ; d'autres globuleux et susceptibles de s'allonger en parcourant les divisions vasculaires ; d'autres annulaires, ce qui paraît dépendre d'une erreur d'optique.

Boërhaave prétend que chacun des globules rouges est formé de six globules jaunes, chacun de ces derniers, de six globules séreux ; de manière qu'un globule rouge offre trente six globules séreux disposés d'après la forme sphérique. Ajoutons que c'est exclusivement sur une base aussi complétement hypothétique, aussi ruineuse, que cet auteur n'a pas craint d'élever tout l'échaffaudage qui caractérise entièrement sa fameuse théorie mécanique de l'inflammation.

Sous le rapport de leur nature, les globules sanguins ont encore été bien diversement considérés.

Malpighi semble n'y voir que des corpuscules graisseux.—*Blumenbach*, des parcelles gélatineuses.—*Schultz* des bulles d'air introduites par la respiration.—*Hewson*, y trouve des vésicules à parois colorées et renfermant un globule central incolore.—*M. Raspail*, des globules plus petits qu'il compare à ceux de la fécule de pomme de terre, logeant la matière colorante, et se trouvant eux-mêmes rassemblés dans une vessie commune.—*M. de Blainville*, des vésicules à parois colorées uniformément gonflées, offrant dans la plupart un noyeau central qui paraît gélatini-forme.

Enfin d'autres observateurs ont tout récemment considéré ces globules comme formés par deux élémens bien différens : 1° L'enveloppe colorée, à laquelle ils ont donné le nom d'hématosine; 2° la partie contenue, dans laquelle on distingue le *cruor*, la *fibrine* et le *sérum*. Ils prétendent que dans la coagulation, la vésicule se brise, laisse échapper le *cruor* qui s'agglomère, et la *sérosité* qui se répand; que le caillot est formé par le cruor et les débris de la vésicule.

Soustrait à l'influence de la vie, placé dans un réceptacle inerte, le sang éprouve bientôt la décomposition spontanée que l'on désigne par le terme de *coagulation*. Il se partage naturellement en deux parties; le *sérum*, plus pesant, gagne les points déclives, le *coagulum*, plus léger, surnage.

La cause de ce phénomène est devenue l'objet d'opinions diverses. Berzélius l'attribue complétement *au repos*; Mayer *à l'action nerveuse*; Hunter *à la force vitale*; d'autres à la différence que présente la pesanteur spécifique des principes constituans etc.

La coagulation naturelle, considérée par les chimistes comme une simple décomposition sous l'influence des affinités dont la vie contrebalançait la mise en action, nous paraît bien plutôt un dernier effort de la contractilité pour s'opposer à la décomposition putride. Les faits semblent militer en faveur de cette opinion. Ainsi le sang le moins vivant, le moins fibrineux, le moins riche en élémens réparateurs, est précisément celui dont la coagulation s'effectue de la manière la plus lente, la moins complète, *et vice versâ*. C'est un fait qu'il est aisé de constater en comparant, sous ce rapport, le sang noir au sang rouge; ce dernier pris chez un adulte vigoureux, à celui d'un vieillard cacochyme. Si le phénomène que nous examinons était purement chimique, ces mêmes dispositions améneraient des résultats opposés.

Les alkalis retardent cette coagulation, la chaleur, les acides l'accélèrent. Une fois à cet état, le sang est incapable de reprendre sa fluidité sans avoir éprouvé la décomposition putride.

Après la mort, on voit sa coagulation s'effectuer dans le cœur et dans les gros vaisseaux ; pendant la vie, on ne trouve aucun exemple de ce phénomène, si l'on excepte les circonstances dans lesquelles ce fluide est soumis à l'action de l'air extérieur, comme on l'observe dans l'ouverture d'une veine pendant la phlébotomie.

Le *coagulum*, examiné chez les cadavres, prend souvent en quinze ou vingt heures, une telle consistance, qu'il semble offrir, vers le centre surtout, les premiers caractères de l'organisation, et que plusieurs auteurs l'ont alors confondu avec des polypes, des animaux etc. C'est en conséquence de cette erreur que Riolan, Séverin, Zacutus ont cru trouver dans le cœur des vers de forme différente ; que Valisniéri apercevait une vipère dans cet organe. Toutefois, les polypes du cœur ne sont pas sans exemple ; on en rencontre de véritables qui semblent établis sur un caillot fibrineux.

Les proportions naturelles du *cruor* et du *sérum* offrent un grand nombre de variétés relatives à l'âge, au sexe, au tempérament, à la constitution, à l'état de santé, de maladie, au nombre des émissions sanguines déjà pratiquées, enfin à la nature du sang. Ainsi le cruor prédomine dans le sang, chez les sujets rarement soumis à l'opération de la saignée, dans les maladies inflammatoires, dans les constitutions robustes, le tempérament sanguin, athlétique, le sexe masculin, l'âge viril etc. ; le sérum est au contraire en proportion plus considérable dans le sang noir, dans l'anasarque, l'hydropisie, la constitution scrophuleuse, le tempérament lymphatique, le sexe féminin, l'enfance, la vieillesse; consécutivement aux saignées abondantes. Le sang d'un sujet que nous avons guéri du tétanos traumatique, après avoir extrait douze livres de ce fluide circulatoire, dans l'espace de tro's jours, offrait pendant la dernière émission, l'aspect d'une sérosité légèrement rosée.

C'est particulièrement aux différences proportionnelles de ces deux élémens que le sang doit les caractères qu'il revêt avec les progrès de l'âge, depuis l'origine embrionaire des individus, jusqu'à leur développement le plus complet. Il semble parcourir tous les degrés intermédiaires entre le sang des animaux, où sa composition est imparfaite, rudimentaire, et celui des animaux qui l'offrent avec ses caractères les plus complets et son élaboration la plus entière; entre celui des animaux à sang blanc et celui des animaux à sang rouge; à peu près incolore, ténu, séreux dans l'embrion, il devient rose et mieux constitué chez le fœtus, rouge et plus oxygéné chez l'enfant, rouge et plus fibrineux chez l'adulte, enfin plus noir et de nouveau plus séreux chez le vieillard.

Le sang prend des caractères bien remarquables dans les différentes altérations morbifiques; Haller nous fait observer que les exercices forcés, la privation des boissons aqueuses, la continuité des passions vives, des fièvres ardentes etc., disposent le sang à la putréfaction, sans doute en lui faisant éprouver le dernier degré d'animalisation; ajoutons que les mêmes circonstances peuvent lui communiquer des caractères vénéneux, comme on le voit dans la rage spontanée du chien; dans le charbon, la pustule maligne des animaux *surmenés* etc.

Dans quelques vices, tels que le scorbutique, le sang prend une odeur infecte; la sérosité qu'il fournit devient tellement corrosive, qu'elle peut détruire le linge, en-flammer les tissus vivans soumis à son influence.

Il paraît jaune dans l'ictère ; après la morsure de plusieurs serpens vénéneux ; quelquefois verdâtre chez les jeunes filles chlorotiques.

Kirkland assure l'avoir vu presque entièrement déco-loré chez un sujet adulte mort d'inanition, et chez un scorbutique exténué par des saignées surabondantes. L'introduction d'une grande quantité de chyle peut éga-galement affaiblir beaucoup sa coloration. Il en serait de même pour certains alimens absorbés en nature; Lo-wer prétend avoir trouvé sur un chien, dans les artères carotides, une certaine quantité de lait quatre heures après l'usage de ce dernier.

Sans admettre toutes les modifications que plusieurs auteurs font éprouver au sang pendant la menstruation, et surtout les caractères vénéneux de celui que produit la perspiration utérine dans cette circonstance, nous pouvons affirmer d'après l'expérience, que ce dernier prend alors des caractères plus ou moins âcres, plus ou moins irritans. Nous avons traité beaucoup de sujets affectés de blennorrhagie assez intense déterminée par la cohabi-tation avec une femme ainsi disposée ; nous pourrions citer plusieurs faits démontrant que le sang menstruel n'est pas toujours appliqué sur la peau sans y détermi-ner au moins un premier degré d'inflammation; le fait suivant nous paraît surtout bien remarquable.

Un jeune garçon de sept ans portait au-dessus du sour-cil gauche une loupe enkistée offrant à peu près le vo-lume et la forme d'une noix. Les résolutifs, les fondans, la compression etc., avaient été méthodiquement em-ployés sans aucun succès. La mère de cet enfant s'aban-donne aux conseils de l'empirisme, couvre la tumeur d'une compresse trempée dans le sang menstruel ; aussitôt la peau rougit, s'enflamme; le kiste se ramollit et suppure; nous l'ouvrons avec la lancette, et nous effectuons la guérison par une compression graduée.

Dans les inflammations aiguës, la chaleur du sang paraît s'élever de plusieurs degrés; la partie séreuse diminue proportionnellement; le caillot devient plus volumineux, plus dense, d'un rouge plus intense et plus vermeil; il se couvre souvent alors d'une couche grise, cendrée, bleuâtre, offrant l'aspect d'une fausse membrane, et désignée par les anciens sous le nom de *couenne inflammatoire.*

Les effets de la diète sur le sang nous paraissent également d'un intérêt majeur à bien apprécier sous le point de vue de la physiologie pathologique. M. Collard de Martigni vient d'ouvrir cette nouvelle carrière par des expériences très-ingénieuses faites sur les chiens et sur les lapins.

Il a reconnu très-positivement : 1° que l'abstinence diminue la quantité du sang dans tout l'organisme; 2° que cette diminution n'est pas identique dans les parties constituantes de ce même fluide; 3° que le véhicule, ou sérum, ne l'éprouve pas sensiblement; 4° que la fibrine en ressent particulièrement les effets, qu'elle peut se réduire à zéro, tandis que l'albumine et l'hématosine augmentent proportionnellement. Ces expériences et celles qui seront faites sur le même objet nous expliquent d'une manière satisfaisante les inconvéniens d'une diète absolue chez les enfans, chez tous les sujets qui se livrent à l'exercice musculaire, et le danger d'en abuser, comme on l'a fait dans ces derniers tems, pour combattre des maladies de longue durée.

En considérant avec attention les altérations profondes et nombreuses dont le sang devient susceptible, même indépendamment des lésions antérieures du solide organisé vivant; en réfléchissant à celles dont les autres humeurs peuvent également offrir de fréquens exemples, on concevra facilement que ces fluides ainsi viciés, doivent porter atteinte à l'intégrité des tissus, des organes des appareils ; que si d'un côté, les altérations des seconds offrent ordinairement la priorité dans les maladies, celles des premiers peuvent au moins la réclamer quelquefois ; de telle sorte que le solidisme ou l'humorisme exclusifs sont deux opinions également insoutenables, dont l'erreur et les dangers sont démontrés par les faits et par le raisonnement.

Soumis au lavage, le sang fournit une certaine proportion de *fibrine* disposée en filamens jaunâtres plus ou moins volumineux, et présentant la plus grande analogie avec la fibre musculaire qu'elle paraît spécialement destinée à renouveler.

Traité par un tiers d'acide sulfurique assez concentré, le sang dégage un arome particulier. M. Baruel, dans un mémoire très-curieux, a démontré qu'il contient, pour chaque espèce animale, un principe odorant parfaitement analogue à celui de la perspiration cutanée, principe qui n'est autre chose que cet arome particulier, dégageant l'odeur de bouverie pour le sang de bœuf; d'écurie pour celui de cheval ; de laine grasse pour celui de mouton ; de sueur humaine pour celui de l'homme, avec un peu moins d'intensité pour celui de la femme. Ces expériences très-ingénieuses nous offrent beaucoup d'intérêt sous le rapport physiologique ; mais nous pensons qu'il faut en user avec la plus grande circonspection sous le point de vue de la médecine légale, à laquelle on ne manquera pas de les appliquer.

Traité par les réactifs chimiques appropriés, le sang fournit un assez grand nombre de principes constituans. Il suffit de citer à cet égard l'opinion de Haller pour démontrer toute l'imperfection de la chimie animale dans une époque même très-rapprochée de la nôtre.

Il reconnaît dans ce fluide : « 1° l'eau ; 2° l'esprit ; « 3° le sel volatil ; 4° l'huile ; 5° le charbon ; 6° l'acide ; « 7° la terre, qui, séparée des sels, fait effervescence avec « les acides ; 8° le feu ; 9° l'air ; 10° un élément élec- « trique etc. »

Soumis à l'analyse positive et raisonnée, le fluide que nous étudions offre de l'albumine, de la fibrine, une sub- stance animale particulière et colorée, une matière grasse, des traces d'oxyde de fer, des sous-carbonates de magnésie, de soude, de chaux ; une grande propor- tion d'eau tient tous ces élémens, les uns en dissolution, les autres en suspension.

Berzélius a de plus rencontré du lactate de soude combiné à certaine matière animale distincte du principe colorant. Les acides produisent la coagulation du sang, en s'unissant à l'albumine ; les alkalis préviennent ce phénomène en disssolvant la fibrine, nouvelle preuve de la réalité d'une assertion que nous avons émise, en considérant la rétraction de la fibrine comme l'une des principales causes de la coagulation spontanée.

Immédiatement après son émission des vaisseaux de l'organisme vivant, le sang donne par évaporation de l'eau, une matière animale, sans doute l'*aura vitalis* des anciens, et suivant Jonn-Davy et Brande, une cer- taine proportion d'acide carbonique. Du reste la coagu- lation ne paraît s'accompagner d'aucun développement de colorique.

Analysé par Berzélius, le sang de bœuf a présenté sur 100 parties : 1° *sérum* 41,2—2° *fibrine* 11,4—3° héma- tosine 47,4.

En comparant le sang du bœuf à celui de l'homme, le même chimiste a rencontré les rapports suivants.

	SANG	
	DE L'HOMME.	DU BOEUF.
	1,000 parties.	1,016,480.
Eau.	0,905	.0,905,000.
Albumine . . . ·	0,080	.0,097,990.
Chlorure de potassium et de sodium..	0,006	.0,002,565.
Lactate de soude et matière animale.	0,004	.0,006,175.
Soude carbonatée , phosphate de soude , matière animale..	0,004 . . . . ,	. ? . . . . .
Perte..	0,001..	.0,004,750.

Le sérum, ou véhicule des autres élémens, est un fluide jaunâtre dont la pesanteur spécifique se trouve à celle de l'eau : : 1029 : 1000, dans lequel on aperçoit au microscope des corpuscules agités d'un mouvement rapide, et qui semblent formés par des grumeaux albumineux.

La fibrine, ou partie essentielle du sang, assez analogue à celle des muscles, d'un blanc grisâtre ou jaunâtre, retractile, opaque, ténace, élastique, offre une pesanteur spécifique en rapport avec celle de l'eau : : 0,046 : 0,057. En l'examinant au microscope, on y reconnaît une disposition fibrillaire et non globuleuse, comme on l'avait avancé. Elle est inodore, insipide et composée de : — carbone, 53,360 — oxygène, 19,685 — hydrogène, 7,021 — azote, 19,934. Insoluble dans l'eau froide, elle est décomposable par l'eau bouillante, soluble dans les alkalis, et transformable, par les acides, en matière gélatineuse.

L'hématosine, découverte par Brande et Berzélius, semi-fluide, gélatineuse, caractères qu'elle doit à la présence de l'albumine ; sa pesanteur spécifique est à celle de l'eau : : 1,086 : 1000. Il est douteux qu'elle soit très-soluble dans ce liquide ; on la trouve composée de carbone, oxygène, azote, hydrogène ; Berzélius admet en outre, dans l'hématosine, du soufre, du calcium, du phosphore, du fer etc. le résultat de son incinération fournit : sur 1755 parties : oxide de fer, 0,500, sous-phosphate de fer, 0,750—de magnésie, 0,200— de chaux, 0,200 — acide carbonique et perte 0,165.

C'est à l'hématosine qu'est due la coloration du sang ; attribuée par Vauquelin et Fourcroy à la combinaison de l'albumine avec le sous-phosphate rouge de fer ; par Deyeux et Parmentier à la dissolution du fer par un alkali en liberté dans le sang ; par MM. Prévost et Dumas, à la combinaison de l'albumine et du peroxyde de fer etc.

Tel est le modificateur de la circulation sanguine considéré d'une manière générale. Si nous l'étudions actuellement dans ses particularités, nous reconnaissons aussitôt chez l'homme, après la naissance, deux variétés de ce fluide, pour ne pas dire deux sangs différens, l'un *rouge*, l'autre *noir*, encore désignés par les termes impropres, le premier de *sang artériel*, le second de *sang veineux*.

Ces deux fluides circulatoires, ou plus exactement, ces deux modifications d'un même fluide, offrent des différences tellement essentielles sous le rapport de la nature, des propriétés, du cours, de la destination et de l'influence, qu'il est impossible de les confondre aussitôt que l'on arrive aux détails de la fonction qui nous occupe. Nous aurons dès-lors inévitablement à distinguer la circulation sanguine en trois ordres principaux : 1° *cir-*

culation à sang noir; 2° circulation à sang rouge; 3° circulation mixte ou capillaire.

Le tableau suivant nous offrira, de la manière la plus synoptique, les différences fondamentales qui distinguent ces deux modificateurs.

	SANG	
	noir ou veineux.	rouge ou artériel.
Couleur.	rouge - brun. .	rouge-vermeil.
Odeur.	foible, douce .	tenace, forte .
Température	38, centigrade.	39 à 40, *idem*.
Capacité pour le calorique, celle de l'eau étant 1000. .	852.	839. . . . . .
Pesanteur spécifique, celle de l'eau étant 1000	1,051.	1,049. . . . .
Coagulation.	lente	instantanéé . .
Partie prédominante.	sérum.	coagulum. . .
Usages	stupéfiant, de rapport. . .	vivifiant, nutritif . . . .

§ IV. APPÉTIT DE LA CIRCULATION SANGUINE.

Le sentiment instinctif qui préside à l'accomplissement de la circulation sanguine, se manifeste plus spécialement dans le cœur, et se répand ensuite avec rapidité dans tout l'organisme. Garantissant l'exercice d'une fonction importante, il parle avec énergie toutes les fois que cette même fonction est profondément compromise.

Ainsi lorsqu'une cause majeure suspend le cours des fluides circulatoires dans leurs canaux, soit en empêchant le retour du sang par les veines, soit en s'opposant à son impulsion par les artères, un sentiment pénible de distension, quelquefois même de déchirement se fait éprouver au cœur; une anxiété générale envahit toute la constitution ; l'inquiétude gagne sympathiquement tous les phénomènes ; l'insurrection organique devient bientôt universelle, en démontrant l'importance de la fonction menacée, la gravité de l'altération qui tend à s'effectuer.

ARTICLE PREMIER.

CIRCULATION A SANG NOIR.

§ Ier DÉFINITION, CARACTÈRES , BUT DE LA CIRCULATION
A SANG NOIR.

Nous désignons par ce terme : *le mouvement du sang dans ses vaisseaux naturels , depuis la terminaison des capillaires généraux jusqu'à l'origine des capillaires pulmonaires.*

Encore improprement nommée *circulation veineuse,* puisque des artères font partie de l'appareil qui l'exécute, la circulation à sang noir est dépourvue, dans la plus grande partie de son cours, d'un agent central d'impulsion, et le mouvement du sang abandonné à l'action des vaisseaux que ce fluide parcourt des radicules vers les troncs. Aussi n'offre-t-elle pas d'ensemble dans le jeu de ses moteurs, et d'unité de progression dans les diverses parties du segment circulatoire qu'elle sert à former.

Le but de cette même circulation est particulièrement de conduire aux poumons le sang à revivifier, le chyle à sanguifier, surtout par l'acte de la respiration, et plus accessoirement d'offrir le transport commun des fluides absorbés dans les organes, aux surfaces libres, soit comme débris organiques destinés à sortir de l'économie par les sécrétions, soit comme élémens déjà mis en usage, mais encore susceptibles de concourir à la réparation des solides vivans.

§ II. APPAREIL DE LA CIRCULATION A SANG NOIR.

Cet appareil comprend : 1° les radicules des veines générales, leurs branches, leurs troncs ; 2° le cœur droit ; 3° l'artère pulmonaire et ses nombreuses divisions. Il représente la portion du grand cercle circulatoire comprise entre le système capillaire général et celui des poumons ; il commence par des veines, finit par des artères ; disposition que nous rencontrerons également dans la circulation à sang rouge, qui constitue l'autre moitié de ce même cercle, étendue des capillaires pulmonaires, où finit la circulation à sang noir, aux capillaires généraux, point d'origine de cette dernière circulation. Il existe par conséquent des veines à sang rouge comme des artères à sang noir, disposition qui démontre le vice des termes *circulation veineuse* et *circulation artérielle* pour désigner les deux variétés de la circulation sanguine.

1° VEINES A SANG NOIR.— Les premiers connus et décrits, les premiers envisagés comme propres à la circulation sanguine, ces vaisseaux étaient à peine soupçonnés par les anciens.

Le système veineux que nous étudions, naît partout du système capillaire général, intermédiaire commun aux dernières divisions artérielles à sang rouge, aux premières radicules veineuses à sang noir. Leuwenhoëck, Cowper, Chéselden, Baker etc. assurent avoir constaté positivement cette communication au moyen du microscope, chez les poissons. Plusieurs anatomistes même depuis Ruisch, sont parvenus à faire passer des injections par les artères dans les veines.

Toutes les radicules veineuses marchent de la circonférence de l'organisme au centre, en formant deux plans, l'un superficiel, l'autre profond ; elles se réunissent pour constituer des branches, celles-ci des troncs qui vont en dernier résultat se terminer à deux veines principales nommées *caves*, l'une supérieure ou *thoracique*, point de réunion des veines de la tête, du col, de la poitrine et des membres pectoraux. L'autre inférieure ou *abdominale*, où se rendent celles des membres pelviens et de toutes les autres parties sous-diaphragmatiques.

Ces deux vaisseaux, d'après leur disposition, isoleraient complétement la circulation à sang noir, chacune dans la circonscription qui lui devient propre, de telle sorte que l'oblitération momentanée de l'une ou l'autre, par compression ou par toute autre cause, produirait une suspension dangereuse et quelquefois même assez promptement funeste dans la progression nécessaire du sang noir. La nature a prévu ces graves inconvéniens en faisant directement et largement communiquer ces deux vaisseaux au moyen d'une veine assez volumineuse, unique et par cette raison nommée *veine azygos*.

Au milieu de ce grand système veineux général, existe un petit système veineux particulier, offrant une disposition spéciale, un usage propre, indépendamment de l'usage commun ; on lui donne le nom de *système circulatoire de la veine porte* ; il exige une description isolée.

Système de la veine porte. — Nous désignons par ce terme un petit appareil veineux qui semble particulièrement destiné au foie pour lui fournir les élémens de la sécrétion biliaire ; du moins jusqu'ici ne connaissons-nous point d'autre objet à cette disposition spéciale.

Ce petit appareil est formé par deux arbres veineux dont les troncs sont confondus, et dont les branches s'étendent, pour le plus considérable, dans l'abdomen, sous le nom de *veine porte abdominale* ; et pour le plus petit, dans le foie, sous la dénomination de *veine porte hépatique*.

Les radicules de la *veine porte abdominale* naissent de tous les organes renfermés dans l'abdomen, à l'exception des reins, de la vessie, dans les deux sexes et de l'utérus chez la femme. Le tronc qui résulte de l'ensemble des branches nombreuses formées elles-mêmes par ces radicules, vient se placer dans le sillon transversal du foie, pour y fournir le seul exemple que l'on puisse rencontrer dans notre économie, d'une veine qui, se divisant en branches, en rameaux, en ramuscules, va se distribuer au parenchyme d'un organe, en lui portant le sang noir d'un tronc vers des capillaires, à la manière des vaisseaux artériels. Ce tronc identifié au précédent, ces ramifications multipliées dans le foie, constituent la *veine porte hépatique*, de telle sorte que le sang noir dévié du grand cercle circulatoire par cette modification spéciale, ne rentre dans ce même cercle qu'après avoir parcouru tout le parenchyme de la glande biliaire où les radicules des veines hépatiques simples viennent le saisir, pour le déposer dans la veine cave inférieure.

Cette veine et la supérieure sont donc le rendez-vous commun de toutes les veines à sang noir. Un nombre considérable d'anastomoses ménagent des communications faciles dans toutes les parties de cet appareil, non seulement entre les vaisseaux superficiels qui rampent sous la peau, mais encore entre ces derniers et les vaisseaux profonds qui bien souvent accompagnent assez régulièrement les artères. Ces dispositions remarquables nous expliquent le gonflement ordinaire des veines sous-cutanées chez les sujets qui se livrent à des exercices musculaires habituels ; l'augmentation du jet de la saignée des veines céphalique ou basilique, lorsque l'on fait contracter alternativement les fléchisseurs et les extenseurs digitaux ; dans tous ces cas et leurs analogues , la pression exercée par les muscles sur les veines profondes, en fait passer le sang dans les superficielles par les communications anastomotiques.

2° CŒUR DROIT. — Identifié par la cloison commune avec le cœur gauche qu'il recouvre légèrement en devant , il présente, comme nous l'avons déjà dit : 1° *l'oreillette* où se rendent les deux veines caves, centre de la circulation veineuse à sang noir, et les deux veines cardiaques y versant directement celui qui revient du cœur lui-même; 2° *le ventricule* , d'où part l'artère pulmonaire , dernière voie de la circulation générale à sang noir. Entre les veines caves et l'oreillette droite, aux ouvertures qui font communiquer les premières avec la seconde , il n'existe aucun repli valvulaire bien notable ; disposition qui permet un reflux du sang dans ces vaisseaux pendant la contraction de l'oreillette. Entre celleci et le ventricule on trouve les trois valvules tricuspides, servant à prévenir ou mieux à diminuer ce reflux du second dans la première , lorsque le ventricule se contracte. Ce cœur droit est donc évidemment placé dans le point que nous indiquons , pour activer et faciliter le mouvement du sang noir dans le reste du trajet qu'il doit parcourir.

3° ARTÈRE PULMONAIRE. — Née du ventricule droit, cette artère va se ramifier dans les poumons et se terminer au système capillaire commun, division du grand système particulier de ces organes, et qu'il ne faut pas confondre avec leur système capillaire commun , division du grand système capillaire général , terminaison des artères bronchiques. L'ouverture qui fait communiquer le ventricule droit et l'artère pulmonaire, est protégée par l'une des valvules tricuspides, lors des contractions de l'oreillette. L'origine même de cette artère est circonscrite par trois autres valvules en festons, connues sous le nom de valvules sygmoïdes, et servant à prévenir le reflux du sang dans le ventricule droit, pendant la réaction élastique de l'artère pulmonaire.

Organisation de l'appareil circulatoire à sang noir. — On trouve dans cet appareil des parties communes à son ensemble, et des parties propres à chacune de ses divisions.

1° *Parties communes.* — Elles sont représentées par une membrane qui revêt intérieurement toutes les cavités circulatoires à sang noir, depuis le système capillaire général jusqu'au système pulmonaire. Cette membrane est mince, élastique, extensible, très-difficile à couper au moyen d'une ligature même assez fortement serrée ; peu susceptible d'ossification, mais assez disposée à la phlegmasie qui devient souvent très-grave par les progrès dont elle est capable. C'est à cette membrane qu'est particulièrement due la formation des valvules nombreuses que l'on rencontre dans le système circulatoire à sang noir ; tels sont, dans la plupart des veines, ces replis paraboliques disposés deux à deux, trois à trois, ayant leur bord adhérent dirigé vers les rameaux, et leur bord libre vers les troncs ; dans le cœur droit, les valvules tricuspides, et dans l'artère pulmonaire, les valvules sygmoïdes. Cette membrane commune, de nature particulière se rapproche plus spécialement du tissu celluleux.

2° *Parties propres.* — Elles diffèrent sensiblement dans les veines, dans le cœur droit et dans l'artère pulmonaire.

Dans les veines. — On trouve, dans tous ces canaux deux autres membranes : 1° l'une externe de nature celluleuse, beaucoup plus mince que celle des artères, dès-lors moins résistante, plus extensible ; 2° une membrane moyenne propre, de nature gélatineuse, offrant des fibres longitudinales séparées par des intervalles souvent assez marqués, jouissant en même tems d'une grande extensibilité, d'une élasticité prononcée, particulièrement chez les jeunes sujets, perdant ce dernier caractère par les progrès de l'âge; de là ces fréquentes varices dans la vieillesse. Ces fibres, qui semblent donner aux veines leur principale faculté contractile, sont plus abondantes et plus prononcées dans la veine cave inférieure et ses divisions, que dans la veine cave supérieure; dans les veines superficielles que dans les veines profondes; comme si la nature prévoyante avait pris soin de les multiplier dans les parties de l'appareil veineux où la circulation est moins favorisée par les dispositions accessoires.

Si nous rapprochons cette considération, du défaut d'agent d'impulsion circulatoire pour les veines, de l'analogie d'aspect de ces fibres avec celles de l'estomac, de la vessie etc., nous serons fondés à les placer dans la catégorie des fibres motrices, et la membrane propre des veines au nombre des muscles involontaires.

Toutefois, l'extensibilité naturelle des veines peut être dépassée jusqu'à la rupture par le seul effort du sang; Haller cite plusieurs faits de ce genre, pour la veine jugulaire chez une femme pendant un accès de fureur, pour la veine cave inférieure chez un hydropique etc.

Dans le cœur droit. — Nous rencontrons les fibres musculaires dont nous avons déjà parlé, offrant beaucoup plus de force dans le ventricule que dans l'oreillette; la portion de membrane séreuse du péricarde qui se trouve plus ou moins adhérente au tissu charnu, dans un contact plus ou moins intime avec la membrane commune entre les fibres musculaires séparées, dans plusieurs points, par des intervalles assez prononcés.

Dans l'artère pulmonaire. — Une membrane fibreuse

très-élastique, peu extensible, facile à couper sous la constriction d'une ligature, composée de fibres circulaires, parfaitement identique à celle de toutes les autres artères, et dont nous étudierons, par cette raison, plus particulièrement la nature et l'organisation, en faisant l'histoire de ces vaisseaux.

Une membrane extérieure celluleuse beaucoup plus extensible, résistant plus fortement à la section par les ligatures, et d'ailleurs, également identique à celle des autres divisions du système artériel.

§ III. MODIFICATEUR DE LA CIRCULATION A SANG NOIR.

Nous donnons à ce modificateur le nom de *sang noir;* on le désigne encore par le terme impropre de *sang veineux.* Il présente une couleur rouge inclinant au violet, quelquefois même au noir; une odeur faible, nauséabonde, une saveur légèrement salée; il contient une grande quantité de sérum, une petite proportion de fibrine et de cruor. Sa pesanteur spicifique est un peu plus considérable que celle de l'eau, sa température de 38 ou 39, centigrades. Si l'on excepte les cavités circulatoires qui lui sont particulièrement destinées, le foie auquel il parait fournir les élémens de la sécrétion biliaire, il est incapable d'exciter les autres appareils de l'organisme d'une manière favorable à l'entretien de la vie, puisqu'il porte au contraire partout la stupeur et la mort. Il semble devoir ses principaux caractères à l'excès d'acide carbonique, aux pertes d'oxygène qu'il a faites pendant les élaborations sécrétoires et nutritives dont il a fourni les matériaux à l'état de sang rouge. Cette opinion devient assez positive en considérant qu'après les asphyxies par l'acide carbonique, le sang est beaucoup plus noir que dans toutes les autres.

§ IV. ÉTUDE DE LA CIRCULATION A SANG NOIR.

Dans toute la partie veineuse de cette circulation ; il n'existe aucun agent central d'impulsion capable d'activer le cours du sang et de lui communiquer une marche uniforme et régulière. En quelque sorte abandonnée à l'action propre de chaque vaisseau, à l'influence éventuelle des causes accessoires qui peuvent aider cette action, la circulation du sang noir est quelquefois assez précipitée dans une veine, lente ou même suspendue complétement dans une autre; ajoutons que les embarras de ce mouvement circulatoire, joints à la capacité plus considérable de cette partie du cercle complet, y déterminent un nouveau retard dans la marche des fluides.

- Poussé dans les radicules veineuses par l'action des capillaires généraux, le sang noir y franchit les premières valvules, qui soutiennent cette première colonne et l'empêchent de rétrograder lorsque les veines excitées par sa présence le chassent, en se contractant, au delà des secondes valvules. Soutenue par une seconde colonne et par les dispositions indiquées, la première franchit successivement tous les espaces valvulaires pour arriver par ce mécanisme jusqu'à l'oreillette droite, suivie dans ce mouvement par toutes les colonnes qui se pressent d'une manière progressive et graduée.

Cette action vasculaire est puissamment secondée par des efforts accessoires au nombre desquels nous devons particulièrement signaler : la pression des aponévroses, des muscles pendant leurs contractions, des artères dans leurs battemens; le mouvement des diverses parties, la position décline et la force de gravitation dont elle favorise les effets etc. Aussi les dilatations variqueuses deviennent-elles beaucoup plus communes dans les veines superficielles que dans les veines profondes, pendant l'immobilité que dans l'exercice, dans la situation verticale des membres que dans leur position horizontale; aussi les meilleurs moyens pour guérir ces dilatations se trouvent-ils dans cette même position, dans les compressions méthodiques, les frictions etc.

M. Barry considère comme agent circulatoire beaucoup plus essentiel relativement aux veines, l'influence mécanique des mouvemens respiratoires. Il établit en principe que la pression atmosphérique est la cause du mouvement circulatoire dans les veines et dans les vaisseaux absorbans. Lors de l'inspiration, un vide se fait dans le thorax, le sang des veines y afflue par la prédominance de la pression extérieure. Dans l'expiration, le mouvement se fait en sens inverse par les raisons opposées. En supposant l'explication fautive, le fait existe; un tube de verre adapté à l'une des veines et plongé dans un fluide coloré laisse voir un mouvement d'ascension de ce fluide pendant l'inspiration, et de retour lors de l'expiration. Toutefois en accordant à cette influence le plus grand développement dont elle soit susceptible, on devra toujours la ranger seulement au nombre des agens accessoires destinés à favoriser la progression du sang dans les vaisseaux où les impulsions cardiaques ne se font plus sentir.

De la permanence d'action des puissances dans la circulation veineuse, résulte nécessairement la permanence du mouvement dans le fluide qui s'y trouve soumis; de telle sorte qu'en ouvrant une veine, le sang coule sans interruption et par un jet à peu près uniforme et continu. Cette même disposition entraîne constamment l'absence du pouls dans tous les canaux de cet ordre. En effet, il nous est impossible de considérer comme tel ce reflux du sang noir observé par Haller jusque dans les veines jugulaires, et que plusieurs physiologistes ont désigné par le terme illusoire de *pouls veineux*.

Sous l'influence de tous ces moyens réunis, le sang noir parvient à l'oreillette droite du cœur, et s'y trouve déposé par quatre vaisseaux, la veine cave supérieure, l'inférieure et les deux veines cardiaques.

Dilatée par ce fluide, excitée par sa présence, l'oreillette droite se contracte, le presse de toutes parts ; une partie reflue par les quatre veines indiquées, aucune valvule n'y pouvant empêcher ce mouvement rétrograde qui ne trouvant d'autre obstacle que la résistance des nouvelles colonnes de sang, va dès-lors se faire sentir assez loin, sous la fausse dénomination de *pouls veineux*, puisque cette partie de la circulation ne présente point d'agent central, et que l'impulsion n'a pas lieu dans la direction naturelle du mouvement circulatoire ; la plus grande proportion du sang passe dans le ventricule droit, par l'ouverture oriculo-ventriculaire que l'abaissement des valvules tricuspides laisse parfaitement libre ; l'une d'elles fermant dans ce mouvement l'orifice de l'artère pulmonaire, prévient le passage du sang dans ce vaisseau, par la contraction de l'oreillette, et pendant la dilatation du ventricule.

Celui-ci distendu, stimulé par la présence du sang noir, se contracte à son tour, comprime ce fluide qui tend à s'échapper dans toutes les directions. L'ouverture oriculaire est en grande partie fermée par le redressement des valvules tricuspides et ne permet qu'un léger reflux ; ce redressement découvre entièrement l'orifice de l'artère pulmonaire et laisse une voie libre que traverse la plus grande partie du sang chassé par le ventricule.

Cette artère, en vertu de son extensibilité, admet la colonne sanguine, mais revient aussitôt à ses premières dimensions par la force élastique dont elle est essentiellement douée, et repousserait une grande proportion du sang noir dans le ventricule, si les trois valvules sygmoïdes abaissées pour laisser l'orifice artériel parfaitement libre, pendant le passage du sang dans ce vaisseau, ne se relevaient pour en prévenir assez exactement le retour par l'oblitération incomplète et momentanée de cet orifice ; la colonne de sang avance dès-lors très-positivement dans l'artère pulmonaire, et poussée d'après un mécanisme analogue par des colonnes successives, se trouve déposée dans le système capillaire pulmonaire où finit la circulation à sang noir.

ARTICLE SECOND.

CIRCULATION A SANG ROUGE.

§ Ier. DÉFINITION, CARACTÈRES, BUT DE LA CIRCULATION
A SANG ROUGE.

Nous désignons par cette dénomination : *le mouvement du sang dans ses vaisseaux naturels, depuis la terminaison des capillaires pulmonaires, jusqu'à l'origine des capillaires généraux.* Encore improprement nommée *circulation artérielle*, puisque des veines font partie de l'appareil qui l'exécute, la circulation à sang rouge présente un agent central d'impulsion qui détermine le mouvement de ce fluide circulatoire dans la plus grande partie de son cours , et lui communique dans ce vaste segment du grand cercle circulatoire un ébranlement uniforme et commun ; de telle sorte que si l'on touche en même tems plusieurs artères chez le même sujet, on reconnaît un ensemble parfait dans leurs pulsations. Ces efforts de projection offrent nécessairement des intervalles de repos, l'action circulatoire n'est point continue, de là ce jet interrompu, saccadé que présente une artère ouverte. Ces dispositions amènent pour la circulation à sang rouge dans presque tout son cours, un phénomène que l'on n'observe pas dans le trajet principal de la circulation à sang noir, un battement vasculaire auquel on donne le nom *de pouls* et qui devient, comme nous le verrons, d'un intérêt positif dans l'exploration des états physiologique et pathologique de toute la constitution.

La circulation à sang rouge nous semble remplir trois objets importans : 1° elle fournit des élémens nutritifs à tous les tissus; pour les uns, en leur transmettant le sang avec tous ses élémens ; pour les autres, en leur faisant parvenir seulement le sérum de ce fluide circulatoire ; 2° elle donne au plus grand nombre des organes sécréteurs, les matériaux indispensables à ce genre d'élaboration ; 3° enfin elle communique à tous les appareils, à tout l'organisme cette espèce de vibration et d'ébranlement commun, qui nous paraît indispensable à l'entretien de l'existence active, et répond dans l'économie vivante des animaux supérieurs, à l'oscillation du pendule dans nos machines chronométriques.

§ II. APPAREIL DE LA CIRCULATION A SANG ROUGE.

Il se compose : 1° des veines pulmonaires ; 2° du cœur gauche, 3° de l'artère aorte et de ses nombreuses divisions. Il représente la portion du grand cercle circulatoire comprise entre le système capillaire des poumons et le système capillaire général. De même que l'appareil circulatoire à sang noir, il commence par des veines et finit par des artères. De là, comme nous l'avons déjà dit, le vice du terme *circulation artérielle* pour désigner le mouvement circulatoire qu'il est chargé d'effectuer.

1° Veines pulmonaires. — Les radicules de ces veines continues aux capillaires des poumons forment des branches qui s'unissent pour constituer quatre principaux troncs, lesquels viennent s'ouvrir dans l'oreillette gauche, sans offrir aucune valvule pendant tout leur trajet.

2° Cœur gauche.—Uni par la cloison commune au cœur droit, dont il est partiellement recouvert en devant, le cœur gauche présente, comme déjà nous l'avons indiqué : 1° l'oreillette où viennent s'ouvrir les quatre veines pulmonaires ; où se trouve à droite, dans la cloison moyenne, l'enfoncement nommé fosse naviculaire, dernier vestige du trou de Botal qui, chez le fœtus, établissait une communication entre les deux cœurs; 2° le ventricule d'où naît l'artère aorte dernière partie de l'appareil circulatoire à sang rouge. Entre l'oreillette gauche et les veines pulmonaires, il n'existe aucune valvule, de telle sorte que le reflux peut avoir lieu dans ces vaisseaux pendant la contraction de l'oreillette. Entre celle-ci et le ventricule, on trouve les deux valvules mitrales servant à diminuer le reflux du second vers la première, alors que le ventricule se contracte. Le cœur gauche est donc bien évidemment établi sur le point que nous indiquons, pour déterminer le mouvement du sang rouge dans le trajet considérable qui lui reste encore à fournir

3° Artère aorte et ses divisions. — L'aorte présente le tronc commun et central de tout l'arbre artériel à sang rouge ; née du ventricule gauche par trois dentelures, et sans autre identification que par la membrane interne de cet appareil, les autres tuniques de cette artère ne paraissant que juxta-posées au tissu propre du cœur, elle présente à son origine, trois valvules nommées sygmoïdes, et disposées en festons; leur bord adhérent tourné du côté du cœur, leur bord libre du côté des divisions artérielles.

Considérée de son origine à sa terminaison, l'aorte, comme toutes les autres artères paraît conoïde ; mais en l'examinant de son origine à la première branche qu'elle fournit, de celle-ci à la seconde etc. on admettra l'opinion de Roëdérer qui regarde ces vaisseaux comme cylindriques. Leuwenhoëck, d'après la disposition de l'artère caudale chez les poissons, soutient la réalité de la forme conoïde, au moins pour les plus petites artères ; mais il nous semble beaucoup plus naturel, sans recourir à des analogies souvent illusoires, de conclure à la forme des vaisseaux que nous ne distinguons pas bien positivement, par celle des mêmes vaisseaux que nous voyons sous de fortes dimentions.

C'est de l'aorte que naissent toutes les artères à sang rouge ; les divisions artérielles se font, pour le plus grand nombre, sous un angle aigu plus ou moins rapproché de l'angle droit ; chaque artère se partage pour en former deux moins considérables ; quelquefois deux branches parallèles sont unies par une branche transversale, nous trouvons cette disposition au tiers inférieur de l'avant bras, entre la radiale et la cubitale. Il est bien rare de voir deux artères se confondre pour constituer un seul tronc ; les deux vertébrales s'identifiant, pour former la basilaire, offrent à peu près le seul exemple de cette disposition.

Des anastomoses nombreuses font communiquer partout les divisions artérielles ; tantôt par angles variables, tantôt par arcades, comme aux artères mésentériques etc.

Plusieurs artères offrent de nombreuses fléxuosités destinées, les unes à permettre l'ampliation de certaines cavités, les autres à faciliter les mouvemens des parties voisines sans rupture du tissu artériel naturellement peu extensible, et non point comme nous le verrons bientôt, à ralentir le cours du sang dans ces vaisseaux.

Organisation de l'appareil circulatoire à sang rouge.

— Nous trouvons, dans cet appareil, des parties communes à toutes ses divisions, et des parties propres à chacune d'elles.

1° *Parties communes.* — Elles sont représentées par une membrane qui revêt l'intérieur des veines pulmonaires, du cœur gauche, de l'artère aorte et de ses nombreuses divisions. Cette membrane est très-mince, diaphane, assez analogue pour l'aspect au tissu séreux, mais elle n'est pas extensible comme ce dernier ; elle offre au contraire une fragilité marquée, se coupe aisément sous la constriction des ligatures ; ne présente point notablement de tissu cellulaire ; elle forme tous les replis valvulaires du système circulatoire à sang rouge ; au cœur gauche, les valvules mitrales ; à l'artère aorte, les valvules sygmoïdes etc. ; elle est très-susceptible de présenter , non point comme on l'a trop légèrement avancé, une véritable ossification, mais des plaques de phosphate calcaire déposées à la surface externe de manière à ne jamais se trouver en contact immédiat avec le sang. Cette altération pathologique ne trouble point essentiellement la circulation dans la majorité des cas, lorsqu'elle porte sur les artères de moyen calibre ; il n'en est plus de même lorsqu'elle affecte les valvules , la crosse aortique etc. ; souvent alors on observe des symptômes qu'il serait aisé de confondre avec ceux de l'asthme, de l'anévrisme etc.

2° *Parties propres.* — Elles diffèrent essentiellement dans les veines pulmonaires, dans le cœur gauche, dans l'aorte et ses divisions.

Dans les veines pulmonaires. — Nous trouvons la membrane propre du système veineux que nous avons déja décrite ; ici comme dans les veines à sang noir, elle offre l'aspect celluleux , des fibres longitudinales , et peut également être rapprochée des muscles involontaires.

Dans le cœur gauche. — Nous rencontrons le tissu charnu parfaitement identique pour la structure à celui du cœur droit, avec cette seule différence qu'il est beaucoup plus épais, plus serré, plus énergique dans le premier que dans le second, surtout dans le ventricule ; extérieurement, la membrane séreuse du péricarde continue à celle du cœur droit, ou plus exactement, commune à ces deux organes.

Dans l'aorte et ses divisions. — Nous trouvons deux membranes propres au tissu artériel, quelque soit sa position, aussi bien dans l'appareil circulatoire à sang noir, qué dans l'appareil circulatoire à sang rouge, dans l'artère pulmonaire, que dans l'artère aorte, avec cette différence que ces membranes sont beaucoup plus épaisses, plus serrées, plus résistantes et plus élastiques dans la seconde et ses divisions, que dans la première et ses ramifications. De ces tuniques, l'une est moyenne, l'autre externe.

Tunique artérielle moyenne. — Cette membrane qui paraît la seule propre aux artères, est considérée par Haller et plusieurs autres anatomistes, comme essentiellement contractile ; par des auteurs qui s'appuient sur l'anatomie comparée du bœuf, comme offrant des fibres disposées en spirales ; par Béclard, comme à peu près identique à celles des ligamens jaunes qui maintiennent les rapports des lames vertébrales. Nous paraissant assez rapprochée du tissu fibro-cartilagineux, elle est formée chez l'homme de fibres circulaires, dont chacune, d'après l'observation de Haller, ne fait jamais un tour complet. Elle est aisément coupée sous l'influence d'une ligature, déchirée par une traction qui s'exerce suivant la longueur du vaisseau ; elle résiste au contraire fortement aux efforts qui s'effectuent suivant le diamètre de ce dernier ; parce que dans le premier cas, il suffit, pour en effectuer la solution de continuité, de dissocier les fibres circulaires unies par une force peu considérable ; tandis que dans le second, il faut rompre ces mêmes fibres dont la ténacité n'est pas aussi facile à surmonter. Elle est ferme, élastique, et doit à ces propriétés la faculté de revenir sur elle-même avec énergie lorsqu'elle se trouve distendue transversalement par l'effort du sang ; de maintenir les vaisseaux artériels béans, lors même qu'ils sont entièrement vides. De même que la tunique interne, elle n'offre point de tissu cellulaire, disposition qui devient sans doute l'une des causes principales du défaut absolu de cicatrisation dans les plaies de ces deux membranes, disposition qui rend dès lors si fâcheuses toutes les lésions traumatiques des artères, alors qu'il est impossible d'en effectuer l'oblitération par la compression ou la ligature.

Tunique artérielle externe. — Lancisi la nommait villeuse ; il l'a décrite aux poumons ; Jacques Raw à la rate ; Glisson au foie etc. Elle est évidemment de nature celluleuse, très-extensible dans tous les sens, supportant sans rupture des tractions considérables. Haller assure que l'aorte d'un sujet adulte a soutenu avec intégrité un poids de cent dix-neuf livres. Cette membrane, dans l'état normal, ne se coupe jamais sous l'influence d'une ligature modérément serrée ; mais par l'inflammation elle devient très-friable et ne résiste plus à la constriction ; circonstance bien essentielle à connaître dans la pratique des grandes opérations. C'est à cette même tunique celluleuse que les artères doivent leur principale résistance ; elle forme exclusivement les parois du kyste dans l'anévrisme volumineux.

§ III. MODIFICATEUR DE LA CIRCULATION A SANG ROUGE.

Nous conservons à ce modificateur le nom de *sang rouge*, on le nomme encore improprement *sang artériel.*

Il offre une couleur vermeille et pourprée, une odeur forte, nauséabonde, une saveur salée; il se coagule très-promptement, présente une grande quantité de fibrine et de cruor, une petite proportion de sérum. Sa pesanteur spécifique, un peu plus considérable que celle de l'eau distillée, est à celle du sang noir :: 1049 : 1052; sa température :: 913 : 903. Il jouit de la propriété de fournir à tous les tissus les élémens de leur nutrition, au plus grand nombre des organes sécréteurs, les matériaux de cette élaboration ; d'effectuer dans tous les appareils, dans tout l'organisme, l'ébranlement et l'excitation indispensables à l'entretien de la vie. Il paraît devoir ces principaux caractères à la grande proportion d'oxygène dont il s'est chargé pendant l'acte même de la respiration.

§ IV. ÉTUDE DE LA CIRCULATION A SANG ROUGE.

Poussé par l'action des capillaires pulmonaires, le sang rouge passe dans les radicules des quatre veines du même nom, circule dans ces vaisseaux par les différentes influences que nous avons indiquées en décrivant le mouvement du sang noir dans les veines générales, c'est-à-dire, par le concours des valvules, des contractions veineuses, des compressions diverses qui se trouvent déterminées par les battemens artériels etc.; il arrive ainsi dans l'oreillette gauche, qui se dilate et le reçoit avec d'autant plus de facilité, qu'il n'existe aucune valvule, aucun repli à l'embouchure des veines pulmonaires.

Excitée par ce contact, l'oreillette réagit sur le sang pour en effectuer l'expulsion ; un reflux assez marqué se fait par les veines, mais la plus grande partie de ce fluide passe dans le ventricule gauche. Les deux valvules mitrales se trouvent abaissées, et l'une d'elles recouvre l'orifice de l'artère aorte, de telle sorte que le sang n'y pénétre point pendant la contraction de l'oreillette; dilaté, stimulé par ce dernier, le ventricule agit à son tour. Les deux valvules mitrales se relèvent, en fermant l'ouverture oriculo-ventriculaire assez exactement pour détruire toute possibilité d'un reflux notable dans l'oreillette; l'orifice de l'artère aorte se trouve libre, et la plus grande partie du sang passe dans ce vaisseau.

Celui-ci d'abord distendu par l'effort d'impulsion, s'applique à la colonne de sang; non point en vertu d'une contraction véritable, mais seulement par la force élastique de ses parois et notamment de sa tunique moyenne, presse le fluide circulatoire qui cherche une voie pour s'échapper; le retour vers le cœur est à peu près impossible en conséquence du redressement des valvules sygmoïdes, et le reflux dans le ventricule dès-lors peu considérable; la plus grande partie du sang passe dans la continuité de l'aorte et de ses nombreuses divisions, les colonnes de ce fluide se succèdant avec rapidité, se pressant incessamment du ventricule gauche aux capillaires généraux où se termine la circulation à sang rouge.

C'est pendant ce retour de l'aorte sur le sang, lors du redressement des valvules sygmoïdes, que ce fluide pénétre dans les artères cardiaques. De telle sorte que le cœur ne reçoit pas le sang rouge par sa propre impulsion, mais par la réaction élastique des parois artérielles.

La quantité du sang poussé dans l'aorte, par chaque mouvement du ventricule gauche, peut être estimée à six ou huit gros et représente chacune des colonnes destinées à parcourir successivement toutes les divisions artérielles de cet appareil.

Soumise à cette impulsion centrale, intermittente, la circulation du sang rouge, dans le grand arbre arteriel, offre des caractères particuliers à ces dispositions.

La dilatation de l'artère par cet effort d'impulsion se

Circulation Capillaire.

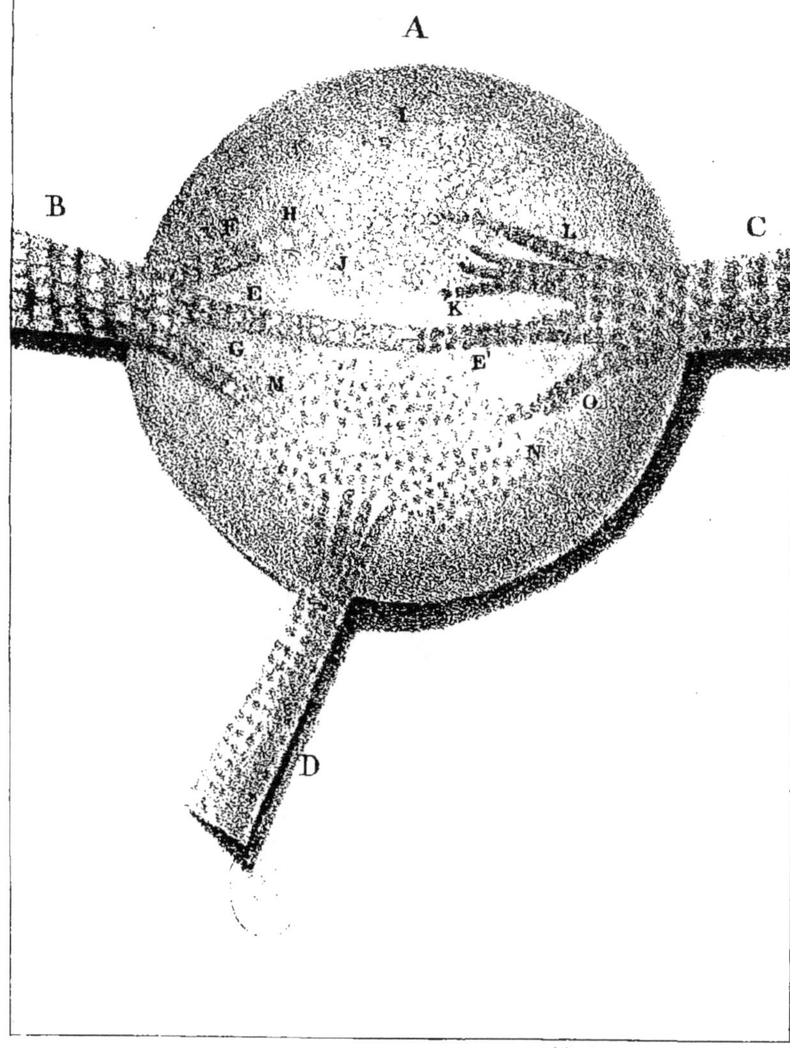

fait sentir en même tems dans toutes les divisions aortiques.

Le mouvement du sang n'offre point la continuité qu'il nous a présentée dans les veines, il est intermittent comme l'influence de l'agent qui le détermine; si l'on ouvre l'aorte ou l'une de ses branches, on voit le sang rouge s'échapper avec force, par jets interrompus, et dont les saccades sont isochrones aux contractions du ventricule gauche.

Le passage du sang rouge par les canaux artériels semble d'autant moins rapide que l'on s'éloigne davantage du cœur; Sauvages estimant à trois cette vitesse pour l'aorte, la croit égale à deux pour les artères d'un moyen calibre, et seulement à un pour les plus petites. Sans donner trop d'importance à cette évaluation, nous trouvons les raisons de cette progression décroissante relativement au mouvement du sang, de l'aorte aux capillaires généraux, dans l'augmentation des résistances, des frottemens, dans l'aggrandissement de la capacité circulatoire, la diminution de l'influence cardiaque et de la réaction artérielle.

D'après les dispositions que nous venons d'indiquer, les artères offrent des battemens appréciables au doigt, même à l'œil, et dont nous examinerons, sous le nom de pouls, les caractères et les modifications, après avoir terminé l'histoire de la circulation sanguine.

ARTICLE TROISIÈME.

CIRCULATION MIXTE OU CAPILLAIRE.

§ Ier. DÉFINITION, CARACTÈRES, BUT DE LA CIRCULATION MIXTE.

Nous désignons par ce terme : *le mouvement du sang dans ses vaisseaux naturels, d'une part, depuis la ter-*

minaison de l'artère aorte jusqu'à l'origine des veines géné-
rales, de l'autre, depuis les dernières divisions de l'ar-
tère pulmonaire jusqu'aux premières radicules des
veines du même nom.

La circulation capillaire offre pour caractères essentiels de s'exercer par des vaisseaux tellement déliés qu'ils
échappent à l'œil nu, de réduire les colonnes du sang
dans un état d'extrême division , et de les livrer dans
leur marche à l'action isolée de tous ces petits canaux
circulatoires , dès-lors sans impulsion régulière et
commune.

Sous le point de vue de son but et des phénomènes
qui s'exécutent pendant sa durée, nous devons la distinguer en   deux parties : 1° *Circulation capillaire géné-*
rale; 2° *circulation capillaire pulmonaire.*

1° *La circulation capillaire générale* a pour but
principal de fournir à tous les organes les élémens de
leur nutrition, à la plupart des appareils sécréteurs, les
matériaux de l'élaboration qui leur est confiée , en offrant réellement le théâtre de ce double travail pendant
lequel s'effectue, comme nous le verrons, la calorification, la dépense de l'oxygène, l'acquisition de l'acide
carbonique, la conversion du sang rouge en sang noir.

2° *La circulation capillaire des poumons* a pour objet
essentiel, la respiration, que l'on peut opposer à la nutrition, aux sécrétions ; l'acquisition de l'oxygène, la dépense de l'acide carbonique, la conversion du sang noir
en sang rouge.

§ II. APPAREIL DE LA CIRCULATION MIXTE.

Il est représenté par un nombre incalculable de petits
vaisseaux, d'une extrême ténuité, offrant partout des
anastomoses fréquentes, indispensables au maintien de
cette même circulation. On doit naturellement le diviser

chez l'homme, en deux parties bien isolées : 1° *les capillaires pulmonaires* ; 2° *les capillaires généraux.*

1° CAPILLAIRES PULMONAIRES.—Bornés d'un côté par la terminaison de l'artère pulmonaire, de l'autre par l'origine des veines du même nom, ils se trouvent, dans leur ensemble, circonscrits par les limites naturelles des poumons dont ils forment la masse principale ; de là cette prédisposition que présentent constamment ces organes, aux inflammations, aux hémorrhagies etc.

Il ne faut pas confondre cet ordre de vaisseaux avec les capillaires que les poumons doivent au systême général. Ces derniers sont beaucoup moins nombreux, et se trouvent placés entre la terminaison des artères et l'origine des veines bronchiques ; étrangers à la renovation du sang, ils sont au contraire le siége de la nutrition pulmonaire.

2° CAPILLAIRES GÉNÉRAUX.— Ils se rencontrent dans tous les organes, et leur ensemble ne présente naturellement d'autres limites que celles de l'économie vivante. L'origine de ces vaisseaux est continue à la terminaison des divisions aortiques, leur fin, à la naissance de trois ordres de canaux : 1° les radicules des veines caves destinées à rapporter le résidu nutritif et sécrétoire ; 2° les vaisseaux blancs ayant pour fonction soit de porter des élémens nutritifs aux tissus qui reçoivent exclusivement le sérum du sang dans l'état normal, soit de verser, par exhalation, divers fluides sur les surfaces libres ; 3° les conduits excréteurs, chargés de transmettre les fluides sécrétés au lieu de leur destination.

Organisation. —Elle offre nécessairement des caractères différens dans les deux parties de cet appareil.

Dans les capillaires des poumons. — Elle doit être identique pour tous puisqu'ils offrent et les mêmes propriétés et les mêmes fonctions. Leur membrane interne est la continuation de celle qui revêt les cavités circulatoires à sang noir ; mais il est bien probable qu'elle éprouve des modifications importantes puisqu'elle sert à ménager la transition de celle-ci à la membrane commune des cavités circulatoires à sang rouge. Forme-t-elle des valvules dans ces petits vaisseaux ? L'anatomie ne les démontre pas, mais le mode circulatoire les indique assez positivement. Quant à la tunique externe, sur laquelle repose à peu près toute l'action indispensable au mouvement du sang dans les vaisseaux capillaires, il serait difficile de lui refuser, nous ne dirons pas l'organisation complète, mais au moins en grande partie, la contractilité des muscles involontaires.

Dans les capillaires généraux.— L'organisation n'est plus susceptible de la même identité ; elle doit au contraire éprouver des modifications plus ou moins profondes suivant la texture et les propriétés vitales des organes dont ces vaisseaux font partie. De là toutes ces différences fondamentales dans la nutrition, la calorification et les sécrétions envisagées relativement aux divers tissus, aux divers organes, aux divers appareils. Au milieu de ces particularités, il existe cependant plusieurs caractères généraux et communs. La tunique interne doit offrir beaucoup d'analogie avec celle du système circulatoire à sang rouge, mais avec des nuances graduées qui toujours conduisent insensiblement à l'organisation de la membrane commune au système circulatoire à sang noir. La tunique externe doit offrir les mêmes propriétés et les mêmes caractères que nous avons admis pour les capillaires des poumons.

Sans doute l'appareil que nous venons de signaler n'offre point des organes sensibles comme ceux des autres circulations, et nous concevons que plusieurs auteurs en aient contesté l'existence. Mais d'un autre côté rien ne prouve contre la réalité de ce même appareil ; les faits tirés de la physiologie, de l'anatomie comparée, de la pathologie, le raisonnement, la facilité dans les explications, l'enchaînement des résultats fonctionnels communs à toute l'économie vivante, propres à la circulation, à la nutrition, aux sécrétions dans l'état normal ou morbifique etc., tout se réunit au contraire pour nous faire admettre cet appareil, d'autant mieux qu'en la supposant même illusoire, cette admission ne peut entraîner dans aucune erreur de fait relativement aux explications physiologiques, puisqu'il suffirait alors d'attribuer aux dernières divisions des artères ce que nous rapportons à ce même appareil ; il s'agirait donc seulement ici d'un changement d'expression.

Dans l'admission du système capillaire, on doit distinguer chez tous les êtres organisés vivans, à proprement parler, deux systèmes circulatoires, *l'un périphérique,* véritable cercle circulatoire complet; l'autre *central,* qui constitue les rayons du premier. Plus le sujet est rapproché des parties inférieures de la série, plus le système *périphérique* prend d'accroissement proportionnel ; plus ce même sujet est supérieur, plus le système central devient prédominant. De là ce rétablissement toujours plus facile de la circulation dans le premier que dans le second, après la ligature ou la compression d'un gros vaisseau ; cette même circulation s'effectuant alors au moyen des nombreuses anastomoses du système périphérique. Ainsi A. Cowper ayant lié la partie inférieure de l'aorte sur un chien, l'animal vécut encore plus d'un an ; le même chirurgien ayant pratiqué cette ligature chez un homme, perdit son malade quarante heures après l'opération.

Chez l'enfant qui vient de naître, les anciennes communications qui établissaient l'unité de la circulation fœtale, ne s'oblitèrent que d'une manière lente, graduée, quelquefois même après un tems assez long. On peut aisément alors expliquer les modifications du mouvement circulatoire, en disant que le système périphérique du placenta se trouve remplacé par celui des poumons qui fait un appel au sang par son ampliation et son développement sous l'influence de la première inspiration. L'opposition existait chez le fœtus entre le système periphérique général et celui du placenta ; elle s'établit chez l'enfant entre le système périphérique général et celui des poumons.

§ III.   MODIFICATEUR DE LA CIRCULATION MIXTE.

Vers la partie moyenne de chaque division du système capillaire, ce modificateur est à peu près identique, et présente un sang intermédiaire, pour ses caractères et sa composition, au sang rouge et au sang noir. Mais dans l'origine de ces mêmes divisions, il est essentiellement différent. Ainsi dans le système capillaire général, il offre le sang rouge, qui perd insensiblement ses caractères pour acquérir ceux du sang noir, en fournissant les élémens de la nutrition et des sécrétions ; dans le système capillaire des poumons, il présente le sang noir se dépouillant graduellement de ses propriétés, sous l'influence de la respiration, et revêtissant les caractères du sang rouge. De telle sorte que sous le rapport du modificateur, il existe opposition entre les mêmes points de ces divisions de l'appareil capillaire, identité entre les points essentiellement différens.

§ IV.   ÉTUDE DE LA CIRCULATION MIXTE.

Le mécanisme de la circulation capillaire est absolument semblable dans les deux divisions du système, nous n'avons pas dès-lors à le considérer isolément dans chacune d'elles.

Arrivé dans cet ordre de vaisseaux, le sang éprouve sans doute encore l'influence de la force impulsive du cœur; mais à cette distance, elle devient plutôt un appui, *à tergo*, pour les premières colonnes du fluide à déplacer, qu'un agent susceptible d'effectuer le mouvement circulatoire, sans la participation très-active des canaux qu'il doit parcourir, et de produire dans ces mêmes canaux des pulsations normales comme dans les artères. Il nous paraît également impossible de faire entrer ici, même comme accessoire, la force de capillarité, puisque cette partie de la circulation générale s'arrête comme les autres après la mort de tout l'organisme.

Le sang rouge, pour les capillaires généraux, le sang noir pour les capillaires des poumons, en touchant les parois de ces petits vaisseaux, les excitent, produisent leur contraction dans le point de contact; la colonne circulairement pressée, se porte, en même tems, vers les divisions artérielles par un mouvement rétrograde, vers les capillaires ultérieurs par un mouvement opposé. Dans le premier sens, les colonnes qui suivent previennent ce retour, dans le second, aucun obstacle ne s'oppose à la progression du sang qui franchit ainsi les premières valvules. Ce nouveau point soumis à la même influence agit d'après les mêmes lois, produit des résultats identiques, et par ces efforts successifs le sang rouge arrive noir dans les radicules des veines caves après avoir fourni dans ce trajet les matériaux de la nutrition et des sécrétions; le sang noir parvient rouge dans les premières divisions des veines pulmonaires après avoir, dans ce mouvement, éprouvé l'influence rénovatrice de la respiration.

La circulation capillaire n'offrant plus, comme la circulation artérielle, un agent central d'impulsion, se trouvant au contraire abandonnée à la contractilité naturelle des petits vaisseaux qui l'exécutent, ne présente plus la même précision et la même régularité. La somme générale de son activité reste à peu près au même point dans l'état normal, la même quantité de sang devant traverser tout le système capillaire dans un tems donné; mais l'activité partielle de chaque division du même système dans tel organe, tel appareil etc., peut augmenter ou diminuer d'une manière plus ou moins notable, en déterminant la diminution ou l'augmentation de cette même activité dans les autres divisions. De là cette nécessité absolue des anastomoses, qui préviennent les stagnations et les engorgemens capillaires; de là cet afflux remarquable du sang dans un tissu enflammé, d'après ce principe, *ubi stimulus ibi fluxus*; de là cet avantage incontestable des moyens dérivatifs pour diminuer l'activité circulatoire et la congestion sanguine dans une partie phlogosée, en provoquant avec circonspection, cette activité, ce mouvement fluxionnaire vers une partie saine, plus ou moins éloignée qui, par sa nature et sa position, n'expose au développement d'aucun accident grave sous l'influence de cette excitation artificielle.

Arrivé aux dernières divisions du système capillaire, tout le sang passe-t-il directement dans les veines et sans avoir circulé, du moins en partie, indépendamment d'aucun vaisseau dans les parenchymes, dans les interstices moléculaires des tissus? En d'autres termes, la chaîne vasculaire est-elle interrompue, et dans ce point d'interruption, s'il existe, les fluides circulatoires sont-ils en contact immédiat avec la matière essentielle et primitive de l'organisme? Cette grande question, long-tems agitée, ne semble pas encore bien positivement résolue. Dans cet état de choses, la seule expérience a le droit de prononcer ; mais combien d'illusions ne viennent pas l'environner dans ces minutieuses recherches. Voici à cet égard la marche que nous avons suivie, les résultats que nous avons obtenus.

Une puce vivante, comprise entre les deux verres de l'objectif d'un fort microscope, est légèrement pressée, de manière à faire sortir une portion des viscères abdominaux ; voici, dans cette partie postérieure du tronc ainsi préparée, ce que nous avons très-distinctement vu et fait observer à nos élèves : nous indiquons les objets d'après les dimensions que leur donnait l'instrument. Des séries de molécules rouges de forme lenticulaire d'un tiers à un quart de ligne de diamètre, s'agitent pendant cinq minutes au moins d'un mouvement circulatoire assez rapide, en suivant d'abord la direction d'un canal d'une ligne de diamètre sur deux pouces de longueur, étendu depuis la partie postérieure de l'animal jusque dans les parties herniées qui représentent deux nappes rougeâtres dans lesquelles se rendent les globules, par deux canaux moins larges, divisions du premier. Arrivés dans ces nappes, ils y tiennent des courans assez réguliers, mais sans apparence d'aucun vaisseau ; plusieurs d'entre eux, pressés par ceux qui les suivent, s'écartent quelquefois beaucoup de la ligne principale du mouvement commun ; toute agitation cesse dans cette espèce de parenchyme, et les molécules du fluide circulatoire ou globules, sont faciles à bien observer dans l'état de repos.

Voilà ce que nous avons très-distinctement vu plusieurs fois, seulement avec quelques modifications dans la forme des objets.

Sans doute, il est difficile de conclure très-positivement dans une matière aussi subtile ; cependant nous pensons être aussi fondé que possible dans l'état des choses, à résoudre ainsi les deux questions proposées.

Arrivés au parenchyme des organes, les vaisseaux capillaires offrent plusieurs divisions terminales qui déposent dans le tissu même, en contact avec les molécules organiques, les élémens que le sang doit fournir à l'élaboration nutritive et sécrétoire; partie de ces élémens se trouve assimilée, partie sert à former des fluides sécrétés; ceux-ci repris par les canaux excréteurs sont portés au lieu de leur destination, le résidu sanguin ou lymphatique de ces élaborations, les molécules organiques anciennes, remplacées par les molécules organiques nouvelles, sont repris par les absorbans et portés dans le système veineux après un trajet plus ou moins long. D'un autre côté les vaisseaux capillaires, par la division principale, se continuent directement avec les veines pour y faire passer le sang en excès et qui ne devait pas être employé dans ces mêmes élaborations. La planche suivante N° II rendra cette explication plus positive encore.

A. Parenchyme organique réunissant la double élaboration nutritive et sécrétoire.

B. Vaisseau capillaire apportant les matériaux de cette double élaboration.

C. Veine rapportant le sang non employé, le résidu de celui qui a fourni les élémens de la nutrition et de la sécrétion, les molécules organiques d'élimination.

D. Canal excréteur chargé d'exporter les molécules du fluide sécrété.

E. E'. Grande voie circulatoire directement établie du vaisseau capillaire à la veine.

F. Division capillaire ouverte dans le parenchyme, apportant les matériaux nutritifs.

G. Division capillaire ouverte dans le parenchyme, apportant les élémens de sécrétion.

H. Molécules du sang, libres dans le parenchyme et destinées à la nutrition.

I. Molécules du parenchyme nouvellement formées, servant à sa réparation.

J. Molécules anciennes du parenchyme devant être éliminées par l'absorption.

K. Vaisseau absorbant chargé de prendre les molécules
anciennes, de les déposer dans la veine C.

L. Vaisseau absorbant chargé de rapporter à la veine
C. le résidu nutritif sanguin.

M. Molécules du sang, libres dans le parenchyme et
destinées à la sécrétion.

N. Molécules du fluide sécrété, prises par le canal excréteur. D.

O. Vaisseau absorbant chargé de rapporter à la veine
C. le résidu sanguin de la sécrétion.

Il est aisé de comprendre, d'après ce tableau, l'utilité de chacune de ces trois divisions et de préciser les
modifications circulatoires suivant telle ou telle disposition du parenchyme. Ainsi la grande voie circulatoire
directement établie du vaisseau capillaire à la veine, devient en quelque sorte le réservoir ou le dérivatif des
deux autres. 1° Lorsque les besoins de la nutrition ou
de la sécrétion sont moins considérables, le sang passe
en moins grande proportion par les divisions relatives
à ces élaborations, en plus grande quantité par la voie
directe *et vice versâ.* 2° Lorsque les exigeances de la
nutrition deviennent plus marquées, le sang passe en
plus grande quantité par la division vasculaire affectée à
ce travail, en proportion moins considérable par la voie
directe, et par la branche relative à la sécrétion. 3° Enfin, lorsque l'élaboration sécrétoire appelle un plus grand
nombre de matériaux, le sang parcourt plus abondamment le vaisseau qui se trouve chargé de les apporter,

en moindre proportion, la branche nutritive et la grande voie directe. Dans l'état normal, l'ensemble de ces divisions est traversé par la même quantité de sang, à quelques différences près. Mais comme nous venons de l'établir, cette quantité peut varier d'une manière relative dans chacune de ces divisions. Dans l'état pathologique, elle peut augmenter ou diminuer d'une manière absolue avec toutes les conséquences de cette altération.

Il suffit actuellement d'appliquer cette idée simple et naturelle à l'explication des phénomènes circulatoires, dans l'état physiologique ou morbifique, pour sentir toute la vérité de la théorie que nous venons d'exposer.

La circulation capillaire s'anéantit la dernière à la mort générale. Delà cette permanence de la nutrition et de la calorification, alors que les grandes fonctions vitales se trouvent déjà frappées d'une extinction irrévocable.

Nous avons parcouru successivement tous les points du cercle circulatoire; si nous cherchons à préciser le tems nécessaire à sa révolution complète, nous sentons aussitôt l'impossibilité d'arriver à ce résultat d'une manière positive, satisfaisante, absolue. Il suffirait pour démontrer toute la vérité de cette assertion, de rapprocher les opinions et les évaluations des auteurs sur cet objet. Berger, Keil fixent à deux minutes la durée de cette révolution; Tabor, à cinquante trois; Harvey la porte à une heure, Plempius, à trois; Rulfinck, à dix; Floyer, à vingt. On peut donc seulement ajouter que cette même révolution est d'autant plus rapide et plus parfaite, que le sujet est plus jeune, d'une constitution plus énergique et d'un tempérament plus éminemment sanguin.

Avant de considérer actuellement la circulation dans son ensemble, nous devons indiquer les modifications qu'elle présente relativement à plusieurs organes impor-

tans et notamment *au cœur, aux poumons, à l'encéphale, au foie.*

·CIRCULATION CARDIAQUE. — Le cœur est évidemment le plus remarquable de tous les organes sous le
point de vue qui nous occupe. Centre commun de la circulation générale, traversé, dans un tems donné, par
toute la masse du sang à l'état de *sang noir* pour ses
cavités droites, de *sang rouge* pour ses cavités gauches;
activant, effectuant même en grande partie le mouvement de ce fluide à l'un ou l'autre état dans les artères;
il présente en même tems le siége d'une petite circulation spéciale qui lui devient propre et dont l'objet est
de fournir les élémens indispensables à sa nutrition ,
d'entretenir l'excitation sans laquelle on verrait bientôt
ses contractions détruites avec anéantissement de la vie
dans toute la constitution ; comme on l'observe lorsque,
pendant l'asphyxie, le sang passe noir dans les vaisseaux
particuliers du cœur; circonstance qui rend la mort absolument irrévocable.

Dans la circulation propre au cœur, le sang rouge
part du ventricule gauche, passe dans l'aorte, dans les
artères cardiaques, dans les vaisseaux capillaires de cet
organe , revient au cœur par les veines cardiaques à
l'état de sang noir, et se trouve déposé dans l'oreillette
droite après avoir décrit un petit cercle complet en
dehors du grand cercle circulatoire.

2°. CIRCULATION PULMONAIRE. — Les poumons liés
à la grande circulation, comme représentant l'un des
points essentiels du cercle par leur système capillaire
particulier , offrent en même tems une circulation qui
leur est propre, et que la nature a chargée de veiller à
leurs besoins essentiels.

·Tout le sang traverse d'abord à l'état de *sang noir*,
ensuite à l'état de *sang rouge*, le système capillaire par-

ticulier des poumons dans un tems déterminé. Ce passage ne présente absolument rien de spécial pour les organes de la respiration ; le seul avantage qu'ils en retirent est la rénovation de la portion du sang qui leur est destinée, comme à tous les autres appareils de l'économie.

Pour ce qui est relatif à la circulation propre des poumons, circulation entièrement isolée de la précédente, n'offrant avec elle aucune communication, le sang rouge est poussé par le ventricule gauche dans l'artère aorte, dans les artères bronchiques ; il passe dans les capillaires communs qu'il faut bien distinguer des capillaires particuliers ; se trouve rapporté à l'état de sang noir par les veines bronchiques et déposé dans la veine cave supérieure où nous le voyons rentrer dans le grand cercle circulatoire.

3° *Circulation encéphalique.* —— L'encéphale ne présente qu'une circulation propre, mais elle offre des particularités assez remarquables pour mériter une description particulière.

Quatre vaisseaux principaux nés de l'aorte, les deux artères carotides immédiatement, les deux artères vertébrales indirectement, pénétrent dans le crâne et se trouvent chargés de porter à l'encéphale tous les élémens de son élaboration nutritive, et toute l'excitation habituelle dont il a besoin pour exercer les fonctions qui lui sont départies. Les nombreuses divisions de ces artères arrivées à la base du crâne, s'anastomosent de manière à former un véritable *polygone artériel*, dont les pulsations déterminent, comme nous le verrons bientôt, des mouvemens remarquables dans toute la masse encéphalique. Les branches qui naissent de ce point central produisent des rameaux, ces derniers des ramuscules dont l'entrelacement aussi tenu qu'inextricable forme la membrane *pie-*

mère, avant que ces mêmes ramuscules devenus capillaires pénétrent dans la substance de l'encéphale. A ces
vaisseaux capillaires succèdent les radicules veineuses qui
forment des branches toutes répandues à la périphérie
de cet organe pour aller s'ouvrir dans plusieurs canaux
osso-membraneux, en partie creusés dans les os du crâne
et qui vont se rendre sous le nom de sinus, comme à
leur centre commun, de l'un et l'autre côté, dans le
golfe de la veine jugulaire interne, elle-même terminée
dans la veine cave supérieure. Telles sont les routes que
le sang parcourt dans l'encéphale ; rouge dans les artères
et les vaisseaux capillaires, noir dans les veines et dans
les sinus.

Les dispositions spéciales de cet appareil circulatoire
nous expliquent aisément plusieurs phénomènes importans, relatifs à l'excitation cérébrale, à la circulation veineuse de l'encéphale, aux mouvemens que présente ce
dernier dans toute sa masse.

Relativement à l'excitation cérébrale.—Toutes les artères se trouvant réunies à la base du crâne soulèvent à
chaque pulsation l'encéphale tout entier, de manière à
l'exciter convenablement, sans exposer la délicatesse de
sa texture à des irritations, à des déchiremens plus ou
moins dangereux ; accidens contre lesquels il est protégé
par l'état d'extrême division auquel on voit la pie-mère
amener tous les rameaux artériels avant leur pénétration
dans la pulpe encéphalique ; protection que l'on avait
bien gratuitement attribuée aux flexuosités des artères
carotides et vertébrales, comme nous le démontrerons
bientôt.

Relativement à la circulation veineuse de l'encéphale.
— Les veines encéphaliques, et surtout les sinus n'offrent pas les dispositions avantageuses des autres parties
du même système pour effectuer, par leur propre action,

le mouvement du sang qui doit les parcourir ; ces derniers plus spécialement se trouvant creusés dans les os dépourvus de la membrane propre des veines que remplace la dure-mère, sont incapables de se contracter sur le sang avec assez d'énergie pour en opérer convenablement la circulation ; c'est encore à la position des artères que la nature, si simple dans ses moyens, si riche dans ses résultats, a confié le soin d'obvier aux inconvéniens qui résulteraient de ces modifications. On conçoit en effet que le soulèvement de l'encéphale par la dilatation des artères qui sont au centre, à la base de cet organe, comprime directement sur les os, par son moyen, les veines et les sinus placés à sa voûte, à sa circonférence, et favorise dèslors bien positivement la circulation du sang noir dans ces mêmes canaux.

Relativement aux mouvemens de l'encéphale. — Les mouvemens encéphaliques sont tellement apparens que depuis long-tems ils ont fixé l'attention des physiologistes; mais un grand nombre d'hypothèses futiles ont été faites pour les expliquer. Willis, Baglivi, les attribuèrent aux contractions de la dure-mère dans laquelle ils admettaient des fibres musculeuses; Fallope, Bauhin, aux battemens des artères de cette membrane; Galien, au gonflement qui s'effectuait «*par l'air transmis de la poitrine dans le rachis.* » Schlitting, Lamure à l'engorgement des veines jugulaires et des sinus pendant l'expiration, ces auteurs admettant un espace vide entre les os du crâne et l'encéphale. Dans l'état actuel de la science, il n'est plus nécessaire de réfuter ces théories autrement que par l'explication naturelle des faits.

Après l'opération du trépan, ou même chez l'enfant nouveau né, aux fontanelles, en examinant avec attention la masse encéphalique, on observe deux mouve-

mens, l'un fréquent et régulier, correspondant exactement aux battemens du pouls ; l'autre plus lent, moins
uniforme, et dans la mesure des phénomènes extérieurs
de la respiration. Le premier de ces mouvemens parfaitement isochrone à l'ampliation des artères, est évidemment produit par le développement de celles qui occupent la base du crâne. Le sang poussé avec force par le
ventricule gauche dilate ces vaisseaux, qui trouvant une
résistance dans les os sous-jacens, produisent le soulèvement de toute la masse encéphalique, dont l'affaissement
accompagne la rétraction de ces mêmes canaux qui
chassent le fluide circulatoire dans les vaisseaux capillaires.

Le second mouvement est plutôt un effet de la turgescence que du soulèvement organique, de l'engorgement
que de l'impulsion vasculaire. On le voit répondre à
l'expiration dont il suit assez régulièrement les retours ;
pendant celle-ci, les capillaires des poumons ne livrent
point un passage facile au sang qui s'accumule de proche
en proche, dans l'artère pulmonaire, le cœur droit, les
veines caves, la veine jugulaire interne, les sinus et les
veines encéphaliques ; de là cet engouement sanguin, ce
mouvement secondaire toujours beaucoup moins sensible,
moins régulier, moins important que le premier; dans lequel se trouve, en grande partie, le lien fonctionnel qui
unit indispensablement le cœur au cerveau, celui-ci aux
poumons, ces trois appareils entre eux.

4° Circulation hépatique. Une particularité bien
remarquable se rencontre dans le foie sous le point de
vue du mouvement circulatoire. On voit dans cet organe,
une veine se comporter à la manière des artères, s'enfoncer en se ramifiant dans le paranchyme hépatique,
y porter le sang noir, comme le vaisseau artériel de ce
viscère y distribue le sang rouge. De ces dispositions

propres à l'organe sécréteur de la bile, résultent nécessairem nt des modificat ons spéciales dans le cours naturel des fluides qui lui sont destinés.

Le sang rouge et le sang noir sont transmis en même tems au foie : le premier par l'artère hépathique, le second par la veine porte. L'un et l'autre pénétrent dans le système capillaire ; le premier pour fournir à l'organe des matériaux de nutrition ; le second, des élémens de sécrétion. Le résidu commun de ces élaborations est repris par les radicules des veines hépatiques, et déposé dans la veine cave inférieure pour suivre ultérieurement la marche commune au sang noir.

Dans l'intention de mieux faire apprécier la révolution des fluides circulatoires, nous les avons étudiés, parcourant successivement les différens points du cercle général. Tel serait en effet leur cours naturel, si le cœur était unique , dès-lors établi sur un des points de ce même cercle , marquant positivement l'originé et le terme de cette révolution. Mais réellement double , chassant en même tems le sang noir et le sang rouge par la contraction de ses ventricules , cet organe doit être maintenant envisagé dans ses mouvemens d'ensemble , comme toutes les autres parties du. même appareil.

§ V. ÉTUDE DE LA CIRCULATION SANGUINE ENVISAGÉE DANS L'ENSEMBLE DE SES MOUVEMENS.

Pour bien comprendre ce mouvement circulatoire , nous devons l'étudier d'abord dans le cœur, comme dans son point central; ensuite le considérer dans les rapports de cet organe avec toutes les divisions de l'appareil chargé de son exécution.

Cet examen déjà très-important sous le rapport physiologique, deviendra du plus haut intérêt pour la pathologie de l'appareil circulatoire et de l'organisme tout entier.

MOUVEMENS DU COEUR.

Nous les réduisons à deux principaux : 1° la dilatation que nous désignons par le terme de *diastole* ; 2° le resserrement auquel nous accordons la dénomination de *systole*.

1°. DIASTOLE DU CŒUR. — Dans ce premier mouvement , la capacité cardiaque s'agrandit pour admettre le sang qu'il doit immédiatement pousser dans les artères. Les physiologistes ne sont pas d'accord sur la nature et la cause de cette ampliation.

Hamberger et Perraut considèrent la diastole comme active ; ils admettent dans l'organisation du cœur, des fibres, les unes transversales, les autres longitudinales ; ils attribuent la diastole à la contraction des premières, et la systole à celle des secondes. Mais d'une part, l'anatomie ne démontre pas ces fibres ; de l'autre , tout raccourcissement de ces mêmes fibres, quelque fût leur direction, produirait évidemment le resserrement et non la dilatation des cavités cardiaques.

Haller ne voit dans la diastole qu'un simple relâchement des parois musculaires, par défaut de stimulation ; comme on l'observe d'ailleurs pour toutes les autres parties de l'appareil moteur.

D'autres ont regardé cette dilatation comme absolument passive et déterminée par l'effort du sang chassé dans les cavités du cœur.

Ces deux causes nous semblent concourir à la diastole. Plusieurs physiologistes ont objecté que le cœur entièrement séparé du reste de l'économie , pressé par la main, faisait encore un effort assez considérable pour en vaincre la résistance , lorsqu'il appartenait à des animaux vigoureux et d'un certain volume. Ce fait paraît au premier aspect affirmatif de la diastole par action directe ; mais en répétant cette expérience avec attention, on s'aperçoit que la main éprouve l'effort d'expansion précisément à l'instant de la systole, le cœur se raccourcissant et se gonflant alors dans le sens de l'épaisseur, comme on le voit dans tous les muscles pendant leurs instans de contraction.

Une expérience de Hunter nous semble décider la question. Ayant ouvert la poitrine et le péricarde sur un chien, assuré la respiration au moyen d'un soufflet, il vit les oreillettes se contracter avec difficulté, se débarrasser incomplétement du sang, les ventricules se raccourcir et devenir plus durs pendant la systole, doubler de capacité, présenter beaucoup plus de mollesse pendant la diastole.

2° SYSTOLE DU CŒUR. — Dans cet autre mouvement, la capacité cardiaque est notablement resserrée pour expulser le sang qu'elle avait admis. Le cœur est actif dans cette circonstance, et tous les auteurs sont d'accord sur ce point. Il n'en est pas de même relativement à la cause essentielle de cette réaction.

Hippocrate et Sylvius admettaient dans les ventricules *un feu inné* qui produisait la raréfaction du sang ; expansion bientôt suivie de la condensation de ce fluide. C'est à des modifications aussi complétement imaginaires qu'ils attribuaient la diastole et la systole.

Willis, qui considérait le cerveau comme centre du mouvement volontaire, le cervelet comme agent principal de ceux qui se trouvaient affranchis de cet empire, rapportait les contractions du cœur à cette dernière partie de l'encéphale. Mais l'existence des nerfs cérébelleux n'a jamais été prouvée ; des faits nombreux recueillis par Zinn et Chirac démontrent au contraire que l'exercice libre des mouvemens du cœur peut se concilier avec des lésions graves et même avec la destruction du cervelet.

Sthal, qui plaçait dans le cœur le siége essentiel de l'âme, attribuait à celle-ci tous les mouvemens de cet organe. Quelques auteurs ont prétendu que des criminels dont le cœur venait d'être arraché se livraient encore à des imprécations envers leurs bourreaux, mais sans admettre entièrement ces faits qui auraient besoin de confirmation, nous ajouterons que l'opinion de Sthal recule seulement la difficulté sans la résoudre, et que d'ailleurs elle envelopperait l'âme dans le cercle des actions involontaires, même pendant la régularité de l'état normal. Sans doute on n'apportera point comme objection à la vérité de ce principe le fait du capitaine Touwsend qui possédait, nous dit-on, la faculté bien extraordinaire de régler volontairement les mouvemens de son cœur. Une telle exception à la règle générale, fût-elle même bien constatée, n'aurait encore aucune valeur pour démontrer la réalité de cette hypothèse.

Descartes expliquait les mouvemens du cœur par l'action d'un ferment qui dilatait le sang dans les ventricules; Borelli, par une effervescence des fluides animaux dans le sang; Boërhaave, par la circulation du fluide nerveux dans les canaux médullaires; Lower, par une action réciproque du cœur et du cerveau; Sénac, par les alternatives de compression ou de liberté des nerfs cardiaques pendant l'état de plénitude ou de vacuité du cœur etc. Des théories aussi futiles peuvent être citées pour faire connaître les progrès de la science, mais nous pensons qu'il deviendrait plus qu'inutile de s'arrêter sérieusement à leur réfutation.

Haller attribue la systole du cœur à la contraction des fibres musculaires sous l'influence de l'excitation que détermine la présence du sang, en agissant avec d'autant plus d'énergie sur les parois de cet organe, que les nerfs s'y trouvent placés très-près de la surface interne.

Le Gallois, dans une série d'expériences très-curieuses, cherche à démontrer que les mouvemens du cœur trouvent leur principe dans les nerfs émanés de la moelle rachidienne. En coupant ce prolongement encéphalique dans ses différentes régions, il obtient les résultats suivants :

1° *Dans la région lombaire.* — Paralysie du train abdominal, continuation des mouvemens du cœur.

2° *Dans la région dorsale.* — Paralysie du cœur, continuation des mouvemens dans les membres thoraciques et pelviens.

Mon savant confrère et mon ami, le docteur Patissier, observe à la clinique de M. Pelletan, le cadavre d'un sujet vigoureux, mort à la suite d'une fracture de la première vertébre dorsale ; une asphyxie lente et graduée termine les jours du malade ; à l'autopsie, on trouve le cœur peu volumineux et surtout d'une mollesse remarquable.

Un jeune peintre en bâtimens, nommé Sénélier, tombe d'un échafaudage très-élévé, le 28 octobre 1828 ; la région dorsale du rachis frappe un corps saillant et supporte à peu près tout le poids de la chute. Nous recevons le malade à l'hôpital du Mans, nous reconnaissons la fracture et l'enfoncement de la première vertèbre dorsale ; il existe paralysie des membres pelviens du rectum et de la vessie ; environné des soins les plus assidus, le malade vit encore pendant soixante douze jours, et succombe, sans agonie, par une extinction lente et graduée ; les deux tiers inférieurs de l'organisme se trouvant infiltrés et frappés de gangrène.

A l'autopsie, nous trouvons la moelle rachidienne complétement divisée, manquant absolument dans l'étendue qui répond au corps de la vertèbre lésée. Le cœur n'offre que la moitié de son volume normal; il est atrophié, sans consistance.

3° *Entre l'occipital et l'atlas.* — Il survient des baille-mens; on peut exciter artificiellement la respiration, et les mouvemens du cœur persistent.

4° En détruisant la moelle avec un stylet porté dans tout le canal rachidien, on produit irrévocablement la mort.

Ces expériences et ces faits pathologiques démontrent que l'innervation de l'axe cérébro-spinal, dans sa partie dorsale, est nécessaire aux mouvemens du cœur pour leur développement complet; mais elles ne prouvent nullement que cette innervation soit la cause essentielle des contractions de cet organe, puisque le cœur agirait alors sous l'influence de la volonté, comme tous les muscles dont les nerfs ont une origine exclusivement en-céphalique. Ces mêmes faits ne semblent-ils pas au con-traire établir positivement que l'influence de la moelle rachidienne est accessoire dans les contractions du cœur, puisque chez les sujets, dont nous avons rapporté l'ob-servation, ce viscère n'a pas cessé de battre, dans le premier, pendant seize jours, et dans le second, pen-dant soixante douze. Nous pensons dès-lors que l'inner-vation ganglionaire est la seule indispensable à ces mouvemens, et que l'organe qui les exerce tient particuliè-rement sa faculté motrice des nerfs qui lui sont fournis par les plexus cardiaques.

Voici d'après les faits, l'observation et le raisonne-ment, la manière la plus naturelle d'expliquer l'enchaî-nement des phénomènes relatifs aux mouvemens du cœur.

Le sang rouge pour le cœur gauche, le sang noir pour le cœur droit, offrent le modificateur chargé de provoquer l'excitation de ces cavités. Les nerfs particulièrement émanés du système ganglionaire et des branches dorsales de la moelle rachidienne, distribués au cœur, présentent la partie destinée à recevoir cette impression, à solliciter une réaction qui n'étant pas directement encéphalique devient par cela même involontaire; enfin les fibres charnues de ce viscère constituent l'agent essentiel de cette réaction, et par conséquent des mouvemens de diastole et de systole.

Quant au principe de ces mouvemens, il se rencontre dans le cœur lui-même. La plupart des physiologistes sont d'accord sur ce point. Fallope, Willis, Baglivi, Sénac, Haller, Morgagni etc., ont observé que la ligature et la section de tous les nerfs qui se rendent à cet organe sont incapables d'en suspendre immédiatement les contractions, et que l'animal peut encore vivre six, huit et dix jours après cette opération. Cléante a vu le cœur se contracter encore assez long-tems après son arrachement complet. Nous avons répété cette expérience plusieurs fois sur des chiens de moyenne taille; la diostole et la systole ont encore persisté trois et quatre minutes après l'entière séparation du reste de l'organisme. On a pu réveiller la contractilité cardiaque 24 heures après la mort apparente, sur un saumon; après 40 heures, sur une tortue; le cœur d'un serpent répondait encore aux stimulans très-actifs quatre jours après la cessation de toute vitalité sensible.

Il est aisé d'expliquer très-naturellement les contractions du cœur, après son arrachement, par l'impression que l'air et les autres objets extérieurs produisent nécessairement sur les branches nerveuses qui s'y distribuent, et par la réaction musculaire qui doit suivre cette excitation.

ENSEMBLE ET RÉSULTATS DES MOUVEMENS DU COEUR.

Les mouvemens des cavités cardiaques s'effectuent simultanément pour les deux oreillettes ; il en est de même relativement aux deux ventricules. Chacun de ces mouvemens offre des rapports constans avec ceux des artères et des veines. Ainsi nous observons en même tems, 1° *La diastole* des oreillettes et des artères, *la systole* des ventricules et des veines ; 2° *la diastole* des ventricules et des veines, *la systole* des oreillettes et des artères.

Les systèmes capillaire et lymphatique envisagés dans chacun des petits vaisseaux qui les constituent, doivent également agir d'une manière intermittente ; mais, considérés en masse, leur action devient continue. Toutefois l'engorgement ou la vacuité qu'ils peuvent offrir, exercent une influence notable sur le reste du mouvement circulatoire, de telle sorte que les anomalies dans une partie de ce grand appareil, en déterminent dans les autres, que l'on peut juger des premières par les secondes, *et vice versâ*, comme nous le verrons bientôt dans les considérations importantes que l'histoire du pouls va nous offrir.

Ainsi le sang noir versé dans l'oreillette droite par les veines caves, le sang rouge déposé dans l'oreillette gauche par les veines pulmonaires, sont en même tems poussés par ces cavités dans leurs ventricules respectifs, et bientôt chassés, également sous l'influence d'une action simultanée, le premier, dans l'artère pulmonaire par le ventricule droit, le second, dans l'artère aorte par le ventricule gauche.

Pendant ces mouvemens, trois phénomènes importans

viennent frapper l'attention du physiologiste: 1° *Les battemens du cœur;* 2° *les pulsations artérielles;* 3° *l'effort du sang dans les parenchymes.* Nous devons considérer isolément chacun de ces résultats et les étudier avec d'autant plus de soin, qu'ils offrent beaucoup d'intérêt, et sont devenus l'objet des controverses les plus vivement soutenues.

I. BATTEMENS DU CŒUR.

Dans chaque impulsion circulatoire, le cœur fait sentir un battement distinct vers la septième côte sternale gauche.

Il semblerait que l'explication d'un fait aussi simple, aussi palpable ne devrait offrir la matière d'aucune discussion sérieuse; elle devint cependant l'occasion des débats les plus opiniâtres, nous dirons même avec regret les plus virulens, entre l'école de Paris et celle de Montpellier.

Il s'agissait de bien établir dans quel instant la percussion du cœur se fait sentir, et par quel mécanisme cette pulsation est effectuée.

L'école de Montpellier prétendit que le cœur était actif dans la percussion des parois pectorales; l'école de Paris adopta l'opinion contraire; nous verrons bientôt de quel côté se trouve la vérité.

Si nous cherchons d'abord à fixer le moment précis du battement cardiaque, nous trouvons qu'il répond exactement au battement artériel; or cette pulsation se manifeste pendant la diastole de l'artère, celle-ci répond à la systole des ventricules; c'est donc évidemment pendant la contraction de ces derniers que le mouvement du cœur se fait sentir. Il semble dès-lors impossible de concevoir la percussion active de ce viscère précisément alors qu'il revient sur lui-même en se resserrant.

L'école de Montpellier sentant bien toute la difficulté de sa position , imagina pour en sortir, que les ventricules s'allongeaient dans leur contraction, et que c'était pendant ce mouvement que la pointe de l'organe venait frapper les parois thoraciques. Riolan et Vésale soutinrent cette opinion ; d'autres admirent des fibres spirales pour l'expliquer, sans penser que dans cet allongement, les valvules mitrales et tricuspides fixées à leur extrémité libre par des tendons, alors fortement retenues, se trouveraient dans l'impossibilité d'effectuer leur mouvement d'élévation pour fermer les ouvertures auriculo-ventriculaires, et s'opposer au reflux du sang des ventricules dans les oreillettes.

La plus simple inspection du cœur suffisait d'ailleurs pour détruire tout ce vain échafaudage et prouver jusqu'à l'évidence que le cœur est entièrement passif dans ses battemens que l'on doit attribuer à trois causes : 1° au mouvement de bascule éprouvé par l'organe, tout l'effort se dirigeant vers sa base ; 2° à la dilatation des oreillettes ; 3° à celle des artères aorte et pulmonaire. Voici l'explication de ce résultat complexe.

Pour admettre le sang , l'oreillette se dilate sensiblement entre la colonne vertébrale qui est en arrière , qui resiste, et les ventricules qui sont en devant à gauche , et qui peuvent céder ; ajoutons que la diastole des artères aorte et pulmonaire qui s'effectue également en arrière , que le mouvement des cavités ventriculaires vers la base de l'organe , l'entraînent à gauche et en devant, qu'il se trouve déplacé en totalité comme le serait un corps absolument inerte, et que c'est dans cet instant qu'il vient frapper de sa pointe la septième côte sternale gauche. Désirant constater plus positivement la réalité de ces faits nous avons observé la nature :

Le sternum enlevé sur un chien de moyenne taille ,

nous laisse voir les mouvemens du cœur, d'abord par l'intermédiaire du péricarde , ensuite à découvert après l'incision cruciale de ce dernier. *La systole* des ventricules est caractérisée par un raccourcissement très-prononcé de la pointe vers la base; dans le même instant s'effectue *la diastole* des oreillettes, des artères aorte et pulmonaire ; c'est précisément alors que le cœur vient frapper obliquement en avant et à gauche les parois de la poitrine vers la septième côte sternale.

Cet organe subitement excisé à l'origine des gros vaisseaux, nous offre des mouvemens alternatifs de dilatation et de resserrement, dont la force et la vîtesse paraissent doublées, et qui s'entretiennent pendant trois à quatre minutes.

Nous pensons que dans cette circonstance la cause occasionnelle des mouvemens du cœur est l'action irritante de l'air sur les sections nerveuses, peut-être en même tems sur l'intérieur des cavités cardiaques , excitation insolite et devant provoquer par conséquent des réactions plus énergiques et plus fréquentes, auxquelles succédent nécessairement l'épuisement de la contractilité, l'innervation des centres n'étant plus en mesure d'en effectuer la réparation.

Les derniers mouvemens, réduits à des trémoussemens fribrillaires se manifestent dans le ventricule gauche, plus particulièrement vers sa pointe.

La contractilité du cœur s'éteint avant la sensibilité, puisque dans ces expériences, en irritant directement le ventricule gauche ou même le ventricule droit, le premier seul réagissait dans les derniers instans ; ainsi tout le cœur était encore sensible, le ventricule gauche seul paraissait contractile.

2° PULSATIONS ARTÉRIELLES.

L'effort d'impulsion communiqué à la colonne sanguine chassée dans l'artère aorte, par la contraction du ventricule gauche, dans l'artère pulmonaire, par celle du ventricule droit, détermine la dilatation de ces vaisseaux ; phénomène qu'il nous est impossible d'attribuer, avec Galien, à l'expansion active de leurs parois. En effet, en les supposant musculeuses, opinion peu vraisemblable, quelque fut la direction de leurs fibres, l'effort de contraction produirait toujours un véritable resserrement de ces mêmes vaisseaux. Une impulsion, une dilatation absolument semblables se font observer également et simultanément dans toutes les divisions artérielles, toutes les colonnes qui précédent, se trouvant ébranlées et poussées en avant par celle qui suit ; d'où résulte en même tems un léger mouvement de locomotion dans l'ensemble du vaisseau, de son tronc à ses divisions. C'est à cette locomotion, à cette dilatation évidemment passives qu'il faut attribuer la pulsation, *le pouls* ; c'est en effet pendant l'exécution de ces deux mouvemens, que l'artère vient frapper le doigt qui la touche.

A l'instant où l'effort d'impulsion cardiaque cesse de s'effectuer, l'artère en vertu de la grande élasticité de ses parois, éprouve un resserrement instantané dans toute son étendue, un mouvement de locomotion de ses branches vers son tronc ; cette modification opposée à la première, signalée par la disposition de l'artère sous le doigt qui la presse, marque l'intervalle des pulsations.

On a soutenu pendant long-tems, que les tubes artériels étaient actifs dans ces phénomènes du pouls ; cette opinion est évidemment erronée ; les faits suivans le démontrent d'une manière incontestable pour la dilatation comme pour le resserrement, d'après les belles expériences de Bichat.

1° Si les artères étaient véritablement actives dans la production du pouls, celui-ci ne se montrerait jamais parfaitement isochrone dans toutes leurs divisions, la dilatation et la locomotion vasculaires n'étant plus déterminées par un agent central d'impulsion. Or l'expérience nous démontre que cette pulsation artérielle s'effectue simultanément dans toutes les branches du même arbre, et précisément pendant la contraction des ventricules.

2° Chez les animaux dont l'appareil circulatoire n'offre pas de cœur ou d'argane central qui le remplace, on n'observe jamais de pouls.

3° Si l'on adapte une artère à l'extrémité d'une veine, cette artère fournit le sang par un jet continu, sans présenter aucune pulsation.

4° Si l'on fixe au contraire une veine à l'extrémité d'une artère, cette veine laisse échapper le sang par saccades, et présente des pulsations isochrones à celles des vaisseaux artériels.

5° Si l'on invagine l'artère d'un chien vivant dans celle d'un cadavre, les pulsations se manifestent dans cette dernière comme dans l'état de vie. En substituant à ce vaisseau un tube de cuir élastique, on obtient les mêmes résultats.

6° En enlevant le milieu d'une artère dans l'étendue de plusieurs pouces, en rétablissant la continuité par le moyen d'un tube métallique, on voit le pouls se manifester au-delà, comme si l'artère avait conservé toute son intégrité.

7° Lorsque les contractions des ventricules du cœur s'accélèrent ou se ralentissent, offrent plus de force ou plus de faiblesse, le pouls suit exactement toutes ces modifications.

8° Le pouls est assez fort pour vaincre des résistances considérables ; il soulève tout le poids de l'atmosphère, exige une pression très-énergique pour disparaître etc. Serait-il possible d'attribuer des résultats semblables à l'action particulière des vaisseaux artériels, en supposant même la réalité de cette action ? Aucun physiologiste n'adoptera des erreurs aussi positives.

Il nous semble dès-lors évidemment démontré *que l'artère est absolument passive dans tous les phénomènes du pouls ; que la dilatation et le mouvement longitudinal du vaisseau dépendent exclusivement de l'impulsion de la colonne sanguine par la contraction des ventricules cardiaques ; le resserrement et le retour de ce même vaisseau, de la force élastique dont jouissent naturellement ses parois.*

Ces principes nous conduisent directement à l'examen physiologique et raisonné d'un phénomène d'autant plus important qu'il devient en quelque sorte le thermomètre de l'état normal et de l'état pathologique ; ce phénomène est *le pouls* dont les modifications infinies servent à caractériser les nuances de la santé, les différens degrés des altérations morbifiques.

DU POULS.

Le pouls, σφυγμὸς des Grecs, *pulsus* des Latins, de *pulso*, je frappe, est le battement que fait sentir une artère au doigt qui la touche.

Il faut distinguer dans le pouls deux mouvemens opposés : 1° l'expansion ou *diastole* de l'artère, produite par la contraction du ventricule ; 2° le resserrement ou *systole*, déterminé par l'élasticité des parois vasculaires.

Dès-lors trois circonstances principales doivent amener des modifications dans le pouls : 1° l'état du ventricule ; 2° celui des parois artérielles ; 3° celui des vaisseaux capillaires. La première par le degré de force, de vitesse etc. qu'elle imprime à la colonne du sang dans son mouvement ; la seconde par l'énergie qu'elle apporte à soutenir ce mouvement dans sa réaction élastique ; la troisième par le degré de résistance qu'elle oppose à ces deux efforts successifs.

L'inspection du pouls, l'examen attentif de ses modifications, peuvent donc nous faire apprécier les altérations idiopathiques ou sympathiques des vaisseaux capillaires, des artères et du cœur. C'est dire que le pouls devient en quelque sorte la *boussole* du médecin physiologiste, dans l'investigation du plus grand nombre des maladies, en raison des liens qui unissent le système circulatoire à tous les autres systèmes organiques.

L'énergie ou la faiblesse des mouvemens de *diastole* et de *systole*, la rapidité ou la lenteur de leur succession, leur durée absolue ou relative, nous donnent la raison de toutes les modifications fondamentales dont le pouls est susceptible, et que nous réduirons à six principales en y comprenant la modification opposée pour chacune de ces variétés : 1° *Force*; 2° *Fréquence*; 3° *dureté*; 4° *largeur*; 5° *plénitude*; 6° *régularité*.

Pour bien juger ces différentes modifications, il est essentiel d'établir positivement les caractères généraux de l'état normal, et même les dispositions particulières de chaque sujet, lorsqu'il s'agit d'en inférer des notions importantes relativement à l'état pathologique.

1° FORCE OU FAIBLESSE DU POULS.

Le pouls est *fort* toutes les fois que l'artère frappe avec énergie le doigt qui la touche ; il est *faible* dans l'hypothèse contraire.

La force ou la faiblesse du pouls dépendent constamment de la force ou de la faiblesse des contractions ventriculaires ; nous devons dès-lors examiner ici le degré de puissance naturelle du centre circulatoire, dans l'accomplissement de cette grande fonction.

La force naturelle du cœur se trouve bien diversement exprimée par les auteurs ; combien ne rencontrons-nous pas en effet destimations intermédiaires entre celle de Borelli qui la porte à 180 livres, et celle de Keil qui la réduit à 8 onces; Jurine la fixe à 15 livres, d'autres à 30, d'autres à 40 etc. Il nous paraît impossible d'arriver à ce résultat d'une manière absolue, de l'obtenir même chez un sujet déterminé avec cette exactitude mathématique à laquelle prétend M. Poisseuil lorsqu'il dit : « La « force totale statique qui meut le sang dans une artère « est exactement en raison directe de l'aire que présente « le cercle de cette artère, ou du carré de son diamètre, « quelque soit le point qu'il occupe. » Des formules semblables se trouvent bien placées dans un théorème de géométrie, mais elles ne conviendront jamais dans la solution d'un problème physiologique, où tout calcul devient nécessairement approximatif.

Toutefois il est impossible de ne pas admettre dans les ventricules cardiaques une grande force d'impulsion, lorsque nous voyons chacun de ces mouvemens déterminer dans tout l'organisme, une expansion tellement active qu'elle soulève en même tems le poids de l'atmosphère évalué de trente six à quarante mille livres pour un homme de taille ordinaire; élever l'un des membres pelviens, dont le jarret porte sur la rotule du membre opposé, par la seule diastole que ce mouvement détermine dans l'artère poplitée ; effectuer des ruptures dans les gros vaisseaux, dans le cœur; Morgagni, Vicq-d'Azyr en citent plusieurs exemples; chasser le sang dans une grande partie du cercle circulatoire; en effet, sans admettre, avec Haller, que les fluides en mouvement dans tous les points de ce même cercle, se trouvent directement soumis à l'influence du cœur, puisque les vaisseaux lymphatiques, les veines etc., n'offrent jamais de véritables pulsations, au moins devons-nous lui supposer une grande énergie pour surmonter la résistance que ses contractions trouvent nécessairement dans les vaisseaux capillaires et dans les parenchymes organiques.

Nous verrons bientôt par quelles précautions admirables, des organes délicats, dont les froissemens seraient aussi faciles que dangereux, se trouvent protégés contre ces violentes impulsions du centre circulatoire, d'ailleurs indispensables à l'excitation générale qui régularise et maintient la succession des phénomènes vitaux, comme les oscillations du balancier réglent et soutiennent les mouvemens de la montre.

C'est le degré de ce développement circulatoire que nous devons actuellement étudier dans ses deux extrêmes.

Pouls fort. ——Il est caractérisé par l'intensité de la percussion que produit le vaisseau artériel pendant sa diastole. Constamment déterminé par des contractions ventriculaires énergiques, il devient ainsi l'indication la plus positive d'un grand développement soit naturel, soit anormal, dans la contractilité du centre circulatoire. Ainsi le pouls est fort chez les sujets d'un tempérament sanguin, athlétique, d'une constitution robuste; chez les malades affectés d'une hypertrophie des ventricules; il prend momentanément ce caractère sous l'influence d'une passion violente, d'un exercice musculaire très-actif, et d'une manière plus durable, pendant le cours ordinaire d'une inflammation parenchymateuse franchement établie. Il est donc essentiel, dans l'estimation du pouls fort, comme symptôme pathologique, de bien distinguer ce qui appartient à l'état naturel du sujet, à l'hypertrophie, à l'exaltation momentanée, à la réaction inflammatoire, et de faire exactement la part à chacune de ces causes dont les résultats pourraient induire en erreur par l'analogie qui semble d'abord les identifier.

Pouls faible. — Il se trouve indiqué par la débilité de la percussion que fait éprouver l'artère pendant sa dilatation. Produit par l'atonie des ventricules, il offre le symptôme principal d'un abaissement notable, soit physiologique, soit pathologique, dans la contractilité du cœur. Ainsi le pouls est faible chez les individus lymphatiques, d'une constitution molle et délicate, chez les sujets efféminés par une vie sans intérêt et sans activité, plus ou moins épuisés par les maladies chroniques, par la misère et les privations ; il prend temporairement ce caractère sous l'influence des passions tristes, des chagrins etc.; d'une manière plus soutenue, dans les sub-inflammations avec abus des évacuations sanguines et de la diète absolue. Il est encore indispensable dans l'évaluation du pouls faible, comme symptôme d'altération morbifique, d'estimer exactement les influences relatives à l'état normal du sujet, à l'atonie des ventricules, à la débilitation momentanée du cœur, ou même de tout l'organisme, par les passions dépressives, la vacuité de l'estomac, le besoin d'alimens solides etc.

2° FRÉQUENCE OU LENTEUR DU POULS.

La vitesse du mouvement circulatoire ne peut être évaluée qu'approximativement et même d'une manière assez relative, non-seulement chez les différens sujets, mais encore dans les divers points du cercle circulatoire chez un même ndividu.

Très-variable suivant l'âge, elle offre beaucoup d'activité chez l'enfant, présente au contraire un développement très-peu marqué chez le vieillard; plus grande chez les sujets sanguins, vigoureux, pendant la fièvre, sous l'influence d'un exercice violent etc., elle devient beaucoup plus bornée chez les hommes d'un tempérament lymphatique, d'une constitution lâche et débile, dans l'absence de toute réaction et pendant le repos complet ; plus développée dans l'état de veille par l'excitation encéphalique, par l'action expansive des passions agréables ou violentes, elle est sensiblement diminuée dans le sommeil profond, sous l'influence de l'apathie cérébrale, des passions tristes et dépressives qui semblent enchaîner les mouvemens du centre circulatoire.

Si nous l'examinons dans les principaux segmens du cercle complet, nous la voyons d'autant plus grande que l'on s'approche davantage des gros troncs centripètes, soit artériels, soit veineux ; pour les premiers, parce que les fluides circulatoires se trouvent alors sous l'influence des impulsions cardiaques dans toute leur énergie, pour les seconds, parce que ces mêmes fluides passent d'une capacité vasculaire plus large, dans une capacité vasculaire plus étroite.

Cherchant un terme moyen à cette vitesse du mouvement circulatoire, plusieurs auteurs ont établi des bases d'estimation dont la diversité prouve assez leur peu de valeur absolue. Pour le cheval, on a trouvé, par minute, 36 pulsations et 26 pieds de distance parcourue ; chez l'homme adulte, dans le même tems, Keil pórte ce trajet à 86 pieds ; Haller à 3o etc.

La vitesse relative présente quelque chose de plus positif dans son estimation. On peut établir, en thèse générale, qu'elle est d'autant plus considérable que le sujet est plus jeune, d'autant moins grande qu'il se trouve plus avancé dans la vieillesse. Les auteurs fixent ainsi la vitesse du pouls dans les diverses phases de la vie ; nous avons constaté par un grand nombre de faits la réalité de cette évaluation : 1° *à la naissance*, de cent quarante à cent trente ; 2° *à un an*, de cent trente à cent vingt ; 3° *à deux ans*, de cent vingt à cent dix; 4° *à trois ans*, de cent dix à cent ; 5° *à dix ans*, de cent à quatre-vingt-dix ; 6° *à vingt ans*, de quatre-vingt-dix à quatre-vingt; 7° *à quarante ans*, de quatre-vingt à soixante-dix; 8° *à soixante ans*, de soixante-dix à soixante-cinq ; 9° *à quatre-vingts ans*, de soixante-cinq à soixante ; 10° *enfin à cent ans*, de soixante à cinquante-cinq.

On rencontre il est vrai des sujets dont le pouls, même dans l'adolescence, ne donne que quarante ou quarante cinq pulsations par minute ; d'autres qui, parvenus à la caducité, offrent dans le même tems, jusqu'à soixante quinze et même quatre-vingt-dix battemens ; ces faits particuliers ne peuvent détruire la règle générale. Etudions actuellement les deux modifications principales de cette même disposition.

Pouls Fréquent.—Il est caractérisé par une rapide succession des mouvemens de diastole et de systole artérielles. Toujours produit par des contractions ventriculaires très-rapprochées, il devient le symptôme d'une suractivité cardiaque soit naturelle, soit morbifique. Ainsi le pouls est fréquent chez les sujets d'un tempérament nerveux, d'une constitution irritable et grèle ; dans les passions qui exaltent l'imagination plutôt que les facultés affectives; pendant l'exercice etc. ; dans toutes les irritations du cœur, soit directes, soit sympathiques.

Ainsi l'un des systèmes, des organes, des appareils de l'économie vivante, se trouve-t-il envahi par une violente inflammation ; si le siége de cette altération est très-nerveux, la douleur s'éveille, une réaction s'établit vers le centre ganglionaire, et bientôt vers le cœur dont les contractions accélérées déterminent la fréquence du pouls.

Ces effets sont d'autant plus évidens que l'existence

est plus dangereusement compromise, l'inquiétude et l'insurrection organiques plus fortement excitées dans toute la constitution. C'est ainsi que l'accélération du pouls devient un symptôme commun au plus grand nombre des inflammations ; alors compliquée par l'augmentation et la perversion de la chaleur vitale, par une anxiété généralement répandue etc., elle établit cet état particulier, désigné sous le nom de *fièvre*, mal à propos envisagé comme une maladie spéciale, puisqu'il est évidemment le symptôme et le résultat d'une autre altération.

Cette accélération des mouvemens circulatoires peut en élever la fréquence à plus de deux cents pulsations par minute ; unie à la force elle indique une réaction violente et doit faire craindre des hémorrhagies, des congestions organiques ou des ruptures vasculaires ; jointe à la concentration, à l'irrégularité, elle devient le présage d'une mort très-prochaine.

Pouls lent.— On le reconnaît à la succession pénible et tardive des pulsations. Déterminé dans tous les cas par des contractions ventriculaires éloignées, il indique positivement dans le cœur un état naturel ou pathologique d'engourdissement et d'inertie. Ainsi le pouls est lent chez les sujets d'un tempérament lymphatique, d'une constitution molle, empâtée, sans énergie ; dans les passions dépressives et plus spécialement dans celles qui portent la langueur et l'indifférence au fond de l'âme ; pendant le repos absolu, dans le sommeil profond, dans l'apoplexie, la syncope, l'asphyxie, l'atonie constitutionnelle ; dans tous les abaissemens notables de la sensibilité générale, soit sous l'influence d'une maladie, soit par l'action d'un médicament narcotique ou particulièrement sédatif du centre circulatoire. Ainsi l'opium détermine ce résultat en agissant en même tems sur tout l'appareil innervateur ; la digitale, en spécialisant son influence à celui de la circulation. Dans ces différentes circonstances nous avons plusieurs fois observé, même chez des adolescens, le mouvement circulatoire descendant à quarante, à trente et même à dix-huit pulsations par minute ; nous en citerons un exemple bien remarquable, en traitant des altérations circulatoires. Il suffit de considérer le ralentissement qui précède la lipothymie vers la fin d'une saignée copieuse, pour bien apprécier toute l'influence de l'excitation encéphalique relativement à l'activité du cœur et par conséquent à la lenteur et à la fréquence du pouls.

3° DURETÉ OU MOLLESSE DU POULS.

Les divers degrés de consistance du pouls se rattachent à deux causes principales ; sans doute à la force d'impulsion du cœur, mais plus spécialement encore à la tonicité des parois artérielles, à l'énergie de leur élasticité.

Il ne faut pas confondre ces caractères plus ou moins prononcés, avec les résultats que déterminent l'épaississement, l'induration et surtout l'ossification de ces mêmes parois, comme on l'observe souvent chez les viellards, où la dureté du pouls est ordinairement une conséquence de ces dispositions, et dans tous ces cas est plutôt fictive que réelle. Deux modifications opposées doivent particulièrement, sous ce rapport, fixer notre attention.

Pouls dur.—On le distingue facilement à la grande consistance de l'artère qui s'arrondit sous les doigts, et résiste beaucoup à la pression. Spécialement déterminé par la rigidité, la force de rétraction élastique, peut-être aussi par la tonicité de ce vaisseau, il est parfois assez positivement augmenté par la force d'impulsion du cœur; dans cette circonstance il est en même tems fort et plus ou moins volumineux; dans l'autre, il est petit, concentré ; la première disposition caractérise les inflammations parenchymateuses et plus particulièrement celles des poumons, du cerveau etc.; la seconde appartient aux phlegmasies des membranes et des tissus plutôt nerveux que vasculaires, avec développement d'une vive douleur, comme on l'observe surtout dans la pleurésie, l'arachnitis, la péritonite etc., le frisson des fièvres intermittentes etc.

Ces modifications peuvent encore se rencontrer, même dans l'état normal ; ainsi le pouls est naturellement dur chez les sujets d'un tempérament bilieux, nerveux, d'une constitution sèche et très-énergique, dans les passions concentrées, les angoisses de la douleur etc.

Pouls mou. — Il est caractérisé par la souplesse de l'artère et la facilité de sa dépression ; produit par l'atonie, le défaut d'élasticité des parois vasculaires, et quelquefois en même tems, par la faiblesse des contractions cardiaques, il devient le symptôme d'un relâchement, d'un défaut d'énergie vitale soit dans toute la constitution, soit dans l'appareil circulatoire plus spécialement ; soit dans l'état naturel, soit dans l'état morbifique. Ainsi le pouls est mou chez les individus lymphatiques, d'un moral timide et sans énergie, d'une constitution molle, disposée aux infiltrations, aux hydropisies; dans les passions tristes et langoureuses ; dans les atonies locales ou générales ; dans l'anévrisme du cœur; au déclin de la fièvre d'accès; dans l'épuisement qu'entraînent l'abus des saignées, les inflammations chroniques; dans le scorbut, les scrophules etc.

4° LARGEUR OU CONCENTRATION DU POULS.

Les différens degrés de largeur ou de concentration du pouls sont relatifs d'une part, à l'ampliation de l'artère ; de l'autre, au volume de la colonne sanguine chassée par les ventricules. Nous devons dans cette modification étudier particulièrement les deux états opposés.

POULS LARGE. — Il est aisé à distinguer au développement libre et facile de l'artère qui semble devenir plus immédiatement sous-cutanée , indépendamment de la force et de la dureté susceptibles de compliquer cette même disposition. Particulièrement déterminé par la grande souplesse de l'artère jointe à son élasticité , par la facilité de l'impulsion du sang , de son admission dans les vaisseaux etc. , il devient l'indication positive d'une circulation sanguine régulière , abondante et complète , soit dans l'état de santé, soit dans l'état de maladie. Ainsi le pouls est large dans le tempérament sanguin , athlétique ; chez les sujets habitués à des exercices corporels , favorables à la conservation ; dans les passions gaies où l'on observe cette expansion générale opposée à toute concentration nuisible ; dans les phlegmasies à large surface , marchant franchement et sans douleur.

POULS CONCENTRÉ. — Il est indiqué par le resserrement de l'artère qui devient en apparence filiforme , paraît s'enfoncer profondément et manquer sous les doigts , sans aucune pression suffisante pour entraîner ce résultat. Produit par une forte rétraction des parois artérielles dont l'expansion est d'autant moindre que la contraction des ventricules s'effectue presque toujours alors avec une sorte de faiblesse et d'hésitation , comme si la nature craignait de chasser le sang dans les organes péniblement enflammés, il présente le symptôme d'une circulation incomplète et difficile ; aussi l'observons-nous beaucoup moins fréquemment dans l'état normal que dans l'état pathologique.

Le pouls est concentré plus particulièrement chez les sujets d'un tempérament nerveux , d'une constitution sèche, d'une grande irritabilité dans le système ganglionaire ; dans le repos , les passions dépressives et notamment la crainte , l'inquiétude , le chagrin profond etc.; cette modification devient particulière aux phlegmasies très-douloureuses ; elle estcaractéristique des névralgies, des inflammations séreuses , synoviales, musculaires etc.; lorsque la fréquence et l'irrégularité viennent s'y joindre, elle présente bien souvent un phénomène précurseur de la mort.

Il ne faut pas confondre le pouls concentré avec le pouls faible ; ils n'ont de commun que le peu de volume de l'artère , mais leurs caractères principaux et les dispositions qu'ils indiquent sont essentiellement différens. Le premier, dur , arrondi , rénitent , cède à la pression en s'enfonçant profondément dans les parties sous-jacentes ; le second au contraire, mou, aplati, sans réaction , disparaît sous le doigt par un véritable affaissement. Le premier indique un état général où local de spasme et d'irritation ; le second, une atonie circulatoire ou constitutionnelle; le premier réclame une évacuation sanguine proportionnée à l'âge, à la constitution du sujet, à l'intensité de l'inflammation; il se développe et se relève sous l'influence de ce moyen alors essentiellement utile ; il prend plus de force et d'élasticité, au lieu de s'affaiblir et de se concentrer davantage; le second devient une contre-indication positive à la saignée dont les effets augmenteraient encore l'atonie locale ou générale d'une manière toujours nuisible, quelquefois directement funeste.

On conçoit aisément toute l'importance d'une pareille distinction , négligée ou méconnue par le commun des médecins.

5º PLÉNITUDE OU VACUITÉ DU POULS.

Toutes les nuances que peut offrir cette modification sont déterminées : 1º d'une manière *essentielle* par la quantité proportionnelle du sang dans toute l'économie, ou dans un organe, un appareil déterminé ; dispositions qui constituent la *pléthore* ou *l'anémie* générales , la *pléthore* ou *l'anémie* locales ; 2° d'une manière *accessoire* par l'augmentation ou la diminution des obstacles que les vaisseaux capillaires viennent apporter au passage du sang ; par le développement ou l'affaiblissement des impulsions du cœur, versant dans les artères une quantité de sang bien supérieure ou bien inférieure à celle de l'état normal. Etudions ces dispositions avant de passer à l'histoire du pouls qui les indique.

1° PLÉTHORE, ANÉMIE GÉNÉRALES. — Ces deux extrêmes de la modification qui nous occupe sont déterminés par des causes, par des circonstances opposées ; elles entraînent des résultats essentiellement différens.

Pléthore générale. — Plus particulière aux tempéramens sanguin, athlétique, aux constitutions fortes, elle se manifeste dans tous les cas où la réparation nutritive dépasse notablement la dépense et la décomposition organiques ; elle est plus spécialement produite par une alimentation trop nutritive, jointe à des habitudes sédentaires, au calme des passions ; son caractère essentiel est une proportion extra-normale du sang dans l'organisme tout entier ; son remède curatif, la saignée générale ; ses moyens préservatifs, une diète moins abondante secondée par l'exercice physique et l'agitation morale.

Anémie générale. — Plus ordinaire chez les sujets lymphatiques, d'une constitution lâche, étiolée, vicieuse, on la voit se manifester lorsque la déperdition l'emporte beaucoup sur la réparation Ainsi le défaut d'alimens substantiels, d'air pur, d'insolation, les excrétions, les hémorrhagies, les saignées surabondantes et prolongées, en deviennent les causes les plus ordinaires et les plus positives. Elle consiste particulièrement dans une proportion infra-normale du sang pour tout l'organisme et peut être combattue avec succès, par la respiration d'un air libre et suffisamment oxygéné, par une alimentation graduée, par les bienfaits de l'exercice et de l'insolation ; on a conseillé la transfusion du sang dans les cas les plus graves ; nous apprécierons bientôt la valeur de ce moyen.

PLÉTHORE-ANÉMIE LOCALES. — Ces dispositions opposées deviennent pour l'organe ou l'appareil dans lesquels on les observe, précisement ce que sont la pléthore et l'anémie générales pour toute la constitution ; elles reconnaissent les mêmes causes, s'accusent par les mêmes symptômes, produisent les mêmes effets, seulement dans une plus petite circonscription.

Pléthore locale. — Déterminée dans un tissu, dans un organe, dans un appareil sous l'influence d'un excès de nutrition ou d'un engorgement sanguin momentané, la pléthore locale se rattache, dans le premier cas, à l'hypertrophie, dans le second, à l'inflammation ; elle signale dans l'un et l'autre, une prédominance relative plus ou moins fâcheuse de la partie affectée, sur toutes les autres divisions de l'économie vivante. Tous les systèmes organiques peuvent en offrir le siège ; elle est beaucoup plus fréquente dans les viscères parenchymateux. Pour l'hypertrophie, le repos de l'organe prédominant, l'exercice de tous les autres ; pour la pléthore inflammatoire, la saignée locale, ensuite les dérivatifs, présentent les agens thérapeutiques essentiels.

Anémie locale. — Produite dans une partie de l'organisme par le défaut d'exercice et de nutrition, par une atonie, une atrophie plus ou moins considérables, elle indique un abaissement proportionnel au-dessous des rapports naturels que cette même partie devrait présenter avec toutes les autres. Elle peut envahir tous les tissus, mais de préférence elle affecte ceux qui jouissent d'une vitalité moins développée. L'exercice des organes atrophiés est le premier moyen pour les rétablir dans leur état normal.

RÉSISTANCE DES VAISSEAUX CAPILLAIRES. — Indépendamment de la pléthore ou de l'anémie générale et locale, une augmentation de la résistance présentée par les vaisseaux capillaires, peut accroître la plénitude naturelle du pouls ; une diminution de cette résistance peut effectuer la vacuité de l'artère, il est bien essentiel de caractériser positivement ces modifications pour ne pas les confondre avec celles qui sont produites par la surabondance réelle ou par la pénurie du sang.

Augmentation de la résistance des capillaires.—Elle peut se présenter dans une division plus ou moins considérable de cette partie du cercle circulatoire, et déterminer des résultats proportionnés à l'étendue, à la gravité de cette invasion. Le spasme de ces vaisseaux, leur compression, leur engouement inflammatoire, sont les obstacles principaux auxquels vient se rattacher cette même résistance. Ainsi lorsque le froid agit sur les capillaires cutanés en y déterminant une véritable astriction, lorsqu'un bain pése de tout son poids sur ces mêmes vaisseaux, lorsqu'un engorgement inflammatoire y met obstacle au passage du sang, ce fluide retenu dans les artères qui vont se distribuer à ces tissus, les distend, les remplit et donne au pouls le caractère que nous étudions.

. Il est bien important, mais heureusement il est aisé de ne pas confondre ces effets avec ceux de la surabondance du sang, de la pléthore générale. Ainsi dans cette dernière, toutes les artères, sans aucune distinction, sont pleines, le pouls est partout rénitent ; au contraire dans l'obstacle des capillaires, soit par pléthore locale, soit par engouement, soit par astriction de ces vaisseaux, la plénitude artérielle répond exclusivement aux parties où se rencontrent ces altérations, et l'on observe un contraste frappant entre le pouls de ces mêmes parties et celui des organes qui se trouvent actuellement dans l'état normal. Ainsi dans un panaris, les collatérales offrent cette plénitude bien remarquable pour le doigt affecté, comparativement aux collatérales des autres doigts.

Cette connaissance du pouls devient d'autant plus utile qu'elle sert non seulement à bien distinguer la pléthore générale et réelle de la pléthore locale et fictive, mais encore à préciser l'organe où siége cette dernière altération, d'après la connaissance positive des distributions vasculaires. Ainsi dans le spasme, la pléthore locale, l'engouement inflammatoire des capillaires sanguins, nous trouvons cette plénitude pour le foie, l'estomac, la rate, dans le tronc cœliaque; pour le cerveau, dans les carotides; pour les membres thoraciques, dans l'artère axillaire; pour les membres pelviens, dans l'artère fémorale etc. Ces vaisseaux offrent alors une réplétion, quelquefois une force un développement qui en ont imposé jusqu'à faire admettre l'existence d'anévrismes qui se trouvaient complétement illusoires, puisque tout rentrait dans l'état normal, par la seule disparition des obstacles apportés à la circulation capillaire.

Diminution de la résistance des capillaires. — Moins ordinaire que le premier, ce phénomène s'observe cependant encore assez fréquemment; ainsi toutes les causes qui favorisent la circulation dans les petits vaisseaux, rendent moins considérable cette résistance au passage du sang artériel, et donnent au pouls une souplesse, une lenteur, une régularité qui pourraient en imposer pour un premier degré d'anémie. Les frictions, pour les capillaires cutanés; le massage, pour tous ceux qui se trouvent à sa portée; la digitale peut être pour ceux de l'organisme tout entier , déterminent positivement ces résultats. D'un autre côté, si nous comparons , sous ce dernier rapport, la sécheresse, la rigidité du système capillaire chez les sujets d'un tempérament bilioso-nerveux, d'une constitution aride, à la souplesse, à l'élasticité de ce même système chez les individus sanguins, lymphatiques, d'une constitution succulente ; le resserrement, l'astriction de ces vaisseaux par l'action du froid, de l'horripilation , d'une impression vive et concentrée, à leur épanouissement, à leur dilatabilité sous l'influence d'une chaleur tempérée, d'un état de quiétude morale et physique ; nous sentirons beaucoup mieux encore toute la puissance de ces modifications relatives aux petits vaisseaux dans la détermination de la plénitude ou de la vacuité du pouls qui doivent actuellement fixer notre attention.

POULS PLEIN. — Il est caractérisé par l'état de réplétion artérielle , même pendant le resserrement de ces vaisseaux, de telle sorte que, sous ce rapport on observe à peine un changement notable dans les mouvemens opposés de diastole et de systole. Toujours produit par la difficulté que l'artère éprouve à se débarrasser du sang que lui transmet incessamment le ventricule , ce pouls indique l'une ou l'autre de ces trois dispositions : 1° la pléthore générale, 2° la pléthore locale, 3° la constriction ou la pression des vaisseaux capillaires auxquels fournit l'artère explorée. On conçoit dès-lors combien il est essentiel de ne pas adopter ce caractère pathologique d'une manière absolue; combien il est indispensable de recourir aux distinctions que nous venons d'établir afin de préciser positivement laquelle de ces trois modifications il caractérise actuellement. Ainsi le pouls est plein chez les sujets d'un tempérament sanguin, bilieux, athlétique; d'une constitution pléthorique ; sous l'influence d'un froid rigoureux ; pendant le bain frais ; dans les passions fortes et concentrées, dans les phlegmasies parenchymateuses , dans les congestions organiques etc. On conçoit que dans tous les cas où la cause est locale, il faut explorer l'artère qui se distribue aux parties affectées pour y trouver cette modification.

Pouls vide. — Il est caractérisé par un grand affaissement de l'artère pendant le resserrement de ce vaisseau et l'intervalle des contractions ventriculaires; de telle sorte que sous ce rapport, la différence devient très-sensible entre la diastole et la systole. Déterminé par la grande facilité avec laquelle ce même vaisseau chasse le sang qu'il a reçu du ventricule, ce pouls indique l'un ou l'autre de ces trois états : 1° une anémie générale , 2° une anémie locale , 3° une grande liberté dans les vaisseaux capillaires. Ainsi le pouls est vide chez les individus lymphatiques, d'une constitution lâche et débile, dans la cacochymie, l'usure constitutionnelle, les passions langoureuses, l'ennui, la nostalgie, sous l'influence d'une chaleur humide, après les excrétions surabondantes, et surtout les hémorrhagies ou les déplétions sanguines artificielles. On conçoit également ici la nécessité de bien établir les distinctions que nous avons indiquées, pour constater positivement à laquelle de ces dispositions la modification que nous étudions, appartient actuellement comme symptôme.

6° REGULARITÉ OU ANOMALIE DU POULS.

On restreint généralement beaucoup trop ces modifications en ne considérant que l'uniformité ou l'inégalité des intervalles chronométriques établis entre les différentes pulsations. C'est évidemment n'embrasser qu'un seul point de la question et négliger toutes les autres dispositions importantes relativement aux variations comparatives de la force, de la fréquence, de la dureté, de la largeur et de la plénitude, qui vont également fixer notre attention.

Pouls régulier. — Il est caractérisé par une harmonie complète et soutenue dans les intervalles des pulsations, dans leur durée, leur force, leur dureté, leur largeur et leur plénitude. Lorsque toutes ces dispositions sont normales, il est produit par les contractions franches et réglées des ventricules, par la réaction facile, uniforme des artères; par l'état de liberté, de tonicité naturelles des vaisseaux capillaires, et devient alors un symptôme positif des meilleures dispositions du système circulatoire, et presque toujours, pour toute la constitution, un gage assuré de la santé la plus parfaite. Ainsi le pouls est régulier dans l'organisme dont tous les appareils sont en proportion, toutes les fonctions en harmonie convenables; dans ce moyen terme de tous les tempéramens, de toutes les constitutions; dans cet état physiologique désigné par les anciens sous le nom de *temperamentum temperatum* ; état que l'on peut aisément concevoir, mais dont les exemples ne sont pas faciles à trouver, de même que ceux du pouls régulier dans tous ses caractères.

Si cette régularité absolue est en quelque sorte une chimère, il n'en est pas de même pour la régularité comparative. On l'observe encore assez fréquemment à l'état normal, chez les sujets d'une belle constitution, d'un tempérament sanguin, d'un moral doux et paisible, dans le calme physique et le silence des passions ; à l'état pathologique, dans les maladies peu graves et qui marchent franchement vers une heureuse terminaison.

Pouls anomal. — Il est caractérisé par une irrégularité notable sous plusieurs des rapports que nous venons d'indiquer, ou même relativement à toutes ces modifications réunies; souvent les battemens de l'artère ne sont pas isochrones à ceux du cœur.

Les anciens avaient eu recours à des comparaisons plus ou moins vulgaires pour exprimer quelques-unes de ces anomalies. Ainsi lorsque les pulsations, d'abord assez fortes, offraient une diminution progressive et graduée, elles constituaient le *pouls myure*, en queue de souris. Lorsque ces mêmes pulsations étaient, de deux en deux, si rapprochées que l'artère semblait battre deux fois dans un même instant, elles formaient le *pouls dicrote, bis feriens* etc.

Toutefois ces anomalies du pouls sont produites par les irrégularités que peuvent offrir le cœur dans ses impulsions, l'artère dans ses réactions, les vaisseaux capillaires dans les obstacles qu'ils opposent au mouvement du sang; toutes ces causes peuvent agir en même tems, mais il est plus ordinaire d'observer leur influence isolée. On conçoit dès-lors combien le médecin doit apporter d'attention à préciser leur nature, et de circonspection à prononcer le diagnostic d'une maladie par les données que lui fournissent les anomalies du pouls. Il faut avant tout reconnaître positivement si la modification actuelle dépend plus spécialement de l'état momentané des vaisseaux capillaires, du tube artériel ou du cœur, et remonter ensuite à la disposition particulière à laquelle cette modification vient principalement se rattacher.

Ainsi le pouls est anomal chez les sujets d'un tempérament très-nerveux, d'une constitution grêle, mobile ou vicieuse; dans toutes les passions violentes et perturbatrices; dans les exercices physiques très-actifs; dans le plus grand nombre des réactions fébriles, surtout dans les intermittentes pendant le frisson; dans toutes les phlegmasies très-douloureuses; dans les spasmes, les couvulsions, le tétanos etc.; dans les altérations qui menacent l'économie d'un grand danger, d'une prochaine destruction; dans les agonies où l'insurrection organique devient d'autant plus prononcée que la mort approche davantage ; alors que le désordre naît des efforts conservateurs eux-mêmes, alors que cette destruction commence, là où les mouvemens vitaux ne rencontrent plus aucun appui.

Relativement au cœur, dans le plus grand nombre des maladies propres à ce viscère, et plus spécialement dans la péricardite, la cardite, les ossifications valvulaires ; dans l'anévrisme, l'hypertrophie des ventricules, dans les névroses cardiaques etc.

Relativement aux artères, dans les ossifications des valvules, des parois; dans les anévrismes de ces vaisseaux, dans leurs végétations, leurs compressions etc.

Enfin, relativement aux capillaires, dans leurs inflammations, leurs engorgemens, leurs spasmes, leurs dégénérations organiques etc.

Tels sont les principes généraux que nous offre l'examen physiologique du pouls ; il est aisé de pressentir les avantages nombreux de leurs applications à la pathologie. Mais il ne faut pas en abuser et compromettre leur importance réelle en les faussant par des considérations trop spéciales et trop détaillées. Il suffit, pour apprécier tous les inconvéniens d'une marche aussi défectueuse, de rappeler ces distinctions erronées et futiles que Bordeu voulut établir en reconnaissant *un pouls critique supérieur* ou *sus-diaphragmatique*; *un pouls critique inférieur* ou *sous-diaphragmatique*; et subdivisant le premier en *pectoral*, *guttural*, *nasal* etc.; le second en *stomacal*, *intestinal*, *utérin*, *hépatique*, *hémorrhoïdal*, *rénal* etc.

3° EFFORT DU SANG DANS LES PARENCHYMES.

Les contractions du ventricule gauche secondées par la réaction des parois artérielles, chassent le sang avec force dans tous les parenchymes organiques. Au nombre de ces derniers, il en existe plusieurs dont la texture délicate aurait à souffrir de ces impulsions nécessaires à l'ébranlement vital, si la nature prévoyante n'eût disposé des moyens préservatifs de cette influence commune. D'un autre côté, quelques organes dans un état de nullité parfaite pendant la durée de l'existence fœtale, prenant à la naissance une activité, une importance plus ou moins considérables, avaient besoin de recevoir immédiatement et sans inconvénient pour le reste de l'organisme, une assez grande proportion de sang; d'autres enfin en raison de l'intermittence de leurs fonctions doivent admettre des quantités de ce fluide circulatoire bien différentes, suivant qu'ils sont actuellement dans un état d'exercice ou d'inaction; la nature a pris également des précautions convenables pour satisfaire à tous ces besoins. C'est à l'examen des moyens destinés à remplir ces indications, que nous devons maintenant accorder notre attention; nous en signalerons trois ordres principaux en accordant à chacun d'eux la valeur qu'il nous paraît offrir.

1° FLEXUOSITÉS ARTÉRIELLES. — Un assez grand nombre d'auteurs ont avancé que les courbures des artères avaient pour effet et pour objet de ralentir le cours du sang, d'affaiblir son effort d'impulsion et de protéger ainsi contre ces agressions normales, des parenchymes trop délicats pour les supporter sans accident.

De même, ont-ils dit, que dans un ruisseau décrivant de nombreux circuits, la rapidité du cours est moins considérable que dans celui qui parcourt une ligne droite; de même, dans les artères , le mouvement du sang éprouve un ralentissement proportionné aux flexuosités de ces vaisseaux ; aussi trouvons-nous cette même disposition dans les carotides, les vertébrales etc.

Le principe, la comparaison, l'explication et l'application nous semblent ici complétement erronés. En effet pendant la circulation du sang , les artères ne sont jamais vides, et la colonne de ce fluide chassée par le ventricule ne fait que pousser devant soi les colonnes qui la précédent; n'arrive dans les capillaires qu'après avoir, à son tour, éprouvé l'impulsion de celles qui la suivent. Dès-lors que ces colonnes soient droites ou flexueuses , le mouvement de progression s'y fait sentir en même temps dans la série toute entière.

Bichat nous paraît avoir bien démontré cette vérité par une expérience très-simple. Adaptez à l'extrémité d'une pompe foulante plusieurs tubes d'un même calibre, les uns droits, les autres courbés dans plusieurs directions opposées; remplissez d'un liquide, pressez le piston par secousses, pour imiter les impulsions du cœur , et vous verrez ce fluide jaillir avec une égale vitesse par les orifices de tous ces canaux. D'un autre côté si les courbures artérielles devenaient une cause de retard dans le mouvement circulatoire , le pouls ne serait plus exactement isochrone dans toutes les divisions de ces vaisseaux. Faisons plus, accordons pour un instant la réalité de cette modification circulatoire par l'incurvation des vaisseaux artériels , et nous reconnaîtrons qu'elle ne serait point encore destinée au but que l'on cherche à lui assigner.

Nous voyons, il est vrai, les artères distribuées à l'encéphale présenter des flexuosités nombreuses ; mais cette particularité n'est pas exclusive aux organes qui le composent, ni même à ceux que leur texture délicate exposerait à l'influence nuisible de l'impulsion circulatoire ;

on les trouve également dans un grand nombre de vaisseaux destinés à des tissus qui n'ont rien à craindre de cette même impulsion; ainsi les artères labiales, thyroïdiennes, sublinguales, faciales, articulaires etc, sont aussi flexueuses que les vertébrales et les carotides. Ces dispositions ne doivent donc pas être envisagées comme essentiellement conservatrices des organes auxquels se distribuent les artères ainsi modifiés dans leur trajet; mais alors quel est l'objet principal de ces mêmes dispositions?

Nous le trouvons tout entier dans la nécessité que présentent ces vaisseaux de s'accommoder aux développemens, aux changemens de rapport des organes qu'ils parcourent, sans éprouver des ruptures que leur défaut d'extensibilité, dans le sens longitudinal, rendrait bien souvent alors inévitables. Aussi trouvons-nous plus spécialement ces flexuosités artérielles : 1° sur les lèvres, sur les parois gastriques, intestinales, vésicales etc., fréquemment exposées à des ampliations, plus ou moins considérables par la nature même des fonctions qui leur sont confiées; 2° autour des articulations destinées à des mouvemens très-étendus et très-variés, comme on l'observe pour celle du pied, du genou, de la cuisse, du poignet, du coude, du bras, pour l'articulation atloïdo-axoïdienne elle-même. Si dans toutes ces parties et dans leurs analogues, les artères offraient au lieu de ces incurvations une rectitude parfaite, il arriverait nécessairement ou qu'elles s'opposeraient à ces mouvemens, à ces ampliations, ou qu'elles éprouveraient des extensions et des ruptures funestes.

2° DIVISION EXTRÊME DES CANAUX ARTÉRIELS. — Plusieurs tissus, plusieurs organes de l'économie vivante offrent une texture délicate, une mollesse voisine de la fluidité, caractères exigés par l'essence même de leurs fonctions, mais rendant toute aggression de ces organes, de ces tissus nuisible ou même funeste. La nature, pour les garantir contre les dangers de cette constitution nécessaire, a mis en usage un moyen simple et dont les arts nous offrent plusieurs imitations utiles. Il consiste à subdiviser d'autant plus les extrémités artérielles que le choc de l'impulsion circulatoire offrirait des inconvéniens plus positifs. De même que dans l'irrigation des plantes jeunes et fragiles, nous divisons par l'arrosoir toutes les colonnes d'eau qui doivent leur fournir en même tems la fraîcheur et la vie, sans compromettre l'intégrité de leur frêle organisation, de même la nature a garanti les parenchymes délicats, en ne permettant au sang de les toucher que molécule à molécule.

Nulle part cette précieuse disposition n'est aussi parfaite qu'à l'encéphale, nulle part aussi les dangers des commotions circulatoires ne s'offrent avec autant d'imminence.

La masse encéphalique d'une texture délicate, molle et presque diffluente, ne pouvant être altérée dans son intégrité sans compromettre plus ou moins directement la régularité des fonctions vitales, n'aurait pas soutenu l'impulsion du sang rouge, surtout pendant les réactions fébriles etc., sans éprouver des lésions graves ou même funestes. La nature a merveilleusement obvié à ces dangers, en formant avec les dernières divisions artérielles, une membrane immédiatement placée sur la pulpe médullaire, et dont la dénomination de pie-mère, *pia-mater*, indique assez la destination essentielle; de telle sorte que le sang arrive à l'encéphale par des vaisseaux réduits à leur dernier degré de capillarité. Plusieurs dispositions analogues se rencontrent dans les ganglions nerveux, dans la rétine, dans l'oreille interne etc., dans tous les organes, dans tous les appareils ou les mêmes besoins se font sentir, et toujours avec des précautions développées en raison directe de ces besoins.

Ces modifications suffisantes pour accommoder l'irrigation sanguine à la constitution des systèmes organiques dans l'état normal devenait incapable d'y prévenir pendant les réactions morbifiques, l'introduction d'une trop grande quantité de ce fluide circulatoire; accident également très-dangereux, comme on le voit dans les concentrations, les congestions etc. qui se montrent d'autant plus fâcheuses que la partie qu'elles affectent présente une texture plus fragile, une utilité plus immédiatement vitale; c'est le moyen qui nous reste à considérer, qui va combler cette lacune, en présentant la disposition la plus importante et le complément de ces précautions circulatoires.

3° RÉSERVOIRS SANGUINS. — Nous rangeons dans cette catégorie tous les organes dont les usages sont à peu près ignorés par les physiologistes, et qui nous semblent prendre un rang d'utilité dans l'économie vivante, par leur fonction commune de présenter des dérivatifs accessoires à la circulation; par leur action spéciale appropriée à l'une ou l'autre de ces trois objets. *Offrir : 1° un réceptacle provisoire au sang qui doit servir à des fonctions subitement établies à la naissance et complétement inactive pendant la vie fœtale; 2° Un diverticulum au sang qui doit se porter moins abondamment dans certains organes, pendant leurs intermittences d'action; 3° Un réservoir de dérivation au sang, dont l'abondance et la force d'impulsion pourraient occasionner des accidens graves sur les organes essentiels à la vie.* Le premier de ces usages est rempli par le placenta, le foie, le thymus et les capsules rénales; le second, par la rate, les épiploons; le troisième par le corps thyroïde, la tige pituitaire, les plexus choroïdes.

1º *Réservoirs Temporaires.* — Plusieurs appareils, dont les fonctions sont essentiellement conservatrices des individus livrés à leurs propres moyens, offrent, pendant toute la durée de l'existence fœtale, un état remarquable d'inaction et même d'atrophie. A la naissance, tous ces appareils prennent un rang important dans l'organisme, toutes ces fonctions un développement instantané dans l'économie vivante. Ces rapides modifications exigent nécessairement un afflux considérable du sang vers des parties qui jusqu'ici n'en recevaient qu'en très-petite proportion. Dans l'hypothèse ou toute précaution serait négligée relativement à ces modifications, ou bien toute la constitution s'épuiserait en frais insolites, alors qu'elle doit se réparer et s'accroitre ; ou bien, ne fournissant à ces nouveaux appareils que des élémens insuffisans, abandonnerait leurs fonctions à des anomalies presque toujours funestes par les altérations générales qu'elles ne manqueraient pas d'entraîner.

La nature a prévenu ces graves inconvéniens, en disposant, dans l'économie du fœtus, des organes vasculeux, réservoirs temporaires qui, pendant la vie intra-utérine, se chargent gratuitement du sang utilisé après la naissance par des appareils dont les fonctions se développent instantanément pour s'entretenir ainsi jusqu'à la mort. Ces dérivatifs provisoires, sans autre utilité dans l'organisme, disparaissent alors et sont remplacés par des viscères importans; les fluides circulatoires, fournis à ces derniers, ne font que changer leur destination sans aucune perte, sans aucune distraction pour les autres parties de l'économie vivante.

Ces dispositions sont communes aux capsules rénales, au thymus pour lesquels on chercherait vainement un autre emploi ; le placenta, le foie lui-même semblent aussi les partager sous plusieurs rapports ; c'est en les considérant d'une manière isolée que nous en prendrons une idée plus positive. Nous verrons alors que cette manière d'envisager les réservoirs temporaires est si vraie, si naturelle, que les divers appareils dont les fonctions sont inactives chez le fœtus, offrent des réceptacles caducs, susceptibles de les remplacer dans l'admission du sang pendant cette première phase de la vie.

LE THYMUS. — Corps grisâtre, bilobé, parenchymateux, occupant la partie supérieure du médiastin antérieur, immédiatement derrière le sternum, embrassant la tranchée artère, d'abord plus volumineux que l'un des poumons, disparaissant après la naissance, de stucture essentiellement vasculaire, offrant une agglomération de vésicules remplies d'un fluide laiteux, ne présentant aucun canal excréteur, bien que des observateurs prévenus fassent ouvrir ce dernier, les uns dans le péricarde, les autres dans l'œsophage etc, mou, très-compressible, nous paraît être le réservoir temporaire plus spécialement destiné à l'appareil respirateur. Sans aucune autre fonction, du moins appréciée pendant la vie fœtale, il cède à la naissance tout le sang qu'il recevait, aux poumons, dont l'ampliation subite exige une grande proportion de ce fluide circulatoire ; manquant alors des élémens suffisans à sa réparation, il s'atrophie graduellement et disparaît. On a voulu trouver dans sa mollesse un avantage réel pour le développement des poumons sans exiger une expansion aussi considérable des parois thoraciques ; en accordant à cette idée la réalité qu'il est permis de lui contester, nous ne verrions dans cet usage que le résultat d'une disposition absolument secondaire.

LE PLACENTA. — Corps cellulo-vasculeux, de forme lenticulaire, offrant une épaisseur de quinze à dix-huit lignes, un diamètre de sept à dix pouces, une couleur rouge, une consistance, une tenacité assez remarquables, devient évidemment, pendant la vie intra-utérine, l'intermédiaire commun de la mère et du fœtus, à l'abdomen duquel il est fixé par le cordon ombilical. On y remarque deux faces, l'une qui répond à la matrice et l'autre au fœtus. La face utérine est inégale, et mamelonnée; elle offre un grand nombre de tubercules nommés cotylédons, et que séparent des enfoncemens appelés sinus; dispositions que présente également l'utérus dans les points correspondans; de telle sorte que les cotylédons du placenta se trouvent logés dans les sinus de la matrice, et les cotylédons de la matrice dans les sinus du placenta, arrangement qui favorise beaucoup l'adhérence temporaire de ces deux organes. La face fœtale est lisse, recouverte par le chorion et l'amnios.

Les cotylédons du placenta, complétement isolés dans certaines classes animales, paraissent indépendans, même chez l'homme, sous le rapport de leurs vaisseaux, comme le démontrent les injections de Wrisberg. Toutefois il ne faut pas envisager cette indépendance comme absolue entre toutes les divisions placentaires; il est en effet démontré par l'observation, que dans la grossesse double avec un seul placenta, cet organe établit une communication directe entre les deux fœtus; disposition qu'il serait bien dangereux d'ignorer, puisqu'elle exige après l'expulsion du premier enfant la ligature du cordon, même pour l'extrémité qui tient au placenta, sous peine d'exposer le second à périr d'hémorrhagie, comme le démontrent plusieurs faits dans lesquels on avait négligé cette précaution, et notamment celui que rapporte le professeur Lallemand, notre ancien collègue.

Albinus, Cowper, Vieussens, Meckel, Haller |etc. , prétendent qu'il existe une communication directe entre les vaisseaux utérins et placentaires; ils rapportent, pour le démontrer, que chez plusieurs femmes enceintes, mortes d'hémorrhagies, avant le terme de la grossesse, on a trouvé l'enfant et le placenta complétement exsangues. Cette preuve tombe naturellement si l'on considère qu'il en devait être ainsi, même sans aucune communication directe ; en effet, dans cette circonstance, le fœtus ne recevant plus de sang, et donnant incessamment une partie du sien, devait succomber à l'anémie, à peu près comme dans les cas où la ligature du cordon n'a pas été pratiquée. D'un autre côté Balthazar, Wrisberg, et plusieurs physiologistes modernes, ont vu des femmes, au septième mois de la gestation, périr d'hémorrhagie en offrant un fœtus, un placenta rempli de sang, cet organe conservant alors celui que rapportaient les artères ombilicales.

M. Lallemand avoue n'avoir jamais pu démontrer cette communication par les injections, mais il admet sa réalité par analogie, en disant que dans les cicatrices par l'intermédiaire d'une fausse membrane, cette même communication est reconnue, bien qu'il soit impossible de la constater par le moyen que nous venons d'indiquer. Mais en adoptant cette hypothèse au moins douteuse, est-il bien rationnel de s'appuyer sur une première erreur, pour en établir une seconde ; d'ailleurs en admettant même ces rapports directs entre deux tissus identiques, dont l'union vient de s'effectuer pour toute la vie, est-il possible de la reconnaître, par induction, entre deux organes aussi essentiellement différens que l'utérus et le placenta, dont l'adhérence est alors seulement temporaire.

Biancini, Vinciguerra prétendent avoir fait passer leurs injections des vaisseaux placentaires dans les vaisseaux utérins, et de plus avoir trouvé les uns et les autres déchirés trois jours après l'accouchement. Rigalli qui soutient l'opinion contraire, fait observer que le fœtus survit à sa mère affectée d'hémorrhagie; qu'il existe isolément, offre des pulsations beaucoup plus fréquentes et qui lui sont propres; que le passage des injections ne s'effectue, immédiatement après la mort , qu'en raison de l'absorption qui s'exerce encore, tandis que plus tard il ne peut avoir lieu sans déchirure des vaisseaux. Des expériences très-positives de Ruisch, Monro, Roëdérer, Walter, Wrisberg, Méckel, Reuss, Schréger, Lobstein etc., démontrent que les injections par les artères ombilicales peuvent revenir par les veines du même nom, mais sans jamais passer dans les vaisseaux utérins. Chaussier dit avoir injecté les veines utérines par la veine ombilicale, mais il pense lui-même que cette injection n'est point passée directement du second de ces vaisseaux aux premiers, et qu'elle a pénétré dans les veines utérines par absorption capillaire, après avoir été versée dans le parenchyme du placenta.

Schréger prétend qu'il n'existe aucune transmission du sang de la mère au fœtus ; que l'utérus fournit seulement de la lymphe au placenta; que ce dernier en effectue l'hématose, remplissant chez le fœtus les fonctions qu'exercent les poumons chez l'enfant. Il ne manque à la réalité de cette hypothèse que l'absence des vaisseaux sanguins, la présence des lymphatiques suffisans pour effectuer cette même circulation, de l'air pour opérer la transformation sanguine etc.

Parlerons-nous de ces vieilles théories : de Galien qui donne au placenta, pour fonction essentielle, *de purifier les esprits vitaux apportés de la mère au fœtus par les artères ombilicales* ; de Garmann, Néédham, Méry qui regardent le placenta comme le poumon du fœtus, le cordon ombilical « *comme le conducteur de l'air que le placenta respire* etc. » Des idées semblables marquent les progrès actuels de la science, et n'ont pas besoin de réfutation.

D'après les faits et les raisonnemens que nous venons d'établir, sans rejeter complétement la possibilité des communications directes entre les artères utérines et la veine ombilicale, entre les artères ombilicales et les veines utérines, il nous semble beaucoup plus naturel et plus vrai de considérer le placenta comme un organe de dépôt intermédiaire aux vaisseaux de la mère et du fœtus.

Cet organe est évidemment encore l'un des réservoirs temporaires destinés à se charger d'une partie du sang qui doit, après la naissance, être employé aux besoins subitement exprimés par l'appareil de la respiration, lors de son premier développement, pour admettre l'air atmosphérique et procéder à la rénovation du sang. Ainsi après la section et la ligature du cordon ombilical, toute la portion de ce fluide, exportée dans le placenta par les artères du même nom, se trouve dirigée particulièrement vers les poumons, où sa présence est réclamée d'une manière plus impérieuse. Pendant la vie fœtale, on voit le placenta seul opposé à la circulation de tout l'organisme ; après la naissance, on trouve cette opposition entre l'organisme et l'appareil de la respiration.

LE FOIE — que nous décrirons à l'article sécrétion biliaire, proportionnellement beaucoup plus volumineux chez le fœtus que chez l'adulte, bien qu'il n'exerce pas alors cette même sécrétion, paraît également concourir à la formation du réservoir temporaire destiné aux poumons. Nous pensons qu'il remplit encore cet objet relativement à lui-même considéré comme organe sécréteur ; que le sang employé à sa nutrition pendant la vie intra-utérine, se trouve en partie approprié aux besoins de la sécrétion biliaire après la naissance; disposition qui nous explique la diminution relative et graduée que présente alors ce viscère.

M. Broussais le considère chez le fœtus comme un réservoir destiné au cœur droit, les poumons offrant cet usage pour le cœur gauche; mais il nous semble que dans cette hypothèse, il s'agirait ici plutôt d'un diverticulum que d'un véritable réservoir.

LES CAPSULES RÉNALES,—Décrites par quelques anatomistes sous les noms de *reins succenturiaux, de capsules atrabilaires* etc. sont deux organes parenchymateux conoïdes, embrassant à la manière d'un casque, la partie supérieure des reins; offrant, dans les deux ou trois premiers mois de leur développement, un volume supérieur à celui de ces glandes ; creusés de deux petites cavités à parois grisatres vasculeuses, renfermant un fluide visqueux, jaunâtre, albumineux ; ne présentant aucune trace de canal excréteur.

Si nous cherchons actuellement la fonction de ces organes temporaires, nous la voyons se rattacher au principe simple que nous venons d'établir. Ainsi pendant le séjour du fœtus dans la matrice, les reins bornés aux phénomènes de nutrition, n'offrent aucune action sécrétoire; à la naissance, ils doivent présenter instantanément l'élaboration urinaire, et dès-lors ont besoin de recevoir immédiatement une proportion de sang beaucoup plus considérable. Cet excédent mis en réserve dans les capsules rénales, est alors versé dans les reins en majeure partie; ces capsules s'atrophient, disparaissent même quelquefois entièrement ; l'artère entretenait d'abord deux organes, elle ne fournit plus qu'à la dépense d'un seul, mais les fonctions de ce dernier sont doublées, tout se trouve ainsi compensé.

2° *Réservoirs permanens.* —— Liés à des appareils dont

le développement est lent et gradué, à des fonctions qui doivent s'exercer jusqu'à la mort, ils conservent pendant toute la vie, dans l'organisme, le rang secondaire que leur a marqué la nature. Les uns agissent comme protecteurs des parenchymes importans et délicats, les autres comme dérivatifs du sang pour les viscères dont les actions physiologiques sont essentiellement intermittentes.

Réservoirs protecteurs. — Ils sont représentés spécialement par les *plexus choroïdes, les corps pituitaire, thyroïde* etc. qui concourent, avec la division extrême des vaisseaux capillaires, à garantir les organisations fragiles des violentes impulsions du mouvement circulatoire.

Les plexus choroïdes, — sont deux corps vasculo-membraneux qui semblent en grande partie formés par les duplicatures de la pie-mère, d'un rouge assez prononcé, d'une consistance molle, élastique, d'une ténacité moyenne ; ces corps occupent une grande partie de la longueur des ventricules latéraux. Entièrement formés de vaisseaux sanguins, disposés en réseau capillaire, ces plexus nous offrent évidemment deux réservoirs de dérivation où le sang peut se loger momentanément, sans danger, lorsqu'il est violemment poussé vers l'encéphale, en diminuant les inconvéniens qui résulteraient d'une congestion plus considérable dans le parenchyme nerveux.

Le corps pituitaire, — encore désigné par les termes impropres d'appendice sus-sphénoïdal, de *glande pituitaire, basilaire etc.* est un petit organe oblong, du volume d'une noix, placé dans la fosse pituitaire du sphénoïde, entre l'arachnoïde et la dure-mère, tenant à la partie inférieure du cerveau par un prolongement non fistuleux, appelé *tige pituitaire* ; d'une couleur gris-rougeâtre, d'une consistance molle, d'une texture essen-

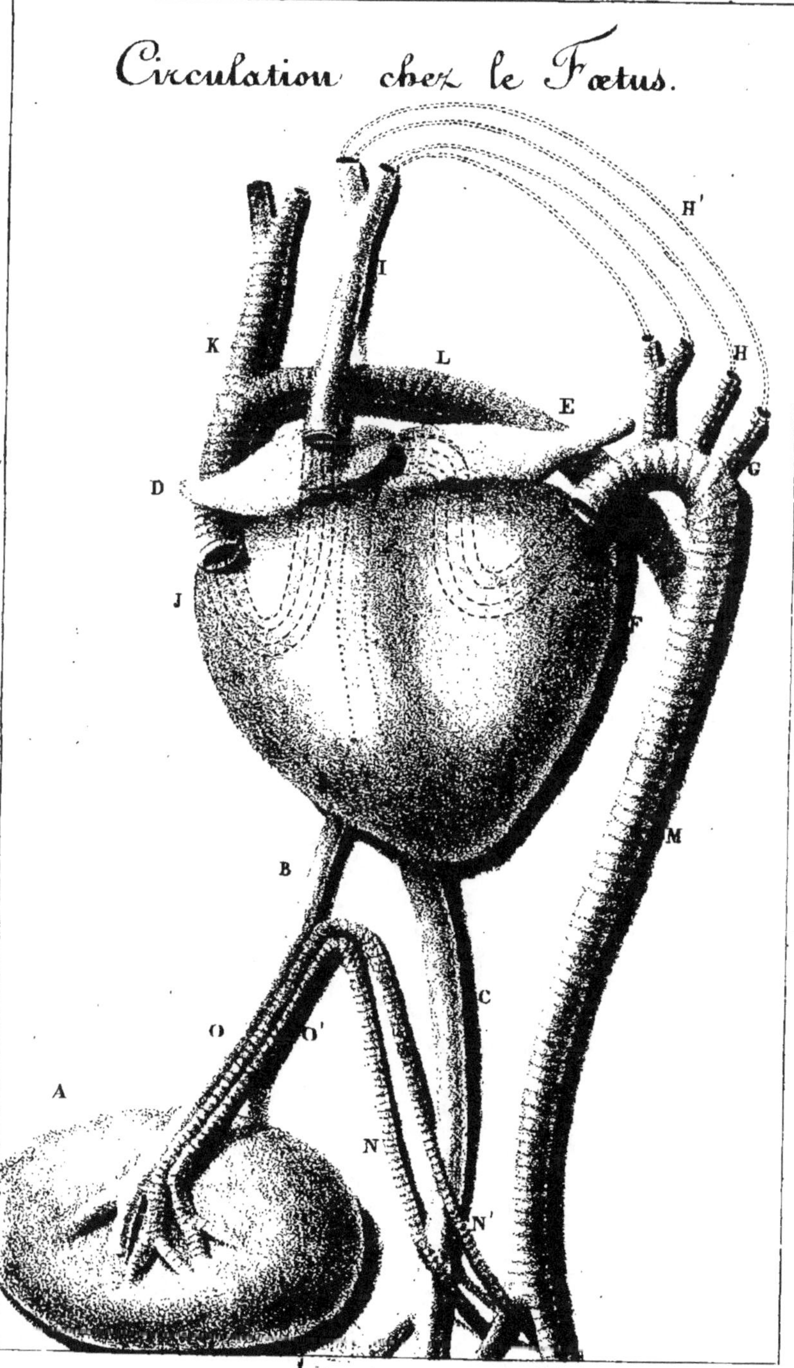

Pl. 3
Circulation chez le Fœtus.
H'
I
K
L
E
H
D
G
J
F
B
M
C
O O'
A
N
N'
Lith. de Duperray, del

tiellement vasculaire. Cet organe que les anciens considéraient comme une glande chargée de sécréter l'humeur pituitaire qu'ils faisaient ensuite passer par les trous
de la lame criblée, dans les fosses nasales, nous paraît
offrir un diverticulum circulatoire aux parties voisines
du cerveau.

LE CORPS THYROÏDE, — improprement nommé *glande
thyroïde*, est un organe parenchymateux, grisâtre, d'une
consistance élastique, placé à la partie antérieure et
moyenne du col, embrassant le larynx et la trachée artère, bilobé, d'une étendue variable, depuis le volume
d'un petit œuf de poule, jusqu'à celui d'un œuf d'oie;
pouvant acquérir des dimensions beaucoup plus considérables dans le bronchocèle. D'une texture essentiellement
vasculeuse et granulée, n'offrant aucun canal excréteur,
bien que Walter le fasse ouvrir près du larynx; Duverney,
dans le voisinage de l'os hyoïde; Dénoës, dans le trou
borgne; Vercelloni, dans l'œsophage; et que Bordeu pré-
tende avoir insufflé le corps thyroïde « *par les trous de
la trachée-artère.* »

Cet organe actuellement rayé de la catégorie des glandes, nous paraît destiné, relativement à l'encéphale, à
remplir les fonctions de diverticulum circulatoire, et
nous semble réunir toutes les conditions nécessaires à cet
emploi. En effet, éminemment vasculaire, n'exerçant
aucune autre fonction connue, placé dans le voisinage
de la tête, sur le trajet des artères encéphaliques, recevant ses principaux vaisseaux d'un tronc commun au
centre médullaire, de la carotide primitive, ce réservoir
est très-favorablement disposé à recevoir une grande proportion du sang dirigé surabondamment vers l'encéphale
dans toutes les violentes réactions cardiaques, en diminuant ou même en prévenant complétement les dangers
d'une congestion funeste.

Ainsi dans les accès de colère, on voit souvent le

corps thyroïde prendre instantanément un volume considérable, et conserver des dimensions extra-normales par la répétition des mêmes efforts ; les congestions cérébrales sont alors d'autant moins à craindre que la dérivation s'est effectuée d'une manière plus large et plus facile.

Dans les apoplexies foudroyantes, le même gonflement s'opère, il est presque toujours alors consécutif à l'engorgement des vaisseaux encéphaliques, et ne se trouve plus en mesure d'en prévenir les funestes résultats ; mais cette coincidence devient une preuve bien positive de la dérivation que nous signalons et de son incontestable utilité dans les circonstances qui ne dépassent point ainsi toutes les ressources de la nature.

Réservoirs dérivatifs. — Egalement employés comme organes protecteurs des appareils auxquels ils appartiennent, ces réservoirs ont plus spécialement encore pour usage d'offrir des réceptacles ou le sang peut être mis en dépôt lorsqu'il doit pénétrer moins abondamment ces mêmes appareils dans les intervalles de leur action ; les épiploons et la rate nous semblent particulièrement remplir cet objet.

LES ÉPIPLOONS, —De ἐπὶ sur et de πλέω je flotte, sont des replis du péritoine formés de deux ou d'un plus grand nombre de feuillets entre lesquels rampent et se divisent des vaisseaux artériels très-multipliés.

On a cherché pendant long-tems, les usages de ces divers replis ; ceux qui tiennent à la rate, au foie, aux intestins etc. d'une part, de l'autre aux parois abdominales, ont été considerés sous les titres de ligamens, de mésentères etc. comme destinés à fixer plus ou moins étroitement les différens organes dans leurs situations respectives ; mais tous ceux qui flottent librement dans l'abdomen, tels que les ligamens larges de l'utérus, les appendices graisseuses, le grand épiploon etc. sont restés sans fonctions déterminées. En effet il serait difficile d'admettre, avec galien, « *que le plus grand de ces re-* « *plis a pour objet essentiel de fomenter les intestins* « *et d'y maintenir la chaleur uniforme nécessaire à* « *leurs fonctions* ». N'est-il pas évident que tous ces appendices péritonéaux offrent, en commun, l'avantage de se charger de tout l'excédant des fluides circulatoires que ne peuvent actuellement recevoir les viscères de l'abdomen, et que chacun d'eux remplit en particulier cet emploi relativement à l'appareil, à l'organe auquel il se trouve plus spécialement annexé.

LA RATE, — *lien* des Latins, σπλὴν des Grecs, est un viscère parenchymateux, situé dans l'hypocondre gauche, assez fortement uni à la grosse extrémité de l'estomac par le péritoine et les vaisseaux; d'une couleur violette ou marbrée, spongieux, mou, facile à déchirer, d'un volume très-variable et cependant assez ordinairement analogue à celui de la main; de forme également peu déterminée, le plus souvent ovalaire ou présentant celle d'un tiers de sphéroïde coupé suivant sa longueur; enveloppé d'une mambrane fibreuse; d'une texture essentiellement vasculaire; d'une sensibilité obtuse; recevant une artère considérable, émanée du tronc cœliaque sous le titre de splénique; fournissant une veine du même nom qui va s'ouvrir dans la veine porte abdominale, admettant des nerfs assez nombreux distribués spécialement par le plexus solaire.

La structure et les usages de cet organe sont devenus l'objet d'un grand nombre d'hypothèses. Ainsi les uns ont prétendu que le parenchyme splénique était un simple entrelacement de vaisseaux artériels, veineux, lymphatiques et de filets nerveux; d'autres, que ce parenchyme offrait un caractère particulier, qu'il recevait les dernières divisions artérielles et présentait l'origine des radicules veineuses. Quelques anatomistes ont même été jusqu'à soutenir qu'il était disposé en aréoles dans lesquelles se trouvait immédiatement versé le sang alors sorti des voies de la circulation. Pline voit dans la rate le siége du rire; Vanhelmont, celui de l'âme sensitive; Galien, l'organe sécréteur de l'atrabile; Havers, celui de la synovie; Hippocrate, une éponge destinée à s'emparer des humidités superflues; d'autres, un corps susceptible de contrebalancer le foie; Marchetti, une glande qui conduit dans le duodénum un fluide aqueux au moyen de son canal excréteur qu'aucun autre anatomiste n'a jamais rencontré; Cowper, un viscère qui doit atténuer le sang; Harvey, qui sert à développer la chaleur de ce dernier; Miller, pense qu'elle est au système nerveux ganglionaire, ce que le cerveau est aux nerfs encéphaliques etc. Au milieu d'un aussi grand nombre de vaines suppositions, il faut chercher la vérité dans les faits positifs et dans les inductions rigoureuses.

Si l'on insuffle de l'air par une veine, on voit aussitôt la rate se gonfler; en pratiquant la même opération par une artère, on n'obtient pas ce résultat; différence qui nous paraît tenir à la rupture des capillaires veineux sous un effort qui n'est pas suffisant pour déchirer les capillaires artériels; en effet, on parvient à produire cet emphysème artificiel en faisant pénétrer l'air par une ouverture indistinctement faite à l'un des points de la périférie de cet organe; en soumettant à la dessiccation une rate ainsi préparée, en la coupant ensuite en différens sens, on reconnaît aisément la disposition celluleuse et la communication facile de toutes les aréoles, on voit que les vaisseaux rampent dans les parois de ces aréoles, et que sous ce rapport, la rate se rapproche des parenchymes pulmonaire, caverneux, érectile etc. Elle n'existe pas chez tous les animaux , on la trouve cependant chez le plus grand nombre de ceux qui offrent un appareil digestif un peu compliqué ; toujours alors elle est placée dans le voisinage de l'estomac. Plusieurs observateurs ont enlevé cet organe sur des chiens qui sont devenus plus vifs, plus gras, ont offert un appétit plus prononcé. W. B. Powel a retranché une grande partie de la rate étranglée dans une plaie, neuf mois après, le malade jouissait d'une santé parfaite; Kerkringius a disséqué deux fœtus qui n'avaient pas de rate; Laurent a fait la même observation sur un jeune homme bien constitué; Ortélius, Hollier sur une femme ; tous ces faits prouvent déjà que les fonctions de cet organe sont accessoires dans la série des phénomènes essentiels à la vie.

On observe encore assez fréquemment des transpositions respectives de la rate et du foie; Cattier, Cornélis, Gemma, Bortholin, Guy-Patin, Béclard en citent plusieurs exemples.

Nous pensons d'après toutes les circonstances de sa position, de ses rapports et de son organisation, que la rate a pour usage essentiel de présenter un diverticulum très-utile aux principaux organes digestifs, et notamment à l'estomac; elle se trouve bien avantageusement constituée relativement à cet objet. Ainsi l'artère et les veines de ce corps sont très-grosses, proportionnéllement à son volume, bien qu'il n'emploie que le sang indispensable à sa nutrition. Cette artère naît directement du tronc cœliaque, avec l'hépatique et la gastrique supérieure ; elle fournit la gastrique inférieure gauche. D'un tissu convenablement élastique et spongieux, renfermant seulement quelques onces de sang dans l'état normal, il peut, d'après les observations de Bailie, en admettre au moins quatre livres, sans altération de forme, de structure et même de couleur. Moreschi fait observer que son poids ordinaire est de six à dix onces, et que sans altération morbifique, il est susceptible de s'élever à celui de douze livres, ou de se réduire à celui d'une once. James Elliot l'a rencontré au premier de ces états; Odier de Genève l'a vu remplir tout l'hypogastre. A ces dispositions anatomiques viennent s'unir les résultats fonctionnels soit dans l'état de santé, soit dans l'état de maladie, pour démontrer la réalité de l'opinion que nous venons d'établir.

Ainsi toutes les circonstances qui rendent la circulation très-active, ou dont l'effet essentiel est de s'opposer au libre passage du sang, à son emploi normal dans les organes centraux, déterminent des engorgemens spléniques plus ou moins prononcés; la course, les exercices violens, le rire prolongé etc. font, comme on le dit vulgairement, *enfler la rate*; on a remarqué déjà depuis long-tems qu'après les fièvres intermittentes, la rate conservait assez ordinairement un volume plus considérable, une densité plus marquée. Jackson rapporte que tous les soldats morts de la fièvre jaune à Saint-Domingue, ont offert cet organe dans un état de rupture imminente par excès de réplétion sanguine. D'après un rapport de Cléghorn sur la fièvre tierce bilieuse, il a vu chez les sujets morts de cette maladie la rate molle, comme putrilagineuse, offrant l'aspect d'une vessie pleine de sang coagulé, pesant de quatre à cinq livres. Dans les nombreuses recherches que nous avons faites sur la nature et le siége des fièvres d'accès, le même résultat s'est tout récemment offert à notre observation. La théorie de ces engorgemens se déduit naturellement des faits; pendant le frisson de la fièvre intermittente le spasme général prévient l'introduction libre et facile du sang dans les vaisseaux capillaires; il se concentre vers les organes intérieurs qui ne l'admettent pas non plus sans résistance, il reflue dans les réservoirs et plus spécialement dans la rate qui se gonfle, s'engorge et se désorganise.

Le cardinal Cibo ayant éprouvé une hématémèse considérable, son médecin Valverda s'aperçut, en recherchant la cause de cette altération, qu'une pression sur l'estomac augmentait considérablement le volume de la rate et que la même pression effectuée sur la rate produisait une congestion notable vers l'estomac et ramenait l'hématémèse. Tous ces faits nous semblent établir positivement ici que la fonction essentielle est d'offrir un diverticulum circulatoire aux viscères abdominaux et plus particulièrement à ceux qui reçoivent leurs artères du tronc cœliaque, tels que l'estomac, le foie. Lorsque le sang est chassé avec trop de violence vers ces organes, la rate en détourne une grande partie, les protége et les garantit souvent d'une congestion funeste. Pendant leur intermittence d'action, ces mêmes organes auraient été fatigués par la quantité de sang qui doit les pénétrer dans le moment de leur exercice, le diverticulum s'approprie sans inconvénient toute la partie surabondante; la dérivation est à peu près suspendue lorsque ces appareils entrent en fonction, une proportion beaucoup plus considérable de ce fluide circulatoire devenant indispensable pour exciter suffisamment ces appareils et fournir aux frais des sécrétions dont ils offrent le siége.

Si nous considérons les rapports également établis entre la rate et le foie par le système veineux, les faits qui tendent à prouver que les élémens de la bile sont puisés dans le sang de la veine porte; la faculté que présente le premier de ces organes d'augmenter encore les proportions de l'hydrogène et du carbone dans le sang veineux, il deviendra naturel d'accorder à la rate, comme objet accessoire, l'usage de préparer les élémens de cette importante secrétion. La mutualité fonctionnelle de ces deux organes paraîtra bien plus positive encore, si l'on fait observer que les maladies chroniques et les altérations substantielles du foie, se trouvent le plus souvent accompagnées de lésions analogues dans la rate. Nous avons eu l'occasion d'ouvrir un assez grand nombre de sujets offrant des engorgemens, des dégénérations entières du premier de ces organes, et dans la la plupart, nous avons trouvé le second volumineux, gorgé de sang, quelquefois mou, putrilagineux, facile à déchirer, plus souvent dur, compacte, offrant à la section toutes les apparences de la betterave cuite.

Telles sont les considérations que nous devions exposer sur un ensemble d'organes dont les fonctions essentielles étaient à peu près ignorées. Nous pensons relativement aux réservoirs temporaires et permanens, avoir suffisamment établi les principes qui serviront de base aux applications utiles que cet important objet pourra désormais présenter.

Après avoir étudié la circulation dans son ensemble et telle qu'on la voit s'effectuer après la naissance, nous devons indiquer les modifications qu'elle offre naturellement pendant toute la vie intra-utérine.

CIRCULATION CHEZ LE FOETUS.

Le nouvel être, pendant toute la durée de sa vie fœtale, placé dans l'impossibilité absolue d'exercer aucun mouvement respiratoire, et d'effectuer la rénovation du sang employé aux besoins de son économie, n'offre dèslors qu'une circulation sanguine et qu'un modificateur de cette même fonction. Les artères utérines fournissent à l'organisme les élémens de son accroissement et de sa réparation ; les artères ombilicales déposent dans le placenta seulement une partie des résidus de cette élaboration nutritive. Pour bien concevoir les modifications circulatoires dans cette première phase de la vie, jetons un coup d'œil général sur les dispositions spéciales de l'appareil chargé d'effectuer la révolution sanguine.

APPAREIL DE LA CIRCULATION FOETALE. — Les radicules de la veine ombilicale nous offrent l'origine de cet appareil, dont la terminaison est effectuée par les dernières divisions des artères du même nom. Le placenta, que nous avons précédemment décrit, offre l'intermédiaire chargé de compléter le cercle circulatoire, en donnant à cet appareil, chez le fœtus, un premier caractère de spécialité. D'après tous les faits que nous avons exposés, nous considérons cet organe comme le dépositaire commun des vaisseaux de l'utérus et du cordon ombilical. C'est en effet dans ce réservoir que les artères utérines versent le sang de la mère au fœtus, les artères ombilicales, du fœtus à la mère ; que la veine ombilicale prend le sang pour le porter au fœtus, et les veines utérines pour le rapporter à la mère. Si nous partons de cet organe en suivant la route naturelle des fluides circulatoires avant la naissance, nous trouvons les dispositions suivantes.

1° *La veine ombilicale* — qui fait ici fonction d'artère, puisqu'elle est chargée de porter au fœtus le sang qui doit servir à sa nutrition, prend naissance dans le parenchyme du placenta par des radicules très-déliées, suit le trajet du cordon, pénétre dans le foie par le sillon longitudinal, fournit dix-huit ou vingt branches assez considérables à cet organe, particulièrement à son lobe gauche, circonstance qui explique le grand volume de ce dernier chez le fœtus ; continue son trajet, se divise en deux branches terminales, dont l'une vient s'ouvrir dans le sinus de la veine porte, l'autre, sous le nom de canal veineux, dans la veine cave inférieure.

2° *Le cœur* — présente chez le fœtus des modifications

anatomiques bien essentielles , et qui deviennent la raison matérielle des différences fondamentales que présente la circulation pendant la vie intra-utérine. Ainsi 1° la cloison des oreillettes offre une large ouverture nommée *trou de Botal*, établissant une libre communication entre ces deux cavités , complétement isolées dans l'état normal quelque temps après la naissance; 2° dans l'oreillette droite , se trouve un grand repli membraneux, appelé *valvule d'Eustache*, disposé de manière à produire l'isolement du double courant sanguin des veines caves inférieure et supérieure , en dirigeant celui de la première par le trou de Botal dans l'oreillette gauche et celui de la seconde vers l'orifice du ventricule droit. Les restes de cette valvule sont encore très-apparens même chez l'adulte.

3° *L'artère pulmonaire*, — après son isolement du ventricule droit, se divise en deux branches principales, dont l'une vient se ramifier dans les poumons, et l'autre plus considérable, sous le nom de *canal artériel* va s'ouvrir dans l'aorte, audessous de la courbure de ce vaisseau , en établissant une seconde voie de communication entre les deux principales divisions de cet appareil qui doivent, après la naissance, constituer les cavités à sang noir et les cavités à sang rouge.

4° *L'artère aorte*, — reçoit *le canal artériel* dans le point que nous venons d'indiquer; du reste, elle présente chez le fœtus les mêmes dispositions que dans les autres périodes vitales.

5° *Les artères ombilicales* — naissent des hypogastriques, traversent l'ombilic, suivent le trajet du cordon , et vont se terminer dans le placenta par des ramifications capillaires.

Ainsi deux larges communications sont établies chez le fœtus entre les cavités droites et les cavités gauches de l'appareil circulatoire ; l'une entre les oreillettes par *le trou de botal*, l'autre entre l'artère pulmonaire ét l'aorte par *le canal artériel*. C'est précisément sur l'existence de ces deux communications que reposent les caractères particuliers de la circulation fœtale, dont la planche suivante fera mieux apprécier encore et le mécanisme et l'appareil exposés dans leur plus grande simplicité.

A. Placenta offrant l'origine de la veine ombilicale, et la terminaison des artères du même nom.

B. Veine ombilicale ouverte dans la veine cave inférieure.

C. Veine cave inférieure, admettant la veine ombilicale.

D. Oreillette droite où se voient la valvule d'Eustache, le trou de botal et l'ouverture oriculo-ventriculaire de ce côté.

E. Oreillette gauche où se voit l'ouverture oriculo-ventriculaire de ce côté.

F. Ventricule gauche où se voient le cours du sang et l'ouverture aortique.

G. Courbure de l'aorte.

H. Artères nées de la crosse aortique, distribuées aux parties supérieures.

H'. Cours du sang des artères précédentes à la veine cave supérieure.

I. Veine cave supérieure.

J. Ventricule droit où se voient le cours du sang et l'ouverture de l'artère pulmonaire.

K. Artère pulmonaire.

L. Canal artériel ouvert dans l'aorte au-dessous de la courbure de ce vaisseau.

M. Partie inférieure de l'aorte.

N. N' Artères ombilicales.

O. O' cordon ombilical.

ÉTUDE DE LA CIRCULATION FŒTALE. — Pour cette modification circulatoire, les artères utérines de la mère déposent le sang nutritif dans la division des vaisseaux capillaires du placenta qui se trouvent en rapport avec les radicules de la veine ombilicale du fœtus; pris par ce vaisseau, le sang y marche d'après le mécanisme que nous avons indiqué pour la circulation veineuse. Partagé en trois divisions, la première est directement portée au foie, par les branches que nous avons indiquées; la seconde par l'intermédiaire de la veine porte; la troisième est versée dans la veine cave inférieure par le canal veineux; elle passe dans l'oreillette droite, et se trouve dirigée sous la valvule d'Eustache, précisément vers le trou de botal qu'elle traverse par la contraction de cette oreillette en s'engageant dans celle du côté opposé, qui la pousse dans le ventricule gauche, celui-ci dans la courbure de l'aorte et simultanément dans les artères carotides, sous clavières et dans toutes leurs divisions; la tête, le col, une partie de la poitrine, les membres thoraciques, y puisent des élémens de nutrition, le résidu sanguin de cette élaboration revient par la veine cave supérieure, qui le dépose dans l'oreillette droite; le courant de cette veine dirigé sur la valvule d'Eustache, qu'il franchit à la manière d'un pont, croise le courant de la veine cave inférieure à peu près sans aucun mélange; passe dans le ventricule droit, dans l'artère pulmonaire, se divise en deux parties; l'une est transmise aux poumons; l'autre plus considérable à l'aorte, au-dessous de la courbure, par le canal artériel; subdivisée de nouveau cette seconde partie va se distribuer en grande proportion à l'abdomen, aux membres pelviens etc. par leurs branches aortiques; revient en proportion beaucoup moindre au placenta par les artères ombilicales; se trouve déposée dans les capillaires en rapport avec les veines utérines, reprise par ces vaisseaux et portée dans le torrent circulatoire de la mère, pour subir une élaboration indispensable sous l'influence de la respiration, en complétant ainsi le cercle de la circulation fœtale.

De ces dispositions relatives à la marche du sang, à l'appareil chargé de sa révolution pendant la vie intra-utérine, résultent naturellement plusieurs considérations importantes :

1° Le cours du sang chez le fœtus décrit un huit de chiffre déterminé par la réunion des deux cercles, l'un supérieur plus petit, l'autre inférieur plus grand, et dont l'intersection se rencontre précisément au point où les courans des veines caves inférieure et supérieure separés, par la valvule d'Eustache, se croisent obliquement et sans confusion.

2° Les parties sus-diaphragmatiques et le foie recevant directement par la veine ombilicale, un sang plus riche en matériaux nutritifs, doivent offrir un développement plus précoce et plus actif que celui des parties sous-diaphragmatiques, nourries du sang rapporté par la veine cave supérieure, après avoir déjà fait les frais d'une première élaboration, et dont une certaine quantité se trouve encore soustraite à l'économie par les artères ombilicales. En comparant sous ce rapport les membres thoraciques aux membres pelviens, on sentira ce défaut de proportion d'autant plus apparent que l'on se rapproche davantage du moment de la fécondation.

3° Il n'existe chez le fœtus, dans l'appareil circulatoire, aucune distinction entre les cavités gauches et les cavités droites, les unes et les autres offrant des communications larges et faciles par le trou de botal et par le canal artériel. On n'y rencontre point également, comme chez l'adulte, le sang rouge et le sang noir; la nature de ce fluide à peu près identique dans tous les points du cercle circulatoire, paraît intermédiaire à celle du premier et du second; seulement avec quelques nuances légères suivant qu'on l'examine dans la veine ou dans les artères ombilicales.

4° Chez le fœtus la rénovation du sang n'est que partielle, et celui qui vient de la mère par la veine ombilicale, se trouve mêlé dans la veine cave inférieure au résidu nutritif de l'organisme tout entier.

§ VI. INFLUENCE DE L'HABITUDE SUR LA CIRCULATION SANGUINE.

La circulation sanguine, de même que toutes les fonctions nutritives et vitales, peu susceptible d'être modifiée profondément par l'influence de l'habitude ne s'en trouve cependant pas complétement affranchie. L'observation démontre au contraire que cette même circulation, développée d'une manière soutenue, par un exercice accoutumé, conserve long-tems encore ces dispositions, alors que cette influence étrangère a déjà cessé d'agir. De là, particulièrement les graves inconvéniens, les conséquences fâcheuses de ces transitions non graduées, d'une grande activité au repos absolu, et *vice versâ*.

Les passions vives, les commotions morales fréquemment renouvelées, déterminent dans le pouls et dans les mouvemens du cœur un grand nombre d'anomalies qui se font encore sentir par le fait même de l'habitude sous l'influence du genre de vie le plus paisible. Il suffit d'examiner la circulation dans son ensemble ou dans ses diverses parties, pour sentir aussitôt combien elle est également soumise au puissant modificateur que nous venons de signaler.

§ VII. SYMPATHIES DE LA CIRCULATION SANGUINE.

La circulation sanguine entretenant des rapports habi-tuels avec toutes les autres fonctions de l'économie vi-vante, se trouve nécessairement liée à chacune d'elles par une sympathie plus ou moins étroite, mais qui n'est pas toujours entièrement réciproque. Elle se manifeste bien plus ordinairement des organes vers le cœur, que du cœur vers les organes. La raison naturelle de cette mo-dification est facile à trouver. En effet, le cœur dans les altérations qu'il est susceptible d'éprouver, et même dans la plupart des phénomènes qui lui sont propres, n'a pas besoin du concours des autres organes ; les fonctions de ces derniers au contraire , soit dans l'état normal , soit dans l'état pathologique, nécessitent plus ou moins impé-rieusement la réaction du cœur. Pendant la santé nous le voyons offrir le mobile commun qui porte dans tout l'organisme l'excitation et la vie ; pendant les désordres morbifiques , il devient le foyer central des secours dis-tribués aux diverses parties de l'économie vivante. Aussi les mouvemens qui se font alors de la circonférence vers ce même centre, deviennent-ils presque toujours funestes; quand ceux qui s'effectuent du centre à la circonférence offrent ordinairement des crises plus ou moins salutaires.

L'un des tissus des organes ou des appareils de l'éco-nomie vivante se trouve-t-il soumis à l'influence d'un agent d'irritation; si la cause morbifique présente un certain développement, si la partie lésée jouit d'une grande vitalité, un avertissement sympathique est trans-mis au cœur et lui fait connaître le danger qui menace l'un des points de l'organisme ; il réagit avec force, le sang est poussé avec plus d'énergie dans tous les sys-tèmes, l'insurrection devient générale et proportionnée à la douleur que cette irritation détermine ; la chaleur s'élève, prend un caractère morbifique, les mouvemens du cœur s'accélèrent et s'accroissent avec plus ou moins d'anomalies relatives; le pouls est plus large, plus dur, plus fréquent et moins régulier; il existe alors un ensemble de phénomènes réactionnels que l'on a désigné par le terme de fièvre, en le considérant comme une maladie essentielle et confondant ainsi l'effet avec la cause, le symptôme avec l'altération.

Au milieu de ces rapports généraux que le centre circulatoire entretient avec tous les appareils de l'économie vivante, nous le voyons sympathiser bien plus directement et plus spécialement encore avec le cerveau, les poumons et l'estomac; de telle sorte que la circulation, l'innervation, la respiration et même la digestion gastrique, se trouvent dans une dépendance mutuelle assez intime, pour que l'une d'entre-elles ne puisse être notablement altérée, sans que les autres n'en éprouvent une influence immédiate bien souvent incompatible avec l'entretien de la vie.

Si les mouvemens du cœur s'arrêtent, l'encéphale qui n'est plus excité par le sang artériel cesse d'agir sur les poumons, l'innervation et la respiration se trouvent suspendues; on observe cet état désigné par le terme de syncope, et dont la prolongation entraînerait une mort constitutionnelle.

Si l'innervation est détruite, la respiration cesse; la circulation cardiaque s'anéantit, la vie ne tarde pas à s'éteindre.

Si la respiration est assez long-temps suspendue, le sang passe noir dans les cavités gauches du cœur, l'asphyxie fait place à la mort.

Enfin si l'estomac lui-même devient subitement le siége d'une violente irritation nerveuse, inflammatoire ou corrosive, comme on le voit dans certaines passions, dans l'ingestion d'une boisson très-chaude ou vénéneuse, le cœur est frappé de stupeur; la syncope et souvent l'anéantissement de la vie sont le résultat de ces rapports sympathiques.

§ VIII. ALTÉRATIONS DE LA CIRCULATION SANGUINE.

Pour bien comprendre ces altérations, nous les envisagerons, d'une manière générale, sous quatre points de vue principaux, relativement : 1° *au cœur* — 2° *aux veines* — 3° *aux artères* — 4° *aux vaisseaux capillaires*, et nous verrons dans chacun, les cinq modifications essentielles.

1° RELATIVEMENT AU COEUR.

Augmentation. — Bornée dans les premiers tems à la sur-activité des impulsions circulatoires, elle prend insensiblement tous les caractères de l'hypertrophie ; plus ordinaire dans l'âge adulte, le tempérament sanguin, dans les ventricules, dans celui du côté gauche plus spécialement encore.

Diminution. — Elle est caractérisée par une atonie plus ou moins prononcée dans les parois cardiaques, et devient une fâcheuse prédisposition aux anévrismes proprement dits, plus fréquens chez les vieillards, dans les tempéramens lymphatiques, les constitutions molles, sans énergie; dans les cavités droites. Elle produit un état d'affaissement et d'inertie dans tout l'organisme; toutes les fonctions languissent par défaut d'excitation sanguine. Au nombre des faits les plus remarquables soumis à notre observation relativement à ce genre de maladie, nous citerons celui de M. de L.*** pour lequel nous avons été consulté à mortagne par notre confrère M. S^t. Lambert. Ce malade, agé de soixante-six ans, après plusieurs hypothymies, reproduites à quelques mois de distance, en éprouve une plus forte, plus prolongée ; le pouls descend instantanément et se maintient pendant huit jours, à dix-huit ou vingt pulsations par minute ; à l'état normal il battait soixante-dix fois dans le même intervalle. Pendant le cours de cette altération extraordinaire, M. de L. pouvait encore se lever et marcher ; il a guéri par l'emploi des toniques appropriés.

Perversion. — Elle entraîne toutes les irrégularités que nous avons signalées dans l'histoire du pouls anomal et que l'on désigne ordinairement par le terme générique de *palpitations.* Elle est plus particulière aux jeunes sujets, aux tempéramens nerveux, surtout ganglionaire.

Suspension. — Elle produit cette mort apparente que l'on nomme syncope, dans laquelle tous les phénomènes vitaux ont perdu leur commun régulateur ; l'économie, dans son ensemble, paraît livrée au désordre, à l'anarchie ; les accidens les plus funestes ne tardent pas alors à se manifester, si le grand ressort de la machine vivante n'est pas bientôt rappelé à son activité naturelle.

Extinction partielle.—Elle présage toujours une mort très-prochaine. Dans le plus grande nombre des agonies, le cœur gauche cesse de se contracter avant le cœur droit ; delà cette paleur générale, cette vacuité des artères, cet engorgement du systême veineux.

2° RELATIVEMENT AUX VEINES.

Augmentation. — Elle n'est pas ordinaire, cependant on voit encore assez fréquemment ces canaux acquérir une vitalité surabondante et même portée jusqu'à l'inflammation.

Diminution. — On l'observe beaucoup plus souvent ; elle affecte particulièrement les tempéramens lymphatiques, bilieux, les vieillards etc. ; les veines ayant perdu leur contractilité naturelle se laissent dilater par l'effort du sang, en formant ainsi des tumeurs variqueuses plus ou moins considérables, avec altération notable dans cette partie de la circulation.

Perversion. — Elle devient le plus souvent une conséquence de la diminution, et n'offre pas d'autre cause bien positive en raison du peu de vitalité naturelle au système veineux.

Suspension. — Nous ne connaissons aucun agent susceptible de l'effectuer d'une manière générale ; mais elle peut-être déterminée partiellement sous l'influence d'une compression extérieure ou même organique, du gonflement consécutif à l'inflammation veineuse, des végétations développées dans les cavités de ces vaisseaux etc. ; toutefois la nature a pris les plus grandes précautions pour éviter les graves inconvéniens de ces interruptions circulatoires, en établissant partout des anostomoses larges et faciles entre les principaux troncs, les branches et les ramaux de cet appareil vasculaire.

Extinction partielle. — On l'observe naturellement à la naissance dans la veine ombilicale et ses nombreuses divisions, dont la disposition fistuleuse, graduellement anéantie, se trouve remplacée par celle d'un véritable cordon fibreux. La même altération peut se manifester d'une manière anormale et déterminer une transformation semblable dans les canaux veineux devenus absolument étrangers à la circulation ; les précautions anastomotiques indiquées offrent ici des avantages plus précieux encore.

3° RELATIVEMENT AUX ARTÈRES.

Augmentation. — Elle se manifeste surtout dans les affections nerveuses, et plus spécialement dans celles qui attaquent le système ganglionaire qui fournit à peu près exclusivement à ces vaisseaux leurs nombreux plexus, dans les phlegmasies des membranes séreuses, dans les angoisses de la douleur etc. Le pouls devient alors petit, serré, fréquent; il semble participer au spasme général.

Diminution. —Elle est un résultat assez fréquent des maladies chroniques avec épuisement de la constitution; les affections syphilitiques prolongées et constitution-nelles, un abus continué du mercure dans leur traite-ment, déterminent souvent l'affaiblissement notable des parois artérielles, en les prédisposant aux dilatations anévrismatiques , et donnant au pouls un caractère de mollesse et d'affaissement remarquables.

Perversion. — Elle est souvent relative à celle des mouvemens du cœur , souvent aussi consécutive aux anévrismes artériels, au spasme de ces vaisseaux, comme on le voit surtout dans les crises qui précèdent la mort, dans les derniers instans de l'agonie.

Suspension. — Elle est assez rare, les artères étant peu compressibles; cependant on l'observe quelquefois sous l'influence mécanique des agens extérieurs, des tu-meurs développées dans le voisinage de ces vaisseaux etc.

Extinction partielle. — On la voit quelquefois se manifester par la persistance des causes que nous venons de signaler, ou par l'accroissement de certaines produc-tions pulpeuses qui déterminent l'oblitération de ces ca-naux. Si l'obstacle au mouvement du sang en arrête su-bitement le cours, on voit alors se manifester des gangrènes plus ou moins funestes dans les organes auxquels se dis-tribuent les vaisseaux oblitérés; au contraire, si la cause de cette interruption agit d'une manière lente et graduée, les artères collatérales et les anostomoses acquièrent presque toujours un assez grand développement pour continuer la circulation en prévenant ces mortifications locales.

4° RELATIVEMENT AUX VAISSEAUX CAPILLAIRES.

Augmentation. — Elle se manifeste assez fréquemment et devient en quelque sorte la condition fondamentale des hypertrophies, des inflammations, des calorifications extra-normales, des pléthores locales ou générales, des hémorrhagies par exhalation, des congestions des apopléxies d'autant plus graves qu'elles portent sur les organes les plus essentiels à la vie, tels que le cerveau, le cœur, les poumons etc.

Diminution. — Beaucoup moins ordinaire que la précédente, cette altération affecte surtout les sujets scrophuleux, scorbutiques, affaiblis par l'âge, les maladies chroniques, la débauche, la misère etc. Elle produit constamment un abaissement notable dans la nutrition, la calorification; souvent des hémorrhagies passives, des infiltrations sanguines, des ecchymoses, des engorgemens etc.

Perversion. — Elle est particulièrement déterminée sous l'influence des aberrations que peuvent offrir les propriétés vitales dans le système capillaire sanguin; elle peut s'unir à l'augmentation en formant ainsi le caractère principal des phlegmasies, à la diminution, comme on le voit dans un grand nombre d'atonies locales ou constitutionnelles; dans l'une et l'autrre circonstance on la voit concourir au développement des lésions organiques et des productions anormales.

Suspension. — Elle est ordinairement déterminée par la compression, les spasmes, les stiptiques, les réfrigérens etc. Ses inconvéniens locaux sont garantis, pour la circulation, par les innombrables anostomoses du système capillaire; mais en même tems un reflux proportionné du sang est produit vers les parties qui n'ont pas éprouvé cette même suspension, et peut entraîner des accidens graves , lorsqu'il s'effectue vers des organes essentiels à la vie ; c'est ainsi que le bain froid , une atmosphère glacée etc. entravant subitement la circulation capillaire dans une grande surface , occasionnent des apoplexies cardiaques, pulmonaires , cérébrales etc.

Extinction partielle. — Elle devient souvent la conséquence de la suspension prolongée, reconnaît les mêmes causes déterminantes et se trouve caractérisée par le froid , l'engourdissement , la pâleur , et bientôt la gangrène.

Telles sont les considérations relatives à la circulation envisagée dans son ensemble et dans ses particularités. La connaissance bien positive de cette importante fonction est indispensable au médecin et trouve des applications constantes à la pathologie. Mais il ne faut pas , à l'exemple de quelques enthousiastes, fausser ces applications par des rapprochemens abusifs. Il en est un que nous devons particulièrement signaler sous le titre général de transfusions, en faisant connaître ses avantages et ses dangers.

TRANSFUSIONS.

Nous désignons par ce titre commun toute injection pratiqué dans les veines d'un homme ou d'un animal actuellement doué de la vie. Dans les premiers tems on réservait ce terme à l'introduction , par la même voie, d'un sang étranger, destiné à remplacer celui que l'on avait d'abord extrait au moyen de la saignée. Nous devons dès lors bien distinguer les transfusions sanguines et celles qui n'offrent pas ce caractère.

TRANSFUSIONS SANGUINES. — A peine le célèbre Harvey eut-il découvert la circulation dans son ensemble et dans toutes ses modifications , que des visionnaires, amis du merveilleux , rêvèrent un système d'immortalité corporelle ! Perpétuer à jamais la vie dans les individus ; rendre au vieillard caduc, toutes les conditions et tous les avantages de la jeunesse ; communiquer au sujet débile et faible, tous les caractères de la force et de l'énergie ; donner à l'idiot, au stupide, les facultés précieuses du génie, de la raison et de l'esprit ; au malade, une santé régulière etc.; telles furent les moindres prétentions de ces imaginations enflammées par le souffle dangereux du vertige et de l'erreur !

Il suffisait, pour effectuer tous ces prodiges, de soustraire chez un sujet vieux, impotent, imbécile et valétudinaire, une certaine quantité de sang par l'ouverture d'un tronc veineux ; de placer dans cette ouverture un petit canal adapté, d'autre part, à l'artère d'un animal jeune, vigoureux et sain ; de laisser passer, du second au premier, une proportion de sang rouge à peu près égale à celle du sang noir évacué par la saignée. Ficinus, Libavius, Coxe, Clarke en Angleterre, Emerez, Denis en France, Tardi, Lower, Hoffmann, dans plusieurs autres pays, conseillent les premiers ces opérations ridicules dans leur but, souvent dangereuses dans leurs applications.

Ils font d'abord plusieurs tentatives sur les animaux ; assurent bientôt avoir complétement rendu l'ouïe, avec toute la vigueur du premier âge, à des chevaux, des chiens déjà très-vieux, en faisant passer dans leurs veines, le sang d'un autre animal jeune et fort. Ces expérimentateurs audacieux donnent un caractère fondamental à des succès imaginaires, et l'homme devint à son tour le sujet de leurs téméraires essais. Emerez et Denis prétendent avoir obtenu le rétablissement de la raison chez un idiot, en substituant le sang d'un jeune agneau à celui qu'ils avaient évacué par la saignée. Quelque tems après le même sujet est affecté de phrénésie violente; une transfusion nouvelle est pratiquée, la mort survient, précédée par une hématurie très-abondante. Ce résultat et beaucoup d'autres analogues auraient dû ramener à des idées plus sages, les partisans d'un aussi dangereux système; ils semblent au contraire prendre de l'audace, en raison du nombre de leurs victimes. Le sang des hommes eux-mêmes est sacrifié à ces funestes entreprises, par l'enthousiasme et la cupidité; les accidens se multiplient de toutes parts, et l'autorité se trouve obligée d'intervenir pour défendre ces transfusions, sous des peines très-sévères.

Plusieurs observateurs distingués de notre époque, reviennent à ce genre d'opération que les plus dangereux abus avaient complétement discrédité. Laissant aux esprits fascinés tout le merveilleux des transfusions sanguines, ils ne voient dans cette méthode qu'un moyen de prévenir la mort en réparant instantanément les pertes considérables éprouvées par le système circulatoire. Plusieurs essais dirigés avec circonspection et prudence ont été couronnés d'un entier succès. Waller a sauvé les jours d'une jeune dame sur le point de succomber aux conséquences d'une métrorrhagie survenue après l'accouchement, en injectant, au moyen d'une seringue, par une ouverture veineuse, deux palettes de sang extraites à l'instant même du bras d'un homme sain. D'autres observations viendront mettre le sceau de l'expérience à cette méthode avouée par le raisonnement, et d'autant plus précieuse qu'aucune autre ne vient s'offrir dans ces accidens extrêmes et pressans.

TRANSFUSIONS NON SANGUINES. — La préoccupation des transfusions sanguines devait nécessairement entraîner l'idée positive d'administrer désormais les médicamens par injection veineuse. Des expérimentateurs infatigables se présentèrent bientôt avec la prétention d'avoir effectué les plus belles cures par ce genre de thérapeutique. C'est ainsi que Purmann dit avoir guéri la gale invétérée; Scheffer une plique avec ulcères dartreux, par les injections de cochléaria; que d'autres assurent avoir conjuré les terribles accidens de la rage, déjà caractérisée, par des transfusions dont ils refusèrent de faire connaître la nature pharmaceutique.

Plus sages et plus éclairés, les médecins de notre époque, rapprochant les dangers de ces transfusions du peu de réalité de leurs succès et de leurs avantages sur les autres méthodes curatives approuvées par l'expérience et le raisonnement, se bornent à les essayer encore dans les maladies jusqu'ici complétement rébelles à tout autre genre de traitement. L'influence positive de plusieurs substances, chez les animaux et même chez l'homme, se trouve actuellement bien déterminée; celle de plusieurs autres est encore à fixer d'une manière définitive.

L'air atmosphérique, — Porté dans le système veineux, a quelquefois déterminé la mort assez rapidement, en s'accumulant dans les cavités du cœur, et détruisant ainsi toute continuité circulatoire; quelquefois cette injection n'a produit aucun résultat fâcheux. Une tumeur est enlevée à l'Hôtel-Dieu de Paris, vers la partie inférieure du col, avec une portion de la clavicule, un sifflement se fait entendre et la malade expire quelques instans après. La veine jugulaire avait été ouverte dans un demi-pouce de son étendue, le cœur est plein d'air et ne contient pas de sang; plusieurs bulles de ce gaz ont pénétré dans les vaisseaux du cerveau. Un jeune homme de 22 ans est amputé par M. Delpech, dans l'articulation scapulo-humerale, à l'hôpital Saint-Éloi de Montpellier; la veine axillaire étant ouverte, un bruit de succion se manifeste, on pratique la ligature de ce vaisseau; quelques instans après, la mort survient précédée par un bruit de gargouillement ; la nécropsie est effectuée pendant l'immersion du cadavre, des cloches étant convenablement disposées pour conserver les gaz. L'ouverture des plèvres et du péricarde ne produit rien ; celle du cœur et des veines caves laisse dégager une grande quantité de fluide gazeux, que l'analyse fait reconnaître pour de l'air atmosphérique. Bichat et plusieurs autres expérimentateurs ont démontré, par des transfusions semblables faites chez les animaux, tout le danger de cette pénétration de l'air dans le système circulatoire.

En 1817, dans l'amphithéâtre de l'école pratique de Paris, en présence de plus de deux cents élèves, nous avons injecté dans la veine fémorale d'un chien de taille moyenne, trois fois, à une minute d'intervalle, trois pouces cubes d'air chaque fois, sans observer d'autres phénomènes que de l'agitation, des plaintes et les mouvemens d'une déglitution rapide, seulement pendant la durée de l'injection. Plusieurs fois depuis, nous avons répété la même expérience avec les mêmes précautions et des résultats identiques ; en démontrant ainsi que l'action mortelle de l'air est mécanique dans cette circonstance, et qu'il est possible de prévenir ces funestes résultats, en faisant les injections avec assez de mesure, pour laisser au sang la faculté de disséminer et peut-être même de dissoudre assez promptement ce gaz en s'opposant à son accumulation dans les cavités cardiaques.

L'eau commune tiède, — injectée dans les veines au poids de deux livres, dans l'intervalle de vingt minutes, par MM. Gaspard et Magendie, contre le développement des phénomènes de la rage, dans l'espèce humaine, a semblé d'abord promettre quelque succès, en retardant la marche des accidens funestes, mais la mort est venue du septième au neuvième jour, dissiper toutes les illusions des plus belles espérances.

L'opium, — directement introduit, par Laurent et Percy, dans le système veineux chez plusieurs malades, paraît avoir obtenu des succès remarquables dans plusieurs affections spasmodiques et même dans le tétanos. 24 grains de datura-stramonium, injectés par ces médecins, dans les mêmes altérations, ont également effectué la guérison.

Nous avons fait passer dans les veines d'un chien d'assez forte espèce, en trois fois, à une minute d'intervalle, un gros de laudanum liquide, mêlé à quatre fois son poids d'eau; plaintes, agitations, écume à la bouche, déglutition rapide, et deux minutes après la dernière injection, narcotisme complet. Nous substituons à ce moyen deux onces d'eau commune, aiguisée avec l'acide sulfurique, de manière à pouvoir être supportée par la langue; agitation, réveil, déglutition accélérée, mort après une légère convulsion.

Le tartrate antimonié de potasse, — Infusé par Méplani dans la veine médiane, à la dose de quatre grains dissous par six onces de petit lait, comme anthelmintique, produit aussitôt chez une jeune fille des vomissemens violens et l'expulsion de quinze lombrics par cette voie.

Ces faits et beaucoup d'autres que nous pourrions citer, prouvent d'une manière incontestable que la transfusion des médicamens ne change pas la nature de leur action, mais en développe tellement la promptitude et l'énergie, qu'il est impossible d'apporter trop de prudence et de circonspection, relativement aux applications d'une méthode aussi peu naturelle dans son emploi, que difficile à bien calculer dans ses résultats.

FIN DU TOME PREMIER.

FAUTES ESSENTIELLES A CORRIGER.

INTRODUCTION,

Page 6, ligne 11 , *sentir;* lisez, sentier.
——— 10 , —— 28, *empereur;* lisez, conquérant.
——— 12 , —— 18, *rigoureuses;* lisez, rigoureuse.
——— 28 , —— 17, *palorité;* lisez, polarité.
——— 42 , —— 18, *désait;* lisez, disait.
——— 45 , —— 14, dans quelques exemplaires , *équibre;* lisez,
      équilibre.
——— 51 , —— 23, *effort;* lisez, efforts.
——— 61 , — 9, 1826 ; lisez, 1816.
——— 77 , —— 8, *Elle;* lisez, Elles.

PROLÉGOMÈNES etc.

Page 86 , ligne 18, *proriété;* lisez, propriété.
——— 91 , —— 6, *séservoirs;* lisez, réservoirs.
——— 92 , —— 6, *dons;* lisez, dont.
——— 118 , —— 21, *le faculté;* lisez, la faculté.
——— 130 , —— 14, *phyiques;* lisez physiques.
——— 134 , —— 21, *acuellement;* lisez, actuellement.
——— 153 , —— 21, *essentiellent;* lisez, essentiellement.
——— 162 , —— 20, *artères;* lisez, uretères.
——— 165 , —— 6, *norganiques;* lisez, inorganiques.
——— 170 , —— 18, *des;* lisez, de.
——— 198 , —— 29, *la potassium;* lisez, le potassium.
——— 213 , —— 3, *d'un;* lisez, d'une.
——— 271 , —— 34, *rendant;* lisez, rendent.
——— 296 , —— 28, *caractère;* lisez caractères.
——— 315 , —— 27, *claison;* lisez, cloison.
——— 351 , —— 5, *decouvertes;* lisez, découverte.
——— 358 , —— 32, *leurs;* lisez, leur.
——— 360 , —— 28, *une;* lisez, un.
——— 565 , —— 14, *une;* lisez, un.

Imprimerie de BELON , au Mans.